Programming: Principles and Practice Using C++, Second Edition

C++

程序设计 原理与实践

（原书第2版）下

[美] 本贾尼·斯特劳斯特鲁普（Bjarne Stroustrup）◎ 著

张 兴 蔡 乐 赵林涛 ◎ 译

清華大學出版社

北京

北京市版权局著作权合同登记号　图字：01-2023-0310

内 容 简 介

本书内容涵盖了程序设计的基本概念和技术，通过对 C++ 语言进行全面介绍，帮助读者理解程序设计的原理，并掌握实践知识。本书共分为五部分，第一部分（第 2 ～ 9 章）介绍了程序设计的基础知识；第二部分（第 10 ～ 16 章）介绍了输入输出相关知识，包括从键盘和文件获取数值与文本数据的方法，以及以图形化方式表示数值数据、文本和几何图形；第三部分（第 17 ～ 21 章）介绍了算法和数据结构相关知识，包括向量容器、链表和映射容器；第四部分（第 22 ～ 27 章）对 C++ 语言思想进行了更有广度的介绍；第五部分（附录 A ～附录 E）是对书中正文的补充。

本书可作为高等院校计算机、电子信息及相关专业的本科生或研究生教材，也可供对程序设计感兴趣的研究人员和工程技术人员阅读参考。

版权所有，侵权必究。举报：010-62782989，beiqinquan@tup.tsinghua.edu.cn。

图书在版编目 (CIP) 数据

C++ 程序设计 : 原理与实践 : 原书第 2 版 / (美) 本贾尼·斯特劳斯特鲁普 (Bjarne Stroustrup) 著 ; 张兴，蔡乐，赵林涛译 . -- 北京 : 清华大学出版社 , 2024. 7.
ISBN 978-7-302-66693-6

Ⅰ . TP312.8

中国国家版本馆 CIP 数据核字第 2024CD8211 号

责任编辑：杜　杨　申美莹
封面设计：杨玉兰
版式设计：方加青
责任校对：胡伟民
责任印制：刘　菲

出版发行：清华大学出版社
　　　　　网　　　址：https://www.tup.com.cn, https://www.wqxuetang.com
　　　　　地　　　址：北京清华大学学研大厦 A 座　　　　　邮　　编：100084
　　　　　社 总 机：010-83470000　　　　　　　　　　　邮　　购：010-62786544
　　　　　投稿与读者服务：010-62776969，c-service@tup.tsinghua.edu.cn
　　　　　质 量 反 馈：010-62772015，zhiliang@tup.tsinghua.edu.cn
印 装 者：三河市人民印务有限公司
经　　销：全国新华书店
开　　本：185mm×260mm　　　印　　张：56.5　　　字　　数：1740 千字
版　　次：2024 年 7 月第 1 版　　　印　　次：2024 年 7 月第 1 次印刷
定　　价：229.00 元（上、下册）

产品编号：100757-01

前　言

　　程序设计是这样一门艺术，它将问题解决方案描述成计算机能够执行的形式。程序设计中的大部分工作都在寻找和完善解决方案。通常，只有经历了通过程序设计解决问题的过程，才能完全理解问题。

　　本书适合那些从未接触过程序设计但愿意努力学习的初学者。它帮助你理解程序设计的原理并掌握使用 C++ 语言的实践技能。本书的目标是让你获得足够的知识和经验，以便使用最新的技术执行简单而实用的程序设计任务。需要多长时间呢？如果作为大学一年级课程的一部分，你可以在一个学期内完成本书的学习（假设你有 4 门中等难度的课程）。如果自学，不要期望花费更少的时间完成学习（一般是每周 15 小时，连续 14 周）。

　　3 个月似乎很长，但有很多东西要学，之后你就可以编写第一个简单的程序了。此外，所有的学习都是循序渐进的：每一章都介绍了有用的新概念，并通过从实际应用中获得启发的例子来说明它们。你用代码表达思想的能力——让计算机做你想让它做的事情——随着你的使用逐渐而稳定地增强。我从来不说：“学一个月的理论知识，然后看看你是否能运用这些理论。”

　　你为什么要学习程序设计？我们的文明是建立在软件之上的。如果不了解软件，你就只能退化到相信“魔法”，并将无法进入许多最有趣的、最有利可图的、对社会有用的技术领域工作。当我谈到程序设计时，我想到的是计算机程序的整个范围，从带有图形用户界面（GUI）的个人计算机应用程序，到工程计算和嵌入式系统控制应用程序（如数码相机、汽车和手机中的程序），再到在许多人文和商业应用程序中发现的文本操作应用程序。就像数学一样，程序设计——如果做得好——是一种有价值的智力训练，可以提高我们的思考能力。然而，由于计算机能做出反馈，程序设计比大多数形式的数学更具体，因此更容易为多数人所接受。这是一种接触并改变世界的方式——理想情况下是让世界变得更美好。最后，程序设计可以是非常有趣的。

　　为什么选择 C++？你不能脱离程序设计语言学习程序设计，而 C++ 直接支持实际软件中使用的关键概念和技术。C++ 是使用最广泛的程序设计语言之一，广泛应用于各种应用领域。从大洋深处到火星表面，你可以在各个地方找到 C++ 应用。C++ 由非专有的国际标准精确定义。在各种计算机上都可以找到高质量、免费的 C++ 实现版本。从 C++ 中学习的大多数程序设计概念可以直接应用于其他语言，如 C、C#、FORTRAN 和 Java。最后一个原因，我喜欢 C++，因为它是一种可编写优雅高效代码的语言。

　　本书并不是关于初学者程序设计的最简单的书籍，它也不是为了这个目的而写的。我只希望它成为你学习实际程序设计基础的最简单的书籍。这是一个相当雄心勃勃的目标，因为许多现代软件都依赖于几年前被认为先进的技术。

　　我的基本假设是：你想要编写供他人使用的程序，并负责任地这样做，提供一个合理的系统质量水平；也就是说，假设你想要达到一定的专业水平。因此，我为本书选择的主题涵盖了开始实际程序设计所需的内容，而不仅仅是易于教授和学习的内容。如果你需要某种技术来正确地完成基本工作，我将对其进行描述，演示支持该技术所需的概念和语言工具，为此提供练习，并期望你完成这些练习。如果你只是想了解简单程序，你可以少学很多我所介绍的内容。另一方面，我不会浪费你们的时间在那些没有实际意义的材料上。如果在这里解释一个想法，那是因为你肯定会用到它。

　　如果你只想要使用别人的代码，而不理解事情是如何完成的，也不想自己大量添加代码，那么这本书不适合你。如果是这样，请考虑选择另一本书和另一种语言或许对你更好。如果这是你对程序设计的大致看法，请考虑一下你是从哪里得到这种观点的，以及它实际上是否足以满足你的需求。人们常常低估程序设计的复杂性及其价值。我不希望你因为所需要的与我所描述的软件现实之间的不匹配而对程序设计产生厌恶。信息技术世界中有许多地方不需要程序设计知识。本书是为那些想要编写或理解重要程序的人服务的。

由于本书的结构和实际目标，它也可以作为那些已经了解一些 C++ 的人的第二本关于程序设计的书籍，或者供使用其他程序设计语言并想学习 C++ 的人使用。如果你属于其中一类人，我就不好猜测你阅读本书需要多长时间，但我建议你完成很多练习。这将帮助你克服一个常见问题，即编写程序时倾向于使用旧的、熟悉的风格，而不是采用更适合的新技术。如果你是通过更传统的方式学习 C++ 的，那么在你进行到第 7 章学习之前，你会发现一些令人惊讶和有用的内容。除非你的名字是 Stroustrup，否则我在这里讨论的内容不是"你父辈的 C++"。

程序设计是通过编写程序来学习的。在这一点上，程序设计与其他具有实践内容的工作类似。你不可能仅仅通过读书就学会游泳、演奏乐器或驾驶汽车——你必须练习。如果不阅读和编写大量代码，你也不可能学会程序设计。本书重点介绍与解释性文本和图表密切相关的代码示例。你需要这些知识来理解程序设计的思想、概念和原则，并掌握用于表达它们的语言结构。这是必要的，但仅靠它本身，它不会给你提供实际的程序设计的技能。为此，你需要进行练习，并熟悉编写、编译和运行程序的工具。你需要自己犯错误，并学会改正。编写代码是不可替代的，而且这才是乐趣所在！

另一方面，程序设计远不止遵循一些规则和阅读手册，还有更多的东西。这本书着重强调的不是"C++ 的语法"。理解基本的思想、原则和技术是一个优秀程序员所必备的。只有设计良好的代码才有可能成为正确、可靠和可维护的系统的一部分。此外，"基本原理"是最持久的：即使今天的语言和工具进化或被取代，它们仍然是必不可少的。

计算机科学、软件工程、信息技术等又怎么样呢？这就是所有的程序设计吗？当然不是！程序设计是所有计算机相关领域的基础主题之一，它在计算机科学的均衡课程中有一个自然的位置。虽然书中简要介绍了算法、数据结构、用户界面、数据处理和软件工程的关键概念和技术，然而，这本书并不能代替对这些主题进行全面和均衡的研究。

代码可以既美观又实用。本书旨在帮助你认识到这一点，理解代码美观的含义，并帮助你掌握创建此类代码的原理和实践技能。祝你在程序设计中顺利！

致学生

到目前为止，我们在得克萨斯农工大学（Texas A&M University）用这本书教过的数千名一年级学生中，大约 60% 的人以前有过程序设计经历，大约 40% 的人在生活中从未见过一行代码。大多数人都成功了，所以你也可以做到。

你不必把本书作为课程的一部分来阅读，本书被广泛用于自学。然而，无论你是作为课程的一部分还是独立学习，都要尝试与他人合作。程序设计被认为是一种孤独的活动，这是不公平的评价。大多数人在有共同目标的团队中工作得更好，学习得更快。和朋友一起学习，一起讨论问题不是作弊！这是最有效的，也是最令人愉快的取得进步的方式。如果没有别的，和朋友一起工作可以促使你清楚地表达你的想法，这是测试你的理解力和确保你记住的最有效方法。实际上，你不必亲自去发现每一个晦涩的语言和程序设计环境问题的答案。但请不要欺骗自己，不做练习和大量的习题（即使没有老师强迫你做）。记住：程序设计是一种实践技能，你需要练习才能掌握。如果你不写代码（完成每章的几个练习），那么阅读这本书将是一个毫无意义的理论学习[①]。

---

① 译者注：在本书中，对于标准库容器类型的翻译，将仅在第一次出现或是需要强调其容器属性时才进行翻译，其他情况下直接使用在标准库中的类型名称。例如，大多数情况下将使用"vector"而非"向量容器"。

大多数学生，尤其是爱思考的好学生，都会面临这样的时刻：怀疑自己的努力是否值得。当这种情况发生在你身上时（不是如果），请休息一下，重新阅读前言，并查看第 1 章（计算机、人和程序设计）和第 22 章（理念与历史）。在这两章中，我试图阐明程序设计让我感到兴奋的地方，以及为什么我认为程序设计是能对世界做出积极贡献的重要工具。如果你想知道我的教学理念和一般方法，请参阅引言（"致读者"）。

你可能会担心这本书的厚度，但应该让你放心的是，这本书之所以厚，部分原因是我更喜欢重复解释或添加示例，而不是让你寻找唯一的解释。另一个主要原因是，本书的最后部分是附录和参考文献，只有当你对程序设计的特定领域（如嵌入式系统程序设计、文本分析或数值计算）的更多信息感兴趣时，才会提供给你探索。

请不要太没耐心。学习任何有价值的新技能都需要时间，并且都是值得的。

致教师

本书不是传统的计算机科学导论的书，而是一本关于如何构建工作软件的书。因此，它省略了许多计算机科学系学生传统上接触到的内容（图灵完备性、状态机、离散数学、乔姆斯基语法等）。甚至硬件也被省略了，因为假设学生从幼儿园开始就以各种方式使用计算机了。

本书甚至没有试图提及计算机科学领域最重要的主题。它是关于程序设计（或者更普遍的是关于如何开发软件）的，因此它比许多传统课程更详细，主题更少。它只试图做好一件事，并且计算机科学也不是一门课程能包含的。如果本书 / 课程被用作计算机科学、计算机工程、电气工程（我们的第一批学生许多是电气工程专业的）、信息科学或任何项目的一部分，我希望它能作为全面介绍的一部分与其他课程一起教授。

请阅读引言（"致读者"），了解我的教学理念、一般方法等。在学习的过程中，请试着把这些观点传达给你的学生。

ISO 标准 C++

C++ 是由 ISO 标准定义的。第一个 ISO C++ 标准于 1998 年正式通过，因此该版本的 C++ 被称为 C++ 98。本书的第一版是我在 C++ 11 的设计过程中编写的。最令人沮丧的是不能使用新特性（如统一初始化、循环范围、移动语义、lambdas 和概念）来简化原则和技术的表示。然而，本书在设计时考虑到了 C++ 11，所以相对容易将特性"放入"到它们所属的上下文中。在撰写本文时，当时的标准是 2011 年的 C++ 11，而 2014 年的 ISO 标准 C++ 14 的功能正在寻找进入主流 C++ 实现的方式 ①。本书使用的语言是 C++ 11，带有一些 C++ 14 的特性。例如，如果你的编译器运行下面代码报错：

```
vector<int> v1;
vector<int> v2 {v1};   // C++14-style copy construction
```

请使用下面代码代替：

```
vector<int> v1;
vector<int> v2 = v1;   // C++98-style copy construction
```

如果你的编译器不支持 C++ 11，那就换一个新的编译器。优秀的现代 C++ 编译器可以从各种

---

① 译者注：目前 C++ 最新标准是 2020 年发布的《ISO/IEC 14882—2020》。

供应商下载；参见 www.stroustrup.com/compilers.html。学习使用该语言的早期版本和较少支持的版本进行程序设计可能会遇到不必要的困难。

资源

本书的支持网站 www.stroustrup.com/Programming 包含了各种支持使用本书进行程序设计教学和学习的材料。材料可能会随着时间的推移不断改进，但对于初学者来说，你可以找到：

- 基于本书讲义的幻灯片。
- 讲师指南。
- 本书使用的库的头文件和实现。
- 本书中的示例代码。
- 部分练习题答案。
- 可能有用的链接。
- 勘误表。

欢迎随时提出对这些资料的改进建议，本书的参考文献可扫描右侧二维码。

参考文献 .png

致谢

我特别要感谢已故的同事和合作导师劳伦斯"皮特"彼得森（Lawrence "Pete" Petersen），他在我自己感到自信之前就鼓励我着手完成教授初学者的任务，并向我传授了使课程取得成功的实践教学经验。没有他，这门课程的第一个版本就会失败。我们共同合作开发了这本书所设计课程的第一个版本，并一起多次教授它，从经验中学习，改进了课程和书籍。在本书中，"我们"最初指的是"皮特和我"。

感谢得克萨斯农工大学（Texas A&M University）的 ENGR 112、ENGR 113 和 CSCE 121 的学生、助教和同行教师，他们直接和间接地帮助我们构建了这本书，感谢曾教授这门课程的 Walter Daugherity、Hyunyoung Lee、Teresa Leyk、Ronnie Ward 和 Jennifer Welch。还要感谢 Damian Dechev、Tracy Hammond、Arne Tolstrup Madsen、Gabriel Dos Reis、Nicholas Stroustrup、J. C. van Winkel、Greg Versoonder、Ronnie Ward 和 Leor Zolman 对本书草稿提出的建设性意见。感谢 Mogens Hansen 给我解释了有关发动机控制软件的内容。感谢 Al Aho、Stephen Edwards、Brian Kernighan 和 Daisy Nguyen 在夏季帮助我远离干扰，专心写作。

感谢 Art Werschulz，他在纽约福特汉姆大学课程中使用了本书的第 1 版，并给出反馈和建设性意见，还要感谢 Nick Maclaren，他在剑桥大学课程中使用了本书的第 1 版，并给出了详细评论，他的学生的背景和职业需求与得克萨斯农工大学的一年级学生有着显著的不同。

感谢 Addison-Wesley 为我找到的评审人员 Richard Enbody、David Gustafson、Ron McCarty 和 K. Narayanaswamy。他们的评论主要基于在大学教授 C++ 或计算机科学导论课程的经验，对我非常宝贵。还要感谢我的编辑 Peter Gordon，他提供了许多有用的评论，也感谢他的耐心。

我非常感谢 Addison-Wesley 组织的制作团队：Linda Begley（校对员）、Kim Arney（排版师）、Rob Mauhar（插图师）、Julie Nahil（制作编辑）和 Barbara Wood（文本编辑），他们为书籍的质量做出了很大的贡献。

感谢第 1 版的译者们，他们发现了许多问题并帮助澄清了许多观点。特别要感谢 Loïc Joly 和 Michel Michaud 对法语翻译进行了全面的技术审查，从而带来了许多改进。

我还要感谢 Brian Kernighan 和 Doug McIlroy，他们在程序设计写作方面定了非常高的标准，以及 Dennis Ritchie 和 Kristen Nygaard 为实际语言设计提供的宝贵经验。

目　录

第三部分
数据结构和算法

第 17 章

向量容器和自由存储区

"默认使用向量容器。"

——Alex Stepanov

本章及之后的四章介绍了 C++ 标准库（通常称为 STL）的容器和算法。我们介绍了 STL 的关键特性和用法。另外，我们说明了用于实现 STL 的关键设计和程序设计技术，以及 C++ 具备的一些低级语言特性，如指针、数组和自由存储区（free store）。本章和后面两章节的重点是介绍最常见且最实用的 STL 容器：向量容器（vector）

17.1　介绍

在 C++ 标准库中最实用的容器是向量容器（vector）。vector 提供了给定类型的元素序列。你可以使用索引（下标）描述一个元素的存储位置，并使用 push_back() 来扩展 vector 的元素，使用 size() 来获得向量容器的大小，以及防止访问 vector 的数据时发生越界错误（out-of-range）。标准库 vector 是方便的、灵活的、高效的（从时间和空间上来看）、静态数据类型安全的元素容器。标准库符串（string）具有类似的属性，另外还有其他实用的标准容器类型，如链表（list）和映射容器（map），我们将在第 20 章中介绍。但是，一台计算机的内存并不能直接支持这些类型。而硬件直接支持的只是字节序列。例如，对于一个 vector<double> v，操作 v.push_back(2.3) 将 2.3 添加到 double 类型序列中，并将元素数量 v（v.size（））增加 1。在最低的层次中，计算机并不知道 push_back() 的复杂操作是怎么运行的，它只知道在某个时间读取和写入对应的字节。

在本章和后面两章中，我们将展示如何通过基础语言功能来构建一个 vector，这对于每个程序员都是有用的。这样，我们可以阐明这些有用的概念和程序设计技术，从而了解使用 C++ 语言特性如何表现出这些概念和技术。我们在 vector 实现过程中所使用的语言功能和程序设计技术是非常实用且被广泛使用的。

在了解了 vector 的设计、实现和使用之后，我们可以继续学习其他的标准库容器，如映射容器（map），并通过 C++ 标准库所提供的简洁和高效的功能来使用它们（参见第 20 和 21 章）。这些功能称为算法，它可以避免我们重新设计常见的数据功能。实际上，我们可以使用已有的 C++ 实现方法更容易地编写和测试我们的库。我们已经了解和使用了标准库中的一个最有用的算法：sort()。

我们将通过一系列越来越复杂的 vector 的实现来了解标准库。首先，我们构建一个非常简单的 vector。然后，我们检查不适合向量容器的内容并修改它。在重复完成几次之后，我们将获得一个和标准库 vector 相似的 vector 版本，也就是你的 C++ 编译器所带的库，在前面章节中已经使用过。这个逐渐完善的过程和我们进行一次新的程序设计任务的方式是类似的。通过这种方法，我们会遇到和探讨许多关于内存使用和数据结构的经典问题。基本计划是：

● 第 17 章（本章）：如何处理不同大小的内存？特别地，不同的 vector 如何拥有不同数量的元素，并且一个独立的 vector 怎么能在不同的时间拥有不同数量的元素？这就需要我们研究自由存储区（堆存储）、指针、类型、转换（显示类型转换）和引用。

● 第 18 章：如何复制 vector？如何为它们提供一个下标操作？我们会介绍数组，并探讨数组与指针的关系。

● 第 19 章：如何开发可以容纳不同数据类型的 vector？如何处理越界错误？为了回答这个问题，我们需要探讨 C++ 模板和异常处理功能。

除了介绍实现灵活的、高效的和类型安全的 vector 的语言功能和技术以外，我们还将会用到更多所见过的语言功能和程序设计技术。我们也会偶尔找机会展示一些更规范和专业的定义。

现在我们终于可以直接处理内存了。为什么我们必须这样做？ vector 和 string 非常有用且方便，我们可以直接使用这些容器。毕竟，像 vector 和 string 这样的容器的设计目的之一就是将我们与实际处理内存的某些不容易理解的方面隔离开来。但是，除非满足于相信魔法，否则我们必须要理解内存管理的底层机制。为什么你不能 "只相信魔法"？或者说，为什么不只是去相信 vector 的实现者们，他们的做法应该是对的，不是吗？毕竟，我们不建议你去检查计算机的物理设备，以了解内存的运行原理。

原因是，我们是程序员（计算机科学家，软件开发者或其他人员）而不是物理学家。如果我们正在学习的是设备物理学，那么我们就必须研究计算机内存的设计细节。但是，既然我们正在学习程序设计，我们只需要关注程序设计的细节。理论上，我们可以像学习设备物理一样学习底层内存访问和管理功能的 "实现细节"。然而，如果我们这么做，就不只是需要 "相信魔法"，你将无法实现一个新的容器（如果你需要一个，这并不罕见）。此外，你将无法看懂大量直接使用内存的 C 和 C++ 代码。当我们看过接下来几个章节时，指针（一种底层直接指向对象的方法）在某些方面是非常有用的，但与内存管理无关。如果不使用指针，要想很好地使用 C++ 是不容易的。

更加哲学地来说，我是众多持有相同观点的计算机专业人士中的一员，我相信如果缺乏对程序在计算机内存和操作系统中如何部署和运行应用的理解，你将在一些更高层次的知识体系中遇到问题，如数据结构、算法和操作系统。

17.2　vector 的基础知识

我们通过思考一个非常简单的使用方式，来开始我们对 vector 的下一步设计：

```
vector age(4);   // 4 个元素的 vector
double age[0]=0.33;
age[1]=22.0;
age[2]=27.2;
age[3]=54.2;
```

显然，这段程序创建了一个拥有 4 个 double 类型元素的 vector，并且给这 4 个元素赋值为 0.33、22.0、27.2 和 54.2，这 4 个元素索引号为 0、1、2 和 3。在 C++ 标准库容器中元素索引计数从 0 开始。从 0 计数是非常常见的，这是 C++ 程序员的普遍约定。vector 中元素数量称为它的大小。因此，age 的大小是 4。vector 中元素的计数（索引）从 0 到 size-1，例如，age 中的元素计数是从 0 到 age.size( )–1，使用图形的方式展示 age 结构如图 17-1 所示。

我们如何将这种图形设计实现到计算机的内存中？我们如何以这种方式存储和访问这些值？显然，我们不得不定义一个类，并且我们将给这个类命名为 vector。此外，我们需要一个成员变量来保存它的大小，以及另外一个成员变量来保存它的一组元素。但是我们要如何描述一组数量可变的元素呢？可以使用标准库中的 vector，但是如果这么做，就是作弊：因为我们正在构建一个 vector。

因此，我们如何定义图 17-1 中绘制的箭头？如果不考虑它的存在，我们能定义一个固定大小的数据结构：

```
class vector
{
    int size, age0, age1, age2, age3;
    //...
};
```

忽略符号方面的细节，我们会得到如图 17-2 所示的结果。

图 17-1　vector 对象结构展示　　　　　　　　　图 17-2　数据结构

这个过程是简单和方便的，但是当我们第一次尝试使用我们提过的 push_back( ) 增加一个元素时，遇到了这样的问题：我们发现没有办法实现增加元素，目前的元素数量在程序中被固定为 4 个。由于我们定义的 vector 中元素数量是固定的，所以无法实现。改变 vector 中元素数量的操作，如 push_back( )，根本上，我们需要一个成员变量来指向一组元素，当我们需要更大的空间时，我们可以让它指向一组不同的元素。我们需要第一个元素的内存地址。在 C++ 中，能保存一个内存地址的数据类型称为指针，在语法上使用后缀 * 来标识，比如，double * 意味着"指向 double 类型的指针"。综上所述，我们可以定义我们第一个版本的 vector 类：

```
// 一个非常简化的 double 的 vector（类似 vector<double>）
class vector {
    int sz;                           // 大小
    double* elem;                     // 指向第一个 double 类型的元素
public:
    vector(int s);                    // 分配 double 对象的构造函数
                                      // 让 elem 指向它们
                                      // 存储大小值
    int size() const { return sz; }   // 当前大小
};
```

在继续 vector 设计之前，让我们详细研究一下"指针"的概念。"指针"的概念及与它密切相关的数组的概念，都是 C++ 存储概念的关键。

17.3　内存、地址和指针

一台计算机内存存储的是字节序列，我们可以从 0 编号到最后一个字节。我们将这种"对应一个内存位置的编号"称为地址，你可以认为地址就是一种整型值。内存的第一个字节的地址为 0，下一个字节的地址为 1，以此类推。我们可以像这样可视化 1MB 的内存，如图 17-3 所示。

我们存入内存的所有内容都有一个地址。例如：

```
int var = 17;
```

这条语句给 var 变量在内存某个部分分配了一个整型大小（int-size）的内存块，并且将值 17 存入。这时我们就可以存储和操作地址了。一个可以存储地址值的对象称为指针。例如，存储一个整型（int）数据的地址的数据类型称为"指向整型（int）的指针"或"整型指针"，即 int*：

```
int* ptr = &var;              // ptr 存储 var 的地址
```

代表"取址"的一元运算符 & 可以用于获得一个元素的地址。这样，如果 var 的存储地址从内存地址中第 4096（或是 2^{12}）个字节开始，ptr 的值将是 4096，如图 17-4 所示。

图 17-3　1MB 内存的可视化表示　　　　　　图 17-4　内存中的指针值

基本上，我们查看计算机内存中字节序列的编号都是从 0 到内存大小减 1。在某些计算机上，要比这里展示的复杂，但作为内存的初级程序设计模型，这已经足够了。

每个类型都有相应的指针类型。例如：

```
int x = 17;
int* pi = &x; // 指向 int
double e = 2.71828;
double* pd = &e; // 指向 double
```

如果我们想查看指针指向对象的值，我们就要使用"取值"的一元运算符 *。例如：

```
cout << "pi==" << pi << "; contents of pi==" << *pi << "\n";
cout << "pd==" << pd << "; contents of pd==" << *pd << "\n";
```

*pi 输出是整型值 17，*pd 输出是双精度浮点型值 2.71828。pi 和 pd 的输出值是不定的，由编译器在内存中分配给变量 x 和 e 的地址值所决定。指针值（地址）所使用的记数法也取决于所使用操作系统的规范。对于指针值表示，十六进制记数法（参见附录 A.2.1）是最普遍的。

值运算符（通常称为解引用运算符，又称为指针运算符）也能在赋值等式的左侧使用：

```
*pi = 27;                // 成功，你可以给 *pi 赋值 27
*pd = 3.14159;           // 成功，你可以给 *pd 赋值 3.14159
*pd = *pi;               // 成功，你可以给 double 的 *pd 赋值 int 的 *pi
```

需要注意的是，即使一个指针的值可以作为一个整型打印输出，但是指针不是整型。"一个 int 值指向什么？"是一个不符合常理的问题；整型并不指向什么，那是指针的事情。一个指针类型提供适用于地址的操作，然而 int 提供的是适用于整数的操作。因此，指针和整数之间不会隐式转换：

```
int i = pi;              // 错误，不能给 int 赋值 int*
pi = 7;                  // 错误，不能给 int* 赋值 int
```

同样，一个指向 char 的指针（char*）不是一个指向 int 的指针（int*）。例如：

```
char* pc = pi;           // 错误，不能给 char* 赋值 int*
pi = pc;                 // 错误，不能给 int* 赋值 char*
```

为什么 pc 赋值给 pi 是错误的呢？理解一下这个答案：char 通常比 int 小得多，所以思考下列情况：

```
char ch1 ='a';
char ch2 ='b';
char ch3 = 'c';
char ch4 = 'd';
int* pi = &ch3;          // 指向 ch3，一个 char 大小的内存
                         // 错误，不能给 char* 赋值 int*
                         // 但是假设可以
*pi = 12345;             // 写入一个 int 大小的内存
```

```
*pi = 67890;
```

编译器在内存中分配变量的确切方式是由具体实现定义的，但我们很可能会得到这样的结果，如图 17-5 所示。

图 17-5　编译器在内存中分配变量

现在，假设编译器允许这样编写代码，我们可以把 12345 赋值给 &ch3 的起始内存。很显然这样将改变该内存地址附近的值，可能是 ch2 或 ch4。如果我们确实不走运（很有可能），覆盖了保存 pi 的内存部分，这样的话，下次赋值 *pi=67890 会将 67890 赋值到一个完全不同的内存位置。幸运的是，这种赋值是禁止的，但这是编译器在这种低层次程序设计中提供的为数不多的保护之功能之一。

在特殊情况下，确实需要将一个 int 转换为一个指针或将某一个指针类型转换成其他类型指针，你可以使用 reinterpret_cast，参见 17.8 节。

这里已经很接近硬件了，对于程序员来说，这不是一个特别舒服的地方。我们仅有一些原始操作可用，并且这些几乎不能得到语言和标准库的支持。但是，我们还是需要在这里了解这些操作，以便了解更高级的机制的实现，如 vector。我们需要理解在这个层次如何编写代码，因为不是所有的代码都可以在更高层实现的（参见第 25 章）。我们享受更高层次的软件带来的便捷和相对安全的同时，也需要体验没有这些条件该怎么做。我们的目标始终是在解决方案中实现最高层次的抽象方法，虽然这可能带来问题和约束。在本章和第 18、19 章中，我们将通过实现 vector，展示如何重新回到一个更合理的抽象层次。

那么，一个 int 实际需要占用多少内存空间？一个指针呢？sizeof 运算符可以回答这些问题：

```
void sizes(char ch, int i, int* p)
{
    cout << "the size of char is " << sizeof(char) << ' ' << sizeof (ch) << '\n';
    cout << "the size of int is " << sizeof(int) << ' ' << sizeof (i) << '\n';
    cout << "the size of int* is " << sizeof(int*) << ' ' << sizeof (p) << '\n';
}
```

如你所见，我们能对一个类型名称或一个表达式使用 sizeof。对一个类型名称来说，sizeof 可以给出相应类型对象的大小；对于一个表达式来说，sizeof 可以给出它的结果的大小。sizeof 的结果是一个正整数，且是以定义为 1 的 sizeof(char) 为单位基准。通常，一个 char 存储在一个字节中，因此，sizeof 会报告占用的字节数。

试一试

执行上面的示例，看看你将得到什么。然后扩展一下，尝试布尔类型（bool），双精度浮点型（double），以及其他的类型。

类型的大小在不同的 C++ 实现中不一定是相同的。目前，sizeof(int) 在笔记本或台式机上通常是 4 字节。如果使用 8 比特的字节的话，那么 int 就是 32 比特。但是，在嵌入式系统处理器中 int 则通常是 16 比特，在高性能架构的计算机下则通常是 64 比特。

一个 vector 占用多少内存？我们可以尝试如下：

```
vector v(1000);          // 有 1000 个 int 元素的 vector
cout << "the size of vector(1000) is " << sizeof (v) << '\n';
```

输出如下所示：

```
the size of vector(1000) is 20
```

答案将在本章和第 18 章中说明（也可以参见 19.2.1 节），所以很明显，sizeof 不能对元素计数。

17.4　自由存储区和指针

想一想 17.2 书末尾 vector 的实现。向量容器从哪里给元素申请内存空间的呢？我们怎么获得指针 elem 去指向它呢？当你开始执行 C++ 程序的时候，编译器为你的代码（有时称为代码存储区或文本存储区）和你定义的全局变量（称为静态存储区）保留内存空间。还会保留出一些用于调用函数的内存空间，并且这些函数还需要一些空间（称为栈存储区或自动存储区）去保存它们的参数和局部变量。其他没有使用的计算机内存，是"空闲的"。我们可以通过图片说明一下，如图 17-6 所示。

当 C++ 语言使用这些"自由存储区"（又称为堆）时，可以通过 new 运算符来实现。例如：

```
 double* p = new double[4];     // 在自由存储区分配 4 个 double。
```

这要求 C++ 运行时系统在自由存储区上分配 4 个 double，并向我们返回一个指向第一个 double 的指针。我们使用该指针来初始化我们的指针变量 p。我们可以用图 17-7 表示。

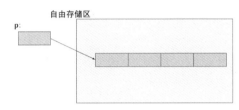

图 17-6　程序的内存布局　　　　　图 17-7　在自由存储区上分配 4 个 double

new 运算符返回一个指向它所创建的对象的指针。如果它创建了多个对象（一个数组），它会返回一个指向这些对象中的第一个对象的指针。如果对象是 X 类型的，new 运算符返回的指针类型是 X*。例如：

```
 char* q = new double[4];       // 错误 :double* 赋值给 char*
```

new 运算符返回的是一个 double 的指针，而一个 double 并不是一个 char，所以我们不能给指向 char 的指针变量 q 赋值。

17.4.1　自由存储区分配

我们使用 new 运算符请求内存在自由存储区分配空间：
- new 运算符返回指向分配的内存空间的指针。
- 一个指针的值是该内存第一个字节的地址。
- 一个指针指向一个特定类型的对象。
- 一个指针不知道它指向了多少个元素。

new 运算符可以分配单一元素或元素的序列（数组）。例如：

```
 int* pi = new int;            // 分配 1 个 int
 int* qi = new int[4];         // 分配 4 个 int(4 个 int 的数组 )
 double* pd = new double;      // 分配 1 个 double
 double* qd = new double[n];   // 分配 n 个 double (n 个 double 的数组 )
```

请注意，分配的对象数量是可变的。这很重要，因为这样可以在运行时允许我们选择分配多少个对象。如果 n 是 2，我们将得到图 17-8 所示的结果。

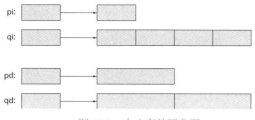

图 17-8 自由存储区分配

指向不同类型的对象的指针类型不同。例如：

```
pi = pd;                    // 错误，不能给 int* 赋值 double*
pd = pi;                    // 错误，不能给 double* 赋值 int*
```

为什么不可以呢？毕竟我们可以把一个 int 变量赋值给一个 double 变量，反之亦然。这样是因为 [ ] 运算符。它依靠元素类型的大小去找出元素的位置。例如，在内存中，qi[2] 比 qi[0] 的位置多两个 int 的大小，并且 qd[2] 则比 qd[0] 的位置多两个 double 的大小。如果一个 int 的大小与一个 double 的大小不同，就像在许多计算机上一样，那么如果我们允许 qi 指向为 qd 分配的内存，我们可能将会得到一些相当奇怪的结果。

这就是"实际的解释"。理论上的解释很简单，"允许将指针赋值给不同类型会导致类型错误。"

17.4.2 使用指针访问数据

除了使用解引用运算符外，我们还可以使用下标运算符 [ ] 来访问数据。例如：

```
double* p = new double[4];   // 在自由存储区分配 4 个 double。
double x = *p;               // 读取 p 指向的（第一个）对象
double y = p[2];             // 读取 p 指向的第三个对象
```

不出所料，下标运算符和 vector 的下标运算符一样从 0 开始计数，则 p[2] 是第三个元素；p[0] 是第一个元素的同时，p[0] 和 *p 的意义也是一致的。[ ] 和 * 运算符也能写成：

```
*p = 7.7;                    // 写入 p 指向的（第一个）对象
p[2] = 9.9;                  // 写入 p 指向的第三个对象
```

一个指针指向内存中的一个对象。"取值"运算符（又称为解引用运算符）允许我们读取或写入指针 p 指向的对象：

```
double x = *p;               // 读取 p 指向的对象
*p = 8.8;                    // 写入 p 指向的对象
```

当应用于指针时，[ ] 运算符将内存视为一个对象的序列（具有指针声明所指定的类型），其中，第一个对象是指针 p 所指向的：

```
double x = p[3];             // 读取 p 指向的第四个对象
p[3] = 4.4;                  // 写入 p 指向的第四个对象
double y = p[0];             // p[0] 和 *p 一样
```

就这样。没有校验，也没有巧妙的实现，只有对计算机内存的简单访问，如图 17-9 所示。

图 17-9 下标内存访问

这正是我们实现 vector 所需要的简单、高效的内存访问机制。

17.4.3　指针范围

指针带来的主要问题是一个指针并"不知道"它指向多少个元素。考虑下面的代码：

```
double* pd = new double[3];
pd[2] = 2.2;
pd[4] = 4.4;
pd[-3] = -3.3;
```

pd 有第三个元素 pd[2] 吗？它有第五个元素 pd[4] 吗？如果我们检查一下 pd 的定义，我们发现答案依次是"有"和"没有"。但是编译器并不知道这些；它并不记录指针的值。我们的代码只是简单地访问内存，就算我们已经分配了足够多的内存。即使让它访问 pd[-3]，也会获得 pd 指向我们分配的内存位置往前数三个 double 大小的位置，如图 17-10 所示。

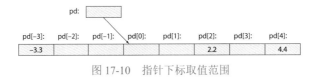

图 17-10　指针下标取值范围

我们无法确认 pd[-3] 和 pd[4] 所占用的内存位置。但是，我们确实知道它们并不是 pd 所指向的三个 double 数据的一部分。最有可能的是，它们是其他对象的一部分，而我们错写并覆盖了那些数据。这不是一个好事。实际上，这通常是一个具有灾难性的坏事：引起"程序的离奇崩溃"或"程序给出了错误的输出。"尝试大声说出来：这听起来太糟糕了。我们将要努力避免它。越界访问是非常严重的错误，因为很明显程序中其他不相关的部分被影响了。一次越界读取可能会返回"随机值"而这个值和当前计算无关。越界的写入将某些对象设置成为"不可能"的状态或"给了它们一个不可预测且错误的值"。这样的写入通常在发生很久之后才会被注意到，因此，它们很难找到。更糟糕的是：运行两次有越界错误且带有不同输入的程序，它会给出不同的结果。这种错误（bug）是最难被发现的错误之一。

我们必须确保这种越界访问错误不会发生。办法是：在使用由 new 直接分配内存的 vector 的时候，需要知道它的大小，以防止越界访问。

当我们把一个 double* 赋值给另一个 double* 而不知道有多少个对象的时候，很难阻止越界访问的情况。仅靠指针确实无法知道有多少个对象，例如：

```
double* p = new double;              // 分配 1 个 double
double* q = new double[1000];        // 分配 1000 个 double

q[700] = 7.7;                        // 正确
q = p;                              // 让 q 和 p 指向一样
double d = q[700];                  // 越界访问
```

这里，在短短的三行代码中，q[700] 引用了两个不同的内存位置，最后使用的时候产生了越界访问，并且很可能导致灾难，如图 17-11 所示。

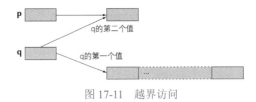

图 17-11　越界访问

到目前为止，我们希望你可以问"那为什么指针不能记录大小？"显然，我们可以在 vector 中设计出一个可以记录大小的指针，前提是你学习过 C++ 文献和库，你会了解到许多"智能指针"可以弥补底层内置指针的缺点。但是，有时我们需要接触到硬件层，并且理解对象如何寻址，一个机器的地址更不"知道"寻址得到的结果是什么。于是，理解指针对于理解工作中的代码是非常必要的。

17.4.4　初始化

和以往一样，我们希望确保在使用对象之前已经为其赋了值。也就是说，我们希望确保我们的指针已经被初始化，并且它们指向的对象也已经被初始化。思考下面的代码：

```
double* p0;                          // 未初始化，可能带来麻烦
double* p1 = new double;             // 获得（分配）一个未初始化的 double
double* p2 = new double{5.5};        // 一个 double 初始化为 5.5
double* p3 = new double[5];          // 获得（分配）5 个未初始化 double
```

显然，定义 p0 时没有初始化是自找麻烦，思考：

```
*p0 = 7.0;
```

将 7.0 赋值到内存的某个位置。但我们不知道这个位置是哪里。这看上去没有什么危害，但是永远不要这么做。否则，迟早我们将得到和越界错误一样的结果："程序的离奇崩溃"或"程序给出了错误的输出。"在老式 C++ 程序（"C 风格程序"）中，有相当大比例的严重问题是由未初始化指针的访问和越界的访问所引起的。我们必须尽我们所能避免这种访问，一部分原因在于我们以专业精神为目标，另一部分原因在于我们不想浪费时间寻找这种错误。没有什么活动比追踪这类错误更令人沮丧和乏味了。预防错误比寻找错误更令人愉快，也更富有效率。

通过 new 分配的内存不会初始化内置类型。对于单个对象，如果你想对其进行初始化，可以指定一个值，就像我们对 p2 所做的那样：*p2 的值为 5.5。可以使用 { } 来初始化，这与使用 [ ] 表示"数组"形成了对照。

我们可以指定一个初始化列表来给一个使用 new 的对象数组赋值。例如：

```
double* p4 = new double[5] {0,1,2,3,4};
double* p5 = new double[] {0,1,2,3,4};
```

现在，p4 指向一组包含值 0.0、1.0、2.0、3.0 和 4.0 的 double 类型的对象；p5 也是如此。当提供了一组元素时，可以省略元素的数量。[①]

通常，我们需要担心未初始化的对象的存在，因此，需要在我们读取它们的值之前给它们赋值。注意，编译器通常有一个"调试模式"，在默认情况下，它们将每个变量初始化为一个可预测的值（通常为 0）。这意味着，当关闭调试模式并运行程序时，当运行优化器或只是在不同的机器上编译时，带有未初始化变量的程序可能会突然以不同的方式运行。所以，不要使用未初始化的变量。

当我们定义自己的类型时，我们可以更好地控制初始化。如果一个类型 X 有一个默认的构造函数，我们将得到：

```
X* px1 = new X;                      // 一个默认初始化的 X
X* px2 = new X[17];                  // 17 个默认初始化的 X
```

如果一个类型 Y 有一个构造函数，但不是默认构造函数，我们需要显式进行初始化：

```
Y* py1 = new Y;                      // 错误：没有默认构造函数
Y* py2 = new Y{13};                  // 成功，初始化为 Y{13}
```

---

① 译者注：p5 这种情况基于安全的考虑在某些编译器下会报错，如在 Visual Studio 2017 C++ 编译器下会报错，但是，在 Visual Studio 2013 下则不会，其取决于编译器使用的 C++ 标准。

```
    Y* py3 = new Y[17];                        // 错误：没有默认构造函数
    Y* py4 = new Y[17] {0,1,2,3,4,5,6,7,8,9,10,11,12,13,14,15,16};
```

new 语句中过长的初始化列表可能不切实际，但是，当我们只是需要少量的元素时，它们使用起来会很方便，这通常是最常见的情况。

17.4.5 空指针

如果没有其他指针来初始化一个指针，请使用空指针，nullptr：

```
    double* p0 = nullptr;            // 空指针
```

当给指针赋值时，0 值被称为空指针，通常我们测试指针是否可用（即是否指向某对象）通过检查该指针是否为 nullptr，如果指针不为 nullptr，仍为可用。例如：

```
    if (p0 != nullptr)              // 认为 p0 可用
```

这并不是一个完美的测试，因为 p0 可能包含一个"随机"不为零的值（如忘记初始化）或对象的地址已被释放（参见 17.4.6 节）。但是，我们已经尽力了，通常无法做到更好。我们实际上不用显式写出 nullptr，因为 if 语句可以检查它的条件是否等于 nullptr：

```
    if (p0)                                  // 认为 p0 可用，等同于 p0!=nullptr
```

我们更倾向于简短的格式，这可以更直观地表达出"p0 可用"的意思，但是也不排斥其他观点。

当我们有一个指针有时指向对象、有时不指向对象时，我们就需要使用空指针。很多人不这么想，思考：如果没有一个对象让指针指向，为什么要定义那个指针呢？为什么不能等到有对象了呢？

命名 nullptr 作为空指针是在 C++11 中新增的，在旧代码中，人们通常使用 0 或 NULL 替代 nullptr。这两个旧的方法可能导致困惑或错误，所以现在更倾向使用 nullptr。

17.4.6 自由存储区的释放

new 运算符从自由存储区中分配（"获取"）内存。由于一台计算机的内存有限，因此，在使用完成后将内存释放回自由存储区通常是个好的主意。这样，自由存储区可以将内存再次分配。对于大型程序和长时间运行的程序来说，重新利用空闲内存是必要的。例如：

```
    double* calc(int res_size, int max)         // 内存泄漏
    {
        double* p = new double[max];
        double* res = new double[res_size];
        // …使用 p 来计算要放入 res 中的结果…
        return res;
    }
    double* r = calc(100,1000);
```

这么写，calc() 每次调用都会造成给 p 分配给 double 变量的"泄漏"。例如，调用 calc(100,1000) 将占用 1000 个 double 的空间，无法提供给其他的程序使用。

将内存返还给自由存储区的操作称为 delete，我们使用 delete 将 new 创建的指针指向的内存还给自由存储区再次使用。示例变成：

```
    double* calc(int res_size, int max)
        // 调用负责为 res 分配内存
    {
        double* p = new double[max];
        double* res = new double[res_size];
```

```
        //  ... 使用 p 来计算要放入 res 中的结果 ...
        delete[] p;                    // 我们不需要这块内存了，释放
        return res;
    }
double* r = calc(100,1000);    // 使用 r
delete[] r;                         // 我们不需要这块内存了，释放
```

这个示例演示了使用自由存储区的一个主要原因：我们能在一个函数中创建对象，并将它们传递给函数的调用者。

这有两种 delete 的格式：

● delete p 释放 new 创建的单个对象内存。

● delete[ ] p 释放 new 创建的数组对象的内存。

选择使用正确的格式，是程序员乏味的工作。

删除一个对象两次是极大的错误。例如：

```
int* p = new int{5};
delete p;                          // 正确，p 指向一个新建的对象
                                   //... 这里没有使用 p...
delete p;                          // 错误，现在 p 指向的内存归自由存储区管理
```

第二次 delete p 有两个问题：

● 由于指向的对象不再存在，于是自由存储区管理器可能修改它的内部数据结构，导致不能再次正确地执行 delete p。

● 自由存储区管理器可能会 "再利用" p 所指向的内存，这时 p 正指向另一个对象；那个被删除的对象（属于程序的其他部分）将引起程序错误。

这两个问题都会出现在实际的程序中，而不仅仅是理论上的可能。

删除空指针不会发生任何事情（因为空指针不指向对象），所以删除空指针是无害的。例如：

```
int* p = nullptr;
delete p;                          // 正确：什么都不会发生
delete p;                          // 同样正确（什么都不会发生）
```

为什么我们要费心去释放内存呢？当我们不再需要一块内存时，编译器就不能发现它，并在没有人为干预的情况下回收它吗？其实它可以。这个过程称为自动垃圾回收机制或垃圾回收。不幸的是，自动垃圾回收对所有应用程序不是免费的和理想的。如果你确实需要自动垃圾回收，你可以安装垃圾回收库到你的 C++ 程序中。优秀的垃圾回收库是有的（参见 www.stroustrup.com/C++.html）。但是在本书中，我们认为你需要自行处理 "垃圾"，我们会向你展示如何更方便和高效地去完成。

防止内存泄漏什么时候很重要？一个需要 "永远" 地运行下去的程序就不能承受任何的内存泄漏。一个不能有内存泄漏的操作系统就是一个 "需要永远运行" 的程序，还有大部分的嵌入式系统（参见第 25 章）也是这样。程序库不应该有内存泄漏，因为使用者可能把它用在不能有内存泄漏的系统中。一般来说，所有程序都不产生内存泄漏是个好主意。许多程序员认为泄漏是粗心导致的。然而，这有点言过其实。当你在一个操作系统（UNIX，Windows 等）中运行程序时，所有内存会在程序结束时自动返还给操作系统。因此，这会带来一个问题，如果你知道你的程序不会使用比可用内存更多的内存，你可能会合理地决定 "泄漏"，直到操作系统为你释放内存。但是，如果你决定要这样做，请确保你所估计的内存消耗是正确的，否则人们将会有充分的理由认为你很粗心。

17.5　析构函数

现在，我们知道了如何在 vector 中存储元素。我们在自由存储区中分配了充足的空间，并且通过指针访问它们：

```cpp
// 一个简化的 double 的 vector
class vector {
    int sz;                                    // 大小
    double* elem;                              // 指向元素的指针
public:
    vector(int s)                              // 构造函数
        :sz{s},                                // 初始化 sz
        elem{new double[s]}                    // 初始化 elem
        {
            for (int i=0; i<s; ++i) elem[i]=0; // 初始化元素
        }
    int size() const { return sz; }            // 当前大小
    //...
};
```

因此，sz 是元素的数量。我们在构造函数中初始化它，使用 vector 对象的用户可以通过调用 size( ) 来获取元素的个数。在构造函数中使用 new 为元素分配空间，从自由存储区返回的指针保存在成员指针 elem 中。

注意，我们将所有元素初始化为它们的默认值（0.0）。标准库向量是这么做的，所以我们认为最好从一开始就这样做。

不幸的是，我们原始的 vector 发生了内存泄露。在构造函数中，使用 new 给元素分配内存。根据 17.4 节中所说，我们必须确定该部分内存会用 delete 释放。思考下面的代码：

```cpp
void f(int n)
{
    vector v(n);            // 分配 n 个 double
    //...
}
```

当我们退出函数 f( ) 时，通过 v 创建的元素在自由存储区中没有释放。我们需要给 vector 定义一个 clean_up( ) 操作来调用它：

```cpp
void f2(int n)
{
    vector v(n);            // 定义一个 vector（分配 n 个 int）
    //... 使用 v...
    v.clean_up();           // clean_up() 删除 elem
}
```

这样就可以工作了。但是，自由存储区中最常见的问题之一是忘记调用 delete。同样的问题也会出现在 clean_up( ) 上，人们可能会忘记调用它。我们可以做得更好。基本思路是让编译器存在一个与构造函数作用相反的函数，像构造函数一样的使用方式。这个函数称为析构函数。和在类对象创建时会隐式调用构造函数一样，析构函数在对象超出了作用域时被隐式调用。构造函数确保对象正确地创建和初始化。与之相反，析构函数确保对象在销毁前正确地被清理。

```
// 一个简化的 double 的 vector
class vector {
    int sz;                         // 大小
    double* elem;                           // 指向元素的指针
    public:
    vector(int s)                       // 构造函数
        :sz{s}, elem{new double[s]}     // 分配内存
    {
        for (int i=0; i<s; ++i) elem[i]=0; // 初始化元素
    }
    ~vector()                           // 析构函数
    { delete[] elem; }                      // 释放内存
    //...
};
```

因此，我们就能写成：

```
void f3(int n)
{
    double* p = new double[n];          // 分配 n 个 double
    vector v(n);                        // vector 分配 n 个 double

    //... 使用 p 和 v...
    delete[ ] p;                        // 释放 p 指向的内存
} // vector v 被自动清除
```

　　突然觉得 delete[ ] 看起来相当冗余和易错。对 vector 来说，无须使用 new 分配内存，在函数结尾也不用 delete[ ] 释放内存。vector 已经做了相同的事，而且做得更好。尤其是，vector 不会忘记调用析构函数来释放元素占用的内存。

　　我们不打算在这里深入了解析构函数使用的更多细节，但是在处理一些先获得再归还的资源，如文件、线程、锁等，析构函数可以处理得很好。还记得 iostream 使用后如何清理吗？它们刷新缓存区、关闭文件、释放缓存空间等。这些工作都可以在它们的析构函数中完成，每个"拥有"资源的类都需要一个析构函数。

17.5.1　生成的析构函数

　　如果一个类的成员具有一个析构函数，那么包含该成员的类对象销毁时将调用该成员的析构函数。例如：

```
struct Customer {
    string name;
    vector<string> addresses;
    //...
};
void some_fct()
{
    Customer fred;
    // 初始化 fred
    // 使用 fred
```

```
    }
```

当我们退出 some_fct( ) 时，将导致 fred 超出作用域，fred 被销毁。那么，name 和 address 的析构函数会被调用。显然，析构函数会被使用是必然的，或者表述为"编译器为 Customer 生成一个析构函数，会调用其成员的析构函数"。通常，保证实现析构函数被调用是合情合理且是必要的。

对于成员的析构函数和基类的析构函数会在派生类的析构函数（无论是用户定义还是编译器生成）中被隐式调用。基本上，所有的规则可以被归纳为：当对象被销毁时（超出作用域，使用 delete 等）析构函数被调用。

17.5.2　析构函数和自由存储区

析构函数从概念上来说是简单的，对于大多数有效的 C++ 程序设计技术而言是基础。其基本思想很简单：

- 类对象需要使用的任何资源，都要在构造函数中获取。
- 在对象生命周期中，它可以释放资源并再次获取一个新的资源。
- 在对象生命周期结束后，析构函数释放对象拥有的所有资源。

配对使用构造函数 / 析构函数处理 vector 的自由存储区内存操作是一个典型示例。我们将在 19.5 节中讨论更多的例子。这里，我们将考察一个结合使用自由存储区和类层次关系的重要应用。思考下面的代码：

```
Shape* fct()
{
    Text tt {Point{200,200},"Annemarie"};
    //...
    Shape* p = new Text{Point{100,100},"Nicholas"};
    return p;
}
void f()
{
    Shape* q = fct();
    //...
    delete q;
}
```

这看起来相当合理，而且确实是这样。它可以正常工作，但让我们看看是如何工作的，因为这暴露了一种精湛、重要、简单的技术。在函数 fct( ) 中，Text（参见 13.11 节）对象 tt 在 fct( ) 退出时被正确地销毁。Text 有一个 string 成员，显然需要调用它的析构函数——string 处理内存获取和释放的方式几乎和 vector 一样。对于 tt 来说，这很简单；编译器会调用 Text 默认析构函数（参见 17.5.1 节）。但是，从 fct( ) 返回的 Text 对象怎么处理呢？调用函数 f( ) 并不知道 q 指向一个 Text；它只知道 q 指向一个 Shape。那么，delete q 如何调用 Text 的析构函数呢？

在 14.2.1 节中，我们提到过 Shape 具有一个析构函数。实际上，Shape 有一个虚的析构函数，这是问题的关键。当我们使用 delete q 时，delete 会查看 q 的类型，以确定是否需要调用析构函数，如果需要，就调用析构函数。这样 delete q 就会调用 Shape 的析构函数～ Shape( )。但是，～ Shape( ) 是虚函数，于是使用虚函数调用机制（参见 14.3.1 节）去调用 Shape 派生类的析构函数，这里是～ Text( )。如果 Shape:: ～ Shape( ) 不是虚函数，那么 Text:: ～ Text( ) 将不会被调用，并且 Text 的 string 成员变量也不会正常销毁。

经验法则：如果你有一个带有虚函数功能的类，则它需要一个虚的析构函数。具体原因是：
- 如果一个类有虚函数功能，该类很有可能作为一个基类使用。
- 如果该类作为基类，它的派生类很有可能使用 new 来分配内存。
- 如果派生类对象是使用 new 分配的，并通过指向其基类类型的指针进行操作，则很有可能通过 delete 基类类型的指针来释放它。

注意，析构函数是通过 delete 隐式或间接调用的，它们并不是直接调用的。这省去了许多棘手的工作。

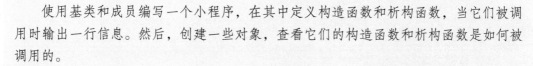

试一试

使用基类和成员编写一个小程序，在其中定义构造函数和析构函数，当它们被调用时输出一行信息。然后，创建一些对象，查看它们的构造函数和析构函数是如何被调用的。

17.6　访问元素

对于 vector 的使用，我们需要一个读取和写入元素的方法。作为初学者，我们能提供简单的 get( ) 和 set( ) 成员函数：

```
// 一个简化的 double 的 vector
class vector {
    int sz;                                        // 大小
    double* elem;                                  // 指向元素的指针
public:
    vector(int s) :sz{s}, elem{new double[s]} { /*... */ }  // 构造函数
    ~vector() { delete[] elem; }                   // 析构函数
    int size() const { return sz; }                // 当前大小
    double get(int n) const { return elem[n]; }    //读取访问
    void set(int n, double v) { elem[n]=v; }       //写入访问
};
```

get( ) 和 set( ) 中都是使用 elem 指针的 [ ] 运算符来实现访问元素的：elem[n]。

现在，我们可以创建一个 double 类型的 vector 并使用它：

```
vector v(5);
for (int i=0; i<v.size(); ++i) {
    v.set(i,1.1*i);
    cout << "v[" << i << "]==" << v.get(i) << '\n';
}
```

这将会输出：

```
v[0]==0
v[1]==1.1
v[2]==2.2
v[3]==3.3
v[4]==4.4
```

这仍然是一个相当简化的 vector 版本，相对于常用的下标符号来说，使用 get( ) 和 set( ) 的代码显得不够优雅。然而，我们的目标是从小而简单的程序开始，然后一步一步地完善我们的程序，并一路测试。像以往一样，完善和重复测试的策略可以最大限度地减少错误和调试过程。

17.7　指向类对象的指针

"指针"的概念是通用的，这样我们可以指向内存中的任何对象。例如，我们可以像使用指向 char 的指针一样使用指向 vector 的指针：

```
vector* f(int s)
{
    vector* p = new vector(s);        // 在自由存储区分配 vector
    // 填充 *p
    return p;
}
void ff()
{
    vector* q = f(4);
    // 使用 *q
    delete q;                         // 在自由存储区释放 vector
}
```

注意，当我们 delete 一个 vector 时，它的析构函数会被调用。例如：

```
vector* p = new vector(s);        // 在自由存储区分配 vector
delete p;                         // 释放
```

为了在自由存储区创建一个 vector，new 运算符将：

- 首先给一个 vector 分配内存。
- 然后调用 vector 的构造函数来初始化 vector；构造函数为 vector 中的元素分配内存，并初始化这些元素。

为了删除 vector，delete 运算符将：

- 首先调用 vector 的析构函数；析构函数将调用元素的析构函数（如果有的话），释放 vector 中元素所占用的内存。
- 然后释放 vector 使用的内存。

注意，这是如何递归地运行的（参见 8.5.8 节）。使用已有的（标准库中的）vector，我们也可以这样做：

```
vector<vector<double>>* p = new vector<vector<double>>(10);
delete p;
```

这里，delete p 调用 vector<vector<double>> 的析构函数；该析构函数依次调用它的 vector<double> 元素的析构函数，然后简洁地清除所有对象，保证所有对象被清除和没有内存泄漏。

因为 delete 调用析构函数（对于具有析构函数的类型，如 vector），所以 delete 通常称为销毁对象，而不仅是释放它们。

同样，请记住在构造函数外"独立"new 出来的对象，容易忘记执行 delete 销毁它。除非你具有合适（可以采用 Vector_ref 的方法，参见 13.10 节和附录 E.4）的删除对象策略，尽量只在构造函数中使用 new，以及尽量只在析构函数中使用 delete。

至此都还不错，但是，我们如何只使用一个指针来访问 vector 的成员对象（成员变量和成员函数）？注意，所有类都支持这个 .（点）运算符，用于访问成员，使用时需要给定对象的名称：

```
vector v(4);
int x = v.size();
double d = v.get(3);
```

类似地，给定一个指向对象的指针，所有类都支持用于访问成员的 ->（箭头）运算符：

```
vector* p = new vector(4);
int x = p->size();
double d = p->get(3);
```

和 .（点）一样，->（箭头）也能用于成员变量和成员函数。而像 int 和 double 的内置类型没有成员对象，因此，-> 不可以对内置类型使用。点和箭头通常称为成员访问运算符。

17.8　类型混合：无类型指针和指针类型转换

在使用指针和自由存储区分配的数组时，我们很接近硬件层。实际上，我们的指针操作（初始化、赋值、* 和 [ ]）要直接映射为机器指令。在该层次上，语言仅提供了一些书写的便利和由类型系统提供编译时的一致性。但有时，我们需要放弃一些保护措施。

当然，我们不希望做没有类型系统保护的工作，不过有时这也是没有办法的办法（例如，我们需要和其他与 C++ 类型不同的语言进行交互）。还有一些不幸的情况，我们需要为没有考虑静态类型安全的旧代码设计接口。在这种情况下，我们需要做两件事情：

● 一种指针类型，它不知道内存中是什么类型的对象。
● 一种操作，用于告诉编译器某个这种类型的指针指向的是什么类型的对象（无须证明）。

类型 void* 就是我们需要的指针类型，它"指向某个编译器不知道其类型的内存"。当我们在互相不知道类型的两段代码中传递地址时，我们就可以使用 void*。比如，回调函数的"地址参数"（参见 16.3.1 节），以及最底层内存分配的方法（如 new 运算符的实现）。

不存在 void 类型的对象，但正如我们所看到的，通常用 void 表示"没有返回值"：

```
void v;                          // 错误，没有 void 类型的对象
void f();                        // f() 没有返回值
```

任何对象类型的指针都可以赋值给 void*。例如：

```
void* pv1 = new int;             // 成功 :int* 转换为 void*
void* pv2 = new double[10];      // 成功 :double* 转换为 void*
```

因此，编译器也就不知道 void* 指向的是什么类型，我们必须告诉它：

```
void f(void* pv)
{
    void* pv2 = pv;              // 这样复制是可以的（这正是 void* 的作用）
    double* pd = pv;            // 错误：不能转换 void* 为 double*
    *pv = 7;                     // 错误：不能对 void* 解引用
    // （我们不知道是什么类型）
    pv[2] = 9;                   // 错误，不能使用下标
    int* pi = static_cast<int*>(pv); // 成功，显式转换
    //...
```

```
}
```

　　static_cast 用于显式地转换相关的指针类型，比如，void* 和 double*（参见附录 A.5.7）。static_cast 的命名和操作都是不友好的，非必要不要使用。像 static_cast 这样的操作称为显式类型转换（正如它所做的）或口语化地称为强制转换（英文是 cast，意思是石膏，因为它可以用来支撑破损的东西）。

　　C++ 提供两种比 static_cast 更危险的转换：

- reinterpret_cast 可以转换不相关的类型，如 int 和 double*。
- const_cast 可以"通过强制转换去除 const 的限制"。

例如：

```
Register* in = reinterpret_cast<Register*>(0xff);
void f(const Buffer* p)
{
    Buffer* b = const_cast<Buffer*>(p);
    //...
}
```

图 17-12　类型转换示例

　　第一个示例中，展示的是 reinterpret_cast 的经典的、必要的和正确的使用。我们告诉编译器，内存中的某个特定部分（以位置 0xFF 开始的内存）将被视为寄存器（可能具有特殊语义）。当你编写设备驱动程序之类的东西时，这样的代码是必要的，示例如图 17-12 所示。

　　在第二个示例中，const_cast 从名为 p 的 const Buffer* 中剥离 const。我们大概知道自己在做什么。

　　static_cast 至少不会混淆指针 / 整型的区别，也不会移除 const 属性，所以当你感觉需要类型转换时，在这三者中最好选用 static_cast。当你觉得需要进行转换时，最好考虑一下：有没有不需要转换就可以实现的办法？可不可以重新设计一个不需要转换的代码？除非你需要为其他人的代码或硬件进行接口设计，否则通常有办法避免类型转换。如果不这样做，可能会发生微妙且令人讨厌的错误。另外，使用 reinterpret_cast 的代码是不可移植的。

17.9　指针和引用

　　我们可以把引用理解为是会自动解引用的指针，或者是对象的别名。指针和引用的区别在于：

- 给指针赋值是改变指针的值（而不是指针指向的值）
- 通常需要使用 new 或 & 获得指针。
- 通过指针访问指向的对象，需要使用 * 或 [ ]。
- 给引用赋值是改变引用对象的值（而不是引用本身的值）。
- 在初始化后，不能修改引用去指向另外的对象。
- 引用的赋值方法是深拷贝（对被引用的对象赋值）；指针的赋值则不是（赋值给指针自身）。
- 注意空指针。

例如：

```
int x = 10;
int* p = &x;                    // 你需要 & 来获得指针
*p = 7;                         // 使用 * 通过 p 来对 x 赋值
```

```
int x2 = *p;                    // 通过 p 读取 x
int* p2 = &x2;                  // 获得另一个 int 的指针
p2 = p;                         // p2 和 p 都指向 x
p = &x2;                        // 设置 p 的指针指向其他对象
```

引用的相关示例：

```
int y = 10;
int& r = y;                     // & 在类型中，不在初始值中
r = 7;                          // 通过 r 对 y 赋值（不需要 *）
int y2 = r;                     // 通过 r 读取 y（不需要 *）
int& r2 = y2;                   // 获得另一个 int 的引用
r2 = r;                         // y 值赋给 y2
r = &y2;                        // 错误：你不能改变引用的值
                                // 不能给 int& 赋值 int*
```

注意最后的一个示例，这种方式将会报错，因为无法将已初始化的引用去指向不同的对象。如果你需要指向不同的对象，请使用指针。使用指针的方法参见 17.9.3 节。

引用和指针都是通过使用内存地址实现的。它们只是以不同的方式来使用地址，为程序设计人员提供稍有不同的功能。

17.9.1　指针参数和引用参数

当你想要在函数中修改一个外部变量的值时，有 3 种选择。例如：

```
int incr_v(int x) { return x+1; }    // 计算新值并返回
void incr_p(int* p) { ++*p; }        // 传递指针
                                     // 取值并加 1
void incr_r(int& r) { ++r; }         // 传递引用
```

你会如何选择呢？我们认为最常见（最不容易出错）的是返回值的方法，做法如下：

```
int x = 2;
x = incr_v(x);   // 复制 x 到 incr_v()，然后将结果复制出来并赋值给它
```

对于简单的对象，如 int，我们倾向于这种方法；对于"庞大的对象"，只要提供了移动构造函数（参见 18.3.4 节），我们便可以高效地传递它。

我们在使用引用参数和指针参数时如何选择？不幸的是，两者都有自己的优点和缺点，所以答案还不那么明确。你必须根据单个函数及其可能的用途才能作出决定。

首先，使用指针参数会提醒程序设计者，有些东西可能会发生变化。例如：

```
int x = 7;
incr_p(&x)                           // 需要 &
incr_r(x);
```

需要在 incr_p(&x) 中使用 & 告知用户 x 可能被修改。相反，incr_r() "看起来很无辜"。这导致很多人更偏向使用指针。

另外，如果你使用指针作为函数参数，必须考虑某人可能使用空指针 nullptr 进行调用，例如：

```
incr_p(nullptr);                     // 崩溃：incr_p() 不能处理空指针
int* p = nullptr;
incr_p(p);                           // 崩溃：incr_p() 不能处理空指针
```

这显然很危险。incr_p() 写成下面这样可以预防这个问题：

```
void incr_p(int* p)
{
    if (p==nullptr) error("null pointer argument to incr_p()");
    ++*p;                               // 取值并加 1
}
```

但是，incr_p( ) 突然看起来不像以前一样简单和有吸引力了。第 5 章讨论了如何处理错误的参数。相反，引用（如 incr_r( )）的用户有权假设自己指向了一个有效的对象。

如果从函数语义的角度来看，"不传递任何东西"（不传递对象）是可以被接受的，那么我们必须使用指针参数。注意，这不适用于递增操作的情况，因此，需要为 p==nullptr 抛出一个异常。

所以，实际的答案是"选择依赖于函数的性质"：

● 对于小的对象，首选值传递。
● 对于具有可能传递"空对象"（由 nullptr 表示）参数的函数，使用一个指针参数（记得检查 nullptr 的情况）。
● 对于其他情况，使用引用参数。

参见 8.5.6 节。

17.9.2 指针、引用和继承

在 14.3 节中，我们看到了派生类（如 Circle）如何在需要其公有（public）基类 Shape 的对象时使用。我们能按照指针或引用的方式来实现它：Circle* 可以隐式地转换为 Shape*，因为 Shape 是 Circle 的一个公有基类。例如：

```
void rotate(Shape* s, int n);           // 旋转 *s n 度
Shape* p = new Circle{Point{100,100},40};
Circle c {Point{200,200},50};
rotate(p,35);
rotate(&c,45);
```

对于引用也是一样：

```
void rotate(Shape& s, int n);           // 旋转 s n 度
Shape& r = c;
rotate(r,55);
rotate(*p,65);
rotate(c,75);
```

这在面向对象的程序设计技术中是尤为重要的（参见 14.3 节、14.4 节）。

17.9.3 示例：链表 (list)

链表（list）是最常见和最实用的数据结构之一。通常，链表由"节点"构成，节点通过信息和指向各自的指针彼此连接。这是指针经典的使用案例。例如，我们能展示一个 norse_gods 的短链表，如图 17-13 所示。这样的列表称为双向链表（doubly-linked list），因为给定一个节点，我们可以同时找到前一个和后一个节点。一个只能找到后继元素的列表称为单向链表（singly-linked list）。当需要方便地删除元素时，可以使用双向链表来实现。我们可以这样定义一个双向链表：

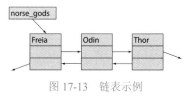

图 17-13   链表示例

```
struct Link {
```

```
        string value;
        Link* prev;
        Link* succ;
        Link(const string& v, Link* p = nullptr, Link* s = nullptr)
            : value{v}, prev{p}, succ{s} { }
    };
```

在该双向链表中，我们能使用 succ 指针获得它的下一个节点，也可以使用 prew 指针获得它的上一个节点。我们使用空指针表示节点没有下一个节点或上一个节点的链接。我们可以这样构造自己的列表 norse_gods 的名单：

```
    Link* norse_gods = new Link{"Thor",nullptr,nullptr};
    norse_gods = new Link{"Odin",nullptr,norse_gods};
    norse_gods->succ->prev = norse_gods;
    norse_gods = new Link{"Freia",nullptr,norse_gods};
    norse_gods->succ->prev = norse_gods;
```

我们通过创建节点来构建链表，并且像图 17-13 中一样链接它们：首先 Thor，然后 Odin 作为 Thor 的上一个节点，最后 Freia 作为 Odin 的上一个节点。你可以通过指针来正确获得它，从而每个节点的 succ 和 prev 指向了正确的位置（节点）。然而，由于没有显式地定义和命名插入操作，代码比较晦涩：

```
    Link* insert(Link* p, Link* n) // 插入 n 到 p 前 （不完整）
    {
        n- >succ = p;                   // p 在 n 后
        p->prev->succ = n;              // n 在 p 的上一个节点之后
        n->prev = p->prev;              // p 的上一个节点成为 n 的上一个节点
        p->prev = n;                    // n 成为 p 的上一个节点
        return n;
    }
```

如果 p 确实指向一个节点，并且 p 所指向的节点确实有一个前驱，那么这是可行的。请说服自己，事实确实如此。当思考指针和链接结构时，如由节点组成的链表，我们总是在纸上画一些方框和箭头，以验证我们的代码是否正确。请不要太过自信，而不使用这种高效且底层的设计技术。

这个 insert() 的版本不完整，因为它没有处理 n、p 或 p->prev 是空指针的情况。我们将增加适当的空指针的检查，虽然有点繁杂，但是可以正确运行：

```
    Link* insert(Link* p, Link* n) // 在 p 前插入 n, 返回 n
    {
        if (n==nullptr) return p;
        if (p==nullptr) return n;
        n- >succ = p;                   // p 在 n 后
        if (p->prev) p->prev->succ = n;
        n->prev = p->prev;              // p 的上一个节点成为 n 的上一个节点
        p->prev = n;                    // n 成为 p 的上一个节点
        return n;
    }
```

这样，前文创建链表的代码可以写成：

```
    Link* norse_gods = new Link{"Thor"};
    norse_gods = insert(norse_gods,new Link{"Odin"});
```

```
norse_gods = insert(norse_gods,new Link{"Freia"});
```

现在所有 prev 和 succ 指针易错的陷阱都已经解决。指针误用都存在于烦琐、易错且不易编写测试的函数中。特别地，传统代码中的很多错误是由于人们忘记对 nullptr 进行检查而造成的——就像我们（故意）在 insert( ) 的第一个版本中所做的那样。

注意，我们使用了默认的参数（参见 15.3.1 节和附录 A.9.2），以避免用户在每次使用构造函数时都必须给出上一个节点和下一个节点。

17.9.4 链表操作

在标准库中提供了 list 类，我们将在 20.4 节中讲述。它封装了所有节点操作，但是这里我们将详细阐述基于 Link 类的链表的概念，保证 list 类中所有细节都"尽在掌握"，并学习更多使用指针的示例。

Link 类需要什么操作才能允许用户避免"指针错误"？这在某种程度上视开发者的偏好而定，但是这里有一些有用的操作：

- 构造函数。
- insert：在一个元素前插入。
- add：在一个元素后增加。
- erase：删除一个元素。
- find：找到具有给定值的节点。
- advance：获得第 n 个后继。

我们能将操作写成：

```
Link* add(Link* p, Link* n)           // 在 p 后插入 n，返回 n
{
    // 很像插入（参见练习题 11）
}
Link* erase(Link* p)                   // 从 list 删除 *p；返回 p 的下一个节点
{
    if (p==nullptr) return nullptr;
    if (p->succ) p->succ->prev = p->prev;
    if (p->prev) p->prev->succ = p->succ;
    return p->succ;
}
Link* find(Link* p, const string& s)  // 在 list 中查找 s
                                       // 未找到则返回 nullptr
{
    while (p) {
    if (p->value == s) return p;
    p = p->succ;
    }
    return nullptr;
}
Link* advance(Link* p, int n)          // 在 list 中移动 n 个位置
                                       // 未找到则返回 nullptr
    // 正为向前移动 n，负为往回移动
    {
```

```
    if (p==nullptr) return nullptr;
    if (0<n) {
        while (n--) {
            if (p->succ == nullptr) return nullptr;
            p = p->succ;
        }
    }
    else if (n<0) {
        while (n++) {
            if (p->prev == nullptr) return nullptr;
            p = p->prev;
        }
    }
    return p;
}
```

注意，后缀 n++ 的使用。这种递增（后递增）表示先使用原始值，然后将值加 1。

17.9.5　链表的使用

做个小练习，让我们构建两个链表：

```
Link* norse_gods = new Link{"Thor"};
norse_gods = insert(norse_gods,new Link{"Odin"});
norse_gods = insert(norse_gods,new Link{"Zeus"});
norse_gods = insert(norse_gods,new Link{"Freia"});

Link* greek_gods = new Link{"Hera"};
greek_gods = insert(greek_gods,new Link{"Athena"});
greek_gods = insert(greek_gods,new Link{"Mars"});
greek_gods = insert(greek_gods,new Link{"Poseidon"});
```

"不幸的是"，我们造成了两个错误：Zeus 是一个希腊的天神（greek_gods），而不是北欧的天神（norse_gods）；希腊的战争之神是 Ares，而不是 Mars（Mars 是他的拉丁 / 罗马名字）。我们修正一下：

```
Link* p = find(greek_gods, "Mars");
if (p) p->value = "Ares";
```

注意，我们如何谨慎地检查 find( ) 返回空指针的情况。当然，我们知道在这里并不会发生（毕竟是我们刚刚将 Mars 插入到 greek_gods 中），但是在实际示例中代码可能会被修改。

同样，我们可以将 Zeus 移动到正确的行列中：

```
Link* p = find(norse_gods,"Zeus");
if (p) {
    erase(p);
    insert(greek_gods,p);
}
```

你注意到程序错误了吗？非常不易察觉（除非你已经习惯直接操作节点）。如果我们 erase( ) 的 Link 节点是 norse_gods 指向的节点呢？同样，这里实际上不会发生，但是为了编写高质量、可维护的代码，我们需要考虑到这种可能性：

```
Link* p = find(norse_gods, "Zeus");
if (p) {
    if (p==norse_gods) norse_gods = p->succ;
    erase(p);
    greek_gods = insert(greek_gods,p);
}
```

同时，我们还修正了第二个错误：当我们将 Zeus 插入到第一位希腊神之前时，需要让 greek_gods 指向 Zeus 节点。指针是非常有用和灵活的，但也是相当微妙的。

最终，我们输出这些节点：

```
void print_all(Link* p)
{
    cout << "{ ";
    while (p) {
        cout << p->value;
        if (p=p->succ) cout << ", ";
    }
    cout << " }";
}
print_all(norse_gods);
cout<<"\n";
print_all(greek_gods);
cout<<"\n";
```

结果是：

```
{ Freia, Odin, Thor }
{ Zeus, Poseidon, Ares, Athena, Hera }
```

17.10　this 指针

注意，我们的每个链表函数都以 Link* 作为第一个参数，并访问该对象中的数据。这种函数被我们经常用作成员函数。我们能不能通过操作成员的方法来简化 Link（或节点的使用）呢？我们能不能将指针设为私有，以便只有成员函数来访问它呢？答案是能：

```
class Link {
public:
    string value;
    Link(const string& v, Link* p = nullptr, Link* s = nullptr)
    : value{v}, prev{p}, succ{s} { }
    Link* insert(Link* n) ;              // 在这个对象前插入 n
    Link* add(Link* n) ;                 // 在这个对象后插入 n
    Link* erase() ;                      // 从 list 移除这个对象
    Link* find(const string& s);         // 在 list 中查找 s
    const Link* find(const string& s) const;      // const list 中查找 s（参见
                                                      18.5.1 节）
    Link* advance(int n) const;          // 在列表中移动 n 个位置
    Link* next() const { return succ; }
```

```
        Link* previous() const { return prev; }
    private:
        Link* prev;
        Link* succ;
    };
```

这看起来进步了很多。我们定义 const 成员函数来保证 Link 的状态不可修改。我们增加（不会发生修改版本的）next() 和 previous() 函数来遍历链表（的节点），现在直接访问 succ 和 prev 的操作被禁用。我们只有将 value 作为公有成员，因为（到目前为止）我们还没有私有它的理由，它"仅仅是数据"。

现在让我们尝试通过复制我们前面使用的全局函数 insert() 来实现 Link::insert()，对它做适当的修改：

```
    Link* Link::insert(Link* n)                // 在 p 前插入 n，返回 n
    {
        Link* p = this;                        // 指向这个对象
        if (n==nullptr) return p;              // 无插入对象
        n- >succ = p;                          // p 在 n 后
        if (p->prev) p->prev->succ = n;
        n->prev = p->prev;                     // p 的上一个节点成为 n 的上一个节点
        p->prev = n;                           // n 成为 p 的上一个节点
        return n;
    }
```

但是，我们如何在 Link::insert() 调用时获得当前对象的指针呢？当前代码并没有实现。但是在每个成员函数中，标识符 this 代表一个指针，它指向拥有当前被调用的成员函数的对象。所以，我们可以简单地在代码中用 this 替代 p：

```
    Link* Link::insert(Link* n)                // 在这个对象前插入 n，返回 n
    {
        if (n==nullptr) return this;
        n- >succ = this;                       // 这个对象在 n 后
        if (this->prev) this->prev->succ = n;
        n->prev = this->prev;                  // 这个对象的上一个节点
        // becomes n's predecessor
        this->prev = n;                        // n 成为这个对象的上一个节点
        return n;
    }
```

这似乎有点多余，我们其实可以不需要 this 来访问成员对象，于是我们可以简写成：

```
    Link* Link::insert(Link* n) // 在这个对象前插入 n，返回 n
    {
        if (n==nullptr) return this;
        if (this==nullptr) return n;
        n->succ = this;                        // 这个对象在 n 后
        if (prev) prev->succ = n;
        n->prev = prev;                        // 这个对象的上一个节点成为 n 的上一个节点
        prev = n;                              // n 成为这个对象的上一个节点
        return n;
```

```
    }
```

换句话说，当每次访问成员时，我们都会隐式地使用 this 指针——指向当前对象的指针。只有当我们需要引用整个对象时，我们才需要明确地提及它。

注意，this 有一个特定的含义：它指向调用成员函数的对象。它不指向任何其他已存在的对象。编译器确保我们不会改变成员函数中的 this 指针的值。例如：

```cpp
struct S {
//...
    void mutate(S* p)
    {
        this = p;                // 错误，不可变
        //...
    }
};
```

在解决了这些实现问题后，让我们来看看现在的用法：

```cpp
Link* norse_gods = new Link{"Thor"};
norse_gods = norse_gods->insert(new Link{"Odin"});
norse_gods = norse_gods->insert(new Link{"Zeus"});
norse_gods = norse_gods->insert(new Link{"Freia"});
Link* greek_gods = new Link{"Hera"};
greek_gods = greek_gods->insert(new Link{"Athena"});
greek_gods = greek_gods->insert(new Link{"Mars"});
greek_gods = greek_gods->insert(new Link{"Poseidon"});
```

这个和以前的版本很相似。像前面的示例一样，我们修正我们的"错误"。修正战争之神的名字：

```cpp
Link* p = greek_gods->find("Mars");
if (p) p->value = "Ares";
```

移动 Zeus 到正确的位置：

```cpp
Link* p2 = norse_gods->find("Zeus");
if (p2) {
    if (p2==norse_gods) norse_gods = p2->next();
    p2->erase();
    greek_gods = greek_gods->insert(p2);
}
```

最终，让我们输出链表：

```cpp
void print_all(Link* p)
{
    cout << "{ ";
    while (p) {
        cout << p->value;
        if (p=p->next()) cout << ", ";
    }
    cout << " }";
}
```

```
print_all(norse_gods);
cout<<"\n";
print_all(greek_gods);
cout<<"\n";
```

再次得到结果：

```
{ Freia, Odin, Thor }
{ Zeus, Poseidon, Ares, Athena, Hera }
```

至此，你更喜欢哪个版本：insert( ) 等是成员函数的版本，还是它们是独立函数的版本？在我们的示例中差别不大，请参见 9.7.5 节。

这里需要注意的是，我们仍然没有定义链表类，只有节点类。这迫使我们一直担心哪个指针是指向第一个元素的指针。通过定义一个 List 类，我们可以做得更好，但像这里这样的设计是非常常见的。标准库 list 将在 20.4 节中介绍。

✔ 操作题

本章操作题分为两个部分，第一部分演示 / 构建你所理解的自由存储区分配的数组，以及对比 vector 和数组的区别：

1. 在自由存储区中使用 new 分配一个由 10 个 int 组成的数组。
2. 使用 cout 输出这 10 个 int 的值。
3. 释放这个数组（使用 delete[ ]）。
4. 编写函数 print_array10(ostream& os,int* a)，实现输出 a（假设包含了 10 个元素）的值到 os。
5. 在自由存储区中分配由 10 个 int 组成的数组；使用值 100、101、102 等初始化数组；输出它的值。
6. 在自由存储区中分配由 11 个 int 组成的数组；使用值 100、101、102 等初始化数组；输出它的值。
7. 编写函数 print_array(ostream& os, int* a, int n)，输出 a（假设包含了 n 个元素）的值到 os。
8. 在自由存储区中分配由 20 个 int 组成的数组；使用值 100、101、102 等初始化数组；输出它的值。
9. 是否记得删除了这些数组？（如果不记得，试一下。）
10. 在第 5、6、8 题完成后，使用 vector 替代数组，实现 print_vector( ) 替代 print_array( )。

第二部分主要是指针和指针相关的数组。使用 print_array( ) 做后面的练习：

1. 分配一个 int，将它初始化为 7，把它的地址赋值给变量 p1。
2. 输出 p1 的值和它所指向的 int 的值。
3. 分配包含 7 个 int 的数组；将它初始化为 1、2、4、8 等；把它的地址赋值给变量 p2。
4. 输出 p2 的值和它所指向的数组的值。
5. 定义 int* 类型的变量 p3，并且使用 p2 来初始化它。
6. 把 p1 赋值给 p2。
7. 把 p3 赋值给 p2。
8. 输出 p1 和 p2 的值，以及它们指向的数组的值。
9. 释放所有通过自由存储区分配的内存。
10. 分配包含 10 个 int 的数组；将它初始化为 1、2、4、8 等；把它的地址赋值给变量 p1。
11. 分配包含 10 个 int 的数组；把它的地址赋值给变量 p2。
12. 从 p1 指向的数组中复制对象的值给 p2。

13. 使用 vector 替换数组重做第 10~12 题。

回顾

1. 为什么我们需要具有可变大小的数据结构？

2. 对于典型的程序，有哪 4 类存储形式？

3. 自由存储区是什么？它有常用的别名吗？它支持什么操作？

4. 解引用运算符是什么？为什么需要它？

5. 什么是地址？在 C++ 中如何操作内存地址？

6. 指针包含哪些指向对象的信息？它缺少哪些有用的信息？

7. 一个指针能指向什么？

8. 什么是内存泄漏？

9. 什么是资源？

10. 我们怎么初始化一个指针？

11. 什么是空指针？我们什么时候需要使用空指针？

12. 我们什么时候需要一个指针（而不是一个引用或命名对象）？

13. 什么是析构函数？我们什么时候需要使用它？

14. 我们什么时候需要一个虚析构函数？

15. 析构函数怎么被调用？

16. 什么是转换？我们什么时候需要使用转换？

17. 我们如何通过指针访问一个类的成员？

18. 什么是双向链表？

19. 什么是 this 指针？我们什么时候需要使用 this？

术语

地址（address）	析构函数（destructor）	nullptr
取址（address of）: &	自由存储区（free store）	指针（pointer）
分配（allocation）	节点（link）	范围（range）
强制转换（cast）	列表（list）	资源泄漏（resource leak）
容器（container）	成员访问（member access:): ->	下标访问（subscripting）
取值（contents of）: *	成员析构函数（member destructor）	下标运算符（subscript): [ ]
释放（deallocation）	内存（memory）	this
delete	内存泄漏（memory leak）	类型转换（type conversion）
delete[ ]	new	虚析构函数（virtual destructor）
解引用（dereference）	空指针（null pointer）	void*

练习题

1. 在你的程序设计环境中，指针值的输出形式是什么？提示：不要阅读相关文档。

2. 一个 int 占用多少字节？double 呢？bool 呢？不要使用 sizeof，除非你要验证自己的答案。

3. 编写函数 void to_lower(char* s)，将 C 风格的字符串中的大写字母变成小写字母。例如，"Hello，World！" 变成 "hello,world!"。不要使用任何的标准库函数。因为 C 风格的字符串是以 0 为结束的字符数组，所以如果你找到一个值为 0 的 char，那就是字符串的末尾。

4. 编写函数 char* strdup(const char*)，它会将一个 C 风格的字符串复制到它在自由存储区上分配的内存中，不要使用任何的标准库函数。

5. 编写函数 char* findx(const char* s, const char* x)，在 C 风格的字符串 s 中找到第一个匹配字符串 x 的位置。

6. 本章没有讲述使用 new 时会出现内存用完的情况。这种情况称为内存耗尽。请弄清将会发生什么。你有两个明确的选择：查找文档或编写一个无限循环的程序，不停地分配但不释放内存。两者都尝试一下，在失败前你大约可以分配多少内存？

7. 编写一个程序从 cin 读取字符到自由存储的数组。读取每个字符直到输入惊叹号（！）为止。不要使用 std::string，也不要担心内存耗尽。

8. 重做练习 7，但是这次读取到 std::string 而不是自由存储的数组（string 会自行处理自由存储区）。

9. 堆栈以哪种方式增长：向上（趋向较高地址）还是向下（趋向较低地址）？自由存储区最初是以哪种方式增长的（即在使用 delete 之前）？编写一个程序来确定答案。

10. 查看你对练习题 7 的解决方案。输入是否有可能导致数组溢出？也就是说，有没有什么方法可以输入比分配的数组空间更多的字符（一个严重的错误）？如果你尝试输入超过分配空间的字符，将会发生什么合理的现象？

11. 完成数组 17.10. 节中 "天神的列表" 示例并运行它。

12. 为什么我们定义了两个版本的 find( ) ？

13. 修改 17.10. 节中的 Link 类以保存 struct God 的值。struct God 应该具有以下 string 类型的成员：姓名、神话、坐骑和武器。例如，God{"Zeus"，"Greek"，""，"lightning"} 和 God{"Odin"，"Norse"，"Eight—legged flying horse called Sleipner"，"Spear called Gungnir"}。编写函数 print_all，每一行输出一个天神的属性。添加一个成员函数 add_ordered( )，将 new 出来的新的元素放置到正确的位置。使用带有 God 类型的值的 Link 对象，建立来自三个神话的天神列表；然后，将元素（天神）从该列表中移动到三个按字典顺序排列的列表中，每个列表对应一个神话。

14. 假设在 17.10. 节中天神的列表使用了单向链表；我们在 Link 中可以不使用 prev 成员吗？为什么我们希望这么做？什么类型的示例使用单向链表更合适？使用单向链表再次实现这个例子。

附言

当我们可以简单地使用 vector 时，为什么还要费心使用指针和自由存储区这样混乱的底层东西呢？好吧，一个答案是必须有人设计和实现 vector 和类似的抽象，我们希望知道这是如何工作的。有些程序设计语言不提供等同指针的功能就无法处理底层程序设计的问题。基本上，这类语言的程序员都要通过 C++ 程序员（以及其他适用底层程序设计语言的程序员）提供的直接访问硬件的代理方法来实现。但是，更主要的原因是你无法宣称你能理解计算机和程序，直到你清楚软件是如何与硬件工作的。那些不知道指针、内存地址等内容的人对程序设计语言的工作机制经常有非常奇怪的想法，这样错误的想法会导致代码成为 "可笑的劣质代码"。

第 18 章

向量容器和数组

"买者风险自负！"

——忠告

本章将讲述向量容器（vector）如何复制，以及如何使用下标访问数据。为此，我们讨论通用的复制技术，以及探讨向量容器和数组（array）的底层概念之间的关系。本章将讲述数组与指针之间的关系，以及探讨由于它们的使用引起的问题。还会讲述 5 个对所有类型都需要考虑的重要操作：构造函数、默认构造函数、拷贝构造函数、拷贝赋值函数及析构函数。另外，容器还需要移动构造函数和移动赋值函数。

18.1　介绍

在起飞时，飞机需要沿着跑道加速直到它足够地快，以便"跳"入空中。当飞机在跑道上缓慢地滑行时，它只不过是一辆特别笨重的、笨拙的卡车。而一旦飞起来，它就会变成一种完全不同的、优雅的、高效的交通工具。那才是它能够真正发挥自我的阶段。

本章的内容还属于"滑行"阶段，我们首先将收集足够的程序设计语言特性和技术，以摆脱普通计算机内存的限制和困难。我们希望在程序设计时使用的类型能够根据逻辑需求提供给我们想要的属性。为了实现这一目标，我们必须解决很多与计算机访问相关的基本限制，例如：

- 内存中的对象大小是固定的。
- 内存中的对象在一个特定的位置。
- 计算机只为对象提供一些基础操作（如复制一个字的数据、将两个字的值相加等）。

从本质上来说，这些限制都是对 C++ 的内置类型和操作的限制（通过 C 语言从硬件继承而来的；参见 22.2.5 节和第 27 章）。在第 17 章中，我们学习了一个简化版本的向量容器类型，它控制对其元素的所有访问，并为我们提供从用户的角度来看更"自然"的操作，而不是从硬件的角度。

本章的重点是拷贝的概念。这是一个很重要并且技术性很强的问题：拷贝一个重要（nontrivial）对象是什么意思？在拷贝后，副本的独立程度是怎样的？都有什么样的拷贝操作？我们怎么使用它们？它们和其他基础操作（如初始化和清除）之间有什么联系？

不可避免地，当我们没有更高级的类型（如向量容器和字符串）时，我们将研究数组和指针之间的关系、它们的用法，以及它们使用时的陷阱和缺陷。这些信息对于任何使用 C++ 或 C 语言进行程序设计的人来说是必要的过程。

注意，向量容器的细节对于向量容器和 C++ 从底层类型构建高级类型的方式来说都是独特的。然而，每种语言中的每种"高级"类型（string、vector、list、map 等）都以某种方式由相同的计算机原语（machine primitive，由若干条计算机指令构成的用以完成特定功能的一段程序）构建，并反映了这里描述的基本问题的多种解决方案。

18.2　初始化

思考一下我们的 vector 类型在第 17 章结束时的形成：

```
class vector {
    int sz;                                         // 大小
    double* elem;                                   // 指向元素的指针
public:
    vector(int s)                                   // 构造函数
            :sz{s}, elem{new double[s]} { /*... */ } // 分配内存
    ~vector()                                       // 析构函数
            { delete[] elem; }                      // 释放内存
    //...
};
```

这还不错，但是如果我们想初始化向量容器时，使用一组值而不是用默认值呢？例如：

```
vector v1 = {1.2, 7.89, 12.34 };
```

我们可以这样做，这要更优于使用默认值初始化然后再赋值的情况：

```
vector v2(2);                                       // 冗余且易错
v2[0] = 1.2;
v2[1] = 7.89;
v2[2] = 12.34;
```

与 v1 相比，v2 的"初始化"冗余且易错（我们故意在该代码中使用了错误的元素数量）。使用 push_back( ) 能防止发生设置大小的错误：

```
vector v3;                                          // 冗余且重复
v3.push_back(1.2);
v3.push_back(7.89);
v3.push_back(12.34);
```

但是，这样仍然是冗余的，那么我们怎么编写一个构造函数的参数来处理一个初始化列表呢？使用标准库类型 initializer_list<T> 的对象，可以提供给程序员一个类型为 T 的 { } 列表，一个以 T 为对象的、有限长度的列表，这样我们可以写成：

```
class vector {
    int sz;                                         // 大小
    double* elem;                                   // 指向元素的指针
public:
    vector(int s)                                   // 构造函数 (s 是元素数量 )
        :sz{s}, elem{new double[sz]}                // 为元素提供的，未初始化的内存
    {
        for (int i = 0; i<sz; ++i) elem[i] = 0.0;   // 初始化
    }
    vector(initializer_list<double> lst)            // 初始化列表构造函数
        :sz{lst.size()}, elem{new double[sz]}       // 为元素提供的，未初始化的内存
    {
        copy( lst.begin(),lst.end(),elem);          // 初始化 ( 使用 std::copy()，参见附
                                                    //         录 B.5.2)
    }
```

```
    //...
};
```

我们使用标准库中的 copy 算法（参见附录 B.5.2）。它将由前两个参数（这里是 initializer_list 的开始和结束位置）指定的元素序列复制到以第三个参数（这里是从 elem 开始的向量元素）开始的元素序列。

现在我们能写成：

```
vector v1 = {1,2,3};          // 三个元素 1.0, 2.0, 3.0
vector v2(3);                 // 三个元素（默认）为 0
```

注意，我们是如何使用（）设置元素数量，以及使用 {} 设置对象列表的。我们需要一种表示法来区分它们。例如：

```
vector v1 {3};                // 一个元素，值为 3.0
vector v2(3);                 // 三个元素（默认）为 0.0
```

这不是很简洁，但是它更高效。如果可以选择，编译器会将 {} 列表中的值一个个解释为元素值，并将其作为 initializer_list 的元素传递给 initializer_list 构造函数。

在大多数情况下，包括本书中遇到的所有情况，在 {} 初始化列表前的 = 是可选的，我们可以写成：

```
vector v11 = {1,2,3};         // 三个元素 1.0, 2.0, 3.0
vector v12 {1,2,3};           // 三个元素 1.0, 2.0, 3.0
```

这只是格式上的区别。

注意，我们通过值传递的方式传递 initializer_list<double>。这是经过深思熟虑的，也是语言规则所要求的：initializer_list 只是分配到"其他地方"的一组元素的句柄（参见附录 B.6.4）。

18.3　拷贝

继续思考我们不完整的 vector：

```
class vector {
    int sz;                              // 大小
    double* elem;                        // 指向元素的指针
public:
    vector(int s)                        // 构造函数
    :sz{s}, elem{new double[s]} { /*... */ }   // 分配内存
    ~vector()                            // 析构函数
    { delete[] elem; }                   // 释放内存
    //...
};
```

让我们尝试复制这些 vector 对象：

```
void f(int n)
{
    vector v(3);            // 第一个三个元素的 vector
    v.set(2,2.2);          // 设置 v[2] 为 2.2
    vector v2 = v;         // 会发生什么？
    //...
}
```

在理想情况下，v2 成为了 v 的副本（即"="视为复制）；也就是说，有 v2.size( )==v.size( ) 和 v2[i]==v[i]，而 i 取值范围是 [0: v.size( ))。因此，当 f( ) 完成返回时，所有内存将被返还给自由存储区。这就是标准库的 vector 类型所完成的操作，但对于我们仍然过于简单的向量来说，情况并非如此。我们的任务就是完善我们的 vector 以便可以正确处理这些情况。但首先让我们弄清楚当前版本的 vector 实现了哪些功能。它到底哪里出错了？怎么发生的？为什么会出错？一旦我们弄清楚了错误所在，我们就可能解决这些错误。更重要的是，在我们学习这些内容后，我们有机会认识到和避免类似的错误。

复制一个类通常的意思是"复制所有的数据成员"。例如，当我们复制一个 Point 时，需要复制它的坐标。但是对于一个指针成员而言，只是复制成员的话就会引起问题。尤其对于我们示例中的 vector 对象，在复制后，在我们的 vector 对象中要得到 v.sz==v2.sz 且 v.elem=v2.elem 的结果是如图 18-1 所示。

图 18-1　简单的成员复制

也就是说，v2 没有 v 中元素的副本；它仅仅共享了 v 的元素。我们可以写成：

```
v.set(1,99);                    // 设置 v[1] 为 99
v2.set(0,88);                   // 设置 v2[0] 为 88
cout << v.get(0) << ' ' << v2.get(1);
```

结果输出 88 99，这不是我们想要的。如果"切断"v 和 v2 之间的联系，我们就会得到输出 0 0，因为我们从没重写 v[0] 和 v2[1]。你可能会说我们实现的操作是"有趣的""整洁的！"或"有时会很有用"，但这不是我们现在想要的，也不是标准库 vector 的做法。同时，我们从 f( ) 返回时会发生巨大的灾难。v 和 v2 的析构函数将被隐式调用；v 的析构函数释放元素占用的空间使用了：

```
delete[] elem;
```

然后 v2 也做了相同的事。因为 v 和 v2 中的指针 elem 指向相同的内存位置，所以该内存将被释放两次，这样导致灾难性的结果（参见 17.4.6 节）

18.3.1　拷贝构造函数

那么我们要做什么呢？很明显这将包括：提供一个拷贝操作来复制元素，然后确保在用一个 vector 初始化另一个 vector 时，调用了这个拷贝操作。

类对象的初始化通过构造函数来完成。因此，我们需要一个可以拷贝数据的构造函数。不出所料，这样的构造函数称为拷贝构造函数。它被定义为将对要复制的对象的引用作为其参数。所以，对于类 vector 而言，我们需要实现：

```
vector(const vector&);
```

当我们试着使用另一个 vector 来初始化时，这个构造函数被调用。我们通过引用传递，因为我们（显然）不想复制拷贝构造函数的参数。我们传递 const 常量引用是因为不希望修改我们的参数（参见 8.5.6 节）。所以，我们按如下形式重新定义 vector：

```
class vector {
    int sz;
    double* elem;
```

```
public:
    vector(const vector&) ;   // 拷贝构造函数：定义复制
    //...
};
```

拷贝构造函数设置了元素的数量（sz），然后在复制值之前为元素分配内存（初始化 elem）：

```
vector::vector(const vector& arg)
// 分配元素，然后通过拷贝进行初始化
    :sz{arg.sz}, elem{new double[arg.sz]}
{
    copy(arg.elem,arg.elem.sz,elem);           // std::copy(); 参见附录B.5.2
}
```

在完成这样的拷贝构造函数后，再次思考我们的示例：

```
vector v2 = v;
```

该定义会调用 vector 的拷贝构造函数，用 v 作为参数去初始化 v2。同样给定一个有三个元素的 vector，结果如图 18-2 所示。

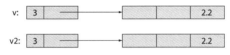

图 18-2　自定义的拷贝构造函数复制结果

因此，完成了这些，调用对象 v 和 v2 的析构函数可以做正确的事情。每一组元素所占用的内存都被正确地释放。显然，两个 vector 对象现在相互独立了，这样我们就能改变 v 中元素的值而不影响 v2，反之亦然。例如：

```
v.set(1,99);                      // 设置 v[1] 为 99
v2.set(0,88);                     // 设置 v2[0] 为 88
cout << v.get(0) << ' ' << v2.get(1);
```

这将输出 0 0。

换个方式定义：

```
vector v2 = v;
```

我们可以写成：

```
vector v2 {v};
```

当 v（初始化对象）和 v2（被初始化对象）是相同类型，且该类型可以方便地复制时，这两种表达式是完全等价的，你可以选择你喜欢的表达式来使用。

18.3.2　拷贝赋值函数

我们处理了拷贝构造函数（初始化），我们还可以通过赋值的方式来拷贝 vector 对象。和拷贝初始化一样，拷贝赋值函数也是成员逐一拷贝。就目前的 vector 定义而言，赋值操作也将会引起双重释放的问题（和拷贝构造函数一样，参见 18.3.1 节）及内存泄漏。例如：

```
f2(int n)
{
    vector v(3);                   // 定义 vector
    v.set(2,2.2);
    vector v2(4);
```

```
    v2 = v;                          // 赋值：这里会发生什么？
    //...
}
```

我们想要 v2 成为 v 的副本（和标准库中的 vector 的做法一样），但是因为没有在我们定义的 vector 中实现拷贝赋值函数，所以使用了默认赋值函数。赋值函数将进行成员逐一拷贝以让 v2 的 sz 和 elem 与 v 的 sz 和 elem 完全相同，如图 18-3 所示。

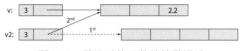

图 18-3   默认赋值函数的结果展示

当函数 f2( ) 结束时，程序将会发生和 18.3 节拷贝构造函数中一样的灾难性问题：在 v 和 v2 中指向元素的指针被释放两次（使用 delete[ ]）。另外，v2 初始化时分配的 4 个元素也会产生内存泄漏，我们"忘记了"释放它们。拷贝赋值函数的解决方法基本上和拷贝初始化是一样的（参见 18.3.1 节）。我们定义一个拷贝赋值函数来正确复制：

```
class vector {
    int sz;
    double* elem;
public:
    vector& operator=(const vector&) ;      // 拷贝赋值函数
    //...
};
vector& vector::operator=(const vector& a)
    // make this vector a copy of a
{
    double* p = new double[a.sz];           // 分配新空间
    copy(a.elem,a.elem.sz,p);               // 复制元素
    delete[] elem;                          // 释放旧空间
    elem = p;                               // 现在我们可以重置 elem 了
    sz = a.sz;
    return *this;                           // 返回自引用（参见 17.10 节）
}
```

拷贝赋值函数比拷贝构造函数操作稍微复杂一些，因为必须处理旧的元素。我们的基本策略是，从源 vector 中复制一份元素的副本：

```
double* p = new double[a.sz];               // 分配新空间
copy(a.elem,a.elem.sz,p);                   // 复制元素
```

然后，我们从目标 vector 中释放旧的元素：

```
delete[] elem;                              // 释放旧空间
```

最后，我们让 elem 指向新的元素：

```
elem = p;                                   // 现在我们可以重置 elem 了
sz = a.sz;
```

我们可以这样图形化地表示结果，如图 18-4 所示。

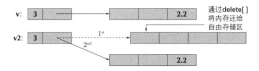

图 18-4 自定义的赋值函数拷贝结果

现在我们，有一个没有内存泄漏和不存在双重释放（delete[ ]）问题的 vector 版本了。

在实现拷贝赋值操作时，可以考虑在创建副本之前为旧元素释放内存，从而简化代码，但在确保可以替换信息之前，最好不要丢弃信息。如果你那样做，在给 vector 对象赋值它自己的时候，会产生奇怪的结果：

```
vector v(10);
v = v;                              // 自赋值
```

请在我们的实现中检查这种情况（即使不是最优化的效率）。

18.3.3 拷贝术语

拷贝操作是大多数程序和程序设计语言都会涉及的问题。一个基本问题是你应该拷贝一个指针（引用）还是拷贝指针指向（引向）的内容：

- 浅拷贝只拷贝一个指针，因此，两个指针可能指向同一个对象。这正是指针和引用的作用。
- 深拷贝是拷贝指针指向的内容，从而两个指针将指向不同的对象，如 vector 对象，string 对象等。当我们需要深拷贝我们类中的对象时，我们需要定义拷贝构造函数和拷贝赋值函数。

这里是一个浅拷贝的示例：

```
int* p = new int{77};
int* q = p;                        // 赋值指针 p
*p = 88;                           // 通过 p 和 q 修改 int 的值
```

浅拷贝的操作如图 18-5 所示。

与之相对应的是，我们做一个深拷贝：

```
int* p = new int{77};
int* q = new int{*p};              // 分配新 int，复制 p 指向的值
*p = 88;                           // 通过 p 修改值
```

深拷贝的操作如图 18-6 所示。

图 18-5 浅拷贝   图 18-6 深拷贝

使用拷贝术语，我们可以说我们原始 vector 的问题就是由浅拷贝引起的，没有复制指针 elem 指向的元素。我们改进后的 vector，像标准库的 vector 一样，为复制的值创建了新的空间，实现了深拷贝。实现了浅拷贝的类型（如指针对象和引用对象）称为具有**指针语义**和**引用语义**（它们拷贝地址）。用户深拷贝的类型（如 vector 和 string）称为具有**值语义**（它们拷贝指向的值）。从用户的角度来看，具有值语义类型的拷贝操作就好像没有指针的存在，仅是值的拷贝。就拷贝而言，理解值语义的类型的一种方式是，它们"就像整数类型一样工作"。

18.3.4 移动

如果 vector 有大量元素，那么拷贝数据将花费极大的代价。于是，我们只有当需要的时候才会拷贝数据。示例如下：

```
vector fill(istream& is)
{
    vector res;
    for (double x; is>>x; ) res.push_back(x);
    return res;
}
void use()
{
    vector vec = fill(cin);
    // ⋯ 使用 vec ⋯
}
```

这里我们使用输入流读入本地的 vector 对象 res，然后返回给函数 user()。将 res 从 fill() 拷贝到 vec 中可能开销很大。但是为什么要拷贝呢？因为我们根本不想拷贝！在返回后，我们不再需要使用原始对象（res）。实际上，res 在从 fill() 返回时就已经被销毁。那么，我们怎么避免拷贝数据呢？再次考虑一下 vector 在内存中是如何表示的，如图 18-7 所示。

我们想要"窃取" res 的数据，交给 vec 使用。换句话说，我们希望让 vec 直接引用 res 中的元素，而无须拷贝。

在将 res 的元素指针和元素计数移动到 vec 后，res 不再保存元素。我们已经成功地将值从 fill() 的 res 移到了 vec。现在，res 可以被销毁（简单而高效地），而不会产生不良的影响，如图 18-8 所示。

图 18-7　vector 在内存中的表示　　　　图 18-8　移动操作后的内存状态

我们已经成功地将 100 000 个 double 从 fill() 移到它的调用者中，代价仅仅是 4 个词（single-world）的赋值。

如何使用 C++ 代码实现移动操作呢？我们定义移动（move）操作来补充复制（copy）操作：

```
class vector {
    int sz;
    double* elem;
    public:
    vector(vector&& a);              // 移动构造函数
    vector& operator=(vector&&);     // 移动赋值函数
    //...
};
```

有趣的 && 符号称为"右值引用"。我们使用它来定义移动操作。注意，移动操作不采用 const 参数；也就是说，应该写成（vector&&）而不是（const vector&&）。移动操作的部分目的是修改源代码，使其"为空"。移动操作的定义往往很简单。它们往往比对应的拷贝操作更简单和高效。对于 vector，我们得到：

```
vector::vector(vector&& a)
    :sz{a.sz}, elem{a.elem}              // 赋值 a 的 sz 和 elem
{
    a.sz = 0;                            // 设置空 vector
    a.elem = nullptr;
}
vector& vector::operator=(vector&& a)    // 移动 a 到当前的 vector
{
    delete[] elem;                       // 释放旧空间
    elem = a.elem;                       // 复制 a 的 elem
    sz sz = a.sz;
    a.elem = nullptr;                    // 设置空
    a.sz = 0;
    return *this;                        // 返回自引用 ( 参见章节 17.10)
}
```

通过定义一个移动构造函数，我们使移动大量信息变得容易且开销低，如拥有许多元素的 vector。再次思考：

```
vector fill(istream& is)
{
    vector res;
    for (double x; is>>x; ) res.push_back(x);
    return res;
}
```

移动构造函数在返回后被隐式地调用。编译器知道返回的本地值（res）即将超出作用域，这时它就可以从 res 中移动，而非拷贝。

移动构造函数的重要性在于，我们不需要自己处理指针或引用来从函数中获取大量的信息。考虑一下这个有缺陷（但传统）的替代方案：

```
vector* fill2(istream& is)
{
    vector* res = new vector;
    for (double x; is>>x; ) res->push_back(x);
    return res;
}
void use2()
{
    vector* vec = fill2(cin);
    // ··· 使用 vec ···
    delete vec;
}
```

现在，我们必须删除 vector 的指针。正如 17.4.6 节中所述，删除自由存储区中的对象想要做到一贯性和正确性，并不像看上去那么容易。

18.4　必要的操作

现在，我们可以讨论如何决定一个类需要哪些构造函数，类是否需要定义析构函数，并且是否需要提供复制和移动操作。有 7 个必要的操作需要思考：

- 包含一个或多个参数的构造函数。
- 默认构造函数。
- 拷贝构造函数（复制相同类型的对象）。
- 拷贝赋值函数（复制相同类型的对象）。
- 移动构造函数（移动相同类型的对象）。
- 移动赋值函数（移动相同类型的对象）。
- 析构函数。

通常，我们需要一个或多个带有不同的参数的构造函数来初始化对象。例如：

```
string s {"cat.jpg"};                // 初始化 s 为 "cat.jpg"
Image ii {Point{200,300},"cat.jpg"}; // 初始化 Point 为坐标 {200,300},
                                     // 然后显示文件内容 cat.jpg 在这个 Point
```

初始值设定项的含义和用途完全取决于构造函数。标准库 string 的构造函数使用一个字符串作为初始值，而 Image 的构造函数使用该字符串作为要打开的文件的名称。通常我们使用构造函数去建立不变式（参见 9.4.3 节）。如果我们不能通过类的构造函数定义优秀的不变量，我们可能会获得一个设计糟糕的类或一个简单的数据结构。

带参数的构造函数对于所在的类是多种多样的。其余的操作具有更加规则的模式。

我们如何知道一个类是否需要默认构造函数？如果我们希望能够在不指定初始值设定项的情况下生成类的对象，那么我们需要一个默认构造函数。最常见的示例是，当我们将类的对象放入标准库的 vector 中时，下面的代码之所以有效，是因为 double、string 和 vector<int> 都有默认值：

```
vector<double> vi(10);        // 10 个 double 的 vector, 各个元素初始化为 0
vector<string> vs(10);        // 10 个 string 的 vector, 各个元素初始化为 ""
vector<vector<int>> vvi(10);  // 10 个 vector 的 vector, 各个元素初始化为 vector{}
```

因此，定义默认构造函数是有用的。问题出现了："什么时候定义默认构造函数是合理的？"回答是："当我们可以用一个有意义且明确的默认值为类建立不变式时"。对于值类型，如 int 和 double，显然的默认值为 0（对于 double 为 0.0）；对于字符串，默认值为空字符串 ""；对于 vector<int>{}，默认值为 int 对象的空 vector。

一个类如果获得了资源，就需要析构函数。资源是你从"某些地方获得的"并且你必须在使用完后返还它。最典型的示例是，你从自由存储区获得（使用 new）和必须返还（使用 delete 或 delete[ ]）的内存。我们的 vector 获得内存来保存元素，所以必须返还内存，因此，它需要析构函数。你可能在程序中遇到的其他资源包括文件（如果你打开一个，就必须关闭一个）、锁、线程句柄（handle）和套接字（socket，用于与进程和远程计算机通信）。

其他类需要析构函数的另一种情况是，它的成员是指针或引用。如果一个类有指针或引用成员，它通常需要析构函数和复制操作。

需要析构函数的类经常也需要一个拷贝构造函数和拷贝赋值函数。原因很简单，如果一个对象获得了一个资源（有一个指针成员指向它），那么复制的默认操作（浅拷贝，按成员复制）肯定是错误的。vector 是一个经典案例。

同样，需要析构函数的类也总是需要移动构造函数和移动赋值函数。原因很简单，如果一个对象获得了一个资源（有一个指针成员指向它），那么复制的默认操作（浅拷贝，按成员复制）肯定是错误的，并且通常解决方案（复制对象状态的）可能开销很大。vector 是一个经典案例。

另外，具有析构函数的派生类所继承的基类，需要定义虚析构函数（参见 17.5.2 节）。

18.4.1　显式构造函数

带一个简单参数的构造函数定义了参数类型到该函数所属类型的转换。这种转换是十分重要的。例如：

```
class complex {
public:
    complex(double);            // 定义 double 转化为 complex
    complex(double,double);
    //...
};
complex z1 = 3.14;              // 成功：转换 3.14 为 (3.14,0)
complex z2 = complex{1.2, 3.4};
```

但是，隐式转换应该谨慎使用，因为它们可能会引起不可预期和不良的影响。例如，我们的 vector，按照目前的定义，构造函数可能有一个 int 类型参数。这意味着它定义了一个从 int 到 vector 的转换。例如：

```
class vector {
    //...
    vector(int);
    //...
};
vector v = 10;                 // 可得到，10 个 double 的 vector
v = 20;                        // 嗯？ 赋值新的 20 个 double 的 vector 到 v
void f(const vector&);
f(10);                         // 嗯？ 调用 10 个 double 的 vector 的 f 函数
```

看起来我们得到的比我们预想的要多。幸运的是，我们可以简单地禁止使用构造函数作为隐式转换。通过 explicit 定义的构造函数（即显式构造函数）只提供通常的构造语义，而不提供隐式的转换。例如：

```
class vector {
    //...
    explicit vector(int);
    //...
};
vector v = 10;                 // 错误：不能 int 到 vector 转换
v = 20;                        // 错误：不能 int 到 vector 转换
vector v0(10);                 // 成功
void f(const vector&);
f(10);                         // 错误：不能 int 到 vector 转换
f(vector(10));                 // 成功
```

为了避免意外的类型转换，我们和标准库将 vector 的单参数构造函数定义为 explicit。遗憾的是构造函数默认是非显式的；如果还有困惑，可以调用任何定义为显式构造函数的单参数构造函数试一试。

18.4.2 构造函数和析构函数的调试

在程序执行过程中，构造函数和析构函数将在定义良好且可预测的地方被调用。但是，我们不能总是采用显式的方式调用它们，如 vector(2)；而是通过其他方式，如定义 vector 对象、给 vector 对象传参或者使用 new 创建一个 vector 对象。构造函数和析构函数的调用可能会造成人们对语法的混淆。触发构造函数的语法不止一种。像下面这样考虑构造函数和析构函数会更简单：

● 每当创建 X 类型的对象时，就会调用 X 的一个构造函数。

● 当 X 类型的对象被销毁时，将调用 X 的析构函数。

每当类对象被销毁时，就会调用析构函数；当名称超出作用域、程序终止或对指向对象的指针使用 delete 时，就会调用析构函数。每当创建该类的对象时，就调用构造函数（匹配的构造函数）；当变量初始化、使用 new 重新创建对象（内置类型除外）及拷贝对象时，都会调用构造函数。

但是，这是什么时候会发生呢？了解这一点的一个好方法是向构造函数、赋值操作和析构函数添加输出语句，然后试一下。例如：

```cpp
struct X {                                              // 简单的测试类
    int val;
    void out(const string& s, int nv)
        { cerr << this << "->" << s << ": " << val << " (" << nv << ")\n"; }
    X(){ out("X()",0); val=0; }                         // 默认构造函数
    X(int v) { val=v; out( "X(int)",v); }
    X(const X& x){ val=x.val; out("X(X&) ",x.val); }   // 拷贝构造函数
    X& operator=(const X& a)                            // 拷贝赋值函数
        { out("X::operator=()",a.val); val=a.val; return *this; }
    ~X() { out(" ~ X()",0); }                           // 析构函数
};
```

我们对 X 做的任何事情都会留下踪迹以供研究。例如：

```cpp
X glob(2); // 全局标量
X copy(X a) { return a; }
X copy2(X a) { X aa = a; return aa; }
X& ref_to(X& a) { return a; }
X* make(int i) { X a(i); return new X(a); }
struct XX { X a; X b; };
int main()
{
    X loc {4};              // 局部变量
    X loc2 {loc};           // 拷贝构造函数
    loc = X{5};             // 拷贝赋值函数
    loc2 = copy(loc);       // 调用值并返回
    loc2 = copy2(loc);
    X loc3 {6};
    X& r = ref_to(loc);     // 调用引用并返回
    delete make(7);
    delete make(8);
    vector<X> v(4);         // 默认值
    XX loc4;
    X* p = new X{9};        // 自由存储区的 X
```

```
    delete p;
    X* pp = new X[5];          // 自由存储区的 X 数组
    delete[] pp;
}
```

试着执行这一程序。

试一试

　　我们是认真的：运行这个示例并确保理解结果。如果你这样做了，就会明白大部分关于对象的构造函数和析构函数的知识。

　　根据编译器的质量不同，你可能会注意到一些与 copy( ) 和 copy2( ) 调用相关的"丢失的副本"的提示信息。我们（人类）可以看到这些函数什么也不做：它们只是将一个未经修改的值从输入复制到输出。如果编译器足够智能，就能够注意到这一点，它允许剔除对拷贝构造函数的调用。换句话说，编译器允许假设一个拷贝构造函数，仅用于复制。一些编译器足够的智能，可以剔除许多无效的副本。但是，编译器不能保证足够的智能，因此，如果你想要轻便的性能，考虑使用移动操作（参见 18.3.4 节）。

　　现在思考：我们为什么要为"笨类 X"而操心呢？这有点像音乐家必须做的指法练习。做完这些之后，其他事情——重要的事情——就变得更容易理解了。还有，如果你有关于构造函数和析构函数的问题，也可以在实际的构造函数中插入输出语句，查看它们的工作情况。对更大型的程序而言，这种跟踪变得麻烦，但是相关的技术可以使用。例如，你能判断是否存在内存泄漏，方法是通过查看构造函数的调用次数减去析构函数的调用次数是否等于 0 来进行判断。忘记分配内存或持有对象指针的类定义复制构造函数和复制赋值是一个常见（但容易避免）的问题来源。

　　如果你的问题太复杂，无法用这种简单的方法解决，你将需要学习更多的知识，从而能够开始使用专业工具来查找此类问题；这些工具通常称为"泄漏检测器"。当然，最理想情况是可以通过相关技术来防止内存泄露。

18.5　访问 vector 的元素

　　到目前为止（参见 17.6 节），我们已经可以使用成员函数 set( ) 和 get( ) 来访问元素。这样的使用方式烦琐、低效。我们想要使用通常的下标符号 v[i] 进行访问。为此，我们需要定义一个名为 operator[ ] 的成员函数。这是我们第一次（简单的）尝试：

```
class vector {
    int sz;                                    // 大小
    double* elem;                              // 指向元素的指针
public:
    //...
    double operator[](int n) { return elem[n]; } // 返回元素
};
```

　　看起来不错，特别是这看起来很简单，但不幸的是它太简单了。上面的下标运算符（operator[ ]( )）返回一个值，可读但不可写入：

```
vector v(10);
```

```
double x = v[2];                                    // 正确
v[3] = x;                                           // 错误：v[3] 不是一个左值
```

这里，v[i] 解释为 v.operator[ ](i) 的调用，并且调用返回 v 的第 i 个元素的值。对于这个极度不成熟的 vector 而言，v[3] 是浮点值，而不是浮点变量。

试一试

编写一个完全可以编译的 vector 版本，然后看看你的编译器对 v[3]=x 报什么错误。

我们下一个尝试是让 operator[ ] 返回一个元素的指针：

```
class vector {
    int sz;                                         // 大小
    double* elem;                                   // 指向元素的指针
public:
    //...
    double* operator[](int n) { return &elem[n]; }// 返回指针
};
```

根据这个定义，我们可以编写如下代码：

```
vector v(10);
for (int i=0; i<v.size(); ++i) {                    // 可以运行，但是不太好看
    *v[i] = i;
    cout << *v[i];
}
```

这里，v[i] 被解释为调用 v.operator[ ](i)，且这个调用返回 v 的第 i 个元素的指针。问题是，我们必须写成 "*" 来解引用，以获得元素。这几乎和编写 set( ) 和 get( ) 一样烦琐。从下标运算符返回引用就可以解决这个问题：

```
class vector {
    //...
    double& operator[ ](int n) { return elem[n]; }  // 返回引用
};
```

现在，我们可以编写如下代码：

```
vector v(10);
for (int i=0; i<v.size(); ++i) {                    // 可以运行
    v[i] = i;                                       // v[i] 返回第 i 个元素
    cout << v[i];
}
```

我们完成了符合习惯的表示法：v[i] 被解释为调用 v.operator[ ](i)，且调用返回 v 的第 i 个元素的引用。

18.5.1　const 重载

operator[ ]( ) 的定义目前还存在一个问题：它不能被一个 const 定义的 vector 调用。例如：

```
void f(const vector& cv)
```

```
    {
        double d = cv[1];                          // 错误，但应该允许
        cv[1] = 2.0;                               // 错误（正好符合我们的预期）
    }
```

原因在于，我们的 vector::operator[ ]( ) 存在会修改 vector 的可能。虽然修改并没有发生，但是编译器不知道，因为我们忘记告诉它了。解决方法是提供一个 const 成员函数（参见 9.7.4 节）：

```
class vector {
    //...
    double& operator[](int n);                     // 为非常量 vector
    double operator[](int n) const;                // 为常量 vector
};
```

我们显然不能在 const 版本里返回一个 double& 的引用，而我们可以返回一个 double 的值。我们同样可以返回一个 const double&，但是 double 对象作为一个小型对象没有必须要返回一个引用（参见 8.5.6 节），因为我们可以直接传值。我们现在能编写如下代码：

```
void ff(const vector& cv, vector& v)
{
        double d = cv[1];               // 正确（使用 const [] 版本）
        cv[1] = 2.0;                    // 错误（使用 const [] 版本）
        double d = v[1];                // 正确（使用非 const [] 版本）
        v[1] = 2.0;                     // 正确（使用非 const [] 版本）
}
```

由于 vector 经常使用 const 引用来传递 vector 对象，因此 operator[ ]( ) 的 const 版本是必要的补充。

18.6　数组

一段时间以来，我们使用数组来表示自由存储区分配的一系列对象。我们还可以将数组作为命名变量分配到其他地方。实际上，数组可以：

- 作为全局变量（但是全局变量通常是坏主意）。
- 作为局部变量（但是数组有严格的限制）。
- 作为函数成员（但是数组不知道它自己的大小）。
- 作为类成员（但是数组成员不易初始化）。

现在，你可能已经察觉到我们对 vector 有很微妙的偏好，而不是数组。在可以选择的情况下，使用 std::vector——在大多数情况下你都是可以选择的。但是，数组在 vector 出现之前就已经存在了，并且其他程序设计语言（尤其是 C 语言）也同样提供数组功能，所以你必须知道数组，并很好地理解它们，才能处理旧的代码，以及与那些不喜欢使用 vector 的人一起编写程序。

那么，什么是数组呢？怎么定义一个数组？怎么使用一个数组？一个数组就是被分配在连续内存中的同类型的对象序列；一个数组的元素有相同的类型，并且在序列内没有间隔。数组中的元素编号从 0 开始正向变大。在声明中，数组由"方括号"表示：

```
const int max = 100;
int gai[max];                          // 全局数组 (100 个 int)；"永久存活"
void f(int n)
{
```

```
    char lac[20];                    // 局部数组；"存活"直到作用域完成
    int lai[60];
    double lad[n];                   // 错误，数组大小不是常量
    //...
}
```

注意，数组的使用存在一个限制：命名数组的元素数量在编译时必须是已知的。如果你希望元素数量是一个变量，必须让它使用自由存储区，然后通过指针访问它。就像 vector 和它的数组元素一样。

像自由存储区的数组一样，我们使用下标和解引用运算符（[ ] 和 *）访问命名的数组对象。例如：

```
void f2()
{
    char lac[20];                    // 局部数组；"存活"直到作用域结束

    lac[7] = 'a';
    *lac = 'b';                      // 等同 lac[0]='b'

    lac[-2] = 'b';                   // 呃？
    lac[200] = 'c';                  // 呃？
}
```

函数可以通过编译，但是我们应该知道"通过编译"不代表函数能够"正常运行"。[ ] 的使用很明确，但是没有范围检查。因此，虽然函数 f2( ) 通过编译，但写入 lac[-2] 和 lac[200] 的结果（与所有越界访问一样）通常是灾难性的，我们应避免这样操作，数组对象没有范围检查。我们在这里又一次直接处理物理内存；不要指望"系统支持"。

但是，有没有可能编译器知道 lac 只有 20 个元素，保证 lac[200] 会提示错误？编译器有可能做到，但是目前我们所知道的产品级的编译器都不会这样做。问题是在编译期记录数组边界通常是不可能的，仅在最简单的情况下捕获错误（如上所示）并没有多大帮助。

18.6.1　指向数组元素的指针

指针可以指向数组中的一个元素。例如：

```
double ad[10];
double* p = &ad[5];                  // 指向 ad[5]
```

我们现在有一个指针 p，指向 ad[5] 的 double 值，如图 18-9 所示。

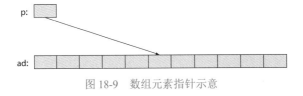

图 18-9　数组元素指针示意

我们可以对该指针进行下标访问和取址：

```
*p =7;
p[2] = 6;
p[-3] = 9;
```

我们得到的结果如图 18-10 所示。

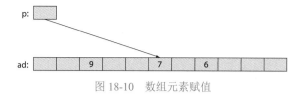

图 18-10　数组元素赋值

也就是说，我们可以用正数和负数作为下标指针。只要结果元素在范围内，这样的操作就是正确的。然而，在指向数组的范围之外的访问都是非法的（与自由存储区分配的数组对象一样，参见17.4.3 节）。通常，编译器不会检测到数组范围外的访问，并且这样的访问（迟早）会发生灾难。

一旦指针指向数组，就可以使用加法和下标访问使其指向数组的另一个元素。例如：

```
p += 2;                          // 将 p 向右移动 2 个元素
```

我们得到的结果如图 18-11 所示。

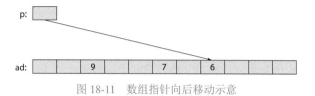

图 18-11　数组指针向后移动示意

以及：

```
p -= 5;                          // 将 p 向左移动 5 个元素
```

我们得到的结果如图 18-12 所示。

图 18-12　数组指针向前移动示意

使用 +、−、+= 和 -= 来移动指针的操作称为指针运算。显然，如果我们这样做，必须非常小心地确认结果不会指向数组范围以外的内存：

```
p += 1000;                       // 荒唐：p 指向的是一个只有 10 个元素的数组
double d = *p;                   // 非法：可能是错误值
                                 //（明显不可预测的值）
*p = 12.34;                      // 非法：可能弄乱一些未知数据
```

不幸的是，并非所有指针运算的严重错误都那么容易发现。最好的策略通常是直接避免指针运算。

指针运算最常见的用法是将指针加 1（使用 ++）以使指针指向下一个元素，和将指针减 1（使用 - 减号）以使指针指向上一个元素。例如，我们可以像这样输出 ad 元素的值：

```
for (double* p = &ad[0]; p<&ad[10]; ++p) cout << *p << '\n';
```

或者反向输出：

```
for (double* p = &ad[9]; p>=&ad[0]; --p) cout << *p << '\n';
```

这种指针运算的使用并不少见。然而，我们发现在编写上面一个（"反向"）示例时很容易出错。为什么是 &ad[9] 而不是 &ad[10]？为什么是 >= 而不是 >？这些示例使用下标同样可以做得很好（而且同样高效）。这样的示例在 vector 中使用下标同样也可以完成得很好，且更容易进行范围检查。

注意，指针运算的大多数实际使用涉及一个作为函数参数传递的指针。在这种情况下，编译器并不知道指向的数组中有多少元素：你只能靠自己了。这是一种我们会尽可能避免的情况。

为什么 C++（允许）进行指针运算呢？它是如此麻烦，除了下标操作并没有提供任何新的东西。例如：

```cpp
double* p1 = &ad[0];
double* p2 = p1+7;
double* p3 = &p1[7];
if (p2 != p3) cout << "impossible!\n";
```

主要是历史原因，这些规则在几十年前是为 C 语言精心设计的，如果不破坏大量代码就无法删除。在一定程度上，在一些重要的底层应用程序（如内存管理器）中使用指针运算可以获得一些便利，如内存管理。

18.6.2 指针和数组

数组的名称指代的是数组中所有的元素。例如：

```cpp
char ch[100];
```

使用 sizeof(ch)，ch 的大小是 100。然而，数组的名称可以轻易地转化（"退化"）为指针。例如：

```cpp
char* p = ch;
```

这里，p 被初始化指向 &ch[0]，并且 sizeof(p) 是 4（而不是 100）。

这一实现是十分有用的。例如，思考一个函数 strlen( )，它计算以 0 结尾的字符数组中的字符数：

```cpp
int strlen(const char* p)      // 类似标准库 strlen
{
    int count = 0;
    while (*p) { ++count; ++p; }
    return count;
}
```

现在，我们可以用 strlen(ch) 或者 strlen(&ch[0]) 来调用函数。你可能会说，这只是一个非常不起眼的符号优势，这点我们必须同意。

将数组名转换为指针的一个原因是，避免意外地以值传递的方式传递大量数据。例如：

```cpp
int strlen(const char a[])     // 类似标准库 strlen
{
    int count = 0;
    while (a[count]) { ++count; }
    return count;
}
char lots [100000];
void f()
{
    int nchar = strlen(lots);
    //...
}
```

你可能天真地（而且相当合理地）认为，这个调用会复制参数指定的 100 000 个字符给 strlen( )，但事实并非如此。相反，参数声明 char p[ ] 被认为等效于 char* p，调用 strlen(lots) 被认为等价于 strlen(&lots[0])。这使你避免了开销大的拷贝操作，但它应该会让你感到惊讶。为什么会让你惊讶呢？因为在其他任何情况下，当传递对象没有显式声明通过引用传递参数时（参见 8.5.3~8.5.6 节），该对象将被拷贝。

注意，数组的名称作为指向数组第一个元素的指针，它是一个值，而不是一个变量，所以不能给它赋值：

```
char ac[10];
ac = new char [20];             // 错误：数组名不能赋值
&ac[0] = new char [20];         // 错误：指针值不能赋值
```

最后，有了一个编译器能够捕获的问题！

由于这种数组名称到指针的隐式转换，你甚至不能使用赋值来拷贝数组：

```
int x[100];
int y[100];
//...
x = y;                          // 错误
int z[100] = y;                 // 错误
```

这是约定，但是经常是个麻烦。如果需要复制数组，你必须编写一些更复杂的代码来实现。例如：

```
for (int i=0; i<100; ++i) x[i]=y[i]; // 复制 100 个 int
memcpy(x,y,100*sizeof(int));         // 复制 100*sizeof(int) 字节
copy(y,y+100, x);                    // 复制 100 个 int
```

注意，C 语言不支持 vector 之类的类型，所以在 C 语言中，必须广泛使用数组。这意味着很多 C++ 代码使用数组（参见 27.1.2 节）。特别是 C 风格的字符串（以 0 结尾的字符数组，参见 27.5 节）是非常常见的。

如果我们想要赋值，必须使用类似标准库 vector 的功能。下面的代码等同于上面写过的拷贝操作代码：

```
vector<int> x(100);
vector<int> y(100);
//...
x = y;                          // 复制 100 个 int
```

18.6.3　数组初始化

一个 char 对象的数组可以使用字符串常量来初始化。例如：

```
 char ac[] = "Beorn";          // 6 个 char 的数组
```

数一下这些字符，共有 5 个，但 ac 变成了一个 6 个字符的数组，因为编译器在字符串常量的末尾添加了一个 0 作为终止符，如图 18-13 所示。

以 0 结尾的字符串是 C 语言和许多系统的标准。我们称这样一个以 0 结尾的字符数组为 C 风格的字符串。所有的字符串常量都是 C 风格的字符串。例如：

```
 char* pc = "Howdy";          // pc 指向 6 个 char 的数组
```

如图 18-14 所示。

图 18-13　字符数组存储　　　　　　　　　　　　　　　　图 18-14　字符串指针

注意，数值为 0 的字符不是字符 "0" 或任何其他字母、数字。以 0 结尾的目的是允许函数找到字符串的结尾。记住：数组不知道它的大小。根据以 0 结尾的约定，我们可以编写如下代码：

```
int strlen(const char* p)              // 类似标准库的 strlen()
{
    int n = 0;
    while (p[n]) ++n;
    return n;
}
```

实际上，我们不需要定义函数 strlen( )，因为它是一个定义在头文件 <string.h>（参见 27.5 节、附录 B.11.3）中的标准库函数。注意：strlen( ) 计算字符长度，但是不包含字符串结尾的 0 字符；也就是说，在 C 风格的字符串中你需要 $n+1$ 个字符空间来存储 n 个字符。

只有字符数组可以由常量字符串进行初始化，但所有的数组都可以由与其元素类型相匹配的值列表进行初始化。例如：

```
int ai[ ] = { 1, 2, 3, 4, 5, 6 };              // 6 个 int 数组
int ai2[100] = {0,1,2,3,4,5,6,7,8,9};          // 后 90 个元素初始化为 0
double ad[100] = { };                          // 所有元素初始化为 0.0
char chars[] = {'a', 'b', 'c'};                // 不是以 0 结尾的！
```

注意，ai 的元素数量是 6（不是 7），而 chars 的元素数量是 3（而不是 4），"在末尾添加 0" 这一规则只适用于常量字符串。如果数组没有给定大小，就从初始化式列表中推导出该大小。这是一个相当有用的特性。如果初始化值少于数组元素（如 ai2 和 ad 的定义），则其余元素由元素类型的默认值初始化。

18.6.4　指针问题

像数组一样，指针也经常被过度使用和误用。有时候，人们遇到的问题同时涉及指针和数组，因此，我们将在这里总结这些问题。特别地，指针的所有严重问题都涉及试图访问非预期类型的对象，其中许多问题涉及在数组范围之外的访问。在这里我们将讨论如下问题：

- 使用空指针访问。
- 使用未初始化的指针访问。
- 访问数组的末尾。
- 访问已释放的对象。
- 访问超出作用域的对象。

在以上所有情况下，对程序设计者来说实际的问题是，这些访问看起来都没有问题，"只是" 指针没有被赋予一个有效使用的值。更糟糕的是（在通过指针进行写操作的情况下），当一些明显无关的对象被损坏时，问题可能会在很长一段时间后才会发生。让我们思考示例：

不要通过空指针进行访问：

```
int* p = nullptr;
*p = 7; // 糟糕！
```

显然，在实际的程序中，这通常发生在初始化和使用之间存在一些其他代码的情况下。特别地，将 p 传递给函数，以及将其作为函数的返回结果是常见的示例。我们不喜欢到处传递空指针，但如果必须这样做，请在使用前测试空指针：

```
int* p = fct_that_can_return_a_nullptr();
```

```
if (p == nullptr) {
    // 做些什么
}
else {
    // 使用 p
    *p = 7;
}
```

以及

```
void fct_that_can_receive_a_nullptr(int* p)
{
    if (p == nullptr) {
        // 做些什么
    }
    else {
        // 使用 p
        *p = 7;
    }
}
```

使用引用（参见 17.9.1 节）和使用异常来处理重大错误（参见 5.6 节和 19.5 节）是避免空指针的主要手段。

记得初始化你的指针：

```
int* p;
*p = 9; // 糟糕！
```

特别地，不要忘记初始化类成员的指针。

不要访问不存在的数组元素：

```
int a[10];
int* p = &a[10];
*p = 11;          // 糟糕！
a[10] = 12;       // 糟糕！
```

注意，循环中第一个和最后一个元素，尽量不要将数组作为指向其第一个元素的指针传递。建议使用 vector 代替数组。如果你确实必须在多个函数中使用一个数组（将它作为参数传递），那么要格外小心，并传递它的大小。

不要使用已删除的指针访问：

```
int* p = new int{7};
//...
delete p;
//...
*p = 13;          // 糟糕！
```

代码 delete p；或后面的代码可能已经把 *p 完全重写了，或者用它做了其他的事情。在所有问题中，我们认为这个问题是最难系统地避免的。对付这个问题最有效的方法是，不要使用需要"裸" delete 操作的"裸" new 操作：在构造函数和析构函数中使用 new 和 delete，或者使用容器，如 Vector_ref（参见附录 E.4），来处理 delete 操作。

不要返回一个指向局部变量的指针：

```
int* f()
{
    int x = 7;
    //...
    return &x;
}
//...
int* p = f();
//...
*p = 15;           // 糟糕！
```

函数 f() 的 return 或后面的代码可能已经把 *p 完全重写了，或者用它做了其他的事情。原因在于，进入函数时分配（在栈上）的局部变量在函数退出时将被释放。特别地，拥有析构函数的局部变量会调用析构函数（参见 17.5.1 节）。编译器可以发现大多数与返回指向局部变量的指针有关的问题，但真正这样做的编译器非常少。

来看一个逻辑上等价的例子：

```
vector& ff()
{
    vector x(7);             // 7个元素
    //...
    return x;
} // vector x 在这被销毁
//...
vector& p = ff();
//...
p[4] = 15;                   // 糟糕！
```

相当多的编译器能够捕捉到这种返回问题。

程序员通常会低估这些问题。然而，许多有经验的程序员都被这些简单的数组和指针问题的无数变体和组合所击败。解决方案是不要用指针、数组、new 操作和 delete 操作来搞乱你的代码。如果你这么做了，在现实规模的程序中只是"小心"是不够的。取而代之的是，使用 vector 对象、资源获取即初始化 (Resource Acquisition Is Initialization，RAII；参见 19.5 节)，以及其他系统的方法来管理内存和其他资源。

18.7 示例：回文

我们已经展示了足够多的技术示例！让我们尝试一个难题。回文是一个两端拼写方法相同的单词。例如，anna、petep、和 malayalam 都是回文，而 ida 和 homesick 都不是回文。有两个基本的方法判断一个词是否是回文：

● 将这些字母按相反的顺序复制一份，并将它与原件进行比较。
● 判断第一个字母和最后一个字母是否相同，然后判断第二个字母和倒数第二个字母是否相同，一直遍历到中间。

这里，我们使用第二个办法。用代码表达这种办法的手段有很多，这取决于我们如何处理单词，以及我们如何记录字符比较的过程。我们将编写一个小程序，以几种不同的方法测试单词是否是回文，看看不同的语言特性如何影响代码的外观和工作方式。

18.7.1　使用 string 实现回文

首先，我们尝试使用带有 int 索引的标准库 string 来跟踪我们的比较过程。

```
bool is_palindrome(const string& s)
{
        int first = 0;                  // 首字母的索引
        int last = s.length()-1;        // 尾字母的索引
        while (first < last) {          // 我们还没到中间
                if (s[first]!=s[last]) return false;
                ++first;                // 向前移动
                --last;                 // 向后移动
        }
        return true;
}
```

如果我们达到中间仍未发现不同，那么就返回 true。我们建议你仔细查看这段代码，以确保当字符串没有字符，或只有一个字符，或字符串字符数量是单数或者偶数时，代码都是正确的。当然，我们不应该仅依靠逻辑来判断我们代码的正确性，还应该进行测试。我们可以像这样测试 is_palindrome( )：

```
int main()
{
        for (string s; cin>>s; ) {
                cout << s << " is";
                if (!is_palindrome(s)) cout << " not";
                cout << " a palindrome\n";
        }
}
```

基本上，我们使用 string 的原因是"string 擅长处理单词。"读取以空白字符分隔的单词到 string 中是很简单的，并且 string 还知道它自己的大小。假设我们想要使用包含空白字符的字符串来测试 is_palindrome( )，我们可以使用 getline( ) 来读取（参见 11.5 节）。这时，将显示 ah ha 和 as df fd sa 都是回文。

18.7.2　使用数组实现回文

如果没有 string（或 vector），那么我们必须使用数组来存储字符吗？让我们看看下面的代码：

```
bool is_palindrome(const char s[], int n)
 // s 指向 n 个字符的数组的首字符
{
        int first = 0;          // 首字母的索引
        int last = n-1;         // 尾字母的索引
        while (first < last) {  // 我们还没到中间
                if (s[first]!=s[last]) return false;
                ++first;                // 向前移动
                --last;                 // 向后移动
        }
```

```
        return true;
}
```

为了测试 is_palindrome( )，我们首先必须将字符读入数组。安全（例如，没有溢出风险的数组）的做法是这样的：

```
istream& read_word(istream& is, char* buffer, int max)
    // 最多从 is 中读取 max -1 个字符到缓冲区
{
        is.width(max);              // 后面的 >> 最多读取 max-1 个字符
        is >> buffer;               // 读取以空白符终止的单词
                                    // 在读入缓冲区的最后一个字符后面加 0
        return is;
}
```

合理地设置 istream 的 width( ) 来确保下一次的 >> 操作不会发生缓冲区溢出。不幸的是，这也意味着我们不知道读取是以空白符为结束，还是以缓冲区已满为结束（所以我们需要读更多的字符）。此外，还记得 width() 对 **input** 的行为细节吗？标准库 string 和 vector 作为缓存区确实更好，因为它们可以扩展以适应输入的数量。之所以需要终止符 0，是因为对字符数组（C 风格的字符串）的大多数常用操作都假定字符串以 0 结束。使用 read_word( ) 我们可以编写如下代码：

```
int main()
{
        constexpr int max = 128;
        for (char s[max]; read_word(cin,s,max); ) {
            cout << s << " is";
            if (!is_palindrome(s,strlen(s))) cout << " not";
            cout << " a palindrome\n";
        }
}
```

在 read_word( ) 后，调用 strlen(s) 返回数组中字符的数量，然后 cout<<s 输出数组中的字符直到遇到字符 0 为止。

我们认为这个"数组的解决方案"比"string 的解决方案"明显更加复杂，并且当我们尝试处理长字符串时，它的情况可能变得更糟。参见练习题 10。

18.7.3 使用指针实现回文

我们可以使用指针替代索引来识别字符：

```
bool is_palindrome(const char* first, const char* last)
    // first 指向首字母，last 指向尾字母
{
        while (first < last) {           // 我们还没到达中间
        if (*first!=*last) return false;
        ++first;                         // 向前移动
        --last;                          // 向后移动
        }
        return true;
}
```

注意，我们实际上通过递增和递减来操作指针。递增操作让一个指针指向下一个数组元素，而递减操作让一个指针指向上一个元素。如果数组不存在上一个元素或下一个元素，就会发生严重的、未捕获的越界错误。这是指针的另一个问题。

我们像这样调用 is_palindrome( )：

```
int main()
{
    const int max = 128;
    for (char s[max]; read_word(cin,s,max); ) {
        cout << s << " is";
        if (!is_palindrome(&s[0],&s[strlen(s)-1])) cout << " not";
        cout << " a palindrome\n";
    }
}
```

只是为了好玩，我们像这样重写了 is_palindrome( )：

```
bool is_palindrome(const char* first, const char* last)
// first 指向首字母 , last 指向尾字母
{
    if (first<last) {
        if (*first!=*last) return false;
        return is_palindrome(first+1,last-1);
    }
    return true;
}
```

当我们重新表述了回文的定义时，代码的意图变得明显了：如果第一个和最后一个字符是相同的，并且如果删除掉第一个和最后一个字符所得到的子字符串是回文，那么该单词是一个回文。

✓ 操作题

在本章，我们有两组操作题：一个是数组操作题，另一个是向量容器操作题，两个操作题将使用相似的内容。在两个都做完后，请将两者进行对比。

数组操作题：

1. 定义包含 10 个 int 的全局数组 ga，使用 1、2、4、8、16 等数据初始化。

2. 定义一个函数 f( )，它带有一个 int 数组参数和一个标识数组元素数量的 int 参数。

3. 在函数 f( ) 中：

　a. 定义包含 10 个 int 的局部数组 la。

　b. 把 ga 中的值复制给 la。

　c. 输出 la 中的所有元素。

　d. 定义指向 int 的指针 p，并使用自由存储区分配内存的数组初始化它，该数组的元素数量与实参数组相同。

　e. 将参数数组中的值复制到自由存储区中的数组。

　f. 输出自由存储区的数组的所有元素。

　　g. 释放自由存储区的数组所占用的空间。

4. 在函数 main( ) 中：

　　a. 使用 ga 作为参数调用 f( )。

　　b. 定义包含 10 个元素的数组 aa，并且使用 10 个阶乘运算的值（1、2×1、3×2×1、4×3×2×1、…）来初始化它。

　　c. 使用 aa 作为参数调用 f( )。

　　标准库 vector 操作题：

1. 定义全局变量 vector<int> gv；使用 1、2、4、8、16 等数据初始化它。

2. 定义一个带有 vector<int> 参数的函数 f( )。

3. 在函数 f( ) 中：

　　a. 定义一个和参数 vector 中元素数量一致的局部变量 vector<int> lv。

　　b. 把 gv 中的值复制给 lv。

　　c. 输出 lv 的所有元素。

　　d. 定义一个局部变量 vector<int> lv2；初始化它成为参数 vector 的副本。

　　e. 打印输出 lv2 的所有元素。

4. 在函数 main( ) 中：

　　a. 使用 gv 作为参数调用 f( )。

　　b. 定义 vector<int> vv，使用 10 个阶乘运算的值（1、2×1、3×2×1、4×3×2×1、…）来初始化它。

　　c. 使用 vv 作为它的参数调用 f( )。

回顾

1. 什么是"买者自慎"？

2. 类对象的复制默认操作是什么？

3. 什么时候适合使用类对象的默认复制操作？什么时候不适合？

4. 什么是拷贝构造函数？

5. 什么是拷贝赋值函数？

6. 赋值和复制初始化之间的区别是什么？

7. 什么是浅拷贝？什么是深拷贝？

8. 关于 vector 的复制，与源 vector 相比，副本 vector 有何不同？

9. 什么是类的 5 个"必要操作"？

10. 什么是显式构造函数？什么时候你会需要使用它替代默认的选项？

11. 类对象可以隐式调用哪些操作？

12. 什么是数组？

13. 如何拷贝一个数组？

14. 如何初始化数组？

15. 你什么时候倾向使用指针参数而不是引用参数？为什么？

16. 什么是 C 风格的字符串？

17. 什么是回文？

术语

数组（array）	必要的操作（essential operations）
数组初始化（array initialization）	显式构造函数（explicit constructor）
拷贝赋值函数（copy assignment）	移动赋值函数（move assignment）
拷贝构造函数（copy constructor）	移动构造函数（move construction）
深拷贝（deep copy）	回文（palindrome）
默认构造函数（default constructor）	浅拷贝（shallow copy）

练习题

1. 编写一个函数 char* strdup(const char*)，将一个 C 风格的字符串复制到该函数的自由存储区分配的内存中。要求：不要使用任何标准库函数；不要使用下标，使用解引用运算符 *。

2. 编写一个函数 char* findx(const char* s, const char* x)，用于查找 C 风格的字符串 x 在 s 中第一次出现的位置。要求：不要使用任何标准库函数；不要使用下标，使用解引用运算符 *。

3. 编写一个函数 int strcmp(const char* s1, const char* s2)，用于比较 C 风格的字符串。根据字典顺序，如果 s1 在 s2 之前，则返回负数；如果 s1 等于 s2，则返回 0；如果 s1 在 s2 之后，则返回正数。要求：不要使用任何标准库函数；不要使用下标，使用解引用运算符 *。

4. 考虑如下问题，如果给 strdup( )、findx( ) 和 strcmp( ) 传递一个不是 C 风格的字符串的参数，会发生什么。试一试！首先，弄清楚如何获得一个指向不以 0 结尾的字符数组 char*，然后使用它（永远不要在真实的、非实验性的代码中这样做；否则它会造成严重破坏）。尝试使用自由存储区分配和栈存储分配的"伪 C 风格的字符串"。如果结果看起来仍然合理，则关闭调试模式。重新设计并实现这三个函数，使它们接受另一个参数，作为字符串中允许的最大元素数量。然后，用正确的 C 风格的字符串和"坏"字符串来测试这些函数。

5. 写一个函数 string cat_dot(const string& s1, const string& s2)，它连接两个字符串，在中间插入一个点。例如，cat_dot（"Niels"，"Bohr"）将返回包含 Niels.Bohr 的字符串。

6. 修改练习题 5 中的 cat_dot( )，将一个用作分隔符（不是点）的字符串作为它的第三个参数。

7. 编写练习题 6 中 cat_dot( ) 的几个不同版本，以 C 风格的字符串作为参数，并返回一个自由存储区分配的 C 风格的字符串作为结果。要求：在实现中不要使用标准库函数或类型；用几个字符串测试这些函数。确保释放（使用 delete）从自由存储区（使用 new）分配的所有内存。将本练习题中所涉及的成果与练习题 5 和练习题 6 所涉及的成果进行比较。

8. 重写 18.7 节中的所有函数，使用反向复制字符串然后比较的方法，确定单词是否为回文。例如，取值"home"，生成"emoh"，并比较这两个字符串，因为它们是不同的，所以 home 不是回文。

9. 考虑 17.4 节中的内存布局。编写一个程序，输出静态存储、栈存储和自由存储区在内存中的排列顺序。栈向哪个方向增长：是向上、向更高的地址增长，还是向下、向更低的地址增长？在自由存储区里的数组中，具有较高下标的元素分配到较高还是较低的地址？

10. 查看 18.7.2 节中对回文问题的数组解决方案。修复它以处理长字符串，可以通过（a）报告输入字符串是否太长，(b) 允许任意长的字符串。评论一下这两个版本的复杂性。

11. 查找（如在网上）跳跃表（skip list）的概念，并实现它。这不是一个简单的练习。

12. 实现游戏 *Hunt the Wumpus* 的一个版本。*Hunt the Wumpus*（或简称 *Wump*）是一款简单的（非

图形的）电脑游戏，最初由格列高里·叶伯（Gregory Yob）发明。游戏剧本的基本前提是，一个相当臭的怪物住在一个由相互连接的房间组成的黑暗洞穴里。你的任务是用弓箭杀死怪物。除了怪物之外，这个洞穴还有两个危险：无底洞和巨大的蝙蝠。如果你进入了一个无底洞的房间，那你的游戏就结束了；如果你进入一个蝙蝠的房间，蝙蝠会把你拎起来，然后扔到另一个房间里；如果你进入了怪物所在的房间或者它进入你所在的房间，它会吃掉你。当你进入一个房间时，你会被告知附近是否有危险：

"我闻到怪物的味道了"：是指它就在邻接的房间。

"我感到一阵微风吹来"：是指邻接的房间之一是无底洞。

"我听到蝙蝠的声音"：是指巨大的蝙蝠在邻接的房间。

为方便起见，房间都有编号。每个房间都通过隧道与其他三个房间相连。当你进入一个房间时，你会被告知类似这样的消息："你在 12 号房间；有通往 1 号、13 号和 4 号房间的隧道；移动还是开枪？"可能的答案是 m13（"移动到 13 号房间"）和 s13—4—3（"用箭穿过 13 号、4 号和 3 号房间"）。一支箭的覆盖范围是三个房间。在游戏开始时，你有 5 支箭。射击的问题在于，它会唤醒那个怪物，并且怪物会移动到它所在房间的隔壁——那可能是你的房间。

这一练习题中难点可能是通过选择哪些房间与其他房间相连来建造洞穴。你可能希望使用随机数生成器（例如，来自 std_lib_facilities.h 的函数 randint( )）使程序可以使用不同的洞穴布局来运行，并且移动周围的蝙蝠和怪物。提示：一定要有一种方法来生成洞穴状态的调试输出。

附言

标准库 vector 是由较低层次的内存管理机制构建的，比如，指针和数组，它的主要作用是帮助我们避免这些功能所带来的复杂性。我们无论何时设计一个类，都必须考虑如何对其进行初始化、复制和析构。

第 19 章

向量容器、模板和异常

"成功永无止境。"

——Winston Churchill

本章将讨论最常见、最有用的 STL 容器 vector 的设计和实现。在本章中，我们将展示如何实现元素数量可变的容器，如何通过参数指定元素类型的容器，以及如何处理越界错误。与前面类似，我们所使用的技术是普遍适用的，而不仅仅局限于 vector 的实现，甚至不仅仅局限于容器的实现。大体上，我们将展示如何安全地处理各种类型的不同数量的数据。此外，我们在介绍设计的时候还添加了一些现实主义元素。本章中所用技术依靠模板和异常，所以我们将展示如何定义模板和资源管理的基本技术，这些技术是异常处理正确使用的关键。

19.1   问题

截止到第 18 章结尾，我们的 vector 实现了以下功能：

● 创建包含任意数量的双精度浮点型元素的 vector 对象（类 vector 对象）。

● 使用赋值和初始化的方法复制 vector 对象。

● 当超出作用域时，vector 对象可以正确地释放它们所占用的内存。

● 使用常规下标（在赋值的右边和左边）访问 vector 的元素。

掌握这些知识是合适且有用的，但是对于达到我们所期望的复杂程度（基于标准库 vector 的经验），我们还需要处理以下三个问题：

● 如何修改一个 vector 的大小（修改元素的数量）？

● 如何捕捉和报告 vector 元素的访问越界？

● 如何指定参数作为 vector 的元素类型？

例如，我们如何定义 vector，以使下面的代码合法：

```
vector<double> vd;              // double 类型的元素
for (double d; cin>>d; )
    vd.push_back(d);            // 增长 vd，以保存所有元素
vector<char> vc(100);          // char 类型的元素
int n;
cin>>n;
vc.resize(n);                  // 使得 vc 拥有 n 个元素
```

显然，这样的 vector 很好，也很实用，但是从程序设计的角度来看，为什么这些操作很重要呢？是什么让那些收集有用的程序设计技术以备将来使用的人感兴趣呢？这里提供了两种灵活性。我们有一个单一的实体 vector，我们能改变它的两种属性：

● 元素的数量。

● 元素的类型。

这些变化在基础的层面是有用的。我们经常采集数据。环顾我的书桌，我看到了银行报告、信用卡账单和电话账单。它们中的每一个基本上都是各种类型的信息行列表：字母、字符串和数值。我面前放着一部手机，它保存着电话号码和姓名的列表。在房间的书柜中，它排列着各式各样的书。我们的程序也是类似的：程序中包含各种类型元素的容器。我们定义不同类型的容器（vector 只是最广泛使用的一种），然后它们包含电话号码、姓名、转账数量和文档的信息。本质上来说，关于我桌子上和房间里的所有示例都可以写成这样或那样的计算机程序。明显的例外是手机：它是一个计算机，并且当我在它里面查看电话号码时，我看到的是一个程序的输出，就像我们正在编写的程序一样。实际上，这些号码可能都被存储在一个 vector<Number> 的对象里。

显然，不是所有的容器都有相同的元素数量。那么，我们能接受一个由初始化定义固定大小的 vector 吗？也就是说，我们能不使用 push_back( )、resize( ) 和类似操作来编写代码吗？当然可以。但是那会给程序员带来不必要的负担：使用固定大小的容器引起的基本问题是，当元素数量增长过大，超过了初始大小时，需要移动元素到一个更大的容器之中。例如，可以在不改变 vector 的大小的情况下读入 vector，如下所示：

```
// 在不使用 push_back 的情况下将元素读取 vector 中：
vector<double>* p = new vector<double>(10);
int n = 0;                    // 元素的数量
for (double d; cin>>d; ) {
        if (n==p->size()) {
            vector<double>* q = new vector<double>(p->size()*2);
            copy(p->begin(), p->end(), q->begin());
            delete p;
            p = q;
        }
        (*p)[n] = d;
        ++n;
    }
```

这并不完善。你能确认这是对的吗？你怎么能确定？注意，我们是如何突然开始使用指针和显式内存管理的。我们所做的是模仿我们在"接近机器"时必须使用的程序设计风格，仅使用基本的内存管理技术来处理固定大小的对象（数组，参见 18.6 节）。然而，使用容器（如 vector）的原因之一就是要比这样的风格做得更好；也就是说，我们希望 vector 在内部处理这些大小的变化，以减少我们（它的用户）的麻烦和犯错的可能性。换句话说，我们更喜欢使用能够容纳我们恰如需要的元素数量的容器。例如：

```
vector<double> vd;
for (double d; cin>>d; ) vd.push_back(d);
```

这种大小变化是否常见呢？如果不是，那么改变大小的功能只是提供了小便利。但是，这种改变大小的需求是非常常见的。最显著的示例是从输入中读取未知数量的值。另一个示例包括从搜索中采集一组结果（我们事先不知道会有多少结果），以及逐个从集合中删除元素。因此，问题不在于我们是否应该处理容器改变大小，而在于如何处理这样的变化。

我们为什么要费心改变大小呢？为什么不"分配足够的空间，然后使用它"？这似乎是最简单且最有效的策略。然而，只有在我们能够可靠地分配数量正好的空间而不是分配过多空间的情况下才能实现，实际上这是不可能的。尝试这样做的人往往不得不重写代码（如果他们仔细而系统地检查溢出错误）或处理灾难（如果他们粗心地检查）。

显然，并不是所有的 vector 对象都有相同类型的元素。我们需要的 vecotr 元素类型包括 double 类型、温度读数、记录（各种类型）、字符串、操作、GUI 按钮、形状、日期、指向窗口的指针等，可能性是无限的。

容器有很多种。这一点很重要，因为它有重要的含义，所以不应该不假思索地就使用。为什么不是所有的容器都是 vector 对象？如果我们可以使用单一类型的容器（如 vector），我们就可以省去所有关于容器如何程序设计的问题，而只是让它成为语言的一部分。如果我们只用一种容器，我们就不需要学习不同种类的容器了，我们只需要一直使用 vector。

数据结构是大多数重要应用程序的关键。关于如何组织数据的内容有许多厚重且实用的书籍，其中，许多内容用于描述"如何最佳地存储数据"。因此，我们需要许多不同类型的容器，但这是一个过于庞大的问题，在这里无法充分讨论。然而，我们已经广泛地使用了 vector 和 string（存储字符的容器）。在第 20 章中，我们将学习链表（list）、映射容器（map）（映射是由键值对构成的树状结构）和矩阵等类型。因为我们需要许多不同种类的容器，所以构建和使用容器所需的程序设计语言特性和程序设计技术非常有用。实际上，我们用来存储和访问数据的技术是所有重要的计算形式中最基本和最有用的技术之一。

在最基础的内存级别上，所有对象的大小都是固定的，不存在类型的概念。我们在这里介绍的是语言工具和程序设计技术，它们允许我们提供各种类型对象的容器，我们可以改变其中的元素数量。这为我们从根本上提供了实用的灵活性和便利性。

19.2　改变向量容器大小

标准库 vector 提供了哪些改变大小的功能？它提供了三种简单的操作。假设我们定义：

```
vector<double> v(n);    // v.size()==n
```

我们能用三种方法改变它的大小：

```
v.resize(10);           // v 现有 10 个元素
v.push_back(7);         // 增加一个值为 7 的元素到 v 的末尾
                        // v.size() 加 1
v = v2;                 // 赋值给另一个 vector，现在 v 是 v2 的副本
                        // v.size() 现在等于 v2.size()
```

标准库 vector 提供了更多可以改变 vector 大小的操作，例如，erase( ) 和 insert( )（参见附录 B.4.7），但在本章中我们将只了解如何在我们的 vector 中实现这三种操作。

19.2.1　方法描述

在 19.1 节中，我们介绍了修改大小最简单的策略：为新增的元素分配内存，并且复制旧的元素到新的存储空间。但是，如果你经常修改大小，那么这种方法是比较低效的。实际上，一旦我们需要改变大小，通常还会需要改变很多次。特别地，我们很少看见只有一个 push_back() 的程序。这样，我们可以根据修改大小的情况提前优化我们的程序。实际上，所有的 vector 的实现都会记录当前元素的数量，以及为"未来扩展"保留的"空闲空间"的数量。例如：

```
class vector {
        int sz;         // 元素的数量
        double* elem;   // 首元素地址
        int space;      // 元素的数量加上 " 空闲空间 "/" 槽位 "(" 当前已分配的 ")
```

```
public:
        //...
};
```

上述实现如图 19-1 所示。

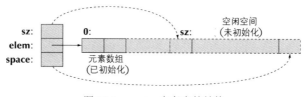

图 19-1　vector 内存中的结构

因为我们从 0 开始计数元素，所以 sz（元素的数量）表示了最后一个元素的索引加 1，而 space 指向的是最后一个已分配空间的之后的位置。显示的指针实际上是 elem+sz 和 elem+space 的位置。

当一个 vector 第一次被构造时，space==sz；也就是说，没有"空闲空间"，如图 19-2 所示。

在开始改变元素的数量之前，我们不会开始分配额外的槽位。通常，space==sz，所以除非使用 push_back()，否则不会有额外的内存开销。

默认构造函数（创建没有元素的 vector）设置成员数量为 0，并且设置指针成员为 nullptr：

```
vector::vector() : sz{0}, elem{nullptr}, space{0} { }
```

结果如图 19-3 所示。

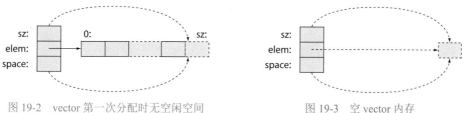

图 19-2　vector 第一次分配时无空闲空间　　　　　图 19-3　空 vector 内存

这个超出末端一个位置的元素完全是虚构的。默认构造函数不进行自由存储区的分配，占用最小的存储空间（参见练习题 16）。

注意，我们的 vector 演示了可用于实现标准库 vector（或其他数据结构）的技术，但标准库的实现有相当大的自由度，因此，不同系统上的 std::vector 可能使用不同的技术。

19.2.2　reserve 和 capacity

当我们改变大小（即修改元素数量）时，最基本的操作是 vector::reserve()。这是我们用来为新元素添加空间的操作：

```
void vector::reserve(int newalloc)
{
    if (newalloc<=space) return;          // 从不减少分配
    double* p = new double[newalloc];     // 分配新空间
    for (int i=0; i<sz; ++i) p[i] = elem[i];  // 复制旧元素
    delete[] elem;                        // 释放旧的空间
    elem = p;
    space = newalloc;
}
```

注意，我们没有初始化预留空间的元素。毕竟，我们只是预留空间以备将来使用；为元素使用这些空间是 push_back( ) 和 resize( ) 的工作。

显然，在一个 vector 中可用的空闲空间的数量是用户所感兴趣的，于是我们（像标准库一样）提供一个成员函数来获取该信息：

```
int vector::capacity() const { return space; }
```

因此，对于一个名称为 v 的 vector，v.capacity( )–v.size( ) 的结果是，我们可以使用 push_back( ) 在不重新分配内存的情况下，增加到 v 中的元素数量。

19.2.3　resize

由于 reserve( ) 操作的存在，在我们的 vector 中实现 resize( ) 是相当简单的。我们只需要处理以下几种情况：

- 新的大小比原来的内存分配更大。
- 新的大小大于原来的大小，但小于或等于原来的内存分配。
- 新的大小等于原来的大小。
- 新的大小小于原来的大小。

于是我们可以得到下面的代码：

```
void vector::resize(int newsize)
     // 使 vector 具有 newsize 个元素
     // 使用默认值 0.0 初始化所有元素
{
     reserve(newsize);
     for (int i=sz; i<newsize; ++i) elem[i] = 0; // 初始化新元素
     sz = newsize;
}
```

我们使用 reserve( ) 处理一些内存的困难工作。使用循环对新的元素（如果有的话）进行初始化。

这里，我们不显式地处理任何情况，但是你能验证所有的处理都是正确的。

试一试

　　如果我们想要证明 resize( ) 是正确的，那么需要考虑（并测试）什么情况？当 newsize==0 时会怎样？ newsize==-77 呢？

19.2.4　push_back

当我们第一次想到它的时候，push_back( ) 的实现可能有点复杂，但是有了 reserve( ) 的定义之后实现就会非常简单了：

```
void vector::push_back(double d)
// 增加 vector 的大小，用 d 初始化新元素
{
     if (space==0)
         reserve(8);                    // 保留 8 个元素大小
```

```
    else if (sz==space)
        reserve(2*space);            // 获得更多空间
    elem[sz] = d;                     // 末尾增加 d
    ++sz;                             // 增加大小，sz 是大小
}
```

换句话说，如果我们没有空闲空间，我们就分配两倍的大小。实际上，对于大多数 vector 的应用来说，这是一个非常好的选择，并且这也是大多数标准库 vector 实现所使用的策略。

19.2.5　赋值

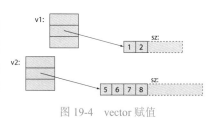

图 19-4　vector 赋值

我们可以使用多种不同的方法来定义 vector 的赋值。例如，如果两个 vector 对象包含了相同数量的元素，那么我们可以认为赋值是合法的。但是，在 18.3.2 节中，我们认为 vector 赋值操作应该有最通用和最明显的意义：在赋值 v1=v2 完成后，向量容器 v1 是 v2 的副本，如图 19-4 所示。

显然，我们需要复制元素，但是空闲空间怎么处理呢？我们是否需要"复制"结尾的空闲空间？我们不需要：新的 vector 对象将获得元素的副本，但是因为我们还不知道新的 vector 对象将被如何使用，所以我们不需要在结尾留出额外的空间，如图 19-5 所示。

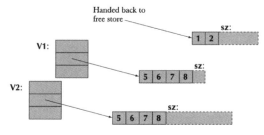

图 19-5　vector 赋值处理方式

最简单的实现包括如下操作：

- 为副本分配内存。
- 复制元素。
- 释放旧的内存分配。
- 为 sz、elem 和 space 设置新值。

例如：

```
vector& vector::operator=(const vector& a)
    // 类似拷贝构造函数，但是我们必须处理旧的元素
{
    double* p = new double[a.sz];                    // 分配新空间
    for (int i = 0; i<a.sz; ++i) p[i] = a.elem[i];   // 复制元素
    delete[] elem;                                    // 释放旧空间
    space = sz = a.sz;                                // 设置新大小
    elem = p;                                         // 设置新元素
    return *this;                                     // 返回自引用
}
```

按照惯例，赋值运算符返回对被赋值对象的引用。它的符号是 *this，在 17.10 节中有详细的解释。

这个实现是正确的，但是仔细观察它会发现，我们做了很多冗余的分配和释放。如果被赋值的 vector 对象比赋给它的值有更多的元素呢？如果被赋值的 vector 对象和赋给它的值有相同数量的元素呢？在很多应用中，后一种情况是非常常见的。不论是哪种情况，我们只需要复制元素到目标 vector 对象已经分配的空间即可：

```
vector& vector::operator=(const vector& a)
{
    if (this==&a) return *this;           // 自赋值，什么都不用做
    if (a.sz<=space) {                     // 充足的空间，不需要再分配
        for (int i = 0; i<a.sz; ++i) elem[i] = a.elem[i];// 复制元素
        sz = a.sz;
        return *this;
    }
    double* p = new double[a.sz];          // 分配新空间
    for (int i = 0; i<a.sz; ++i) p[i] = a.elem[i];      // 复制元素
    delete[] elem;                         // 释放旧空间
    space = sz = a.sz;                     // 设置新大小
    elem = p;                              // 设置新元素
    return *this;                          // 返回自引用
}
```

这里，我们首先测试自赋值（如 v=v）；在这种情况下，我们不需要做任何操作。这个测试是逻辑冗余的，但是有时是重要的最优化过程。如果参数 a 和调用成员函数（这里是 operator=( )）的对象是相同的它确实展示了一种检查 this 指针的常用做法。如果我们移除 this==&a 这行，请自行验证这段代码，代码仍然能正确地工作。另外，a.sz<=space 也是优化的方法，如果我们移除 a.sz<=space，请自行验证代码的运行情况，代码仍然能正确地工作。

19.2.6　目前我们的 vector

到目前为止，我们差不多已经完成了 double 类型的 vector 设计：

```
// 一个几乎真实的 double 的 vector:
class vector {
/*
    不变式:
    如果满足 0<=n<sz, 则 elem[n] 是元素 n
    sz<=space;
    如果 sz<space, 在 elem[sz-1] 后有 (space-sz) 个 double 的空间
*/
    int sz;                                // 大小
    double* elem;                          // 指向元素的指针或 0
    int space;                             // 元素数量加上空闲槽数
public:
    vector() : sz{0}, elem{nullptr}, space{0} { }
    explicit vector(int s) :sz{s}, elem{new double[s]}, space{s}
```

```
        {
                for (int i=0; i<sz; ++i) elem[i]=0;// 元素初始化
        }
        vector(const vector&);                          // 拷贝构造函数
        vector& operator=(const vector&);               // 拷贝赋值函数
        vector(vector&&);                               // 移动构造函数
        vector& operator=(vector&&);                    // 移动赋值函数
        ~vector() { delete[] elem; }                    // 析构函数
        double& operator[ ](int n) { return elem[n]; }  // 访问返回引用
        const double& operator[] (int n) const { return elem[n]; }
        int size() const { return sz; }
        int capacity() const { return space; }
        void resize(int newsize);                       // 增长
        void push_back(double d);
        void reserve(int newalloc);
    };
```

注意，必要操作（参见 18.4 节）是如何处理的：构造函数、默认构造函数、拷贝操作、析构函数。上述类型有访问数据（下标 [ ]）的操作和提供数据（size( ) 和 capacity( )）信息的操作，以及控制增长（resize( )、push_back( ) 和 reserve( )）的操作。

19.3　模板

我们想要的，不只是 double 类型的 vector；我们想要自由地指定 vector 对象的元素类型。例如：

```
vector<double>
vector<int>
vector<Month>
vector<Window*>              // Window* 的 vector
vector<vector<Record>>       // Record 的 vector 的 vector
vector<char>
```

为了达到目的，我们必须学习如何定义模板。我们从第一天就已经使用了模板，但是直到现在我们还没有自己定义一个。目前为止，标准库提供了我们需要的内容，但是我们不能只相信魔法，我们需要检验标准库的设计者和实现者如何提供了如 vector 类型和 sort( ) 函数的功能（参见 21.1 节、附录 B.5.4）。这不仅仅是理论上的感兴趣，因为通常标准库所使用的工具和技术在我们的代码中都是最有用的。例如，在第 21 章和第 22 章中，我们将展示如何使用模板实现标准库中的容器和算法；在第 24 章中，我们将展示如何设计科学计算的矩阵。

本质上说，模板是让程序员使用类型作为参数实现类或函数的机制。当我们提供指定的类型作为参数时，编译器会生成指定的类或函数。

19.3.1　类型作为模板参数

我们想让元素类型成为 vector 的参数，因此，将 vector 中的 double 使用 T 来替换。T 是一种可以指定"值"的参数，如 double、int、string、vector<Record> 及 Window*。在 C++ 中，定义一种类型的参数 T 的表示法是使用 template<typename T> 前缀，代表"对于所有的类型 T"。例如：

```
    // 几乎真实的 T 的 vector
```

```cpp
template<typename T>
class vector {                          // 读作 " 对所有类型 T"（像数学中的）
    int sz;                            // 大小
    T* elem;                                            // 元素指针
    int space;                                          // 大小 + 空闲空间
public:
    vector() : sz{0}, elem{nullptr}, space{0} { }
    explicit vector(int s) :sz{s}, elem{new T[s]}, space{s}
    {
        for (int i=0; i<sz; ++i) elem[i]=0;       // 元素初始化
    }
    vector(const vector&);                         // 拷贝构造函数
    vector& operator=(const vector&);              // 拷贝赋值函数
    vector(vector&&);                              // 移动构造函数
    vector& operator=(vector&&);                   // 移动赋值函数
    ~vector() { delete[] elem; }                   // 析构函数
    T& operator[] (int n) { return elem[n]; }      // 访问返回引用
    const T& operator[] (int n) const { return elem[n]; }
    int size() const { return sz; }                // 当前大小
    int capacity() const { return space; }
    void resize(int newsize);                      // 增长
    void push_back(const T& d);
    void reserve(int newalloc);
};
```

上述代码只是将 19.2.6 节中的 double 类型的 vector 用模板参数 T 替换了其中的 double。我们可以这样使用类模板 vector：

```cpp
vector<double> vd;                      // T 是 double
vector<int> vi;                         // T 是 int
vector<double*> vpd;                    // T 是 double*
vector<vector<int>> vvi;                // T 是 vector<T>, 内部的 T 是 int
```

当我们使用模板时，编译器做了什么？它用实际类型（模板实参）代替模板形参生成类。例如，当编译器编译到代码中 vector<char> 时，它（某个地方）生成了一个这样的内容：

```cpp
class vector_char {
    int sz;                            // 大小
    char* elem;                        // 元素指针
    int space;                         // 大小 + 空闲空间
public:
    vector_char() : sz{0}, elem{nullptr}, space{0} { }
    explicit vector_char(int s) :sz{s}, elem{new char[s]}, space{s}
    {
        for (int i=0; i<sz; ++i) elem[i]=0;       // 元素初始化
    }
    vector_char(const vector_char&);                  // 拷贝构造函数
    vector_char& operator=(const vector_char&); // 拷贝赋值函数
    vector_char(vector_char&&);                       // 移动构造函数
```

```
        vector_char& operator=(vector_char&&);      // 移动赋值函数
        ~vector_char ();                             // 析构函数
        char& operator[] (int n) { return elem[n];   // 访问返回引用
        const char& operator[] (int n) const ) { return elem[n]; }
        int size() const;                            // 当前大小
        int capacity() const;
        void resize(int newsize);                    // 增长
        void push_back(const char& d);
        void reserve(int newalloc);
    };
```

对于 vector<double>，编译器生成类似在 19.2.6 节中介绍的 double 的 vector 类（使用合适的内部名称表 vector<double>）。

有时，我们称一个类模板为类型生成器。由类模板中模板参数定义来生成对应类型（类）的过程称为模板特化或实例化。例如，vector<char> 和 vector<Poly_line*> 称为 vector 的特化。在简单的情况下，像我们定义的 vector，实例化是相当简单的过程。在通用和高级的情况下，模板实例化是非常复杂的。对模板的使用者来说幸运的是，复杂度仅对于编译器的作者而言，而不是模板的使用者。模板实例化（模本特化的生成）发生在编译期或链接期，而不在运行期。

自然，我们可以使用类模板的成员函数。例如：

```
void fct(vector<string>& v)
{
    int n = v.size();
    v.push_back("Norah");
    //...
}
```

当使用这样一个类模板的成员函数时，编译器将生成合适的函数。例如，当编译器编译到 v.push_back（"Norah"）时，它会生成一个如下函数：

```
void vector<string>::push_back(const string& d) { /*... */ }
```

这来自模板的定义：

```
template<typename T> void vector<T>::push_back(const T& d) { /*... */ };
```

这时，v.push_back（"Norah"）可以调用这个函数。换句话说，当你需要给定对象和参数类型的函数时，编译器会根据其模板为你编写一个。

除了 template<typename T>，你也可以写成 template<class T>。这两个方式是相同的，但是有时更倾向于使用 typename，"因为它更明确"且"因为 typename 不会产生混乱，不会让人误认为不能使用内置类型（如 int）作为模板参数"。当然我们也会认为 class 代表类型，它没有任何区别，而且 class 更短。

19.3.2　泛型程序设计

模板是 C++ 泛型程序设计的基础。实际上，C++ 中"泛型程序设计"最简单的定义是"使用模板"。然而，这个定义有点太简单了。我们不应该根据程序设计语言的特性来定义基本的程序设计概念。程序设计语言特性的存在是为了支持程序设计技术，而不是反过来。与大多数流行的概念一样，"泛型程序设计"有许多定义。我们认为最有用的简单定义是：

泛型程序设计：编写使用以参数形式表示的各种类型的代码，只要这些参数类型满足特定的语法和语义要求。

例如，vector 的元素必须是可以拷贝的类型（通过拷贝构造函数和拷贝赋值函数），在第 20章和第 21 章中，我们将学习需要对其参数进行算术运算的模板。当我们参数化的对象是一个类时，我们得到一个**类模板**（**class template**），通常称为**参数化类型**（**parameterized type**）或**参数化类**（**parameterized class**）。当我们参数化的对象是一个函数时，我们得到一个**函数模板**（**function template**），通常称为**参数化函数**（**parameterized function**），有时也称**算法**（**algorithm**）。因此，泛型程序设计有时称为"面向算法的程序设计"；其设计的重点更多的是算法，而不是它们使用的数据类型。

由于参数化类型的概念对程序设计非常重要，所以让我们进一步探讨这个有点令人困惑的术语。这样，当我们在其他情况下遇到这样的概念时，就不会太困惑。

这种依赖于显式模板参数的泛型程序设计形式通常称为**参数多态性**（**parametric polymorphism**）。相比之下，你通过使用类层次结构和虚函数得到的多态性称为**临时多态性**（**ad hoc polymorphism**），这种程序设计风格称为面向对象的程序设计（参见 14.3 节、14.4 节）。这两种程序设计风格都称为**多态**（**polymorphism**）的原因是每种风格都依赖于程序员通过单个接口呈现一个概念的多个版本。多态在希腊语中是"多种形状"的意思，指的是你可以通过公共接口操作的多个不同类型。在第 16~19 章 Shape 示例中，我们通过 Shape 定义的接口访问了多种形状（如 Text、Circle 和 Polygon）。当我们使用 vector 时，我们通过 vector 模板定义接口来定义大量的vector 类型（如 vector<int>，vector<double> 和 vector<Shape*>）。

面向对象的程序设计（使用类层次结构和虚函数）和泛型程序设计（使用模板）之间有一些区别。最明显的差异是，当使用泛型程序设计时，调用函数的选择是由编译器在编译时决定的，而对于面向对象的程序设计，函数的选择直到运行时期才能决定。例如：

```
v.push_back(x);                    // x 加入 v
s.draw();                          // 绘制 s
```

对于 v.push_back(x)，编译器将确定 v 的元素类型并使用适当的 push_back( )，但对于 s.draw( )，编译器将间接调用一些 draw( ) 函数（使用 s 的 vtbl；参见 14.3.1 节）。这为面向对象的程序设计提供了泛型程序设计所缺乏的自由度，并且保留了普通泛型程序设计更规则、更容易理解、性能更好的优点（因此有了"临时（ad hoc）"和"参数（parametric）"的标签)。

让我们对上述内容进行总结：

● **泛型程序设计**：由模板支持，依赖于编译时解析。

● **面向对象的程序设计**：由类层次结构和虚函数支持，依赖于运行时解析。

两者可以结合使用，并且有很好的效果。例如：

```
void draw_all(vector<Shape*>& v)
{
    for (int I = 0; i<v.size(); ++i) v[i]->draw();
}
```

这里，我们使用虚函数在基类（Shape）上调用虚函数（draw( )），这当然是面向对象的程序设计。但是，我们也将 Shape* 保存在一个 vector 对象中，这是一个参数化类型，所以我们也使用了（简单的）泛型程序设计。

那么，假设你现在已经对其中的哲学有了足够的了解，那么人们使用模板实际上是为了什么呢？为了无与伦比的灵活性和高性能：

● 在性能很重要的地方使用模板（例如，数字和硬实时系统；参见第 24 章和第 25 章）。

- 当需要灵活组合来自不同类型的信息时，使用模板（例如，C++ 标准库；参见第 20 章和第 21 章）。

19.3.3 概念

模板有许多有用的特性，如高度的灵活性和近乎最优的性能，但是不幸的是它们并不完美。通常，这些优势也有相应的缺点。对于模板，主要问题是灵活性和性能是以模板的"内部"（它的定义）和模板的接口（它的声明）之间不良分离为代价的。这体现在糟糕的错误诊断，通常是非常糟糕的错误提示信息。有时，这些错误提示信息在编译过程出现的时间比我们预期的要晚得多（不易定位错误）。

在编译使用了模板的代码时，编译器会"查看"模板和模板参数。它这样做是为了获得生成最优代码的信息。为了获得所有可用的信息，当前的编译器倾向于要求模板在使用时必须完全定义。这包括它的所有成员函数，以及从这些成员函数调用的所有模板函数。因此，模板编写者倾向于将模板定义放在头文件中。这实际上并不是标准所要求的，但在彻底改进的实现广泛使用之前，我们建议你对模板这样做：将要在多个编译单元中使用的任何模板的定义放在头文件中。

初学时，我们建议只编写非常简单的模板，然后小心地逐步改进以获得经验，就像我们对 vector 所做的那样。首先使用指定的类型开发一个类并进行测试。一旦可以运行，用模板参数替换特定类型，并使用各种模板实参进行测试。使用基于模板的库，如 C++ 标准库，以实现通用性、类型安全性和高效的性能。第 20 章和第 21 章致力于标准库的容器和算法，并将为你提供使用模板的示例。

C++ 14 提供了一种大大改进的检查模板接口的机制。例如，在 C++11 中，可以写成：

```
template<typename T>            // 对于所有类型 T
class vector {
        //...
};
```

我们不能精确地描述对参数类型 T 的期望是什么。该标准说明了这些要求是什么，但只是用英语，而不是用编译器可以理解的代码。我们把模板参数上的一组要求称为**概念**（concept）。模板参数必须满足其应用它的模板的所有要求，即所有概念。例如，vector 要求它的元素可以复制或移动，可以获取它们的地址，并且可以进行默认构造（如果需要的话）。换句话说，一个元素必须满足一组要求，我们可以将这组要求称为 Element。在 C++14 中，我们可以将其显式地表示出来：

```
template<typename T>            // 对于所有类型 T
        requires Element<T>()   // 要求 T 满足 Element
class vector {
        //...
};
```

这表明一个概念实际上是一个类型谓词，即编译期求值的（constexpr）函数。如果类型参数（这里是 T）具有概念所需的属性（这里是 Element），则返回 true，否则返回 false。这有点冗长，但有一个简写的符号：

```
template<Element T>            // 对于所有类型 T，Element<T>() 为真
class vector {
        //...
};
```

如果我们没有 C++14 编译器来支持概念，我们也可以在名称和注释中表明我们的要求：

```
template<typename Elem>        // 需要满足 Element<Elem>()
class vector {
    //...
};
```

编译器不理解我们的名称，也不会解读我们的注释，但明确一些概念有助于我们思考代码，改进我们的泛型代码设计，并帮助其他程序员理解我们的代码。在接下来的课程中，我们将使用一些常见且实用的概念：

- Element<E>( )：E 可以作为容器中的一个元素。
- Container<C>( )：C 能保存 Element 对象并可以使用 [begin( )：end( )) 序列来访问。
- Forward_iterator<For>( )：For 能被用于遍历一个序列 [b：e)（如链接列表、向量容器或数组）。
- Input_iterator<In>( )：In 仅能用来读取一次序列 [b：e)（如输入流）。
- Output_iterator<Out>( )：一个序列能使用 Out 进行输出。
- Random_access_iterator<Ran>( )：Ran 可以重复读写一个序列 [b：e)，并支持使用下标 [ ]。
- Allocator<A>( )：A 可以用来获取和释放内存（如自由存储区）。
- Equal_comparable<T>( )：我们能使用 == 比较两个 T 是否相同，并获得一个布尔结果。
- Equal_comparable<T,U>( )：我们能使用 == 比较 T 和 U 是否相同，并获得一个布尔结果。
- Predicate<P,T>( )：我们能调用 T 类型作为参数的 P，并获得一个布尔结果。
- Binary_predicate<P,T>( )：我们能调用两个 T 类型作为参数的 P，并获得一个布尔结果。
- Binary_predicate<P,T,U>( )：我们能调用 T 和 U 类型作为参数的 P，并获得一个布尔结果。
- Less_comparable<L,T>( )：我们能使用 L 来比较两个 T，而不是用 < 来获得一个布尔结果。
- Less_comparable<L,T,U>( )：我们能使用 L 来比较 T 和 U，而不是用 < 来获得一个布尔结果。
- Binary_operation<B,T>( )：我们能使用 B 来实现两个 T 之间的操作。
- Binary_operation<B,T,U>( )：我们能使用 B 来实现 T 和 U 之间的操作。
- Number<N>( )：N 类似一个数字，支持 +、−、* 和 / 操作。

对于标准库容器和算法，这些（以及更多的）概念的每一个细节，都有非常严谨且详细的说明。在这里，特别是在第 20 章和第 21 章中，我们将非正式地使用它们来记录我们的容器和算法。

容器类型和迭代器类型 T 有一个值类型（写为 value_type<T>），即元素类型。通常，Value_type<T> 是成员类型 T::value_type；参见 vector 和 list（参见 20.5 节）。

19.3.4 容器和继承

有一种面向对象程序设计和泛型程序设计的结合，人们总是尝试它，但它不起作用：试图使用派生类对象的容器作为基类对象的容器。例如：

```
vector<Shape> vs;
vector<Circle> vc;
vs = vc;                         // 错误：需要 vector<Shape>
void f(vector<Shape>&);
f(vc);                           // 错误：需要 vector<Shape>
```

但是，为什么这一方式是错误的呢？毕竟，你会说，我能将一个 Circle 对象成为一个 Shape 对象！实际上，你不能这么做。你可以将 Circle* 转换为 Shape*，或者可以将 Circle& 转换为 Shape&，但是我们故意禁用了 Shape 的赋值操作，这样你就不必担心如果你把一个有半径的 Cilcre 放到一个没有半径的 Shape 变量中会发生什么（参见 14.2.4 节）。如果我们允许的话，将会发生所谓的"截断"现象,即在类对象中发生类似整型方式的截断(参见 3.9.2 节)。

于是我们尝试使用指针,如下所示:

```
vector<Shape*> vps;
vector<Circle*> vpc;
vps = vpc;                          // 错误:需要 vector<Shape*>
void f(vector<Shape*>&);
f(vpc);                             // 错误:需要 vector<Shape*>
```

类型系统再次报错;为什么呢?思考函数 f( ) 可能做什么:

```
void f(vector<Shape*>& v)
{
    v.push_back(new Rectangle{Point{0,0},Point{100,100}});
}
```

显然,我们把一个 Rectangle* 放到了一个 vector<Shape*> 中。然而,如果这个 vector<Shape*> 在其他地方被认为是一个 vector<Circle*>,可能会得到出人意料的糟糕结果。特别地,如果编译器接受了上面的示例,Rectangle* 在 vpc 中会做什么?继承是一种强大而灵活的机制,模板并没有隐式地扩展它的范围。使用模板来表示继承的方法有很多,但它们超出了本书的范围。对于表示任意模板 C 来说,只要记住"D 是一个 B"并不意味着"C<D> 是一个 C<B>",我们应该重视这一点,以防止意外的类型违规,参见 25.4.4 节。

19.3.5 整型作为模板参数

显然,用类型参数化类很有用。用"其他东西"来参数化类怎么样,如整型值和字符串值?从本质上来说,任何类型的参数都是有用的,但我们只考虑类型参数和整型参数。其他类型的参数通常没什么用,并且 C++ 对其他类型参数的支持易用性较差,使用它们需要对语言特性有相当详细的了解。

考虑一个最常见的使用整型值作为模板参数的示例,一个在编译时已知元素数量的容器:

```
template<typename T, int N> struct array {
    T elem[N]; // 保存成员数组中的元素
    // 依靠默认构造函数、析构函数和赋值函数
    T& operator[] (int n);                    // 访问返回引用
    const T& operator[] (int n) const;
    T* data() { return elem; }                // 转换为 T*
    const T* data() const { return elem; }
    int size() const { return N; }
};
```

我们能按如下方式使用 array(参见 20.7 节):

```
array<int,256> gb; // 256 个整型
array<double,6> ad = { 0.0, 1.1, 2.2, 3.3, 4.4, 5.5 };
const int max = 1024;
void some_fct(int n)
{
    array<char,max> loc;
    array<char,n> oops;              // 错误:n 的值对编译器是未知的
    //...
```

```
            array<char,max> loc2 = loc;      // 制作备份副本
            //...
            loc = loc2;                       // 恢复
            //...
        }
```

显然，array 非常简单，比 vector 更加简单，但没那么强大，那么为什么有人会想使用 array 而不是 vector？一个答案是"效率"。我们在编译时知道 array 大小，这样编译时可以分配静态内存（用于全局对象，如 gb）和栈内存（用于局部对象，如 loc）而不是自由存储区。当我们做范围检查时，可以针对常量检查（大小参数 N）。对于大多数程序来说，效率的提高是微不足道的，但是如果你在写一个关键系统的组件，如网卡驱动，那么一个细微的区别都有影响。更重要的是，有些程序禁止使用自由存储区。特别是嵌入式系统程序和 / 或安全性严格的程序（参见第 25 章）。在这样的程序中，array 提供了许多 vector 的优点，而且没有违背关键的限制（不使用自由存储区）。

让我们问一个相反的问题：不是"为什么不能使用 vector"而是"为什么不使用内置数组"。正如我们在 18.6 节中所学过的，数组的行为可能相当糟糕：它们不知道自己的大小，它们可以轻易地转换为指针，它们不能正确地处理复制；和 vector 一样，array 没有这些问题。例如：

```
    double* p = ad;                                // 错误：不能隐式转换
    double* q = ad.data();                         // 成功：显式转换

    template<typename C> void printout(const C& c)     // 函数模板
    {
        for (int i = 0; i<c.size(); ++i) cout << c[i] <<'\n';
    }
```

这时，printout( ) 既可以使用数组调用，也可以使用 vector 调用：

```
    printout(ad);                  // 用数组调用
    vector<int> vi;
    //...
    printout(vi);                  // 用 vector 调用
```

这是一个将泛型程序设计应用于数据访问的简单例子。这是因为 array 和 vector 使用的接口（size( ) 和下标）是相同的。第 20 章和第 21 章将详细探讨这种程序设计风格。

19.3.6 模板实参推导

对于类模板，当你创建一个指定类的对象时，你要指定模板实参。例如：

```
    array<char,1024> buf;          // 对于 buf, T 是 char 并且 N 是 1024
    array<double,10> b2;           // 对于 b2, T 是 double 并且 N 是 10
```

对于函数模板，编译器通常从函数实参中推导模板实参。例如：

```
    template<class T, int N> void fill(array<T,N>& b, const T& val)
    {
        for (int i = 0; i<N; ++i) b[i] = val;
    }
    void f()
    {
        fill(buf,'x');             // 对于 fill(), T 是 char 并且 N 是 1024
                                   // 因为 buf 包含这些
```

```
        fill(b2,0.0);                // 对于 fill(), T 是 double 并且 N 是 10
                                     // 因为 b2 包含这些
    }
```

从技术上讲，fill(buf, 'x') 是 fill<char,1024>(buf, 'x') 的简写，而 fill(b2,0) 是 fill<double,10>(b2,0) 的简写，但幸运的是，我们通常不需要那么具体。编译器能够帮我们推导出来。

19.3.7　泛化 vector

当我们将 vector 从类"double 的 vector"泛化为模板"T 的 vector"时，没有检查 push_back()、resize() 和 reserve() 的定义。我们现在必须这样做，因为在 19.2.2 节和 19.2.3 节中定义了函数，相关的假设对 double 类型是正确的，但对于我们想要用作 vector 元素类型的其他类型来说，并不一定正确：

● 如果 X 没有默认值，我们如何处理一个 vector<X> ？
● 当我们使用完成时，我们如何确认元素被销毁了？

我们必须解决这些问题吗？我们可以说，"不要试图为没有默认值的类型创建 vector 对象"和"不要以导致问题的方式将 vector 用于具有析构函数的类型"。对于一个以"通用"为目标的模板，这样的限制会让用户感到恼火，并给人一种设计师没有仔细考虑或并不真正关心用户的印象。通常，这样的疑虑是正确的，但是标准库的设计者并没有让这些缺陷存在。要重新构建标准库 vector，必须解决这两个问题。

当我们需要一个"默认值"时，我们可以通过给用户指定要使用的值的方式来处理没有默认值的类型：

```
    template<typename T> void vector<T>::resize(int newsize, T def = T());
```

也就是说，除非用户另有说明，否则使用 T( ) 作为默认值。例如：

```
vector<double> v1;
v1.resize(100);                // 增加 100 个 double 副本，值为 0.0
v1.resize(200, 0.0);           // 增加 100 个 0.0 副本，这里提到 0.0 其实是多余的
v1.resize(300, 1.0);           // 增加 100 个 1.0 副本
struct No_default {
    No_default(int);           // 非默认构造函数
    //...
};
vector<No_default> v2(10);     // 错误：尝试创建 10 个 No_default
vector<No_default> v3;
v3.resize(100, No_default(2));// 增加 100 个 No_default(2) 的副本
v3.resize(200);                // 错误，尝试增加 100 个 No_default() 的副本
```

析构函数的问题更难解决。实际上，我们需要处理一些非常棘手的问题：一个同时由初始化数据和未初始化数据组成的数据结构。到目前为止，为了避免未初始化的数据和一般伴随这种数据而来的程序设计错误，我们已经做了很多工作。现在，作为 vector 的实现者，我们必须面对这个问题，而作为 vector 的用户，我们就不必在应用程序中面对这个问题。

首先，我们需要找到一种获取和操作未初始化存储空间的方法。幸运的是，标准库提供了一个名为 allocator 的类，它可以提供未初始化内存。下面是一个稍微简化的版本：

```
    template<typename T> class allocator {
    public:
```

```
//...
T* allocate(int n);                    // 为 n 个类型为 T 的对象分配空间
void deallocate(T* p, int n);          // 从 p 开始释放 n 个类型为 T 的对象
void construct(T* p, const T& v);      // 在 p 中构造一个值为 v 的 T
void destroy(T* p);                    // 销毁 p 中的 T
};
```

假如你需要了解完整的内容，请参考 *The C++ Programming Language* 中 <memory>（参见附录 B.1.1）的内容或标准库定义。然而，这里展示了 4 种基本操作，使我们能够实现：

● 分配合适大小的内存，以容纳类型 T 的对象，但不进行初始化。
● 在没有初始化的空间构造一个类型 T 的对象。
● 销毁类型 T 的对象，从而将其所占空间返回到未初始化状态。
● 释放大小适合 T 类型对象的未初始化空间。

不出所料，allocator 正是实现 vector<T>::reserve() 所需的。我们可以给 vector 传递一个分配器参数：

```
template<typename T, typename A = allocator<T>> class vector {
    A alloc; // 用于分配元素所需的内存
    //...
};
```

除了提供了一个 allocator，并且默认使用标准分配器而不是 new，其他都和以前一样。作为 vector 的用户，我们可以忽略分配器，直到我们发现自己需要一个 vector，以某种不寻常的方式为其元素管理内存。作为 vector 的实现者，以及试图理解根本问题和学习基础技术的学习者，我们必须了解 vector 如何处理未初始化的内存，并向用户呈现正确构建的对象。唯一受影响的代码是直接处理内存的 vector 成员函数，如 vector<T>::reserve()：

```
template<typename T, typename A>
void vector<T,A>::reserve(int newalloc)
{
    if (newalloc<=space) return;                   // 从不减少分配的空间
    T* p = alloc.allocate(newalloc);               // 分配新空间
    for (int i=0; i<sz; ++i) alloc.construct(&p[i],elem[i]);  // 复制
    for (int i=0; i<sz; ++i) alloc.destroy(&elem[i]);         // 销毁
    alloc.deallocate(elem,space);                  // 释放旧空间
    elem = p;
    space = newalloc;
}
```

通过在未初始化的空间中构造一个副本，然后销毁原始元素，将元素移动到新空间。我们不能使用赋值操作，因为对于 string 等类型，赋值操作假定目标区域已经初始化。

有了 reserve() 的定义，vector<T,A>::push_back() 的实现变得十分简单：

```
template<typename T, typename A>
void vector<T,A>::push_back(const T& val)
{
    if (space==0) reserve(8);                      // 保留 8 个元素
    else if (sz==space) reserve(2*space);          // 获得更多空间
    alloc.construct(&elem[sz],val);                // 末尾增加 val
```

```
    ++sz;                                              // 增加大小
}
```

类似地，vector<T,A>::resize( ) 同样不难实现：

```
template<typename T, typename A>
void vector<T,A>::resize(int newsize, T val = T())
{
    reserve(newsize);
    for (int i=sz; i<newsize; ++i) alloc.construct(&elem[i],val); // 构造
    for (int i = newsize; i<sz; ++i) alloc.destroy(&elem[i]); // 销毁
    sz = newsize;
}
```

注意，由于某些类型没有默认构造函数，因此我们再次提供了选项，可以指定一个值作为新元素的初始值。

这里的另一个新东西是，在我们将 vector 的大小调整到更小的时候，会破坏"多余元素"。可以将析构函数看作是将类型化对象转换为"原始内存"。

"分配器混合使用"是相当高级的知识，而且很棘手。在你已经成为专家之前，不要去尝试它。

19.4　范围检查和异常

到目前为止，查看一下我们的 vector 我们会（惊恐地）发现数据访问没有经过范围检查。operator[ ] 的实现很简单：

```
template<typename T, typename A> T& vector<T,A>::operator[] (int n)
{
    return elem[n];
}
```

所以，下面的代码存在错误：

```
vector<int> v(100);
v[-200] = v[200];                           // 糟糕！
int i;
cin>>i;
v[i] = 999;                                 // 破坏了一个任意内存位置
```

上述代码可以编译并运行，但访问了不属于我们 vector 对象的内存。这可能意味着大麻烦！在实际的程序中，这样的代码是不可接受的。让我们尝试改进我们的 vector，解决这个问题。最简单的方法是添加一个 at( ) 检查访问操作：

```
struct out_of_range { /*... */ };           // 用于报告范围访问错误的类
template<typename T, typename A = allocator<T>> class vector {
    //...
    T& at(int n);                       // 经检查的访问
    const T& at(int n) const;           // 经检查的访问
    T& operator[] (int n);              // 未经检查的访问
    const T& operator[] (int n) const;  // 未经检查的访问
    //...
};
```

```
template<typename T, typename A > T& vector<T,A>::at(int n)
{
    if (n<0 || sz<=n) throw out_of_range();
    return elem[n];
}
template<typename T, typename A > T& vector<T,A>::operator[] (int n)
    // 和以前一样
{
    return elem[n];
}
```

当实现了 at( ) 操作者，我们可以编写如下代码：

```
void print_some(vector<int>& v)
{
    int i = -1;
    while(cin>>i && i!=-1)
    try {
        cout << "v[" << i << "]==" << v.at(i) << "\n";
    }
    catch(out_of_range) {
        cout << "bad index: " << i << "\n";
    }
}
```

这里，我们使用 at( ) 来获得经范围检查的访问，然后我们捕获 out_of_range 以防非法访问。

常见的办法是，当知道我们有一个有效的索引时，使用下标 [ ]；当我们可能有一个造成越界的索引时，使用 at( )。

19.4.1　附加讨论：设计方面的考虑

到目前为止，一切都很好，但为什么我们不直接将范围检查添加到函数 operator[ ]( ) 中？标准库 vector 提供了经检查的 at( ) 和未经检查的 operator[ ]( )。让我们来解释一下这是怎么回事。基本上有 4 个原因：

- 兼容性：在 C++ 具有异常机制之前，人们就已经使用未经范围检查的下标。
- 效率性：你可以在快速的未经范围检查访问运算符之上构建经范围检查的访问运算符，但不能在经范围检查的访问运算符之上构建快速的未经范围检查的访问运算符。
- 约束性：在某些环境中，异常是不可接受的。
- 可选的检查：实际上，标准并没有规定你不能对 vector 进行范围检查，所以如果你需要，就可以选择使用一个经检查的实现版本。

（1）兼容性。

人们总是不喜欢他们的旧代码被破坏。例如，如果你有一百万行代码，那么为正确使用异常而重新编写代码是一件代价非常高的事情。我们可以争辩说重写代码对之后的工作有好处，但我们不是必须付出（时间或金钱）的人。此外，现有代码的维护者通常主张未经检查的代码原则上可能是不安全的，但他们特定的代码已经经过了多年的测试和使用，所有的错误都已经被发现了。我们可以对这种主张持怀疑态度，但是没有对实际代码做出审查的人不应该太过武断。自然，在标准库

vector 被引入 C++ 标准之前，没有使用标准库 vector 的代码，但有数百万行代码使用了非常相似的向量容器，（作为标准之前的产物）没有使用异常。其中，大部分代码后来使用该标准进行了修改。

（2）效率性。

是的，在极端情况下范围检查可能是一个负担，例如，用于网络接口的缓冲区和高性能科学计算的矩阵。但是，在我们大多数人花费大量时间的"普通计算"中，范围检查的成本几乎不算是一个问题。因此，我们建议尽可能使用 vector 的经范围检查的实现版本。

（3）约束性。

同样，这个论点适用于一些程序员和一些应用程序。实际上，它适用于很多程序员而不应该被轻易忽视。然而，如果你在一个不涉及硬实时（参见 25.2.1 节）的环境中开始一个新程序，最好使用基于异常的错误处理和范围检查的 vector。

（4）可选的检查。

ISO C++ 标准简单地指出，vector 越界访问不保证有任何特定的语义，并且应该避免这样的访问。当程序尝试越界访问时抛出异常是完全符合标准的。因此，如果你喜欢 vector 抛出异常，并且不需要考虑特定应用程序的前三个因素，就使用 vector 经范围检查的实现版本。在我们这本书里，就是这么做的。

总而言之，实际的设计可能比我们想要的更复杂，但还是有办法解决的。

19.4.2　一个坦白：宏定义

如同我们的 vector，标准库 vector 大多数实现都不能保证下标运算符（[ ]）是经范围检查的，而是提供了经范围检查的 at( ) 操作。那么我们程序中的 std::out_of_range 异常是从哪来的呢？本质上，我们选择了 19.4.1 节中的"原因 4"：一个 vector 的实现没有义务进行下标 [ ] 的范围检查，但是也不禁止检查，所以我们加入了检查。你一直使用的可能是我们的调试版本，经范围检查 [ ] 的Vector。这就是我们在开发代码时所使用的。它以很小的性能开销减少了错误和调试时间：

```
struct Range_error : out_of_range {   // 改良的 vector 范围错误报告
    int index;
    Range_error(int i) : out_of_range{"Range error"}, index(i) { }
};
template<typename T> struct Vector : public std::vector<T> {
    using size_type = typename std::vector<T>::size_type;
    using vector<T>::vector;              // 使用 vector<T> 的构造函数（参见 20.5 节）

    T& operator[] (size_type i)      // 而不是返回 at(i);
    {
        if (i<0 || this->size()<=i) throw Range_error{i};
        return std::vector<T>::operator[] (i);
    }
    const T& operator[] (size_type i) const
    {
        if (i<0 || this->size()<=i) throw Range_error{i};
        return std::vector<T>::operator[] (i);
    }
};
```

我们使用 Range_error 来指明错误的索引，用于调试。从 std::vector 派生，使得 Vector 中具有所有标准库 vector 的成员函数。第一个 using 为 std::vector 的 size_type 定义了一个方便的同义变量；参见 20.5 节。第二个 using 让 Vector 具有了所有 vector 的构造函数。

这个 Vector 在调试重要的程序时很有用。另一种选择是使用经过系统检查的完整标准库 vector 的实现——实际上，这可能确实是你一直在使用的。我们无法确切地知道编译器和库提供的检查程度（超出标准保证的范围）。

在 std_lib_facilities.h 中，我们使用了一个讨厌的技巧（宏替换），将 vector 重新定义为我们的 Vector：

```
// 使用讨厌的宏技术来获取范围检查 vector:
#define vector Vector
```

这意味着无论何时你写 vector，编译器将认为它是 Vector。这种技巧很讨厌，因为你看到的代码与编译器看到的代码不同。在实际项目的代码中，宏定义是模糊错误（参见 27.8 节、附录 A.17.2）的重要来源。

我们对 string 做了同样的处理，以提供会进行范围检查的访问。

不幸的是，没有标准的、可移植的、干净的方法来在 vector 的 [ ] 实现中进行范围检查。但是，具备范围检查的标准库 vector（和 string）有可能做得比我们做得更干净、更完整。然而，我们要做的通常涉及更换已有的标准库实现、调整库安装选项或修改标准库源代码。这些做法都不适合初学者。另外，我们在第 2 章中就已经使用了 string。

19.5 资源和异常

vector 可以抛出异常，并且我们建议，当函数无法执行相关的操作时，它应该抛出一个异常来通知它的调用者（参见第 5 章）。vector 操作，以及我们调用的其他函数引发异常时该怎么办？现在是时候考虑这个问题了。原始的答案是，"使用 try 代码块来捕捉异常，编写错误信息，然后终止程序"。对于大多数程序来说，基本上就是这样。

程序设计的基本原则之一是，如果我们获得了一个资源，我们必须以某种方式直接或间接地将它返还给管理该资源的系统。这里的资源指的可能是：

- 内存。
- 锁。
- 文件句柄。
- 线程句柄。
- 套接字（socket）。
- 窗口。

本质上，我们将资源定义为获得然后必须由某些"资源管理器"返还（释放）或回收的对象。最简单的示例是使用 new 从自由存储区获取内存，使用 delete 返还内存给自由存储区。例如：

```
void suspicious(int s, int x)
{
    int* p = new int[s];      // 获得内存
    //...
    delete[] p;               // 释放内存
}
```

正如我们在 17.4.6 节中所看到的，我们必须记得释放内存，有时候这不太容易。当我们把异常处理也考虑在内，资源泄漏可能会很常见；造成的原因可能是因为不知道或不小心。特别地，查看如 suspicious( ) 之类的代码，它们显式地使用 new，并将结果指针非常可疑地赋值给一个局部变量。

我们调用一个对象，如 vector 对象，释放占用的资源或资源句柄是负责任的行为。

19.5.1　潜在的资源管理问题

对下面这样一个明显无害的指针分配：

```
int* p = new int[s];            // 获得内存
```

我们表示担忧的原因是，这种情况很难验证 new 是否有相应的 delete。至少 suspicious( ) 有 delete[ ] p; 这样的语句可能会释放内存，但是让我们想象一些可能导致释放不发生的情况。在 "…" 发生什么会导致内存泄漏？我们发现的问题示例应该让你有所思考，并让你对这些代码产生怀疑。它们还应该使你感受到这些代码替代方案的简单和强大。

当我们执行到 delete 时，p 可能不再指向原始对象：

```
void suspicious(int s, int x)
{
    int* p = new int[s];            // 获得内存
    // ...
    if (x) p = q;                   // 另一个对象的指针
    // ...
    delete[] p;                     // 释放内存
}
```

上述例子中，我们将 if(x) 放在那里，以确保你不知道我们是否改变了 p 的值。我们可能永远不能执行到 delete：

```
void suspicious(int s, int x)
{
    int* p = new int[s];            // 获得内存
    //...
    if (x) return;
    //...
    delete[] p;                     // 释放内存
}
```

我们可能永远也不能执行到 delete，因为程序可能会抛出一个异常：

```
void suspicious(int s, int x)
{
    int* p = new int[s];            // 获得内存
    vector<int> v;
    //...
    if (x) p[x] = v.at(x);
    //...
    delete[] p;                     // 释放内存
}
```

在这里，我们最关心的是最后一种可能性。当人们第一次遇到这个问题时，他们倾向于认为这是一个异常问题，而不是资源管理问题。在对根本原因进行了错误的分类后，他们提出了一个解决方案去捕获异常：

```
void suspicious(int s, int x)          // 混乱的代码
{
    int* p = new int[s];               // 获得内存
    vector<int> v;
    //...
    try {
        if (x) p[x] = v.at(x);
        //...
    } catch (...) {                    // 捕获异常
        delete[] p;                    // 释放内存
        throw;                         // 再次抛出异常
    }
    //...
    delete[] p;                        // 释放内存
}
```

上述解决方案以增加一些代码和重复资源释放的代码（这里 delete[ ] p;）为代价解决了这个问题。换句话说，这个解决方案是糟糕的。更糟糕的是，它不能很好地适用于泛型程序设计。思考如何申请更多的资源：

```
void suspicious(vector<int>& v, int s)
{
    int* p = new int[s];
    vector<int>v1;
    // ...
    int* q = new int[s];
    vector<double> v2;
    // ...
    delete[] p;
    delete[] q;
}
```

注意，如果 new 无法在自由存储区分配内存，它将抛出标准库异常 bad_alloc。try … catch 技术在这个示例中是有效的，但是你将需要多个 try 代码块，并且代码会变得重复且糟糕。我们不喜欢重复和糟糕的代码，因为"重复"意味着代码难以维护，而"糟糕"意味着代码难以正确运行、难以解读及难以维护。

试一试

在最后一个示例中增加 **try** 代码块，确保所有的资源在所有可能抛出异常的情况下正确地释放。

19.5.2　资源获取即初始化

幸运的是，我们不需要将复杂的 try…catch 语句添加到我们的代码来处理潜在的资源泄漏。思考：

```
void f(vector<int>& v, int s)
{
    vector<int> p(s);
    vector<int> q(s);
    // ...
}
```

这样更好，而且好得十分明显。资源（这里的自由存储区内存）在一个构造函数中获取，然后在匹配的析构函数中释放。当我们解决 vector 对象的内存泄漏问题时，我们实际上解决了这个特殊的"异常问题"。该解决方案是通用的，它可以应用到所有类型的资源：在构造函数中，为负责管理资源的某个对象获取资源，并在匹配的析构函数中释放它。通常以这种方式处理资源的最佳示例包括数据库锁、套接字和 I/O 缓冲区（iostream 为你处理这些）。这种技术通常称为"资源获取即初始化（Resource Acquisition Is Initialization）"，简写为 RAII。

思考上面的示例。无论我们以何种方式离开 f( )，p 和 q 的析构函数都会被适当地调用：因为 p 和 q 不是指针，我们不能给它们赋值，return 语句不会阻止析构函数的调用，也不会阻止抛出异常。通用规则是：当线程执行完成离开作用域时，每个完全构造的对象和子对象都将调用析构函数。当对象构造函数执行完成时，就认为对象构造完成。探究这两个语句的详细含义可能会令人头疼，但它们仅仅意味着在需要时调用构造函数和析构函数。

需要强调的是，当需要在一个作用域中使用的存储空间大小不是常量时，我们应该使用 vector 而不是显式地调用 new 和 delete。

19.5.3　保证

当我们不能将 vector 对象保持在单个作用域（及其子作用域）内时，我们应该怎么做呢？例如：

```
vector<int>* make_vec()                      // 制作并填充一个 vector
{
    vector<int>* p = new vector<int>;        // 自由存储区分配
    // ... 填充数据，可能抛出异常 ...
    return p;
}
```

这种代码很常见：我们调用一个函数来构造一个复杂的数据结构，并将该数据结构作为结果返回。问题是，如果在"填充"vector 对象时抛出异常，make_vec( ) 将泄漏该 vector 对象。另一个问题是，如果函数成功返回，之后必须有人负责删除 make_vec( ) 返回的对象（参见 17.4.6 节）。

我们可以增加一个 try 代码块来处理抛出异常的可能性：

```
vector<int>* make_vec() // 制作并填充一个 vector
{
    vector<int>* p = new vector<int>;        // 自由存储区分配
    try {
        // 填充数据，可能抛出异常
        return p;
    }
    catch (...) {
        delete p;                // 做局部清除
```

```
            throw;                    // make_vec() 无法完成该异常的处理
                                      // 重新抛出，以允许调用者负责继续处理
        }
    }
```

这个 make_vec( ) 函数举例说明了一种错误处理非常常见的风格：它尝试完成自己的工作，如果做不到，它就释放所有局部资源（这里是自由存储区上的 vector 对象），并通过抛出异常来指出失败。在这里，抛出的异常是其他函数（例如 vector::at( )）抛出的异常；make_vec( ) 只是使用 throw；语句来重新抛出它。这是一种简单有效的处理错误的方法，可以系统地使用。

- **基本保证**：try⋯catch 代码的目的是确保 make_vec( ) 无论是成功还是抛出异常都不会泄露任何资源，这通常称为基本保证。对于所有我们期望从异常抛出中恢复的代码都应该提供基本保证。所有标准库代码都提供了基本保证。
- **强保证**：如果一个函数除了提供基本保证外，还确保所有可观测值（所有非局部函数的值）在函数失败后与调用该函数时相同，则该函数称为提供了强保证。当我们编写一个函数时最理想的强保证是：要么函数成功地完成了它被要求做的所有事情，要么除了抛出一个表示失败的异常之外什么都没有发生。
- **无抛出保证**：除非我们可以在没有任何失败和抛出异常的风险下完成一些简单的操作，否则我们将无法编写满足基本保证和强保证的代码。幸运的是，基本上 C++ 中的所有内置机制都提供了无抛出保证：它们根本不需要抛出。为了避免异常的抛出，只需避免 throw、new 和引用类型的 dynamic_cast 转换即可（参见附录 A.5.7）。

基本保证和强保证对于思考程序的正确性至关重要。RAII 对于实现根据这些理想情况编写的简单且高性能的代码是必不可少的。

当然，我们应该始终避免未定义的（通常是灾难性的）操作，例如，对 0 进行解引用、以 0 为除数，以及访问超出其范围的数组。捕获异常并不能避免违反基本的语言规则。

19.5.4   unique_ptr

因此，make_vec( ) 是一种实用的函数，它在出现异常时遵守良好的资源管理的基本规则。当我们想从抛出异常中恢复时，它提供了基本保证（所有优秀的函数应该有的）。除非在"用数据填充 vector"部分对非局部数据做了一些糟糕的事情，否则它甚至提供了强保证。但是，try⋯catch 代码仍然是糟糕的。解决方案很明显：我们应该使用 RAII；也就是说，我们需要提供一个对象来保存 vector<int>，当异常发生时，使它能删除 vector 对象。在 <memory> 文件中，标准库提供 unique_ptr 来完成：

```
vector<int>* make_vec()                                // 制作并填充一个 vector
{
    unique_ptr<vector<int>> p {new vector<int>};   // 自由存储区分配
    // ... 填充数据，可能抛出异常 ...
    return p.release();                                // 返回 p 的指针
}
```

一个 unique_ptr 就是一个保存指针的对象。我们在一开始就用从 new 中得到的指针来初始化它。与内置指针的使用方式完全相同，你可以通过 -> 和 * 的使用 unique_ptr（如 p->at(2) 或（*p）. at(2)），因此我们可以把 unique_ptr 当作是一种指针。然而，unique_ptr 拥有指向的对象：当 unique_ptr 被销毁时，它将删除它所指向的对象。这就意味着，当 vector<int> 被填充时抛出异常，或者如果我们过早地从 make_vec 中返回，vector<int> 对象会被正确地销毁。p.release( ) 从 p 中提取包含的

指针（指向 vector<int>），以便我们可以返回它，并且它还使 p 保存为 nullptr，以便销毁 p 时（就像由 return 所做的那样）不会销毁任何东西。

　　使用 unique_ptr 极大地简化了 make_vec( )。基本上，它使 make_vec( ) 与之前简化但不安全的版本一样简单。重要的是，有了 unique_ptr，我们就可以重复我们的建议，对显式的 try 块提高警惕。大多数情况下，unique_ptr 可以像在 make_vec( ) 中一样来替换"资源获取即初始化（RAII）"技术的一些变量。

　　使用 unique_ptr 的 make_vec( ) 版本还不错，但它仍然返回一个指针，所以编写者仍然必须记得 delete 指针。返回 unique_ptr 可以解决这个问题：

```
unique_ptr<vector<int>> make_vec()                    // 制作并填充一个 vector
{
    unique_ptr<vector<int>> p {new vector<int>};// 自由存储区分配
    // ... 填充数据，可能抛出异常 ...
    return p;
}
```

　　一个 unique_ptr 非常像一个普通的指针，但是它有一个重要的约束：你不能使用一个 unique_ptr 对象给另一个 unique_ptr 对象赋值，以让两个 unique_ptr 指向相同的对象。这是必须的，否则就会产生关于哪个 unique_ptr 拥有指向对象并必须 delete 它的混淆问题。例如：

```
void no_good()
{
    unique_ptr<X> p { new X };
    unique_ptr<X> q {p};            // 错误: 很幸运
    // ...
} 在这里 p 和 q 都可以删除该 X
```

　　如果你想要有一个"智能"指针，它既可以保证删除，又可以被复制，请使用 share_ptr（参见附录 B.6.5）。但是，这是一个更重量级的解决方案，它涉及使用计数来确保在最后一个副本销毁后销毁其引用的对象。

　　一个 unique_ptr 相对于普通指针有一个有趣的属性，即它没有额外开销。

19.5.5　使用移动方法返回

　　返回大量信息的技术可以将信息置于自由存储区中，然后返回一个指向它的指针，这非常常见。它也是许多复杂性的一个来源，也是内存管理错误的主要来源之一：谁来 delete 来自函数返回的自由存储区指针？在异常情况下，我们是否能够确定指向自由存储区中对象的指针被正确删除？除非我们系统地管理指针（或使用"智能"指针，如 unique_ptr 和 shared_ptr），否则答案将是"我们觉得是"，但这还不够好。

　　幸运的是，当我们为 vector 添加了移动操作时，就解决了 vector 的这个问题：只需使用移动构造函数从函数中获取元素的所有权。例如：

```
vector<int> make_vec()                  // 制作并填充一个 vector
{
    vector<int> res;
    // ... 填充数据，可能抛出异常 ...
    return res;                         // 移动构造函数有效转移所有权
}
```

make_vec( ) 的这个（最终）版本是最简单的，也是我们推荐的版本。移动操作解决方案可以推广到所有容器，并进一步推广到所有资源句柄。例如，fstream 使用这种技术来跟踪文件句柄。移动操作解决方案是简单且通用的。使用资源句柄简化了代码并消除了一个主要的错误来源。与直接使用指针相比，使用这种句柄运行时几乎没有开销，或者开销非常小且可预测。

19.5.6   vector 类的 RAII

即使使用智能指针，如 unique_ptr，也可能看起来有点不够正式。我们如何确保我们已经发现了所有需要保护的指针呢？如何确保释放了所有指向对象的指针，而这些对象不会在该作用域结束时被销毁呢？思考 19.3.7 节中的 reserve( )：

```
template<typename T, typename A>
void vector<T,A>::reserve(int newalloc)
{
    if (newalloc<=space) return;                      // 从不减少分配
    T* p = alloc.allocate(newalloc);                  // 分配新空间
    for (int i=0; i<sz; ++i) alloc.construct(&p[i],elem[i]);  // 复制
    for (int i=0; i<sz; ++i) alloc.destroy(&elem[i]);  // 摧毁
    alloc.deallocate(elem,space);                     // 释放旧空间
    elem = p;
    space = newalloc;
}
```

注意，旧元素的复制操作 alloc.construct(&p[i],elem[i]) 可能会抛出异常。所以，p 是我们在 19.5.1 节中警告过的问题的一个示例。我们可以使用 unique_ptr 解决方案。一个更好的解决方案是后退一步，意识到"vector 对象的内存"是一种资源；也就是说，我们能定义一个类 vector_base 来表示我们一直使用的基本概念，vector 使用三个元素定义内存，结构图如图 19-6 所示。

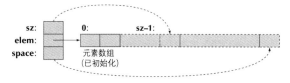

图 19-6   vector 使用三个元素定义内存

使用代码表示，即（为了完整性，添加分配器之后）：

```
template<typename T, typename A>
struct vector_base {
    A alloc;                          // 分配器
    T* elem;                          // 分配起点
    int sz;                           // 元素数量
    int space;                        // 分配空间数量
    vector_base(const A& a, int n)
    : alloc{a}, elem{alloc.allocate(n)}, sz{n}, space{n}{ }
    ~vector_base() { alloc.deallocate(elem,space); }
};
```

注意，vector_base 处理内存而不是（具有类型的）对象。我们的 vector 实现可以使用它来保存所需元素类型的对象。本质上，vector 只是 vector_base 的一个便捷接口：

```
template<typename T, typename A = allocator<T>>
class vector : private vector_base<T,A> {
public:
    // ...
};
```

我们可以将 reserve( ) 重写为更简单和更合适的方式：

```
template<typename T, typename A>
void vector<T,A>::reserve(int newalloc)
{
    if (newalloc<=this->space) return;              // 从不减少分配
    vector_base<T,A> b(this->alloc,newalloc);       // 分配新空间
    uninitialized_copy(b.elem,&b.elem[this->sz],this->elem);  // 复制
    for (int i=0; i<this->sz; ++i)
        this->alloc.destroy(&this->elem[i]);        // 销毁旧的
    swap<vector_base<T,A>>(*this,b);                 // 交换
}
```

我们使用标准库函数 uninitialized_copy 构造 b 中元素的副本，因为它可以正确地处理元素拷贝构造函数抛出异常的情况，并且调用函数比编写循环更简单。当我们退出 reserve( ) 时，如果拷贝操作成功，则 vector_base 的析构函数将自动释放旧的分配。如果退出是由拷贝操作抛出异常引起的，则将释放新分配的。swap( ) 函数是一个标准库算法（来自 <algorithm>），用于交换两个对象的值。我们使用 swap<vector_base<T,A>>(*this,b) 而不是更简单的 swap(*this,b)，因为 *this 和 b 是两个不同的类型（分别是 vector 和 vector_base），这样我们必须显式定义我们想要交换的特定类型。类似地，当从派生类 vector<T, A > 的成员（如 vector<T, A >::reserve( )）引用基类 vector_base<T, A > 的成员时，必须显式地使用 this->。

试一试

　　使用 unique_ptr 修改 reserve。记得在返回前释放。对比解决方案和 vector_base 的方法。思考哪个更容易编写，哪个更不容易出错。

 操作题

1. 定义 template<typename T> struct S { T val; };。
2. 增加构造函数，以便你能使用 T 来初始化。
3. 定义 S<int>、S<char>、S<double>、S<string> 和 S<vector<int>> 类型的变量，然后选择一些值来初始化它们。
4. 读取这些值并输出它们。
5. 增加函数模板 get( )，来返回 val 的引用。
6. 把 get( ) 的定义放在类的外部。
7. 将 val 设置为私有的。

8. 使用 get( ) 再做一次第 4 题。

9. 增加 set( ) 函数模板以便你能改变 val。

10. 使用 S<T>::operator=(const T&) 替换 set( )。提示：比 19.2.5 节中的更简单。

11. 提供 get( ) 的常量版本和非常量版本。

12. 定义函数 template<typename T> read_val(T& v)，用于从 cin 读取到 v。

13. 使用 read_val( ) 读取 3 到各个类型（S<vector<int>> 除外）的变量中。

14. 为 vector<T> 对象定义输入和输出操作（>> 和 <<）。输入和输出都使用 {val,val,val} 格式。这将允许 read_val( ) 也可以处理 S<vector<int>> 类型的变量。

记得每个步骤都要进行测试。

回顾

1. 为什么我们想要改变 vector 大小？

2. 为什么我们想要定义不同元素类型的 vector？

3. 为什么我们不总是定义一个足够大的 vector 来应对所有的可能性呢？

4. 我们能为一个新的 vector 对象分配多大的空闲空间？

5. 我们什么时候必须复制 vector 元素到新位置？

6. 哪个 vector 操作在构造后能修改 vector 的大小？

7. 在拷贝完成后，vector 的值是什么？

8. 哪两个操作定义了 vector 的拷贝操作？

9. 类对象复制的默认含义是什么？

10. 什么是模板？

11. 两个最有用的模板实参类型是什么？

12. 什么是泛型程序设计？

13. 如何区别泛型程序设计和面向对象程序设计？

14. 如何区分 array 和 vector？

15. 如何区分 array 和内置数组？

16. 如何区分 resize( ) 和 reserve( )？

17. 什么是资源？定义并给出示例。

18. 什么资源泄漏？

19. 什么是 RAII？它解决什么问题？

20. unique_ptr 擅长做什么？

术语

#define	所有者（owner）	特殊化（specialization）
at( )	push_back( )	强保证（strong guarantee）
基本保证（basic guarantee）	RAII	模板（template）
异常（exception）	resize( )	模板参数（template parameter）
保证（guarantee）	资源（resource）	this
句柄（handle）	重新抛出（re-throw）	throw;

实例（instantiation）　　　　自赋值（self-assignment）　　　unique_ptr

宏（macro）　　　　　　　　shared_ptr

练习题

在每个练习题中，创建并测试已定义类的几个对象（并输出），以证明你的设计和实现符合你的预期。有异常的地方，需要仔细思考错误来自哪里。

1. 编写模板函数 f( )，把一个 vector<T> 中的元素值增加到另一个 vector<T> 的相应元素中。例如，f(v1,v2) 应该可以使用 v1[i]+=v2[i] 来设置 v1 中的所有元素。

2. 编写模板函数，将 vector<T> vt 和 vector<U> vu 作为参数，然后返回所有 vt[i]*vu[i] 值的总和。

3. 编写一个可以保存任意类型的键值对的模板类 Pair。用它来实现一个简单的符号表，就像我们在计算器（参见 7.8 节）中使用的那样。

4. 将 17.9.3 节中的 Link 类修改为一个模板，其值的类型作为模板参数。然后用 Link<God> 重新做第 17 章的练习题 13。

5. 定义一个 Int 类，其中只有一个 Int 类成员。为它定义构造函数、赋值函数和运算符 +、—、*、/。测试它，并根据需要改进它的设计（例如，定义 I/O 的运算符 << 和 >>）。

6. 重复前面的练习题，但是用一个类 Number<T>，其中，T 可以是任何数值类型（int、double 等）。尝试将 % 添加到 Number，看看当你尝试将 % 用于 Number<double> 和 Number<int> 时会发生什么。

7. 尝试使用 Number 来完成练习题 2。

8. 使用基本分配函数 malloc( ) 和 free( )（参见附录 B.11.4）实现一个分配器（参见 19.3.7 节）。查看 19.4 节结尾定义的 vector 来运行一些简单的测试用例。提示：可以看看完整的 C++ 参考手册中"定位 new"和"显式析构函数调用"。

9. 重新实现 vector::operator=( )（参见 19.2.5 节），使用一个分配器（参见 19.3.7 节）进行内存管理。

10. 实现一个简单的 unique_ptr，只支持构造函数、析构函数、->、* 和 release( )。需要特别注意的是，不要尝试实现赋值或拷贝构造函数。

11. 设计并实现一个 counted_ptr<T> 类型，该类型保存一个指向 T 类型对象的指针和一个指向"使用计数"（int）的指针，该指针由指向同一个 T 类型对象的所有参与计数的指针所共享。使用计数应该保存指向已知 T 的计数指针的数量。让 counted_ptr 的构造函数在自由存储区分配一个 T 对象和一个使用计数值。让 counted_ptr 的构造函数接受一个参数作为 T 元素的初始值。当最后一个 T 的 counted_ptr 被销毁时，counted_ptr 的析构函数应该删除 T。实现 counted_ptr 的操作，允许我们将其作为指针。这是一个"智能指针"的示例，用于确保一个对象在最后一个用户停止使用它之前不会被销毁。为 counted_ptr 编写一组测试用例，将它作为调用的参数、容器元素等。

12. 定义一个 File_handle 类，其构造函数接受一个字符串参数（文件名），在构造函数中打开文件，并在析构函数中关闭它。

13. 编写一个 Tracer 类，在其构造函数输出字符串、析构函数输出字符串。将字符串作为构造函数参数。使用它来查看 RAII 管理对象将在何处完成其工作（即使用 Tracer 作为局部对象、成员对象、全局对象、new 分配的对象进行试验等）。然后添加一个拷贝构造函数和一个拷贝赋值函数，这样你就可以使用 Tracer 对象来查看复制何时完成。

14. 为第 18 章练习题 12 中的 "Hunt the Wumpus" 游戏提供一个 GUI 界面和一些图形输出。在输入框中输入信息，然后在窗口中显示当前玩家所知道的洞穴部分的地图。

15. 修改练习题 4 的程序，允许用户根据掌握的信息和猜测（例如，"可能是蝙蝠" 和 "无底洞"）来标记房间。

16. 有时，空 vector 越小越好。例如，有人可能使用 vector<vector<vector<int>>> 多次，但是大部分的 vector 元素都是空的。定义一个 vector，使 sizeof(vector<int>) ==sizeof(int*)，即 vector 本身仅由一个指针组成，其指向包含元素、元素数量和 space 指针。

附言

模板和异常是非常强大的语言特性。它们支持具有极大灵活性的程序设计技术，主要是通过允许人们分离关注点，也就是说，一次只处理一个问题。例如，通过使用模板，我们可以从元素类型的定义中独立出容器的定义，如 vector。类似地，通过使用异常，我们可以将检测并发出错误信号的代码与处理该错误的代码分开编写。本章的第三个主题，改变 vector 的大小，可以从类似的角度来看待：push_back( )、resize( ) 和 reserve( ) 允许我们将 vector 的定义与其大小的规范分开。

第 20 章

容器和迭代器

"编写一次只做一件事的代码，并把这件事做好。然后，编写程序把它们结合起来。"

——Doug McIlroy

本章和第 21 章将介绍 STL、C++ 标准库的容器和算法。STL 是一个可扩展的框架，用于处理 C++ 程序中的数据。在第一个简单的示例后，我们将说明通用理想设计和基本概念。我们将讨论迭代、链表操作及 STL 容器。序列和迭代器的关键概念用于将容器 (数据) 与算法 (处理) 联系在一起。本章为第 21 章中将介绍的通用、高效和实用的算法奠定了基础。作为示例，本文还提供了一个文本编辑框架作为示例应用程序。

20.1　存储和处理数据

在研究处理更大的数据项集合之前，让我们考虑一个简单的示例，该示例指出了处理大型数据问题的基本方法。杰克（Jack）和吉尔（Jill）都在测量车辆的速度，将其记录为浮点值。杰克从一开始就是一名 C 语言程序员，他把测量值存储在一个数组中，而吉尔把测量值存储在一个 vector 中。现在，我们想在我们的程序中使用他们的数据。我们该怎么做呢？

我们可以让杰克和吉尔的程序把这些值分别写到一个文件中，然后再把它们读回到我们的程序中。这样，我们就完全不受他们的数据结构和接口的影响。通常，这样的隔离是一个好主意，如果我们决定这样做，我们可以使用第 10 章和第 11 章中的技术来提供输入和 vector<double> 来完成我们的计算工作。

但是，如果对于我们想要执行的任务，使用文件是不是好的选择呢？比如说，数据收集代码被设计为函数调用，每秒交付一组新数据。例如，下面的程序每隔一秒我们都会调用杰克和吉尔的函数来传递数据供我们处理：

```cpp
double* get_from_jack(int* count);    // 杰克将 double 放在数组
                                      // 返回元素数量到 *count 中
vector<double>* get_from_jill();      // 吉尔使用 vector
void fct()
{
    int jack_count = 0;
    double* jack_data = get_from_jack(&jack_count);
    vector<double>* jill_data = get_from_jill();
    // ... 处理过程 ...
    delete[] jack_data;
    delete jill_data;
}
```

假设数据存储在自由存储区中，当我们用完这些数据时，我们应该删除它。另一个假设是，我们不能重写杰克和吉尔的代码，或者不想重写。

20.1.1　处理数据

　　显然，这是一个有点简化的示例，但它与大量实际问题并无不同。如果我们能够优雅地处理这个示例，我们就可以处理大量常见的程序设计问题。这里的根本问题在于，我们无法控制"数据供应商"存储他们数据的方法。我们的工作是以我们获得数据的形式来处理数据，或者以我们更喜欢的方式来读取和存储数据。

　　我们要用这些数据做什么？排序吗？求最大值？求平均值？找出所有大于 65 的值？比较吉尔和杰克的数据？统计一下一共有多少可读的数据？可能性是无限的，在编写一个实际的程序时，我们将只做必要的计算。在这里，我们只是想做一些事情来学习如何处理数据，并进行涉及大量数据的计算。让我们先做一些非常简单的事情：找到每个数据集合中最大值的元素。我们能做的是在"…process…"注释处插入这些代码：

```cpp
// ...
double h = -1;
double* jack_high;                      // jack_high 指向最大值的元素
double* jill_high;                      // jill_high 指向最大值的元素
for (int i=0; i<jack_count; ++i){
  if (h<jack_data[i]) {
      jack_high = &jack_data[i];        // 保存最大元素的地址
      h = jack_data[i];                 // 更新"最大元素"
  }
}
h = -1;
for (int i=0; i< jill_data ->size(); ++i){
    if (h<(*jill_data)[i]) {
        jill_high = &(*jill_data)[i];   // 保存最大元素的地址
        h = (*jill_data)[i];            // 更新"最大元素"
    }
}
cout << "Jill's max: " << *jill_high
<< "; Jack's max: " << *jack_high;
// ...
```

　　注意，我们使用了复杂的写法访问吉尔的数据：(*jill_data)[i]。函数 get_from_jill( ) 返回一个 vector<double>* 的指针，为了获得数据，我们首先必须从 vector 的指针取值：*jill_data，然后我们可以使用下标操作。但是，*jill_data[i] 不是我们想要的结果；这意味着 *(jill_data[i])，因为 [ ] 比 * 优先级高，所以我们需要在 *jill_data 两边加上括号，即结果为（*jill_data）[i]。

试一试

　　如果你能够修改吉尔的代码，你将如何重新设计它的接口来去除这些复杂的方式访问数据？

20.1.2　泛化代码

　　我们想要的是一种通用的访问和操作数据的方式，这样我们就不必每次以略微不同的方法获得数据时都编写不同的代码。让我们以杰克和吉尔的代码为例，看看如何让我们的代码更加抽象和通用。

显然，我们对杰克的数据的处理方法与对吉尔的数据的处理方法非常相似。然而，有一些烦人的区别：jack_count 对比 jill_data–>size( )、jack_data[i] 对比（*jill_data）[i]。我们可以通过引入下面时引用来消除后一种差异：

```cpp
vector<double>& v = *jill_data;
for (int i=0; i<v.size(); ++i){
    if (h<v[i]) {
        jill_high = &v[i];
        h = v[i];
    }
}
```

这与杰克数据的代码非常接近。怎样才能编写一个函数，既能计算吉尔的数据，也能计算杰克的数据呢？我们可以想到几种方法（参见练习 3），但出于一般性的原因，这将在接下来的两章中做详细的说明，我们选择下面这种基于指针的解决方案：

```cpp
double* high(double* first, double* last)
// 返回 [first,last) 中最大值的元素的指针
{
    double h = -1;
    double* high;
    for(double* p = first; p!=last; ++p){
        if (h<*p) { high = p; h = *p; }}
    return high;
}
```

这样我们可以写成：

```cpp
double* jack_high = high(jack_data,jack_data+jack_count);
vector<double>& v = *jill_data;
double* jill_high = high(&v[0],&v[0]+v.size());
```

这看起来更简洁。我们不引入过多的变量，并且只写了一次循环（在 high( ) 里）。如果我们想要得到最大值，我们可以查看 *jack_high 和 *jill_high。例如：

```cpp
cout << "Jill's max: " << *jill_high
     << "; Jack's max: " << *jack_high;
```

注意，high( ) 依赖于将其元素以数组方式存储的 vector 对象，因此，我们可以将"查找最大元素"算法表示为指向数组的指针。

试一试

　　我们在这段代码中留下了两个潜在的严重错误。如果 high( ) 在许多其他可能用到的程序中使用，一个错误可能导致崩溃，另一个将给出错误的答案。我们下面描述的通用技术将使它们变得明显，并给出如何系统地避免它们。现在，我们只要找到这两个错误，然后提出补救方法就行了。

函数 high( ) 的局限性在于它只能解决一个特定的问题：

- 它只适用于数组。我们依赖以数组方式存储元素的 vector，但还有更多存储数据的方法，如 list 和 map（参见 20.4 节和 21.6.1 节）。
- 它可以用于具有 double 类型的 vector 和数组，但不能用于具有其他元素类型的 vector 和数组，如 vector<double*> 和 char[10]。
- 它可以找到最大值的元素，但是我们还需要对这些数据进行更多简单的计算。

下面让我们探讨一下如何在更广泛的数据集合上支持这种计算。

注意，通过决定用指针来表达我们的"查找最大元素"算法，我们"意外地"将其泛化，得到的功能比我们预期的更多：我们可以如愿查找数组或向量的最大值元素，还可以查找数组或 vector 部分元素中的最大值元素。例如：

```
// ...
vector<double>& v = *jill_data;
double* middle = &v[0]+v.size()/2;
double* high1 = high(&v[0], middle);            // 前半部分的最大元素
double* high2 = high(middle, &v[0]+v.size());   // 后半部分的最大元素
// ...
```

这里，high1 将指向 vector 前半部分中值最大的元素，high2 将指向 vector 后半部分中值最大的元素，如图 20-1 所示。

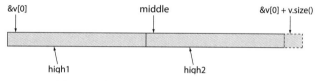

图 20-1　查找 vector 部分元素中的最大元素

我们为 high( ) 使用指针参数。这有点底层，而且容易出错。我们怀疑对于大多数程序员来说，查找 vector 中最大元素的函数应该看起来像这样：

```
double* find_highest(vector<double>& v)
{
    double h = -1;
    double* high = 0;
    for (int i=0; i<v.size(); ++i)
        if (h<v[i]) { high = &v[i]; h = v[i]; }
    return high;
}
```

但是，这不会给我们提供从 high( ) 中"偶然"获得的灵活性，我们不能使用 find_highest( ) 来查找 vector 部分元素中的最大元素。实际上，通过和指针打交道，编写一个既可以用于数组又可以用于 vector 的函数，我们获得了一个实际的好处。我们应该记住：泛化就是处理更多问题的函数。

20.2　STL 理想设计

C++ 标准库提供了一个将数据作为元素序列处理的框架，称为 STL。STL 通常被认为是"标准模板库（standard template library）"的首字母缩写。STL 是 ISO C++ 标准库的一部分，它提供了容

器（如 vector、list 和 map）和泛型算法（如 sort、find 和 accumulate）。因此，我们可以将这些机制作为 "STL" 和 "标准库" 的一部分。其他标准库功能，如 ostream（参见第 10 章）和 C 风格的字符串函数（参见附录 B.11.3），都不是 STL 的一部分。为了更好地欣赏和理解 STL，我们将首先考虑在处理数据时必须解决的问题，以及我们对解决方案的理想设计。

信息处理有两个主要方面：计算和数据。有时我们只关注计算，讨论 if 语句、循环、函数、错误处理等。在其他时候，我们关注数据，讨论数组、向量容器、字符串、文件等。然而，为了完成有用的工作，我们两者都需要考虑。如果没有经过分析、可

图 20-2　信息处理模型

视化和寻找 "有趣的部分"，大量数据是无法理解的。相反，我们可以随心所欲地计算，但这将是乏味和枯燥的，除非我们有一些数据将我们的计算与真实的东西联系起来。此外，我们程序的 "计算部分" 必须与 "数据部分" 进行优雅地交互，如图 20-2 所示。

当我们以这种方式谈论数据时，我们所指的是大量数据的使用：几十个形状、数百个温度读数、数千个日志记录、数百万个点、数十亿个网页等，即我们讨论处理数据容器、数据流等。特别地，这不是讨论如何最佳地选择两三个值来表示一个小对象，如一个复数、一个温度读数或一个圆。对于这些数据类型，请参见第 9、11 和 14 章。

思考一些我们需要使用 "大量数据" 完成的简单示例：

- 按字典序排列文字。
- 在电话本中根据名字查找号码。
- 查找最高温度。
- 查找所有大于 8 800 的值。
- 查找第一个值为 17 的元素。
- 遥感数据根据设备编号排序。
- 遥感数据根据时间戳排序。
- 查找第一个比 "Petersen" 更大的值。
- 查找最大数量。
- 查找两个序列中第一个不同的对象。
- 计算两个序列元素的内积。
- 查找一个月内每天的最高温度。
- 查找销售记录中的十佳畅销书。
- 统计 "Stroustrup" 在网页中出现的次数。
- 计算元素的累加和。

注意，我们可以描述这些任务中的任意一个，而不需要实际提到数据是如何存储的。显然，我们必须处理列表、向量容器、文件、输入流等内容，才能使这些任务有意义，但我们不需要知道数据如何存储（或采集）的细节，就可以讨论如何处理它。重要的是值或对象的类型（元素类型），我们如何访问这些值或对象，以及我们想用它们做什么。

这类任务很常见。自然，我们希望编写的代码能够简单而高效地执行这些任务。相反，作为程序员，我们面临的问题是：

- 数据类型（"数据种类"）有无限的变化。
- 存储数据元素集合的方法多得令人眼花缭乱。
- 我们想要用数据集合完成各种各样的任务。

为了尽量减少这些问题的影响，我们希望代码能够利用类型之间、数据存储方式之间及处理任

务之间的共性。换句话说，我们希望泛化我们的代码来处理这些类型的变化。我们真的不想从头开始手工制作每个解决方案；那太浪费时间了，而且很枯燥。

为了了解我们在编写代码时需要什么样的支持，可以从一个更抽象的角度来考虑如何处理数据：

- 将数据收集到容器中。

如 vector、list 和数组。

- 组织数据。

为了输出。

为了快速访问。

- 检索数据项。

根据索引（例如，第 42 个元素）。

根据值（例如，第一个"年龄字段"值为 7 的记录）。

根据属性（例如，所有"温度字段"大于 32 并小于 100 的记录）。

- 修改容器。

增加数据。

删除数据。

排序（根据一些条件）。

- 执行简单的数值运算（例如，所有元素乘以 1.7）。

我们想要在做这些事情时，不要陷入容器之间的差异、访问元素方式的差异，以及元素类型之间的差异等细节的泥沼中。如果我们能做到这一点，我们就朝着简单、有效地使用大量数据的目标迈进了一大步。

回顾前面章节的程序设计工具和技术，我们（已经）可以编写与所使用的数据类型无关的类似程序：

- 使用 int 与使用 double 没有多大区别。
- 使用 vector<int> 与使用 vector<string> 没有多大区别。
- 使用 double 数组与使用 vector<double> 没有多大区别。

我们想要组织代码，只有这样在想要做一些真正新而不同的事情时，才需要编写新的代码。特别地，我们想要为常见的程序设计任务提供这样一种代码，即每次找到一种新的存储数据的方法或找到一种稍微不同的解译数据的方法时都就不必重写解决方案。

- 在 vector 中寻找一个值与在数组中寻找一个值并没有什么不同。
- 寻找一个忽略大小写的 string 与寻找一个考虑大小写字母不同的 string 并没有什么不同。
- 用精确值绘制实验数据图与用四舍五入值绘制数据图并没有太大区别。
- 复制一个文件和复制一个 vector 并没有太大区别。

我们希望在这些观察结果的基础上编写的代码：

- 易于阅读。
- 易于修改。
- 有规律。
- 简短。
- 快速。

为了最小化我们的程序设计工作，我们希望：

- 统一地访问数据：

与数据存储方式无关。

与数据类型无关。

- 类型安全的数据访问。
- 易于遍历数据。
- 紧凑地存储数据。
- 快速地：

数据检索。

数据增加。

数据删除。

- 最常见的标准库算法。

如复制、查找、搜索、排序、求和等。

STL 提供了这些以及更多的其他功能。我们不仅将它视为一组非常有用的工具，而且还将它视为一个旨在实现最大灵活性和性能的库的示例。STL 由亚历山大·斯特潘诺夫（Alex Stepanov）设计，它为操作数据结构时使用的通用、正确且高效的算法提供了一个框架。其设计理想是具备数学的简单性、通用性和优雅性。

对于每个程序员来说，除了使用具有明确理想和原则的框架来处理数据之外，另一种选择是使用当时看起来不错的任何手段，在基本的语言功能中建出每个程序。这需要很多额外的工作。此外，结果往往是混乱的；这样完成的程序很少能被除原始设计者以外的人轻易理解，这样完成的代码也不大可能在其他上下文的项目中复用。

在考虑了动机和理想设计之后，让我们来看看 STL 的基本定义，最后看一些示例，这些示例将向我们展示如何接近这些理想设计，如何编写更好的代码来处理数据，并且更容易地做到这一点。

20.3 序列和迭代器

STL 的核心概念是序列。从 STL 的角度来看，数据集合就是一个序列。序列有开始和结束。我们可以从头到尾遍历一个序列，可选地读取或写入每个元素的值。我们通过一对迭代器来标识序列的开始和结束。迭代器是一个对象，用于标识序列中的一个元素。我们可以这样理解一个序列，如图 20-3 所示。

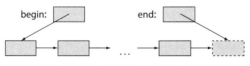

图 20-3　序列和迭代器示意图

这里，begin 和 end 是迭代器；它们标识序列的开始和结束。STL 序列通常称为"半开区间"，也就是说，由 begin 标识的元素是序列的一部分，但 end 迭代器指向序列尾部之后的位置。这种序列（范围）通常的数学符号是 [begin：end)。从一个元素到下一个元素的箭头表明，如果我们有指向一个元素的迭代器，那么就可以得到指向下一个元素的迭代器。

什么是迭代器？迭代器是相当抽象的概念：

- 迭代器指向（引用）序列中的一个元素（或在最后一个元素之后的位置）。
- 你可以使用 == 和 != 比较两个迭代器。

- 你可以使用一元运算符 *（"解引用"或"取值"）来访问迭代器所指向的元素的值。
- 你可以使用 ++ 获得下一个元素的迭代器。

例如，如果 p 和 q 是两个相同序列的元素的迭代器，基本的标准库迭代器操作如表 20-1 所示。

表 20-1 基本的标准库迭代器操作

基本的标准库迭代器操作	
p==q	当且仅当 p 和 q 指向同一元素或都指向最后一个元素的下一个位置时为真
p!=q	!(p==q)
*p	p 所指向的元素
*p=val	写入 p 指向的元素
val=*p	读取 p 指向的元素
++p	使 p 指向序列中的下一个元素或指向最后一个元素的下一个位置

显然，迭代器的概念与指针的概念是相关的（参见 17.4 节）。实际上，指向数组元素的指针就是迭代器。然而，许多迭代器不仅仅是指针。例如，我们可以定义一个范围检查的迭代器，如果你试图让它指向它的 [begin:end) 序列之外或解引用 end，它就会抛出异常。事实证明，将迭代器作为抽象概念而不是作为特定类型，我们可以获得巨大的灵活性和通用性。本章和第 21 章将给出几个示例。

试一试

编写一个函数 void copy(int* f1, int* e1, int* f2)，把由 [f1：e1) 定义的 int 数组的元素复制到另一个由 [f2：f2+(e1–f1)) 定义的数组。只使用迭代器操作完成（不要用下标）。

迭代器用于将代码（算法）与数据相结合。程序编写人员知道迭代器的使用方法（而不知道迭代器实际如何获取数据的细节），数据提供者提供迭代器而不是向所有用户暴露数据如何存储的细节。这样的结果相当简单，并在算法和容器之间提供了重要的独立性。引用亚历山大·斯特潘诺夫的话："STL 算法和容器之所以能很好地协同工作，是因为它们相互独立。"相反，两者都理解迭代器定义的序列，如图 20-4 所示。

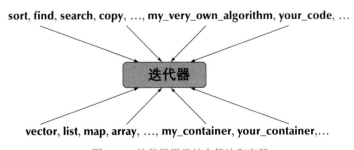

图 20-4 迭代器用于结合算法和容器

换句话说，我们的算法不再需要知道各种令人眼花缭乱的存储和访问数据的方式；它们只需要知道迭代器。另一方面，如果我们是数据提供者，我们不再需要编写代码来为各种各样的用户服务；只需要为我们的数据实现一个迭代器。在最基本的层次上，迭代器仅由 *、++、== 和 != 运算符定义。这使得它们简单快捷。

STL 框架由大约 10 个容器和约 60 个与迭代器有关的算法组成（参见第 21 章）。此外，许多组织和个人提供了 STL 风格的容器和算法。STL 可能是目前最著名和使用最广泛的泛型程序设计（参见 19.3.2 节）的示例。如果了解了基本概念和一些简单的示例，你就会知道如何使用其余的相关内容。

20.3.1 回到示例

下面让我们看看如何使用序列的 STL 的方法来表示"查找最大元素"的问题：

```cpp
template<typename Iterator>
Iterator high(Iterator first, Iterator last)
    // 返回 [first,last) 中最大元素的迭代器
{
    Iterator high = first;
    for (Iterator p = first; p!=last; ++p)
        if (*high<*p) high = p;
    return high;
}
```

注意，去掉了局部变量 h，我们曾经用它来保存查找过程中的最大值。当我们不知道序列元素的实际类型时，使用 -1 初始化看起来完全是武断且奇怪的。是的，我们并没有冤枉它！这也隐藏着一个错误：在我们的示例中，-1 可以使用只是因为我们碰巧没有任何负数运算。我们知道"神奇常数"，如 -1，是非常不利于代码维护的（参见 4.3.1 节、7.6.1 节、10.11.1 节等）。在这里，我们看到它们也可以限制函数的用途，并且可以认为是对解决方案思考不全面的体现，也就是说，"神奇常数"可能是而且经常是思考不充分的体现。

注意，这个"泛型"high( ) 可以用于任何可以使用 < 进行比较的元素类型。例如，我们可以使用 high( ) 来查找字典序的 vector<string> 中的最后一个字符串（参见练习 7）。

high( ) 模板函数可用于由一对迭代器定义的任何序列。例如，我们可以精确地复用示例程序：

```cpp
double* get_from_jack(int* count);   // 杰克把 double 放到数组中
                                     // 返回元素数量到 * count
vector<double>* get_from_jill();     // 吉尔使用 vector
void fct()
{
    int jack_count = 0;
    double* jack_data = get_from_jack(&jack_count);
    vector<double>* jill_data = get_from_jill();
    double* jack_high = high(jack_data,jack_data+jack_count);
    vector<double>& v = *jill_data;
    double* jill_high = high(&v[0],&v[0]+v.size());
    cout << "Jill's high " << *jill_high << "; Jack's high " << *jack_high;
    // ...
    delete[] jack_data;
    delete jill_data;
```

```
}
```

对于这里的两次调用，high( ) 的 Iterator 模板参数类型是 double*。除了使得 high( ) 的代码正确运行之外，这显然与我们之前的解决方案没有什么不同。准确地说，所执行的代码没有区别，但我们的代码的通用性有一个最重要的区别。high( ) 的模板化版本可用于由一对迭代器描述的任何类型的序列。在查看 STL 的详细约定和它提供的有用的标准算法之前，这些算法使我们免于编写常见的棘手代码，让我们再考虑几种存储数据元素集合的方法。

试一试

我们再次在程序中遗留了一个严重问题。找到并修复它，然后对这类问题给出一个通用的补救办法。

20.4　链表

再考虑一下序列概念的图形表示，如图 20-5 所示。

将其与内存中 vector 的图形表示进行比较，如图 20-6 所示。

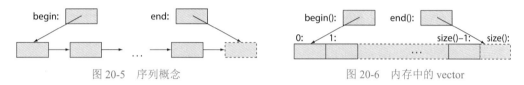

图 20-5　序列概念　　　　　　　　　　图 20-6　内存中的 vector

基本上，下标 0 和迭代器 v.begin( ) 标识的是相同的元素，下标 v.size( ) 和迭代器 v.end( ) 标识的都是最后一个元素之后的位置。

vector 的元素在内存中是连续的。STL 的序列概念中并不全是这样，而且有许多算法让我们可以在两个已有的元素之间插入一个元素，而无须移动这些现有元素。抽象概念的图形表示表明，无须移动其他元素即可插入（和删除）元素。迭代器的 STL 概念可以支持这点。

STL 序列图形所展现的数据结构称为链式列表（链表）。抽象模型中箭头通常实现为指针。链表的元素是由元素值和一个或多个指针组成的"链接"的一部分。一个节点只有一个指针（指向下一个节点）的链表称为单向链表，而一个节点同时具有指向上一个和下一个节点的指针的链表称为双向链表。我们将简述双向链表的实现，这就是 C++ 标准库提供的链表（list）。使用图形，它可以如图 20-7 的方法表示。

上述概念在代码中表示为

```
template<typename Elem>
struct Link {
    Link* prev;          // 上一个节点
    Link* succ;          // 下一个节点
    Elem val;            // 值
};
template<typename Elem> struct list {
    Link<Elem>* first;
    Link<Elem>* last;  // 最后一个节点的下一个位置
```

```
};
```

Link 类的设计如图 20-8 所示。

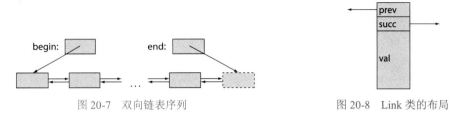

图 20-7　双向链表序列　　　　　　　　　图 20-8　Link 类的布局

实现链表并将它呈现给用户的方法有很多种。标准库版本的描述可以在附录 B 中找到。在这里，我们只概述链表的关键属性，你可以插入和删除元素而不影响现有元素，展示我们如何遍历链表，然后给出链表使用的示例。

当你试图理解链表时，我们强烈建议你画出小图表来可视化你正在考虑的操作。对于链表操作来说，一张图片胜过千言万语。

20.4.1　链表操作

对于链表我们需要什么操作？

● 　除了下标，在 vector 中所有的操作（构造函数，大小等）。
● 　插入（增加一个元素）和删除（移除一个元素）。
● 　可用于引用元素和遍历链表的东西：迭代器。

在 STL 中，迭代器类型是所属类的一个成员，所以我们也这么做：

```
template<typename Elem>
class list {
    // 表示方式和实现细节
public:
    class iterator;                            // 成员类型：iterator
    iterator begin();                          // 第一个元素的迭代器
    iterator end( );                           // 最后一个元素下一个位置的迭代器
    iterator insert(iterator p, const Elem& v); // 在 p 后插入 v
    iterator erase(iterator p);                // 从 list 移除 p
    void push_back(const Elem& v);             // 末尾插入 v
    void push_front(const Elem& v);            // 起点插入 v
    void pop_front();                          // 移除首元素
    void pop_back();                           // 移除尾元素
    Elem& front();                             // 首元素
    Elem& back();                              // 尾元素
    // ...
};
```

正如"我们的"vector 和标准库 vector 不完全一样，这个 list 也不是标准库 list 的完整定义。这个 list 并没有错，它只是不完整。"我们的"list 的目的是传达对概念的理解：链表是什么、链表可能如何实现，以及如何使用关键特性。有关更多信息，请参见附录 B 或专家级 C++ 书籍。

迭代器是 STL 中 list 定义的核心部分。迭代器用于标识插入的位置和删除（擦除）的元素。它们还用于在列表中"导航"，而不是使用下标。这种迭代器的使用非常类似于参见 20.1 节和 20.3.1

节中使用指针遍历数组对象和向量容器对象的方式。这种类型的迭代器是标准库算法的关键（参见 21.1~21.3 节）。

为什么在链表中不使用下标？我们可以用下标操作一个链表，但这将是一个令人惊讶的缓慢操作：lst[1000] 将涉及从第一个元素开始访问每个元素，直到到达第 1 000 个元素为止。如果我们想这样做，我们可以自己完成（或使用 advance( )；参见 20.6.2 节）。因此，标准库 list 不提供看起来无害的下标语法。

我们将 list 的迭代器类型设为成员（内嵌类），因为它没有理由是全局的，它只用于 list。另外，这允许我们将每个容器的迭代器类型命名为 iterator。在标准库中，我们有 list<T>::iterator、vector<T>::iterator、map<K,V>::iterator 等迭代器类型。

20.4.2 迭代

list 迭代器必须提供 *、++、== 和 != 操作。由于标准库 list 是一个双向链表，还提供了 - 运算符，用于向 lis 的前面"向后"迭代：

```
template<typename Elem>          // 需要满足 Element<Elem>() （参见 19.3.3 节）
class list<Elem>::iterator {
    Link<Elem>* curr;                    // 当前节点
public:
    iterator(Link<Elem>* p) :curr{p} { }
    iterator& operator++() {curr = curr->succ; return *this; }   // 向前
    iterator& operator--() { curr = curr->prev; return *this; }  // 往回
    Elem& operator*() { return curr->val; }                      // 获得值
    bool operator==(const iterator& b) const { return curr==b.curr; }
    bool operator!= (const iterator& b) const { return curr!=b.curr; }
};
```

这些函数简短而简单，并且明显很高效：函数实现中没有循环，没有复杂的表达式，也没有可疑的"函数调用"。如果你还不清楚这些实现的含义，只需快速查看前面的示意图。这个 list 迭代器只是一个指向具有所需操作的节点的指针。注意，尽管 list<Elem>::Iter 的实现（代码）与我们所用 vector 和数组的简单指针作为迭代器的方式有很大不同，但操作的含义（语义）是相同的。本质上，list 迭代器为 Link 指针提供 ++、--、*、== 和 != 操作。

现在再次查看 high( )：

```
template<typename Iter> // 需要满足 Input_Iter<Iter>() （参见 19.3.3 节）
Iterator high(Iter first, Iter last)
    // 返回 [first,last) 中最大元素的迭代器
{
    Iterator high = first;
    for (Iterator p = first; p!=last; ++p)
        if (*high<*p) high = p;
    return high;
}
```

我们将其用于一个 list：

```
void f()
{
    list<int> lst; for (int x; cin >> x; ) lst.push_front(x);
```

```
            list<int>::Iter p = high(lst.begin(), lst.end());
            cout << "the highest value was " << *p << '\n';
    }
```

在上述代码中，Iterator 参数的"值"是 list<int>::Iter，并且 ++、* 和 != 操作的实现与数组情况相比发生了巨大变化，但其含义仍然相同。模板函数 high( ) 仍然遍历数据（这里是一个链表）并找到最大值。我们可以在链表中任何位置插入元素，所以我们使用 push_front( ) 在前面添加元素，只是为了表明我们可以这样做。我们也可以像处理 vector 对象一样使用 push_back( )。

试一试

标准库 vector 不提供 push_front( )。为什么不提供？在 vector 中实现 push_front( )，然后与 push_back( ) 比较一下。

现在，是时候提出这样的问题了，"如果该 list 是空的呢？"换句话说，"如果 lst.begin()==lst.end( ) 呢？"在这种情况下，*p 将尝试对尾后位置（即 lst.end( )）进行解引用：这是灾难性的！或者可能更糟，结果可能是一个随机值，可能被误认为是正确答案。

问题的最后一个构想强烈暗示了解决方案：我们可以通过比较 begin( ) 和 end( ) 来测试一个链表是否为空，实际上我们可以通过比较 STL 序列的开头和结尾来测试它是否为空，如图 20-9 所示。

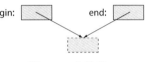

图 20-9 空链表

这就是 end 指向最后一个元素之后的位置而不是在最后一个元素的更深层次的原因：空序列不是特殊情况。我们不喜欢特殊情况，因为我们必须记住为它们编写特殊情况代码。

在我们的示例中，我们可以按如下方式对 list 进行测试：

```
list<int>::Iter p = high(lst.begin(), lst.end());
if (p==lst.end())                  // 我们到达 end 了吗？
    cout << "The list is empty";
else
    cout << "the highest value is " << *p << '\n';
```

当我们系统地使用 STL 算法时，会使用 end( ) 测试返回值（相等表示"未找到"）。

因为标准库提供了一个链表，所以我们在这里不再深入讨论实现。相反，我们将简要地看看链表有什么优点（如果你对链表实现细节感兴趣，参见练习 12~14）。

20.5 再次泛化 vector

显然，在 20.3~20.4 节的示例中，标准库 vector 有一个迭代器成员类型，以及 begin( ) 和 end( ) 成员函数（就像 std::list）。但是，我们在第 19 章中没有为我们的 vector 提供这些。在 20.3 节中所介绍的 STL 泛型程序设计风格中，是什么让不同的容器可以或多或少地互换使用？首先，我们将概述解决方案（为了简化，忽略了分配器），然后解释它：

```
template<typename T>              // 需要满足 Element<T>( ) （参见 19.3.3 节）
class vector {
public:
```

```
        using size_type = unsigned long;
        using value_type = T;
        using iterator = T*;
        using const_iterator = const T*;
        // ...
        iterator begin();
        const_iterator begin() const;
        iterator end();
        const_iterator end() const;
        size_type size();
        // ...
    };
```

using 声明为类型创建别名，也就是说，对于我们的 vector 来说，iterator 是对于我们选择用作迭代器类型 T* 的同义词别名。对于 vector 类型的变量 v，我们可以编写如下代码：

```
    vector<int>::iterator p = find(v.begin(), v.end(),32);
```

以及：

```
    for (vector<int>::size_type i = 0; i<v.size(); ++i) cout << v[i] << '\n';
```

关键是，我们根本不需要知道 iterator 和 size_type 定义的什么类型。特别是上面的代码，因为它是用迭代器和 size_type 表示的。所以如果 vector 的实现中 size_type 不是 unsigned long（和许多嵌入式系统处理器上一样），或者 iterator 不是一个普通指针而是一个类（在许多流行的 C++ 实现上是这样），也能正常工作。

标准库以类似的方式定义了 list 和其他标准容器。例如：

```
    template<typename T>              // 需要满足 Element<T>() （参见19.3.3节）
    class list {
    public:
        class Link;
        using size_type = unsigned long;
        using value_type = T;
        class iterator;            // 参见20.4.2节
        class const_iterator;     // 类似 iterator，但不许写入元素
        // ...
        iterator begin();
        const_iterator begin() const;
        iterator end();
        const_iterator end() const;
        size_type size();
        //...
    }
```

这样我们写代码时，就不需要关心它使用的是 list 还是 vector。所有标准库算法都是根据这些成员类型名称定义的，如 iterator 和 size_type，所以它们就不必依赖于容器的实现或它们操作的确切容器类型（参见第 21 章）。

对于某些容器 C，我们通常更喜欢使用 Iterator<C>，而不是使用 C::iterator。这可以通过一个简单的模板别名来实现：

```
template<typename C>
using Iterator = typename C::iterator;  // Iterator<C> 代表 typename C::iterator
```

实际上，由于语言技术上的原因，我们需要在 C::iterator 前加上 typename 来表示 iterator 是一种类型，这也是我们更喜欢 Iterator<C> 的原因之一。同样地，我们定义：

```
template<typename C>
using Value_type = typename C::value_type;
```

这样，我们可以编写 Value_type<C>。这些类型别名不在标准库中，但可以在 std_lib_facilities.h 中找到它们。

using 声明是 C++ 11 的表示法，类似 C 和 C++ 中的 typedef（参见附录 A.16）。

20.5.1　遍历容器

使用 size( )，我们可以遍历在 vector 对象中的所有元素。例如：

```
void print1(const vector<double>& v)
{
    for (int i = 0; i<v.size(); ++i)
        cout << v[i] << '\n';
}
```

这对 list 不起作用，因为 list 不提供下标。但是，我们可以使用更简单的循环范围 for（参见 4.6.1 节）来遍历标准库中的 vector 和 list。例如：

```
void print2(const vector<double>& v, const list<double>& lst)
{
    for (double x : v)
        cout << x << '\n';
    for (double x : lst)
        cout << x << '\n';
}
```

对于两种标准库容器，以及我们的 vector 和 list 都可以运行。怎么运行？"诀窍"在于循环的范围是用函数 begin( ) 和 end( ) 定义的，返回指向第一个和指向最后一个元素之后的位置的迭代器。循环范围 for 只是使用迭代器对序列进行循环的"语法糖"。当我们为 vector 和 list 定义 begin( ) 和 end( ) 时，我们"意外地"提供了循环范围 for 所需的内容。

20.5.2　auto

当我们必须使用泛型结构编写循环时，写出迭代器的名称可能是件麻烦事。思考：

```
template<typename T>              // 需要满足 Element<T>()
void user(vector<T>& v, list<T>& lst)
{
    for (vector<T>::iterator p = v.begin(); p!=v.end(); ++p) cout << *p << '\n';

    list<T>::iterator q = find(lst.begin(), lst.end(),T{42});
}
```

这其中最烦人的方面是，编译器显然已经知道 list 的 iterator 类型和 vector 的 size_type 类型。为什么我们必须告诉编译器它已经知道的东西呢？这样做只会惹恼我们中间可怜的打字员，并为错误提供了机会。幸运的是，我们不必这样做，我们可以声明一个变量 auto，这意味着使用 *iterator* 的类型作为变量的类型：

```
template<typename T>                    // 需要满足 Element<T>()
void user(vector<T>& v, list<T>& lst)
{
        for (auto p = v.begin(); p!=v.end(); ++p) cout << *p << '\n';

        auto q = find(lst.begin(), lst.end(),T{42});
}
```

这里，p 是一个 vector<T>::iterator，而 q 是一个 list<T>::iterator。我们可以在几乎所有包含初始化的定义中使用 auto。例如：

```
auto x = 123;                          // x 是 int
auto c = 'y';                          // c 是 char
auto& r = x;                           // r 是 int&
auto y = r;                            // y 是 int（引用是隐式取值）
```

注意，字符串常量的类型是 const char*，所以使用 auto 作为字符串常量可能会导致一个不愉快的意外：

```
auto s1 = "San Antonio";               // s1 是 const char*（惊喜！？）
string s2 = "Fredericksburg";          // s2 是 string
```

当我们确切地知道我们想要的类型时，我们通常可以像使用 auto 一样简单地写出来。

auto 的一个常见用法是在循环范围 for 中指定循环变量。思考：

```
template<typename C>                    // 需要满足 Container<T>
void print3(const C& cont)
{
    for (const auto& x : cont)
        cout << x << '\n';
}
```

在这里，我们使用 auto，因为写出容器 cont 的元素类型并不容易。我们使用 const，是因为我们不修改容器元素，而且我们使用 &（作为引用），以防元素太大，复制它们开销太大。

20.6　示例：一个简单的文本编辑器

链表的基本特性是可以添加和删除元素，而无需移动列表中的其他元素。让我们尝试一个简单的示例来说明这一点。考虑如何在简单的文本编辑器中表示文本文档中的字符串。这种表示方式应该使对文档的操作简单而高效。

那么具体会涉及哪些操作呢？让我们假设一个文档可以放入计算机的主内存中。这样，我们可以选择任何适合我们的表示方式，并在我们想将其存储在文件中时简单地将其转换为字节流。类似地，我们可以从文件中读取字节流，并将其转换为内存中的定义形式。这就决定了我们可以集中精力选择一种方便的内存表示方式。本质上，我们的表示方式必须很好地支持以下 5 种操作：

- 从输入的字节流构造它。
- 插入一个或多个字符。
- 删除一个或多个字符。

- 字符串搜索。
- 生成用于输出到文件或屏幕的字节流。

最简单的方法是使用 vector<char>。但是，要添加或删除一个字符，我们必须移动文档中后续的所有字符。例如：

```
This is he start of a very long document.
There are lots of ...
```

我们可以在需要的地方添加字符 t：

```
This is the start of a very long document.
There are lots of ...
```

然而，如果这些字符被存储在一个简单的 vector<char> 中，那么我们必须将每个从 h 开始的字符向右移动一个位置。那可能需要很多的拷贝操作。实际上，对于一个 70 000 个字符的文档（如本章，包括空格），平均来说，我们需要移动 35 000 个字符才能插入或删除一个字符。由此产生的时间延迟

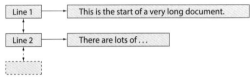

图 20-10　文档存储

可能会引起用户的不耐烦。因此，我们将"分解"我们定义的内容为"很多小块"，这样我们就可以在不移动大量字符的情况下更改文档的一部分。我们将一个文档定义为一个"很多行"的链表，list<Line> 的 Line 是一个 vector<char>，如图 20-10 所示。

现在，当我们插入字符 t 时，我们只需要移动这一行上的其他字符。此外，当我们需要时，我们们可以添加一个新的行，而不移动任何字符。例如，我们可以在文档后插入"This is a new line"，可以得到：

```
This is the start of a very long document.
This is a new line.
There are lots of ...
```

我们所需要做的就是在中间插入一个新的"Line"，如图 20-11 所示。

能够在不移动现有节点的情况下向列表中插入新节点是很重要的，其逻辑原因是，可能会有指向这些节点的迭代器或指向这些节点中的对象的指针（或引用）。这样的迭代器和指针不受行插入或删除的影响。例如，文字处理器可以保存一个 vector<list<Line>::iterator>，其中，保存了当前文档中每个标题和副标题开头的迭代器，如图 20-12 所示。

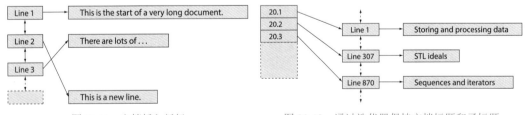

图 20-11　文档插入新行　　　　　图 20-12　通过迭代器保持文档标题和子标题

我们可以在"段落 20.2"中增加多行而不让"段落 20.3"的迭代器失效。

总之，出于逻辑和性能的考虑，我们使用行的 list，而不是行的 vector 或所有字符的 vector。注意，这些原因适用的情况相当罕见，因此，"默认情况下，使用 vector"的经验法则仍然成立。你需要一个特定的理由来选择 list 而不是 vector，即使你将你的数据视为一组元素的列表（参见 20.7 节）。列表是一个逻辑概念，可以在程序中表示为（链接的）list 或 vector。STL 中和我们日常概

念中的列表（例如，待办事项列表、杂货列表或时间表）最接近的是序列，而大多数序列最好用 vector 来表示。

20.6.1 处理行

我们如何决定文档中的"行"是什么？有三个明显的方法：

（1）依赖于用户输入中的换行符（如 '\n'）。

（2）以某种方式解析文档并使用一些"自然"的标点符号（如"."）。

（3）将任何超出已知长度的行（如 50 个字符）拆分为两行。

毫无疑问，还有一些不容易想到的方法。为了简单起见，我们在这里使用第 1 种方法。

我们将在编辑器中将文档定义为 Document 类的对象。抛开一些细节，我们的文档类型如下所示：

```cpp
using Line = vector<char>;                  // 一行，是一个字符的 vector
struct Document {
    list<Line> line;                        // 文档是行的链表
    Document() { line.push_back(Line{}); }
};
```

每个 Document 都以一个空行开始：Document 的构造函数生成一个空行，并将其保存到行的链表。

读取和分割成多行可以按照如下方式完成：

```cpp
istream& operator>>(istream& is, Document& d)
{
    for (char ch; is.get(ch); ) {
        d.line.back().push_back(ch);     // 增加字符
        if (ch=='\n')
        d.line.push_back(Line{});        // 增加另一个行
    }
    if (d.line.back().size()) d.line.push_back(Line{}); // 最终增加空行
    return is;
}
```

vector 和 **list** 都有一个成员函数 back( )，该函数返回对最后一个元素的引用。要使用它，你必须确保 back( ) 确实引用了最后一个元素，不要在空容器上使用它。这就是为什么我们定义 Document 以空行结束。注意，我们存储了输入中的每个字符，甚至换行符（'\n'）。存储这些换行符极大地简化了输出，但是你必须注意如何定义字符计数（只计算字符数的话，会得到一个包含空格和换行符的数字）。

20.6.2 迭代

如果文档只是一个 vector<char>，对它进行迭代访问很简单。如何遍历元素为"行"的链表呢？显然，我们可以使用 list<Line>::iterator 对链表进行迭代。然而，如果我们想一个接一个地访问字符，而不需要考虑换行，该怎么办呢？我们可以提供一个专门为我们的 Document 设计的迭代器：

```cpp
class Text_iterator {                        // 跟踪行和字符位置
    list<Line>::iterator ln;
    Line::iterator pos;
public:
```

```cpp
        // 从第 ll 行的字符位置 pp 开始迭代
        Text_iterator(list<Line>::iterator ll, Line::iterator pp)
        :ln{ll}, pos{pp} { }
        char& operator*() { return *pos; }
        Text_iterator& operator++();
        bool operator==(const Text_iterator& other) const
            { return ln==other.ln && pos==other.pos; }
        bool operator!=(const Text_iterator& other) const
            { return !(*this==other); }
};
Text_iterator& Text_iterator::operator++()
{
    ++pos;                      // 处理下一个字符
    if (pos==(*ln).end()) {
        ++ln;                   // 处理下一行
        pos = (*ln).begin(); // 如果 ln==line.end() 将会出问题，所以要确保它不是
    }
    return *this;
}
```

为了使 Text_iterator 有用，我们需要为 Document 类配备约定的函数 begin( ) 和 end( )：

```cpp
struct Document {
    list<Line> line;
    Text_iterator begin()   // 首行首字符
        { return Text_iterator(line.begin(), (*line.begin()).begin());
}
    Text_iterator end()     // 最后一行最后一个字符后面的位置
    {
        auto last = line.end();
        --last;             // 我们知道文档不为空
        return Text_iterator(last, (*last).end());
    }
};
```

我们需要使用 (*line.begin( )).begin( ) 这样奇怪的表示方法，因为我们想要得到 line.begin( ) 所指向的数据的起点；我们也可以选择使用 line.begin( )->begin( )，因为标准库迭代器支持 ->。

现在，我们可以像这样遍历文档里的字符：

```cpp
void print(Document& d)
{
    for (auto p : d) cout << p;
}
print(my_doc);
```

将文档定义为字符序列在很多情况下都很有用，但通常我们遍历文档是为了完成比寻找字符更具体的事情。例如，这是一段要删除第 n 行的代码：

```cpp
void erase_line(Document& d, int n)
{
    if (n<0 || d.line.size()-1<=n) return;
```

```
auto p = d.line.begin();
advance(p,n);
d.line.erase(p);
}
```

调用 advance(p,n) 将迭代器 p 向前移动 n 个元素；advance() 是一个标准库函数，但我们也可以像下面这样实现一个自己的版本：

```
template<typename Iter> // 需要满足 Forward_iterator<Iter>
void advance(Iter& p, int n)
{
    while (0<n) { ++p; --n; }
}
```

注意，advance( ) 可用于模拟下标操作。实际上，对于 vector 类型的对象 v, p=v.begin( ); advance(p,n); *p=x 大致等同于 v[n]=x。注意，"大致"意味着 advance( ) 一个一个费力地向前移动 n－1 个元素，而下标则直接移动到第 n 个元素。对于一个 list，我们必须使用耗时、费力的方法。这是我们为 list 元素更灵活的设计所必须付出的代价。

对于既可以向前移动又可以向后移动的迭代器，例如，list 的迭代器，标准库 advance() 的负数参数将使迭代器向后移动；对于可以处理下标的迭代器，例如，vector 的迭代器，标准库 advance( ) 将直接指向正确的元素，而不是使用 ++ 缓慢移动。显然，标准库 advance( ) 比我们的更聪明一些。值得注意的是：一般情况下，标准库机制所花费的精力和时间比我们所做的要更多、更完善，所以我们更喜欢使用标准库的功能而不是"自制"。

试一试

重写 advance( )，当你给出一个负数参数时，让它可以"向后移动"。

搜索可能是对用户来说最常用的一种迭代方式。我们搜索单个单词（如 milkshake 或 Gavin），对于字母的序列不能简单地认为是单词（例如，secret\nhomestead，是以 secret 结尾的行后面跟着以 homestead 开头的行）；对于正则表达式（例如，[bB]\w*ne，是大写或小写的 B 后面跟着 0 个或多个字母，然后跟着 ne；参见第 23 章）等。让我们展示如何处理第二种情况，使用我们的 Document 设计查找字符串。我们使用一个简单的（非最优的）算法：

● 在文档中查找搜索字符串的第一个字符。
● 查看这个字符及其后的字符是否与我们的搜索字符串匹配。
● 如果是，我们则完成了；如果不是，我们则继续寻找第一个字符出现的下一个位置。

出于一般性考虑，我们采用 STL 约定，将要搜索的文本定义为由一对迭代器定义的序列。这样，我们就可以对文档的任何部分，以及完整的文档使用搜索功能。如果在文档中发现字符串出现，则返回指向该字符串第一个字符的迭代器；如果没有找到，则返回一个指向序列末尾的迭代器：

```
Text_iterator find_txt(Text_iterator first, Text_iterator last, const string& s)
{
    if (s.size()==0) return last; // 不能查找空字符串
    char first_char = s[0];
    while (true) {
```

```
            auto p = find(first,last,first_char);
            if (p==last || match(p,last,s)) return p;
            first = ++p; // 查看下一个字符
      }
}
```

返回序列的末尾以表明"未找到"是一个重要的 STL 约定。函数 match( ) 很简单，它只是比较两个字符序列。你可以尝试自己写。用于在字符序列中查找字符的 find( ) 可以说是最简单的标准库算法（参见 21.2 节）。我们可以按照如下方式使用 find_txt( )：

```
auto p = find_txt(my_doc.begin(), my_doc.end(), "secret\nhomestead");
if (p==my_doc.end())
    cout << "not found";
else {
    // 做些什么
}
```

我们的"文本处理器"和其操作非常简单。显然，我们的目标是简单和合理的效率，而不是提供一个"功能丰富"的编辑器。但是，不要误以为为任意字符序列提供高效的插入、删除和搜索是不重要的。我们选择这个示例是为了说明 STL 的一些概念（如序列、迭代器和容器（如 list 和 vector）），结合一些 STL 程序设计技术上的约定（例如，返回序列的尾后位置以表明失败），是多么地强大且通用。注意，如果我们愿意，我们可以将 Document 开发成一个 STL 容器，通过提供 Text_iterator，我们已经完成了将 Document 定义为值序列的关键部分。

20.7　vector、list 和 string

为什么我们用 list 表示行，用 vector 表示字符？更准确地说，为什么我们用 list 来表示行序列，用 vector 来表示字符序列呢？此外，为什么我们不用字符串来保存行呢？

我们可以问一个更常见的类似问题。现在，我们已经看到了存储字符序列的 4 种方法：

- char[ ]（字符数组）。
- vector<char>。
- string。
- list<char>。

对于一个给定的问题，我们如何从中进行选择呢？对于非常简单的任务，几个选项都可以，也就是说，它们的接口是非常相似的。例如，给定一个迭代器，我们可以使用 ++ 遍历，并使用 * 访问字符串。如果我们查看与 Document 相关的代码示例，我们实际上可以将我们代码中的 vector<char> 换成 list<char> 或 string，不会有任何逻辑问题。这种互换性从根本上来说是好的，因为它允许我们根据性能进行选择。但是，在考虑性能之前，我们应该看看这些类型的逻辑属性：它们各有什么专长？

- Elem[ ]：不知道它的大小。没有 begin( )、end( ) 或任何其他实用的容器成员函数，不能系统地检查范围。可以传递给 C 语言编写的函数和 C 风格的函数。元素在内存中被连续地分配。数组的大小在编译期是固定的。在比较（== 和 !=）和输出（<<）运算中，使用的是指向数组第一个元素的指针，而不是元素。
- vector<Elem>：可以做几乎所有的事情，包括 insert( ) 和 erase( )。提供下标操作；列表的操作，如 insert( ) 和 erase( )，通常涉及移动元素（对于较大的元素和大量的元素来说效率很低）；进行范围检查；元素在内存中被连续地分配；vector 是可扩展的（例如，使用 push_back( )）；vector 的元素（连续地）存储在数组中；比较运算符（==、!=、<、<=、> 和 >=）比较的是元素。

- string：提供所有常用和实用的操作，外加特定的文本处理操作，如连接（+ 和 +=）。这些元素在内存中保证是连续的；字符串是可扩展的；比较运算符（==、!=、<、<=、> 和 >=）比较的是元素。

- list<Elem>：提供除下标以外的所有常用操作。我们可以执行列表操作 insert( ) 和 erase( ) 而不移动其他元素；每个元素需要两个额外的字（word）内存（用于保存链接指针）；list 是可扩展的；比较运算符（==、!=、<、<=、> 和 >=）比较的是元素。

正如我们所看到的（参见 17.2 节、18.6 节），数组对于处理最低层次的内存和与 C 编写的代码（参见 27.1.2 节、27.5 节）的接口，是有用和必要的。除此之外，应该首选 vector，因为它更容易使用、更灵活、更安全。

试一试

列出的这些差异在实际代码中意味着什么？对于 char 数组、vector<char>、list<char> 和 string，用值"Hello"定义一个，将其作为参数传递给一个函数，输出传递的字符串中的字符数，尝试将其与该函数内定义的"Hello"进行比较（以查看传递的是不是"Hello"），并将参数与"Howdy"进行比较，以查看哪个在字典中排在前面。将参数复制到另一个相同类型的变量中。

试一试

再次试一试上面的内容，将 int 数组、vector<int> 和 list<int> 初始化为 {1,2,3,4,5}。

20.7.1　insert 和 erase

标准库 vector 是我们选择使用容器时的首选。它具有大多数所需的特性，所以我们只在必要时才使用替代方案。vector 的主要问题是，当我们执行列表操作（insert( ) 和 erase( )）时，它会移动现有元素；当我们处理含有很多元素的 vector 或占用较大空间的元素的 vector 时，会花费较大代价。不过，不要太担心。我们很乐意使用 push_back( ) 将 50 万个浮点值读入到一个 vector 对象中，测试结果证实，预分配没有产生明显的差异。在为了优化性能做出重大改变之前，需要测试验证；即使对专家来说，猜测性能也是非常困难的。

正如 20.6 节所指出的，移动元素还隐含了一个逻辑约束：当你执行列表操作（如 insert()、erase( ) 和 push_back( )）时，不要保留指向 vector 元素的迭代器或指针：如果元素移动，那么你的迭代器或指针将指向错误的元素或根本不指向元素。这是和 vector 相比，list（和 map；参见 21.6 节）拥有的重要的优势。如果你需要一个大型对象的集合，或者需要从程序中多个位置指向元素对象，那么应该考虑使用 list。

让我们比较一个 vector 和一个 list 的 insert( ) 和 erase( )。首先，我们举一个仅用于说明关键点的示例：

```
vector<int>::iterator p = v.begin();  // 使用 vector
++p; ++p; ++p;                        // 指向第四个元素
auto q = p;
++q;                                  // 指向第五个元素，如图 20-13 所示。
p = v.insert(p,99);                   // p 指向插入元素，如图 20-14 所示。
```

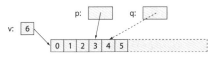

图 20-13　vector 迭代器示例初始状态

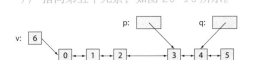

图 20-14　vector 中插入元素

注意，q 现在是无效的。随着向量容器大小的增长，元素可能被重新分配。如果 v 有空闲容量，它会原地增长，q 很可能指向值为 3 的元素，而不是值为 4 的元素，但不要试图利用这一点。

```
p = v.erase(p);                       // p 指向移除的元素后的元素，如图 20-15 所示。
```

这里，插入元素的 insert( ) 后跟 erase( ) 会让我们回到开始的状态，但 q 仍然无效。然而两次操作，我们移动了插入点之后的所有元素，也许所有元素都随着 v 的增长而被重写分配了位置。

为了比较，我们将对 list 进行完全相同的操作：

```
list<int>::iterator p = v.begin();   // 使用 list
++p; ++p; ++p;                       // 指向第四个元素
auto q = p;
++q;                                 // 指向第五个元素，如图 20-16 所示。
```

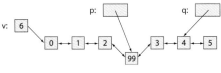

图 20-15　vector 中移除元素

图 20-16　list 迭代器示例初始状态

```
p = v.insert(p,99);                  // p指向插入的元素，如图 20-17 所示。
```
注意，q 仍然指向值为 4 的元素。
```
p = v.erase(p);                      // p指向移除的元素后的元素，如图 20-18 所示。
```

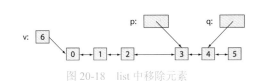

图 20-17　list 中插入元素

图 20-18　list 中移除元素

我们又回到了原点。然而，list 与 vector 不同，我们不移动任何元素，而且 q 在任何时候都是有效的。

list<char> 占用的内存至少是其他三种选择的三倍，在 PC 上，一个 list<char> 每个元素使用 12 字节；vector<char> 每个元素使用 1 字节。当字符数量很庞大时，这将是非常重要的。

vector 在哪些方面优于 string？看看它们的属性列表，似乎 string 可以做 vector 可以做的所有事情，甚至更多。这是问题的一部分：因为 string 要做更多的事情，所以它更难优化。实际上，vector 倾向于针对"内存操作"进行优化，如 push_back( )，而 string 则不是。取而代之的是，string 倾向于在处理复制、处理短字符串，以及与 C 风格的字符串的交互方面进行优化。在文本编辑器示例中，我们选择 vector，因为我们使用了 insert( ) 和 erase( )。不过，这是性能方面的原因。主要的逻辑区别是，你可以拥有几乎任何元素类型的 vector。只有当我们需要一些特性时，才需要选择。总之，除非需要字符串操作，例如，连接或读取空白符分隔的单词，否则首选 vector 而不是 string。

20.8 使我们的 vector 适配 STL

在增加 begin( )，end( ) 和 20.5 节中的类型别名之后，vector 现在只缺少 insert( ) 和 erase( )，就很接近我们的目标（std::vector）了：

```
template<typename T, typename A = allocator<T>>
    // 需要满足 Element<T>() && Allocator<A>() （参见 19.3.3 节）
class vector {
    int sz;                      // 大小
    T* elem;                     // 元素指针
    int space;                   // 元素数加上空闲空间 " 槽 " 的数量
    A alloc;                     // 使用分配器来分配元素内存
public:
    // ... 所有第 19 章和 20.5 节中的内容 ...
    using iterator = T*;         // T* 是最简单的迭代器
    iterator insert(iterator p, const T& val);
    iterator erase(iterator p);
};
```

我们再次使用指向元素类型的指针 T* 作为迭代器类型。这是最简单的方法。我们将提供范围检查的迭代器作为练习（参见练习 18）。

通常情况下，人们不会为将元素保存在连续存储中的数据类型（如 vector）提供列表操作，如 insert( ) 和 erase( )。然而，列表操作，如 insert( ) 和 erase( )，对于元素不多的 vector 对象（短 vector）来说非常有用，而且非常高效。我们已经多次看到 push_back( ) 的用处，这是另一个传统意义上与列表相关的操作。

本质上，我们通过复制被擦除（移除、删除）元素之后的所有元素来实现 vector::erase( )。利用 19.3.7 节中 vector 的定义和上面的补充，我们得到：

```
template<typename T, typename A>       // 需要满足 Element<T>() &&
                                       // Allocator<A>() （参见 19.3.3 节）
vector<T,A>::iterator vector<T,A>::erase(iterator p)
{
    if (p==end()) return p;
    for (auto pos = p+1; pos!=end(); ++pos)
    *(pos- 1) = *pos;              // 复制元素到 " 向左一个位置 "
    alloc.destroy(&*(end()-1));    // 销毁多余的，最后元素的副本
    --sz;
    return p;
}
```

图 20-19 的图形将有助于你对代码的理解。

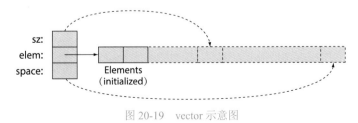

图 20-19　vector 示意图

erase( ) 的代码非常简单，但是在纸上画出几个示例可能是个好主意。空 vector 是否被正确处理？为什么我们需要 p==end( ) 测试？如果我们擦除 vector 的最后一个元素会怎样？如果我们使用下标符号，这段代码会更容易阅读吗？

实现 vector<T,A>::insert( ) 会更复杂一点：

```
template<typename T, typename A>              // 需要满足 Element<T>() &&
                                              // Allocator<A>() （参见19.3.3节）
vector<T,A>::iterator vector<T,A>::insert(iterator p, const T& val)
{
    int index = p-begin();
    if (size()==capacity())
        reserve(size()==0 ? 8:2*size());      // 确保我们有足够的空间
        // 先复制最后元素到未初始化的空间：
        alloc.construct(elem+sz,*back());
    ++sz;
    iterator pp = begin()+index;              // val 的位置
    for (auto pos = end()-1; pos!=pp; --pos)
        *pos = *(pos- 1);                     // 将元素复制到它右边一个位置
    *(begin()+index) = val;                   // "插入" val
    return pp;
}
```

注意：

- 迭代器不能指向它的序列之外，因此我们使用指针，如 elem+sz。这就是分配器用指针而不是迭代器定义的原因之一。
- 当我们使用 reserve( ) 时，元素可能被移动到新的内存区域。因此，我们必须记住要插入元素的索引，而不是指向它的迭代器。当 vector 重新分配其元素时，指向该 vector 的迭代器将失效，你可以将它们视为指向旧内存。
- 我们使用分配器参数 A 是直观的，但不准确。如果你需要实现容器，则必须仔细阅读一下相关的标准。
- 正是这些细微之处使我们尽可能能避免处理底层内存问题。当然，标准库 vector 及所有其他标准库容器，能够正确地处理这种重要的语义细节。这也是为什么应该首选标准库而不是"自制"的原因之一。

出于性能考虑，你不会在 100 000 个元素的 vector 中间使用 insert( ) 和 erase( )。在这种情况下，选用 list（和 map，参见 21.6 节）会更好。然而，insert( ) 和 erase( ) 操作可用于所有 vector 对象，当你只是移动几个字的数据甚至几十个字时，它们的性能是无与伦比的，因为现代计算机确实擅长这种复制；（参见练习 20）。应该避免使用（链接的）list 来表示少量小元素的列表。

20.9　使内置数组适配 STL

我们已经反复指出了内置数组的弱点：只要稍有"挑衅"，它们就会隐式地转换为指针，它们不能使用赋值来复制，它们不知道自己的大小（参见 18.6.2 节）等。我们还指出了它们的主要优势：它们几乎完美地模拟了物理内存。

为了两全其美，我们可以构建一个数组容器，它既提供数组的优点，又没有数组的缺点。array 现在是标准库的一部分，定义在 <array> 中，但让我们看看如何定义它。这个想法简单且实用：

```
template <typename T, int N>                    // 需要满足 Element<T>()
struct array {                                  // 和标准库 array 并不完全相同
    using value_type = T;
    using iterator = T*;
    using const_iterator = const T*;
    using size_type = unsigned int;             // 下标类型
    T elems[N];
    // 不需要显式地构造 / 拷贝 / 析构
    iterator begin() { return elems; }
    const_iterator begin() const { return elems; }
    iterator end() { return elems+N; }
    const_iterator end() const { return elems+N; }
    size_type size() const;
    T& operator[](int n) { return elems[n]; }
    const T& operator[](int n) const { return elems[n]; }
    const T& at(int n) const;                   // 范围检查访问
    T& at(int n);                               // 范围检查访问
    T * data() { return elems; }
    const T * data() const { return elems; }
};
```

这个定义并不完整或完全符合标准，但它会给你一个启发。如果你的所用的 C++ 实现还没有提供标准库 array，那么它还将为你提供一些实用的功能。如果实现中有，则定义在 <array> 中。注意，因为数组 array<T,N> "知道" 它的大小是 N，我们可以（并且确实）提供赋值、==、!= 等操作，就像 vector 一样。

作为一个示例，让我们将来自 20.4.2 节中 STL 版本的 high( ) 和 array 结合起来使用：

```
void f()
{
    array<double,6> a = { 0.0, 1.1, 2.2, 3.3, 4.4, 5.5 };
    array<double,6>::iterator p = high(a.begin(), a.end());
    cout << "the highest value was " << *p << '\n';
}
```

注意，当编写 high( ) 时，我们没有考虑 array。能够对 array 使用 high( ) 仅仅是因为它们都遵循了标准库的约定。

20.10　容器概述

STL 提供的容器如表 20-2 所示。

表 20-2　STL 提供的容器

标准库容器	
vector	连续分配的元素序列；默认情况下选择使用它作为容器
list	双向链表；当你需要在不移动现有元素的情况下插入和删除元素时，使用它
deque	介于 list 和 vector 之间，在拥有专家级算法知识和机器架构知识之前，不要使用它

标准库容器	
map	平衡有序的树型结构；当你需要按值访问元素时，使用它（参见 21.6.1~21.6.3 节）
multimap	一个键可以有多个副本的平衡有序的树型结构；当你需要按值访问元素时，使用它（参见 21.6.1~21.6.3 节）
unordered_map	哈希表；map 的优化版本；当你需要高性能并且可以设计一个优秀的哈希函数时，使用它，用于大型映射（参见 21.6.4 节）
unordered_multimap	一个键可以有多个副本的哈希表；multimap 的优化版本；当你需要高性能并且可以设计一个优秀的哈希函数时，使用它，用于大型映射（参见 21.6.4 节）。
set	平衡有序的树型结构；当你需要跟踪单个值时，使用它（参见 21.6.5 节）
multiset	一个键可以有多个副本的平衡有序的树型结构；当你需要跟踪单个值时，使用它（参见 21.6.5 节）
unordered_set	类似于 unordered_map，但只有值，而没有（键，值）对
unordered_multiset	类似于 unordered_multimap，但只有值，而没有（键，值）对
array	一个固定大小的数组，不会遇到内置数组的大部分问题（参见 20.9 节）

你觉得被骗了吗？你认为我们应该向你解释所有关于容器和它们的用途吗？这是不可能的。有太多的标准库机制、太多有用的技术和太多有用的库，你无法一次性将它们全部吸收。程序设计是一个非常丰富的领域，任何人都不可能了解所有的机制和技术，它也可以是一门高贵的艺术。作为一名程序员，你必须养成寻找有关语言工具、库和技术的新信息的习惯。程序设计是一个动态和快速发展的领域，所以仅仅满足于你所知道的和适合的内容很容易落伍。"查找相关内容"是许多问题的完美且合理的答案，随着你技能的增长和成熟，它会越来越多地成为你的答案。

另一方面，一旦你理解了 vector、list 和 map 及第 21 章中介绍的标准库算法，你会发现其他 STL 和 STL 风格的容器也很容易使用。你还会发现你可以用基础的知识来理解非 STL 容器和使用它们的代码。

那么什么是容器呢？你可以在上面的那些资源中找到 STL 容器的定义。这里我们只给出一个通俗的定义。STL 容器：

- 是一个元素序列 [begin( ):end( ))。
- 提供拷贝元素的拷贝操作。拷贝可以通过赋值或拷贝构造函数完成。
- 将其元素类型命名为 value_type。
- 具有迭代器类型 iterator 和 const_iterator。迭代器提供了具有适当语义的 *、++（前缀和后缀）、== 和 != 操作。list 的迭代器还提供用于在序列中向后移动，称为双向迭代器。vector 的迭代器还提供了 --、[ ]、+ 和 -，称为随机访问迭代器（参见 20.10.1 节）。
- 提供 insert( ) 和 erase( )、front( ) 和 back( )、**push_back( )** 和 pop_back( )、**size( )** 等操作；vector 和 map 也提供下标访问（如运算符 [ ]）。
- 提供比较元素的比较运算符（==、!=、<、<=、> 和 >=）。当容器使用 <、<=、> 和 >= 时，采用字典序。也就是说，它们从第一个开始按顺序比较元素。

这个列表的目的是给你一个概述。要了解更多细节，请参见附录 B。要了解更精确的规范和完整列表，参见 *The C++ Programming Language* 或标准库。

一些数据类型提供了标准库容器所需的大部分内容，但不是全部。我们有时称为"拟容器"。其中，最有趣的如表 20-3 所示。

表 20-3　拟容器

拟容器	
T[n] 内置数组	没有 size( ) 或其他成员函数；当你有选择时，最好使用容器，如 vector、string 或 array，而不是内置数组
string	仅保存字符，但提供了对文本的一些有用的操作，如连接（+ 和 +=）；优先使用标准 string 而不是其他字符串
valarray	一个具有向量运算操作的数学向量容器，但有许多限制以确保高性能的实现；只有当你做很多向量运算时，才使用

此外，许多人和许多组织已经生产出了符合或几乎达到了标准库要求的容器。

如果不确定，就使用 vector。除非你有充分的理由不这么做，否则就使用 vector。

20.10.1　迭代器类别

我们讨论迭代器，似乎所有迭代器都是可互换的。如果你只执行最简单的操作，例如，遍历序列一次读取每个值一次，那么它们是可互换的。如果你想做更多的事情，比如，向后迭代或下标访问，你需要一个更高级的迭代器，迭代器类别如表 20-4 所示。

表 20-4　迭代器类别

迭代器类别	
输入迭代器	我们可以使用 ++ 向前迭代，使用 * 读取元素值。这是 istream 提供的迭代器类型；参见 21.7.2 节。如果（*p）.m 是有效的，则 p->m 可用作简写
输出迭代器	我们可以使用 ++ 向前迭代，使用 * 写入元素值。这是 ostream 提供的迭代器；参见 21.7.2 节。
前向迭代器	我们可以使用 ++ 重复向前迭代，使用 * 读取和写入元素值（当然，除非元素是 const）。如果（*p）.m 是有效的，则 p->m 可用作简写
双向迭代器	我们可以向前（使用 ++）和向后（使用 --）迭代，并使用 * 读取和写入（除非元素是 const）元素值。这是一种 list、map 和 set 提供的迭代器。如果（*p）.m 是有效的，则 p->m 可用作简写
随机访问迭代器	我们可以向前（使用 ++）和向后（使用 --）迭代，并使用 * 或 [ ] 读取和写入（除非元素是 const）元素值。我们可以使用 + 对随机访问迭代器下标增加一个整数，使用 - 减去一个整数。我们可以通过用一个迭代器减去另一个迭代器来获得两个随机访问迭代器在同一序列中的距离。这就是 vector 提供的迭代器。如果（*p）.m 是有效的，则 p->m 可用作简写

从提供的操作中，我们可以看到，只要可以使用输出迭代器或输入迭代器，就可以使用前向迭代器。双向迭代器也是前向迭代器，而随机访问迭代器也是双向迭代器。我们可以像这样图形化地表示迭代器类别，如图 20-20 所示。

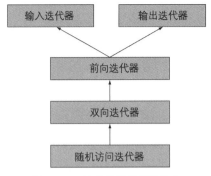

图 20-20   迭代器类别层次结构

注意，由于迭代器类别不是类，因此，这个层次结构不是使用派生实现的类层次结构。

操作题

1. 定义带有 10 个元素 {0,1,2,3,4,5,6,7,8,9} 的 int 数组。
2. 定义带有 10 个元素的 vector<int>。
3. 定义带有 10 个元素的 list<int>。
4. 定义第二个数组、vector 和 list，每个依次使用第一个数组、vector 和 list 来初始化。
5. 将数组中每个元素的值增加 2；将 vector 中每个元素的值增加 3；将 list 中每个元素的值增加 5。
6. 编写简单的 copy( ) 操作：

```
template<typename Iter1, typename Iter2>
    // 需要满足 Input_iterator<Iter1>() && Output_iterator<Iter2>()
Iter2 copy(Iter1 f1, Iter1 e1, Iter2 f2);
```

将 [f1,e1) 复制到 [f2,f2+(e1-f1)) 并返回 f2+(e1-f1)，就像标准库复制函数一样。注意，f1==e1
表示序列是空的，无需复制。

7. 使用 copy( ) 将数组复制到 vector 中，并将 list 复制到数组中。

8. 使用标准库 find( ) 查看向量是否包含值 3，如果包含则输出其位置；使用 find( ) 查看列表是
否包含值 27，如果包含，则输出其位置。第一个元素的"位置"是 0，第二个元素的位置是 1，以
此类推。注意，如果 find( ) 返回序列的尾后位置，则没有找到该值。

记得在每一步之后进行测试。

回顾

1. 为什么不同的人编写的代码看上去会不一样？请举例说明。
2. 我们对数据提出了哪些简单问题？
3. 几种不同存储数据的方法是什么？
4. 我们可以对数据项的集合进行哪些基本操作？
5. 我们存储数据的理想设计是什么？
6. 什么是 STL 序列？
7. 什么是 STL 迭代器？支持哪些操作？

8. 如何移动一个迭代器指向下一个元素?

9. 如何移动一个迭代器指向上一个元素?

10. 如果你试图将迭代器移动到序列的尾部之外的位置会发生什么?

11. 什么类型的迭代器可以移动到上一个元素?

12. 为什么算法与数据分开很有用?

13. 什么是 STL ?

14. 什么是链表? 它和向量容器的本质区别是什么?

15. 什么是节点 (在链表中)?

16. insert( ) 是做什么的? 那 erase( ) 呢?

17. 你如何判断序列是否为空?

18. list 的迭代器提供了哪些操作?

19. 你如何使用 STL 迭代访问一个容器?

20. 什么时候你会使用 string 而不是 vector ?

21. 什么时候你会使用 list 而不是 vector ?

22. 什么是容器?

23. begin( ) 和 end( ) 为容器做什么?

24. STL 提供哪些容器?

25. 迭代器有哪些类别? STL 提供了哪些类别的迭代器?

26. 哪些操作提供了随机访问迭代器,而不是双向迭代器?

术语

算法 (algorithm)	空序列 (empty sequence)	单向链表 (singly-linked list)
array 容器 (array container)	end( )	size_type
Auto	erase( )	STL
begin( )	insert( )	遍历 (traversal)
容器 (container)	迭代 (iteration)	using
连续的 (contiguous)	迭代器 (iterator)	类型别名 (type alias)
双向链表 (doubly-linked list)	链表 (linked list)	value_type
元素 (element)	序列 (sequence)	

练习题

1. 如果你还没有做过,请完成本章的所有 "试一试" 练习。

2. 把 20.1.2 节中的杰克和吉尔的示例运行起来。使用来自几个小文件的输入进行测试。

3. 回顾回文的示例 (参见 18.7 节); 使用这些技巧重做 20.1.2 节中的杰克和吉尔的示例。

4. 通过使用 STL 技术找到并修复 20.3.1 节中杰克和吉尔示例中的错误。

5. 给 vector 定义输入和输出运算符 (>> 和 <<)。

6. 给基于 20.6.2 节的 Documents 编写查找和替换操作。

7. 在未排序的 vector<string> 中,按字典序查找最后一个字符串。

8. 定义一个计算 Document 中字符数的函数。

9. 定义一个计算 Document 单词数的程序。提供两个版本：一个将单词定义为"以空白符分隔的字符序列"，另一个将单词定义为"连续的字母字符序列"。例如，对于前一个定义，alpha. numeric 和 as12b 都是一个字，而在第二个定义中，它们都是两个字。

10. 定义单词计数程序的另一个版本，用户可以指定空白字符集合。

11. 给定一个 list<int> 作为（引用的）参数，生成一个 vector<double>，然后把链表中的元素复制进去。验证副本是否完整和正确。然后按值递增的顺序输出元素。

12. 完成 20.4.1、20.4.2 节中 list 的定义，并运行 high( ) 示例。分配一个 Link 来表示尾后位置。

13. 对于 list，我们并不需要一个"真正的"尾后位置的 Link。修改前面练习的解决方案，使用 0 表示指向（不存在的）尾后位置的 Link 的指针（(list<Elem>::end( ))；这样，空列表的大小可以等于一个指针的大小。

14. 用 std::list 的样式定义一个单向链表 slist。因为它没有后退指针，list 中的哪些操作可以合理地从中剔除？

15. 定义一个 pvector，除了它包含指向对象的指针和它的析构函数 delete 每个对象之外，其他地方与指针的 vector 类似。

16. 定义一个类似于 pvector 的 ovector 对象，只是 [ ] 和 * 运算符返回的是元素所指向对象的引用，而不是指针。

17. 定义一个 ownership_vector，它保存指向 pvector 等对象的指针，但为用户提供了一种机制来决定哪些对象由向量容器拥有（例如，哪些对象由析构函数 delete）。提示：如果你熟悉第 13 章的内容，这个练习题对你来说会很简单。

18. 为 vector 定义一个提供范围检查的迭代器（随机访问迭代器）。

19. 为 list 定义一个提供范围检查的迭代器（双向迭代器）。

20. 运行一个小型的计时实验，比较使用 vector 和 list 的开销。你可以在 26.6.1 节中找到如何为程序计时的说明。生成范围 [0:N] 内的 N 个随机 int 值。在生成每个 int 对象时，将其插入到 vector<int>（每次增加一个元素）。保持该 vector 为有序的，也就是说，在所有小于或等于新值的元素的下一个位置之前，在所有大于新值的元素的上一个位置之后插入新值。现在使用 list<int> 保存 int 对象。当 N 为多少时，list 比 vector 快？尝试解释你的结果。这个实验最初是由约翰·本特利（John Bentley）提出的。

附言

如果我们有 N 种数据容器，以及 M 种我们想用它们完成的任务，我们可以编写 N*M 段代码来完成所有组合。如果数据有 K 种不同的类型，我们甚至可能需要 N*M*K 段代码。STL 将元素类型作为参数（解决了因子 K），并将数据访问与算法分离，从而解决了问题的发散性。通过使用迭代器从任何算法中访问任何类型容器中的数据，我们可以使用 N+M 种算法。这是一个巨大的简化。例如，如果我们有 12 个容器和 60 个算法，暴力方法将需要 720 个函数，而 STL 策略只需要定义 60 个函数和 12 种迭代器：我们为自己节省了大约 90% 的工作。实际上，这低估了节省的工作量，因为许多算法接受两对迭代器，而且这两对迭代器的类型不一定相同（参见练习 6）。此外，STL 提供了定义算法的约定，以简化编写正确的、可组合的代码，因此，节省的工作量更大。

第 21 章

算法和映射容器 (map)

> "理论上，实践很简单。"
>
> ——Trygve Reenskaug[①]

本章将完善我们对 STL 基本思想的介绍，以及对 STL 提供的功能的全面考察。在这里，我们主要关注的是算法。主要目标是向你介绍一些最实用的算法，它们将为你节省几天，甚至几个月的工作时间。每一个算法都提供了它的用法和它所支持的程序设计技术的示例。我们在这里的第二个目标是，如果你需要的不仅仅是标准库和其他可用库所提供的算法，那么将为你提供足够的工具来自己编写优雅而高效的算法。此外，我们还引入了三种容器：map、set 和 unordered_map。

---

① 译者注：MVC 模式的提出者，挪威人。

21.1　标准库算法

标准库提供了大约 80 种算法，它们都有各自的用途。我们专注于一些通常对多数人有用的算法，以及一些偶尔对某些人非常有用的算法，如表 21-1 所示。

表 21-1　经过筛选的标准库算法 ①

经过筛选的标准库算法	
r=find(b,e,v)	r 指向在 [b:e) 中第一个值为 v 的元素
r=find_if(b,e,p)	r 指向 [b:e) 中的第一个满足 p(x) 为 true 的元素 x
x=count(b,e,v)	x 是 v 在 [b:e) 中出现的次数
x=count_if(b,e,p)	x 是 [b:e) 中满足 p(x) 为 true 的元素的个数
sort(b,e)	使用 < 排序 [b:e)
sort(b,e,p)	使用 p 排序 [b:e)
copy(b,e,b2)	复制 [b:e) 到 [b2:b2+(e-b))；在 b2 之后最好有足够的元素
unique_copy(b,e,b2)	复制 [b:e) 到 [b2:b2+(e-b))；不要复制相邻的重复项
merge(b,e,b2,e2,r)	将两个有序序列 [b2:e2) 和 [b:e) 合并为 [r:r+(e-b)+(e2-b2))
r=equal_range(b,e,v)	r 是有序区间 [b:e) 的子序列，其元素值都为 v，本质上是对 v 的二分搜索
equal(b,e,b2)	判断 [b:e) 和 [b2:b2+(e-b)) 中的所有对应元素是否相等
x=accumulate(b,e,i)	x 是 i 和 [b:e) 中的所有元素之和
x=accumulate(b,e,i,op)	类似于 accumulate，但使用 op 计算 "求和"
x=inner_product(b,e,b2,i)	x 是 [b:e) 和 [b2:b2+(e-b)) 的内积
x=inner_product(b,e,b2,i,op,op2)	类似于 inner_product，但使用 op 代替 +，使用 op2 替代 *

---

① 译者注：以下 p、op 为函数或者谓词 (伪函数、判断)，p 返回 bool 类型，op 返回为结果值。

在默认情况下，相等的比较是使用 == 操作完成的，排序是基于＜（小于）操作进行。标准库算法可以在 <algorithm> 中找到。更多信息请参见附录 B.5 和 21.2~21.5 节。这些算法采用一个或多个序列。一个输入序列由一对迭代器定义；一个输出序列由指向其第一个元素的迭代器定义。通常，算法由一个或多个操作参数化，这些操作可以定义为函数对象或函数。算法通常会通过返回输入序列的结尾位置来提示"失败"。例如，find(b,e,v) 如果没有找到 v，则返回 e。

21.2　最简单的算法：find( )

可以说，find( ) 是最简单且实用的算法。它的用途是在序列中查找给定的元素：

```
template<typename In, typename T>
    // 需要满足 Input_iterator<In>()
    // && Equality_comparable<Value_type<T>>() （参见 19.3.3 节）
In find(In first, In last, const T& val)
    // 查找 [first,last) 中第一个元素等于 val
{
    while (first!=last && *first != val) ++first;
    return first;
}
```

让我们看一下 find( ) 的定义。当然，你可以在不知道它是如何实现的情况下使用 find( )。实际上，我们已经使用过它（例如，20.6.2 节）。但是，find( ) 的定义说明了许多有用的设计思想，因此，值得一看。

首先，find( ) 操作是由一对迭代器定义的序列。我们在半开区间的序列 [first:last) 中寻找值 val，而 find( ) 返回的结果是一个迭代器。该结果要么指向序列中值为 val 的第一个元素，要么返回 last。返回一个迭代器序列最后一个元素的下一个位置是最常见的 STL 提示"未找到"的方式。所以，我们可以采用如下方式使用 find( )：

```
void f(vector<int>& v, int x)
{
    auto p = find(v.begin(),v.end(),x);
    if (p!=v.end()) {
        // 在 v 中找到 x
    }
    else {
        // 在 v 中未找到
    }
    // ...
}
```

在上面的例子中，与常见情况一样，序列由一个容器（STL 的 vector）的所有元素组成。我们检查返回的迭代器，以查看是否找到了我们的值。返回值的类型是作为参数传递的迭代器。

为了避免写出返回值的类型，我们使用 auto。一个对象定义为"类型"auto 来获得它初始化对象的类型。例如：

```
auto ch = 'c';  // ch 是 char
auto d = 2.1;   // d 是 double
```

auto 类型说明符在泛型代码中特别有用，如 find( )，在这种代码中，命名实际类型可能很复杂（这里是 vector<int>::iterator）。

我们现在知道如何使用 find( ) 了，因此，也知道了如何使用许多遵循 find( ) 约定的其他算法。在继续讨论更多用法和算法之前，让我们先仔细看看这个定义：

```
template<typename In, typename T>
    // 需要满足 Input_iterator<In>()
    // && Equality_comparable<Value_type<T>>() （参见 19.3.3 节）
In find(In first, In last, const T& val)
    // 查找 [first,last) 中第一个等于 val 的元素
{
    while (first!=last && *first != val) ++first;
    return first;
}
```

乍一看，你觉得这个循环的意图很明确吗？我们并不这样认为。它实际上是最小化的、高效的，并且是基本算法的直接表示。然而，在你看到一些示例之前，这并不明显。让我们把它改写为"适合人类理解的"，看看这个版本如何进行比较：

```
template<typename In, typename T>
    // 需要满足 Input_iterator<In>()
    // && Equality_comparable<Value_type<T>>() （参见 19.3.3 节）
In find(In first, In last, const T& val)
    // 查找 [first,last) 中第一个等于 val 的元素
{
    for (In p = first; p!=last; ++p)
        if (*p == val) return p;
    return last;
}
```

这两个定义在逻辑上是等价的，一个真正优秀的编译器会为两者生成相同的代码。然而，在现实中，许多编译器还不够好，不会消除额外的变量（p），并重新组织代码，以便在一个地方完成所有测试。为什么要担心和说明？一部分原因在于，find( ) 的第一个（也是首选的）版本的风格已经非常流行，你必须理解它才能阅读其他人的代码；另一部分原因在于，性能对于需要处理大量数据的小型、频繁使用的函数而言非常重要。

试一试

你确定上述两种定义在逻辑上是等价的吗？你怎么确定？试着构建一个证明它们是等价的论点。在完成后，在一些数据上尝试这两种方法。一位著名的计算机科学家高德纳（Don Knuth）曾经说过："我只是证明了算法是正确的，而没有测试它。"即使是数学证明也会有错误。为了更稳妥，你需要推理和测试。

21.2.1　一些泛型的应用

find( ) 算法是基于泛型的。这意味着它可以被用于不同数据类型。实际上，它在两个方面是通

用的；它可以用于：

- 任何 STL 风格的序列。
- 任何元素类型。

这有一些示例（如果你有困惑，请参见 20.4 节中的示意图）：

```
void f(vector<int>& v, int x)          // 用于 int 的 vector
{
    vector<int>::iterator p = find(v.begin(),v.end(),x);
    if (p!=v.end()) { /* 我们找到了 x */ }
    // ...
}
```

在上面的示例中，find( ) 使用的迭代器操作来自 vector<int>::iterator。也就是说，++(++first 中) 只是将指针移动到内存中的下一个位置（vector 的下一个元素的存储位置），而 *（*first 中 ）使用指针来取值。迭代器之间的比较（在 first!=last 中）是指针的比较，值比较（在 *first!=val 中）是比较两个整数。

让我们尝试换成 list：

```
void f(list<string>& v, string x)    // 用于 string 的 list
{
    list<string>::iterator p = find(v.begin(),v.end(),x);
    if (p!=v.end()) { /* 我们找到了 x */ }
    // ...
}
```

这里，find( ) 使用的迭代操作来自 list<string>::iterator。运算符具有所需的含义，因此，逻辑与上面的 vector<int> 一样。不过，代码具体实现非常不同。也就是说，++(++first 中) 只是将元素的 Link 指针指向 list 下一个元素的存储位置，而 *(*first 中) 查找 Link 的数据部分。(在 first!=last 中) 迭代器之间的比较是 Link* 指针的比较；(在 *first!=val 中) 的比较是值比较，使用 string 的 != 运算符比较 string 对象。

因此，find( ) 是极其灵活的：只要我们遵守迭代器的简单规则，我们就可以使用 find( ) 为任何序列和我们想要定义的任何容器找到元素。例如，我们可以使用 find( ) 来查找 20.6 节中定义的 Document 中的字符：

```
void f(Document& v, char x)                // 用于 char 的 Document
{
    Text_iterator p = find(v.begin(),v.end(),x);
    if (p!=v.end()) { /* 我们找到了 x */ }
    // ...
}
```

这种灵活性是 STL 算法的特点，它比大多数人第一次接触到它们时想象的用途更广。

21.3 通用查找算法：find_if( )

实际上我们并不经常寻找一个特定的值。通常，我们感兴趣的是查找满足某些条件的值。如果我们可以自己定义查找条件，则可以得到更通用的 find 操作。例如，我们也许想查找一个大于 42 的值；我们也许想要比较字符串时不要考虑大小写；我们也许想查找第一个奇数值；我们也许想要查找一条地址字段为 "17 Cherry Tree Lane" 的记录。

基于用户提供的条件进行查找的标准库算法是 find_if( )：

```
template<typename In, typename Pred>
    // 需要满足 Input_iterator<In>() && Predicate<Pred,Value_type<In>>()
In find_if(In first, In last, Pred pred)
{
    while (first!=last && !pred(*first)) ++first;
    return first;
}
```

显然（当比较源代码时），它很像 find( )，除了它使用了 !pred(*first) 而不是 *first!=val。也就是说，一旦谓词 pred( ) 成立，而不是当元素等于一个值时，它就停止查找。

谓词是返回 true 或 false 的函数。显然，find_if( ) 需要一个带有一个参数的谓词，这样它才能表示为 pred(*first)。我们可以很容易地编写一个谓词来检查一个给定值的某些属性，例如，"字符串是否包含字母 x？""给定值是否大于 42？""给定数是奇数吗？"例如，我们可以通过如下方式找到 int 向量容器的第一个奇数值：

```
bool odd(int x) { return x%2; } // % 是求模运算符
void f(vector<int>& v)
{
    auto p = find_if(v.begin(), v.end(), odd);
    if (p!=v.end()) { /* 我们找到了一个奇数 */ }
    // ...
}
```

对于 find_if( ) 的调用，find_if( ) 会对每个元素调用 odd( )，直到找到第一个奇数值。注意，当你将函数作为参数传递时，不要将（ ）添加到它的名称中，因为这样做会调用它。

类似地，我们可以通过如下方式找到一个链表中第一个值大于 42 的元素：

```
bool larger_than_42(double x) { return x>42; }
void f(list<double>& v)
{
    auto p = find_if(v.begin(), v.end(), larger_than_42);
    if (p!=v.end()) { /* 我们找到了 > 42 的值 */ }
    // ...
}
```

不过，这个示例不是很令人满意。如果我们接下来想找一个大于 41 的元素呢？我们需要写一个新的函数。找到一个比 19 大的元素？再写一个函数。一定有更好的办法！

如果我们想与任意值 v 进行比较，我们需要以某种方式使 v 成为 find_if( ) 谓词的隐式参数。我们可以尝试编写如下形式的代码（选择 v_val 作为一个不太可能与其他名称冲突的名称）：

```
double v_val; // 与 larger_than_v() 的参数比较的值
bool larger_than_v(double x) { return x>v_val; }
void f(list<double>& v, int x)
{
    v_val = 31; // 设置 v_val 为 31，用于 larger_than_v 下次调用
    auto p = find_if(v.begin(), v.end(), larger_than_v);
    if (p!=v.end()) { /* 我们发现了 > 31 的值 */ }
```

```
        v_val = x; // 设置 v_val 为 x，用于 larger_than_v 下次调用
        auto q = find_if(v.begin(), v.end(), larger_than_v);
        if (q!=v.end()) { /* 我们发现了 > x 的值　*/ }
        // ...
    }
```

可恶！我们相信编写这样代码的人最终会得到他们的苦果，但我们为他们的用户和任何维护他们代码的人感到悲哀。再次强调：一定有更好的办法！

试一试

为什么我们对 v 的使用如此反感？给出至少三种可能导致模糊错误的方法。列出三个你特别不希望在其中找到此类代码的应用程序。

21.4　函数对象

因此，我们希望传递一个谓词给 find_if( )，并且希望该谓词将元素与我们指定为某种参数的值进行比较。特别地，我们希望能编写如下形式代码：

```
void f(list<double>& v, int x)
{
    auto p = find_if(v.begin(), v.end(), Larger_than(31));
    if (p!=v.end()) { /* 我们发现了 > 31 的值*/ }
    auto q = find_if(v.begin(), v.end(), Larger_than(x));
    if (q!=v.end()) { /* 我们发现了 > x 的值 */ }
    // ...
}
```

显然，Larger_than 必须满足以下条件：
- 我们可以调用的谓词，例如，pred(*first)。
- 可以存储一个值，如 31 或 x，在调用时使用。

为此，我们需要一个"函数对象"，即一个像函数一样的对象。我们需要一个对象，因为对象可以存储数据，比如，要与之比较的值。例如：

```
class Larger_than {
    int v;
public:
    Larger_than(int vv) : v(vv) { }              // 保存参数
    bool operator()(int x) const { return x>v; }  // 对比
};
```

有趣的是，该定义恰好证明了上述示例可以按指定方式工作。现在，我们只需要弄清楚为什么它能起作用。当我们说 Larger_than(31) 时，我们（显然）创建了一个 Larger_than 类的对象，其数据成员 v 的值为 31。例如：

```
    find_if(v.begin(),v.end(),Larger_than(31))
```

在这里，我们将该对象作为参数 pred 传递给 find_if( )。对于 v 中的每个元素，find_if( ) 都会进

行调用：

```
pred(*first)
```

这将使用实参 *fisrt 调用函数对象的调用运算符 operator( )。结果是将元素的值 *first 与 31 进行比较。

我们在这里看到的是，函数调用可以被视为一个运算符，"( ) 运算符"，就像任何其他运算符一样。"( ) 运算符"也称函数调用运算符和应用程序运算符。这样（）在 pred(*first) 中由 Larger_than::operator( ) 赋予意义，就像 v[i] 中的下标由 vector::operator[ ] 赋予意义一样。

21.4.1　函数对象的抽象视图

这里我们有一种机制，允许"函数""携带"它需要的数据。显然，函数对象为我们提供了一种非常通用、强大且方便的机制。思考一个史通用的函数对象概念：

```
class F {                                 // 函数对象抽象示例
    S s;                                  // 状态
public:
    F(const S& ss) :s(ss) { /* 建立初始化状态 */ }
    T operator() (const S& ss) const
    {
        // 使用 ss 对 s 做一些操作
        // 返回类型 T 的值 (T 经常是 void，bool，或 S)
    }
    const S& state() const { return s; }  // 显示 state
    void reset(const S& ss) { s = ss; }   // 重置 state
};
```

F 类的对象在其成员 s 中保存数据。如果需要，一个函数对象可以有多个数据成员。另一种说法是，拥有数据就是"具有状态"。当我们创建一个 F 时，我们可以初始化那个状态。只要我们想，就可以读取那个状态。对于 F，我们提供了操作 state( ) 来读取该状态，并提供了操作 reset( ) 来写入该状态。然而，当我们设计一个函数对象时，我们可以自由地提供任何我们认为合适的方式来访问它的状态。当然，我们可以使用普通的函数符号直接或间接地调用函数对象。我们定义 F 在被调用时只接受一个参数，但是我们可以根据需要定义带有任意多个形参的函数对象。

函数对象的使用是 STL 中参数化的主要方法。我们使用函数对象来指定搜索中要查找的内容（参见 21.3 节）、定义排序条件（参见 21.4.2 节）、指定数值算法中的算术操作（参见 21.5 节）、定义值相等的定义（参见 21.8 节）等。函数对象的使用是灵活性和通用性的主要来源。

函数对象通常非常高效。特别地，将一个小函数对象按值传递给模板函数通常会获得最优性能。原因很简单，但对于那些更熟悉将函数作为参数传递的人来说，这很令人惊讶：通常，传递函数对象会比传递函数得到更小更快的代码！只有当对象很小（比如 0、1 或 2 个字的数据）或通过引用传递，并且函数调用的运算符很小（例如，使用 < 进行简单比较），同时定义为内联（例如，在类的内部有定义）时才成立。在本章和本书中的大多数示例都遵循这种模式。小而简单的函数对象具有高性能的根本原因是，它们为编译器生成最优代码保留了足够的类型信息。即使是带有简单优化器的老式编译器，也可以为 Larger_than 中的比较生成简单的"大于"机器指令，而不是调用函数。调用一个函数通常要比执行一个简单的比较操作慢 10~50 倍。此外，函数调用的代码比简单比较的代码大几倍。

21.4.2　类成员上的谓词

正如我们所看到的，标准算法可以很好地处理基本类型（如 int 和 double）的元素序列。然而，在某些应用程序领域，类对象的容器更为常见。思考一个对许多领域的应用程序都很关键的示例，根据几个条件对记录进行排序：

```
struct Record {
    string name;        // 易于使用的标准库字符串
    char addr[24];      // 匹配数据库布局的旧格式
    // ...
};
vector<Record> vr;
```

我们有时想按名称对 vr 进行排序，有时又想按地址对它排序。除非既优雅又高效，否则我们的技术就没有多大的实际意义。幸运的是，这样做很容易。我们可以编写如下代码：

```
// ...
sort(vr.begin(), vr.end(), Cmp_by_name()); // name 排序
// ...
sort(vr.begin(), vr.end(), Cmp_by_addr()); // addr 排序
// ...
```

Cmp_by_name 是一个函数对象，它通过比较两个 Record 的 name 成员来比较两个 Record 对象。Cmp_by_addr 是一个函数对象，它通过比较两个 Record 的 addr 成员来比较两个 Record 对象。为了允许用户指定这样的比较条件，标准库算法 sort 采用可选的第三个参数来指定排序条件。Cmp_by_name( ) 为 sort( ) 创建一个 Cmp_by_name 以用于比较记录。这看起来不错，这意味着我们不介意维护这样的代码。现在我们要做的就是定义 Cmp_by_name 和 Cmp_by_addr:

```
// Record 对象的不同比较：
struct Cmp_by_name {
    bool operator()(const Record& a, const Record& b) const
        { return a.name < b.name; }
};
struct Cmp_by_addr {
    bool operator()(const Record& a, const Record& b) const
        { return strncmp(a.addr, b.addr, 24) < 0; } // !!!
};
```

Cmp_by_name 类的意图非常明确。函数调用运算符 operator( )( ) 只是使用标准库 string 的 < 运算符来比较 name 字符串。然而，Cmp_by_addr 中的比较是糟糕的。这是因为我们选择了一个糟糕的地址定义：一个 24 个字符的数组（不是以 0 结尾）。我们选择这个，一部分原因是为了展示如何使用函数对象来隐藏糟糕和容易出错的代码；另一部分原因在于这种特殊的表示形式曾经给我们一个挑战："一个 STL 无法处理的糟糕而重要的现实问题"。实际上，STL 可以处理。比较函数使用标准 C（和 C++）库函数 strncmp( ) 来比较固定长度的字符数组，如果第二个"字符串"在字典序上位于第一个"字符串"之后，则返回负数。如果你需要做这样的比较（例如，附录 B.11.3），可以参考它。

21.4.3　Lambda 表达式

在程序中一个地方定义函数对象（或函数），然后在另一个地方使用它可能有点烦琐。特别地，

如果我们想要执行的操作非常容易指定、易于理解，并且永远不会再需要，那么这是一种累赘。在这种情况下，我们可以使用 lambda 表达式（参见 15.3.3 节）。理解 lambda 表达式的最佳方式可能是，作为定义函数对象（带有运算符 () 的类）的简写符号，然后立即创建一个它的对象。例如，我们可以写为：

```
// ...
sort(vr.begin(), vr.end(),     // name 排序
    [ ] (const Record& a, const Record& b)
        { return a.name < b.name; }
);
// ...
sort(vr.begin(), vr.end(),     // addr 排序
    [ ] (const Record& a, const Record& b)
        { return strncmp(a.addr, b.addr, 24) < 0; }
);
// ...
```

在这种情况下，我们想知道一个命名函数对象是否会提供更多可维护的代码。也许 Cmp_by_name 和 Cmp_by_addr 还有其他用途。

但是，考虑一下在 21.4 节中 find_if() 示例。在这里，我们需要传递一个操作作为参数，该操作需要传递数据：

```
void f(list<double>& v, int x)
{
    auto p = find_if(v.begin(), v.end(), Larger_than(31));
    if (p!=v.end()) { /* 我们找到了 > 31 的值 */ }

    auto q = find_if(v.begin(), v.end(), Larger_than(x));
    if (q!=v.end()) { /* 我们找到了 > x 的值 */ }
    // ...
}
```

或者，我们可以等价地写成：

```
void f(list<double>& v, int x)
{
    auto p = find_if(v.begin(), v.end(), [](double a) { return a>31; });
    if (p!=v.end()) { /* 我们找到 > 31 的值 */ }

    auto q = find_if(v.begin(), v.end(), [&](double a) { return a>x; });
    if (q!=v.end()) { /* 我们找到了 > x 的值 */ }
    // ...
}
```

与局部变量 x 的比较使得 lambda 的版本更有吸引力。

21.5 数值算法

大多数标准库算法处理数据管理问题：它们需要对数据进行复制、排序、查找等。不过，也有

一些算法对数值计算有帮助。当你进行计算时，这些数值算法可能很重要，它们可以作为在 STL 框架中如何表达数值算法的示例。

有 4 种 STL 风格的标准库数值算法如表 21-2 所示。

表 21-2 数值算法

数值算法	
x=accumulate(b,e,i)	对一个值序列求和。例如，对于 {a,b,c,d} 实现 i+a+b+c+d，结果 x 的类型是初始值 i 的类型。
x=inner_product(b,e,b2,i)	将两个序列相对应的值相乘，并将结果相加。例如，{a,b,c,d} 和 {e,f,g,h} 实现 i+a*e+b*f+c*g+d*h，结果 x 的类型是初始值 i 的类型。
r=partial_sum(b,e,r)	产生一个序列的前 n 个元素之和的序列。例如，对于 {a,b,c,d} 产生 {a,a+b,a+b+c,a+b+c+d}。
r=adjacent_difference(b,e,b2,r)	产生一个序列中相邻元素之差的序列。例如，对于 {a,b,c,d} 产生 {a,b − a,c − b,d − c}。

在 <numeric> 中可以找到这些算法。我们在这里介绍前两个，如果你觉得有必要，可以自己探索其他两个。

21.5.1 累加

最简单和最实用的数值算法是 accumulate( )。以最简单的形式，该算法累加了一系列值：

```cpp
template<typename In, typename T>
    // 需要满足 Input_iterator<In>() && Number<T>()
T accumulate(In first, In last, T init)
{
    while (first!=last) {
        init = init + *first;
        ++first;
    }
    return init;
}
```

给定一个初始值 init，该算法只是将 [first:last) 序列中的每个值及初始值相加，并返回总和。计算总和的变量 init，通常称为**累加器**。例如：

```cpp
int a[ ] = { 1, 2, 3, 4, 5 };
cout << accumulate(a, a+sizeof(a)/sizeof(int), 0);
```

这将输出 15，即 0+1+2+3+4+5(0 是初始值)。显然，accumulate( ) 可以用于所有类型的序列：

```cpp
void f(vector<double>& vd, int* p, int n)
{
    double sum = accumulate(vd.begin(), vd.end(), 0.0);
    int sum2 = accumulate(p,p+n,0);
}
```

（求和）结果的类型是 accumulate( ) 用来保存累加器的变量的类型。这提供了一定程度的灵活性，这很重要。例如：

```cpp
void g(int* p, int n)
```

```
    {
        int s1 = accumulate(p, p+n, 0);           // 总和为 int
        long sl = accumulate(p, p+n, long{0});    // 将 int 求和结果放入一个 long
        double s2 = accumulate(p, p+n, 0.0);      // 将 int 求和结果放入一个 double
    }
```

在某些计算机上，long 类型的有效位数比 int 类型的多。double 类型可以表示比 int 类型更大（或更小）的数字，但可能精度较低。我们将在第 24 章中重新讨论范围和精度在数值计算中的作用。

使用结果变量作为初始化值，是指定累加器类型的常用方法：

```
    void f(vector<double>& vd, int* p, int n)
    {
        double s1 = 0;
        s1 = accumulate(vd.begin(), vd.end(), s1);
        int s2 = accumulate(vd.begin(), vd.end(), s2);       // 糟糕
        float s3 = 0;
        accumulate(vd.begin(), vd.end(), s3);                // 糟糕
    }
```

一定要记得初始化累加器，并将 accumulate( ) 的结果赋值给一个变量。在上面的示例中，s2 在自身初始化之前被作为初始化值，因此，结果是没有定义的。我们将 s3 传递给 accumulate( )（参见 8.5.3 节），但结果从未赋值到任何地方；这个编译只是在浪费时间。

21.5.2　泛化 accumulate( )

因此，基础的三个参数版本的 accumulate( ) 是为了进行加法。然而，还有许多其他有用的操作，如乘法和减法，需要在序列上执行。因此，STL 提供了 4 个参数版本的 accumulate( )，我们可以在其中指定要使用的操作：

```
    template<typename In, typename T, typename BinOp>
        // 需要满足 Input_iterator<In>() && Number<T>()
        // && Binary_operator<BinOp,Value_type<In>,T>()
    T accumulate(In first, In last, T init, BinOp op)
    {
        while (first!=last) {
            init = op(init, *first);
            ++first;
        }
        return init;
    }
```

接受累加器类型的两个参数的任何二元操作都可以在这里使用。例如：

```
    vector<double> a = { 1.1, 2.2, 3.3, 4.4 };
    cout << accumulate(a.begin(),a.end(), 1.0, multiplies<double>());
```

这将输出 35.1384，即 1.0*1.1*2.2*3.3*4.4（1.0 为初始值）。代码中提供的二元运算符 multiplies<double>( ) 是一个用于乘法的标准库函数对象；multiplies<double> 实现 double 对象相乘，multiplies<int> 实现 int 对象相乘等。还有其他二元函数对象：plus（加法）、minus（减法）、divide（除）和 modulus（取余数）。它们都能在 <functional>（参见附录 B.6.2 中）找到。

注意，对于浮点数的乘积，通常初始值为 1.0。

像 sort( ) 示例（参见 21.4.2 节）一样，我们通常对类对象中的数据更感兴趣，而不仅仅是普通的内置类型。例如，我们可能给定单价和件数来计算物品总成本：

```
struct Record {
    double unit_price;
    int units;                              // 单位销售的数量
    // ...
};
```

我们可以使 accumulate 的运算符从 Record 元素中提取 units，并将其乘以累加器值：

```
double price(double v, const Record& r)
{
    return v + r.unit_price * r.units;     // 计算价格和累加
}
void f(const vector<Record>& vr)
{
    double total = accumulate(vr.begin(), vr.end(), 0.0, price);
    // ...
}
```

我们很"懒"，使用函数而不是函数对象来计算价格，只是为了证明我们也可以这样做。在下列情况下，我们倾向于使用函数对象：

- 如果函数对象需要在调用之间存储一个值。
- 如果函数对象能以内联形式实现（最多几个基础操作）。

在上面的示例中，出于第二个原因，我们可能更应该选择使用函数对象。

试一试

定义一个 vector<Record>，用你选择的 4 条记录初始化它，并使用上面的函数计算它们的总价。

21.5.3　内积

给定两个向量，将每对具有相同下标的元素相乘，然后将所有乘积相加。这一操作称为向量的内积，这是在许多领域都非常有用的操作（例如，物理和线性代数，参见 24.6 节）。如果你更喜欢代码而不是文字，下面是 STL 版本的内积实现：

```
template<typename In, typename In2, typename T>
    // 需要满足 Input_iterator<In> && Input_iterator<In2>
    // && Number<T> (参见 19.3.3 节)
T inner_product(In first, In last, In2 first2, T init)
    // 注意：这是我们两个 vector 相乘的方法（生成标量）
{
    while(first!=last) {
        init = init + (*first) * (*first2); // 元素对相乘
        ++first;
        ++first2;
```

```
        }
        return init;
    }
```

上面的代码将内积的概念推广到了任意类型元素的任意序列。以股票市场的指数为例，其工作方式是选择一组公司，并为每个公司分配一个"权重"。例如，在道琼斯工业指数中，美国铝业的权重为 2.4808。为了得到指数的当前值，我们将每个公司的股价与其权重相乘，并将所有得到的加权价格加在一起。显然，这是价格和权重的内积。例如：

```
// 计算道琼斯工业指数 :
vector<double> dow_price = {          // 每个公司的股票价格
    81.86, 34.69, 54.45,
    // ...
};
list<double> dow_weight = {           // 每个公司的股票权重
    5.8549, 2.4808, 3.8940,
    // ...
};
double dji_index = inner_product(     // (weight,value) 键值对相乘并相加
    dow_price.begin(), dow_price.end(),
    dow_weight.begin(),
    0.0);
cout << "DJI value " << dji_index << '\n';
```

注意，inner_product( ) 接受两个序列。但是，它只需要三个参数；参数只指定了第二个序列的开头。第二个序列的元素至少要和第一个序列一样多。如果不是，就会出现运行时错误。就 inner_product( ) 而言，第二个序列比第一个序列有更多的元素是可以的；那些"多余的元素"将不会被使用。

这两个序列不需要具有相同的类型，也不需要具有相同的元素类型。为了说明这一点，我们使用一个 vector 来保存价格，使用一个 list 来保存权重。

21.5.4 泛化 inner_product( )

inner_product( ) 可以像 accumulate( ) 一样进行泛化。不过，对于 inner_product( )，我们需要两个额外的参数：一个是将累加器与新值组合在一起，就像 accumulate( ) 一样；另一个是将元素值对（value pairs）组合在一起。

```
template<typename In, typename In2, typename T, typename BinOp,
typename BinOp2>
    // 需要满足 Input_iterator<In> && Input_iterator<In2> && Number<T>
    // && Binary_operation<BinOp,T, Value_type<In>()
    // && Binary_operation<BinOp2,T, Value_type<In2>()
T inner_product(In first, In last, In2 first2, T init, BinOp op, BinOp2
op2)
{
    while(first!=last) {
        init = op(init, op2(*first, *first2));
        ++first;
```

```
            ++first2;
        }
        return init;
    }
```

在 21.6.3 节中，我们将回到道琼斯的示例，并使用这个泛化的 inner_product( ) 完成一个更优雅的解决方案。

21.6　关联容器

继 vector 之后，最有用的标准库容器可能就是映射容器（map）了。map 是（键，值）对的有序序列，你可以在其中根据键查找值。例如，my_phone_book["Nicholas"] 可能是 Nicholas 的电话号码。在流行度竞赛中，map 唯一的潜在竞争对手是 unordered_map（参见 21.6.4 节），这是一个针对字符串键进行优化的 map。类似 map 和 unordered_map 的数据结构有很多名字，比如，关联式数组、哈希表和红黑树。普遍而实用的概念似乎总是有很多名字。在标准库中，我们统称所有这样的数据结构为关联容器。

标准库提供的 8 种关联容器如表 21-3 所示。

表 21-3　标准库关联容器

关联容器	
map	（键，值）对的有序容器
set	键的有序容器
unordered_map	（键，值）对的无序容器
unordered_set	键的无序容器
multimap	一个键可以出现多次的 map
multiset	一个键可以出现多次的 set
unordered_multimap	一个键可以出现多次的 unordered_map
unordered_multiset	一个键可以出现多次的 unorder_set

这些容器可以在 <map>、<set>、<unordered_map> 和 <unordered_set> 中找到。

21.6.1　映射容器 (map)

思考一个（概念上）简单的任务：制作一个文本中各个单词出现的次数的列表。最明显的方法是把我们查找的单词和我们查找到每个单词的次数列在一起。当读入一个新单词时，就可以查看是否已经找到过它；如果有，则我们将其计数增加 1；如果没有，则将其插入到列表中，并赋值为 1。我们可以使用一个 list 或一个 vector，但这样就必须对我们读取的每个单词进行查找。这个过程可能会很慢。map 存储键的方式使得它很容易查看键是否存在，因此，搜索任务的部分很简单：

```
int main()
{
    map<string,int> words;   // 保存 (word,frequency) 键值对
    for (string s; cin>>s; )
        ++words[s];          // 注意：word 使用 string 作为下标
```

```
        for (const auto& p : words)
            cout << p.first << ": " << p.second << '\n';
    }
```

这个程序中真正有趣的部分是 ++words[s]。从 main( ) 的第一行可以看出，words 是（string,int）对的 map；也就是说，words 将 string 对象映射为 int 对象。换句话说，给定一个 string 对象，words 可以让我们访问它对应的 int 对象。因此，当用 string（保存着从输入获取的一个单词）对 words 进行下标操作时，words[s] 是根据 s 获得的 int 对象的引用。让我们来看一个具体的示例：

```
    words["sultan"]
```

如果我们以前没有查找过字符串"sultan"，那么"sultan"将以整型的默认值（即 0）加入到 words。现在，words 有了一个条目（"sultan"，0）。因此，如果我们之前没有查找过"sultan"，++words["sultan"]将把值 1 与字符串"sultan"关联起来。详细来说 map 将发现"sultan"未找到，插入一个（"sultan"，0）对，然后 ++ 将增加该值，得到 1。

现在再看一下这个程序：++words[s] 保存我们从输入中得到的每个单词，并将其值加 1。当第一次查找到一个新单词时，它的值为 1。现在，这个循环的含义很清楚了：

```
    for (string s; cin>>s; )
        ++words[s]; // 注意: word 使用 string 作为下标
```

这个程序将读取输入中的每个（空白符分隔的）单词，并计算每个单词的出现次数。现在我们要做的就是输出。我们可以遍历 map，就像任何其他 STL 容器一样。每个 map<string,int> 的元素都是 pair<string,int> 类型。pair 的第一个成员称为 first，第二个成员称为 second，因此，输出循环变成：

```
    for (const auto& p : words)
        cout << p.first << ": " << p.second << '\n';
```

作为测试，我们可以将《The C++ programming language》第一版的开头部分的文字输入到我们的程序中：

C++ is a general purpose programming language designed to make programming more enjoyable for the serious programmer. Except for minor details, C++ is a superset of the C programming language. In addition to the facilities provided by C, C++ provides flexible and efficient facilities for defining new types.

我们获得的输出：

```
C: 1
C++: 3
C,: 1
Except: 1
In: 1
a: 2
addition: 1
and: 1
by: 1
defining: 1
designed: 1
details,: 1
efficient: 1
enjoyable: 1
facilities: 2
```

```
flexible: 1
for: 3
general: 1
is: 2
language: 1
language.: 1
make: 1
minor: 1
more: 1
new: 1
of: 1
programmer.: 1
programming: 3
provided: 1
provides: 1
purpose: 1
serious: 1
superset: 1
the: 3
to: 2
types.: 1
```

如果不喜欢区分大小写字母，或者想要消除标点符号，我们可以这样做：参见练习 13。

21.6.2　映射容器概述

那么，什么是映射容器（map）呢？有多种实现 map 的方法，但 STL 的 map 实现倾向于平衡二叉搜索树，更确切地说是红黑树。我们将不深入细节，但现在你知道了这个术语，如果你想知道更多的话，你可以在文献或网络上查找它。

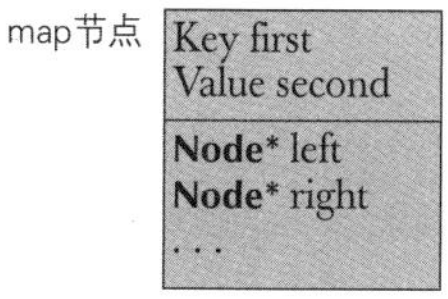

图 21-1　map 节点

树型结构是由节点构建的（在某种程度上类似于列表，参见 20.4 节）。一个节点包含一个键和它对应的值，以及指向两个后代节点的指针，如图 21-1 所示。

下面展示的是 map<Fruit,int> 在内存中的存储方式，假设我们插入了（Kiwi,100）、（Quince,0）、(Plum,8)、(Apple,7)、(Grape,2345) 和（Orange,99），如图 21-2 所示。

假设保存键值的 Node 成员名称为 first，那么二叉搜索树的基本规则是：

```
left->first<first && first<right->first
```

也就是说，对于每个节点：

- 它的左子节点的键小于该节点的键。
- 该节点的键小于它的右子节点的键。

你可以验证这是否适用于树中的每个节点。这让我们可以"从树的根开始"搜索。奇怪的是，在计算机科学文献中，树是从根向下生长的。在这个示例中，根节点为（Orange, 99）。我们只是沿着树型结构向下比较，直到找到我们要找的节点或它应该在的地方。当（如上面的示例所示）每一个子树的节点数与其他距离根节点同样距离的子树的节点数大致相同时，树称为平衡树。保持平衡可以最大限度地减少到达一个节点所需访问的平均节点数。

一个 Node 还可以保存更多的数据，映射将使用这些数据来保持节点树的平衡。当一棵树的每个节点在其左侧的后代数与在其右侧的后代数相等时，它就是平衡的。如果一个有 N 个节点的树型结构是平衡的，我们最多需要查看 $\log_2(N)$ 个节点就能找到要找的节点。这比线性搜索平均值（N/2 个节点）要好得多。如果我们在列表中有键的存在并从头开始搜索（这种线性搜索的最坏情况是 N）。（参见 21.6.4 节）例如，图 21-3 是一个非平衡的树型结构。

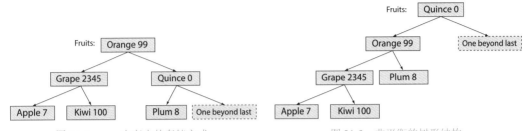

图 21-2   map 内存中的存储方式   图 21-3   非平衡的树形结构

该树型结构仍然满足每个节点的键大于其左子节点的键且小于其右子节点：

```
left->first<first && first<right->first
```

然而，这个版本的树型结构是不平衡的，所以我们现在需要"跳"三下才能达到 Apple 和 Kiwi，而不是我们在平衡树中"跳"两下。对于包含许多节点的树型结构来说，差异可能非常显著，因此，用于实现 map 的树是平衡的。

我们不需要了解树型结构就能使用 map。但作为专业人士，至少应该了解所用工具的基本原理。我们必须了解标准库提供的 map 接口。以下是稍微简化过的版本：

```
template<typename Key, typename Value, typename Cmp = less<Key>>
    // 需要满足 Binary_operation<Cmp,Value>() (章节 19.3.3)
class map {
    // ...
    using value_type = pair<Key,Value>;    // 处理 (Key,Value) 键值对的 map
    using iterator = sometype1;            // 类似树形节点的指针
    using const_iterator = sometype2;
    iterator begin();                      // 指向首元素
    iterator end();                        // 指向尾后位置
    Value& operator[](const Key& k);       // 使用 k 作为下标的操作
    iterator find(const Key& k);           // 有键为 k 的元素吗？
    void erase(iterator p);                // 移除 p 指向的元素
    pair<iterator, bool> insert(const value_type&); // 插入 (key,value) 键值对
    // ...
};
```

你可以在 <map> 中找到真正的版本。你可以将迭代器想象为一个与 Node* 指针类似的东西，但不能依赖于该特定类型的实现来实现 iterator。

vector 和 list（参见 20.5 节和附录 B.4）接口的相似性是明显的。主要的区别是，当你迭代时，元素是成对的，类型为 pair<Key,Value>。该类型是另一种有用的 STL 类型：

```
template<typename T1, typename T2>
struct pair {                              // std::pair 简化版本
    using first_type = T1;
    using second_type = T2;
    T1 first;
```

```
        T2 second;
        // ...
    };
template<typename T1, typename T2>
pair<T1,T2> make_pair(T1 x, T2 y)
{
        return {x,y};
}
```

我们从标准库中复制了 pair 的完整定义和它实用的辅助函数 make_pair( ) 的完整定义。

注意，当你遍历 map 时，元素将以键定义的顺序出现。例如，如果我们迭代示例中的水果，我们就会得到：

```
(Apple,7) (Grape,2345) (Kiwi,100) (Orange,99) (Plum,8) (Quince,0)
```

我们插入这些水果的顺序并不重要。

insert( ) 操作有一个奇怪的返回值，我们在简单的程序中经常忽略它。它是对（键，值）元素的迭代器和一个 bool 组成的对，如果（键，值）对是通过 insert( ) 的调用插入的，则 bool 为 true；如果该键在调用之前就已经存在于 map 中，则插入失败，bool 值为 false。

注意，你可以通过提供第三个参数（map 声明中的 Cmp）定义 map 中顺序的含义。例如：

```
map<string, double, No_case> m;
```

No_case 表明比较时不区分大小写，参见 21.8 节。在默认情况下，顺序由 less<Key> 定义，意思是"小于"。

21.6.3　另一个 map 示例

为了更好地理解 map 的用途，让我们回到 21.5.3 节中道琼斯的示例。当且仅当所有权重都出现在与对应名称的 vector 中相同的位置时，这里的代码才是正确的。这是隐含的，很容易成为模糊错误的来源。解决这个问题的方法有很多，但一种极具吸引力的方法是将每个权重与其公司的股票代码放在一起，例如，（"AA"，2.4808）。"股票代码"是公司名称的缩写，用于需要简洁表述的地方。类似地，我们可以将公司的股票代码与其股价放在一起，例如，（"AA"，34.69）。最后，对于我们这些不经常接触美国股市的人来说，我们可以把公司的股票代码和公司名称放在一起，例如，（"AA"，"Alcoa Inc."）。也就是说，我们可以保存三个对应值的映射容器。

首先，我们完成（代码，价格）的映射容器：

```
map<string,double> dow_price = {     // 道琼斯工业指数（代码，价格）;
                                     // 最新价格参见
                                     // www.djindexes.com
        {"MMM",81.86},
        {"AA",34.69},
        {"MO",54.45},
        // ...
};
```

然后，（代码，权重）的映射容器：

```
map<string,double> dow_weight = {    // 道琼斯平均指数（代码，权重）
        {"MMM", 5.8549},
        {"AA",2.4808},
```

```
        {"MO",3.8940},
        // ...
    };
```

最后，（代码，名称）的映射容器：

```cpp
map<string,string> dow_name = {        // 道琼斯平均指数（代码，名称）
    {"MMM","3M Co."},
    {"AA"] = "Alcoa Inc."},
    {"MO"] = "Altria Group Inc."},
    // ...
};
```

给定这些映射容器的值，我们可以方便地提取各种信息。例如：

```cpp
double alcoa_price = dow_price ["AAA"];        // 从 map 读取值
double boeing_price = dow_price ["BA"];
if (dow_price.find("INTC") != dow_price.end())    // 在 map 中查找
    cout << "Intel is in the Dow\n";
```

迭代遍历一个映射容器是很容易的。我们只需要记住称为 first 的键和 second 的值：

```cpp
// 输出道琼斯工业指数中各个公司的价格
for (const auto& p : dow_price) {
    const string& symbol = p.first;        // 股票代码
    cout << symbol << '\t'
        << p.second << '\t'
        << dow_name[symbol] << '\n';
}
```

我们甚至可以直接使用映射容器进行一些计算。特别地，我们可以计算指数，就像我们在 21.5.3 节中所做的那样。我们必须从它们各自的映射容器中提取股票价格和权重，并将它们相乘。我们可以很容易地为任意两个 map<string,double> 对象编写一个函数：

```cpp
double weighted_value(
    const pair<string,double>& a,
    const pair<string,double>& b
            )        // 提取值并且相乘
{
    return a.second * b.second;
}
```

现在，我们只需将该函数插入到 inner_product() 泛化的版本中，就可以得到指数的值：

```cpp
double dji_index =
    inner_product(dow_price.begin(), dow_price.end(),    // 所有公司
        dow_weight.begin(),                              // 它们的权重
        0.0,                                             // 初始化值
        plus<double>(),                                  // 加（和往常一样）
        weighted_value);                                 // 提取值和权重然后相乘
```

为什么有人会把这些数据保存在 map 上而不是 vector 上呢？我们使用 map 来明确不同值之间的关联。这是一个常见的原因。另一个原因是，map 按照键定义的顺序保存元素。当我们遍历上面的 dow 时，我们按字母顺序输出股票代码；如果我们用一个 vector，则我们必须先进行排序。使用

map 的最常见原因仅仅是想要根据键查找值。对于大型序列来说，使用 find( ) 查找内容要比在有序结构（如 map）中查找慢得多。

试一试

运行这个小示例。然后，添加一些你自己选择的公司，权重由你自己定。

21.6.4　unordered_map

要查找 vector 中的一个元素，find( ) 需要检查从第一个元素到具有正确值的所有元素，或到结束的所有元素。平均而言，开销与容器的长度（N）成正比，我们将这个开销称为复杂度 O(N)。

要查找 map 中找的一个元素，下标操作需要检查树中从根到具有正确值的所有元素或叶子的所有元素。平均而言，开销与树的深度成正比。包含 N 个元素的平衡二叉树的最大深度为 $\log_2(N)$；复杂度是 O($\log_2(N)$)，即开销与 $\log_2(N)$ 成正比，实际上与 O(N) 相比相当不错，如表 21-4 所示。

表 21-4　N 与 $\log_2(N)$ 对应

N	15	128	1023	16383
$\log_2(N)$	4	7	10	14

实际开销将取决于我们在搜索中找到值的速度，以及比较和迭代的开销。追踪指针（如 map 中的查找）通常比递增指针（如 find( ) 在 vector 中所做的）开销更大。

对于某些类型，特别是整型和字符串，我们可以做得比 map 的树型搜索更好。我们不会进行详细介绍，但它的思想是，给定一个键，我们计算一个 vector 的下标。该索引称为哈希值，使用这种技术的容器通常称为**哈希表**。可能的键数远远大于哈希表中的槽数。例如，我们经常使用哈希函数将数十亿个可能的字符串映射到具有 1 000 个元素的 vector 的索引中。这可能很棘手，但可以很好地处理，尤其适用于实现大型 map 对象。哈希表的主要优点是，平均来说，查找的开销（接近）是常数，与表中元素的数量无关，即复杂度为 O(1)。显然，这对于大型映射来说是一个显著的优势，比如，包含 50 万个网址的映射。有关哈希查找的更多信息，你可以查看 unordered_map 的文档（在网上可找到）或任何关于数据结构基础的文章（查找"哈希表"和"散列"）。

我们可以用这样的图形来说明在（未排序的）向量容器、平衡二叉树和哈希表中的查找：

● 查找未排序的 vector，如图 21-4 所示。
● 查找 map（平衡二叉树），如图 21-5 所示。
● 查找 unordered_map（哈希表），如图 21-6 所示。

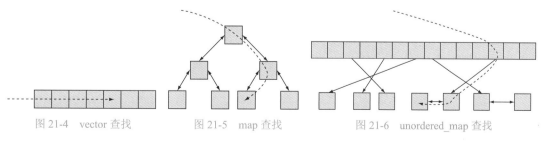

图 21-4　vector 查找　　　　图 21-5　map 查找　　　　图 21-6　unordered_map 查找

STL 标准库中的 unordered_map 是使用哈希表来实现的，而 STL 标准库中的 map 使用的是平衡二叉树，vector 使用的是数组。STL 的部分用途是将所有这些存储和访问数据的方法与算法一起放入一个公共框架中。这里的经验法则是：

- 使用 vector，除非你有充分的理由不这样做。
- 需要根据一种值进行查找（如果键类型具有合理且高效的小于操作），则使用 map。
- 需要在一个大型的映射中进行大量查找，并且不需要按顺序进行遍历（并且如果你可以为你的键类型找到一个良好的哈希函数），则使用 unordered_map。

在这里，我们不会详细描述 unordered_map。你可以像使用 map 一样使用 unordered_map，键类型为 string 或 int，只是在遍历元素时，元素是无序的。例如，我们可以重写 21.6.3 节里道琼斯示例的一部分：

```
unordered_map<string,double> dow_price;
for (const auto& p : dow_price) {
    const string& symbol = p.first;          // 股票代码
    cout << symbol << '\t'
         << p.second << '\t'
         << dow_name[symbol] << '\n';
}
```

现在，对 dow 进行查找可能更快了。然而，这并不重要，因为该指数中只有 30 家公司。如果我们保存的是纽约证券交易所所有公司的价格，可能会注意到性能的差异。但是，我们会注意到一个逻辑上的不同：迭代的输出现在不是按字母顺序排列的。

无序映射在 C++ 标准库上下文中是全新的，还不是"第一类成员"，它们目前还是在技术报告中而不是在标准本体中定义的。但是，它们可以被广泛使用，在没有它们的地方，你通常可以找到它们的前任，称为 hash_map 的东西。

试一试

使用 #include<unordered_map> 编写一个小程序。如果不能运行，则 unordered_map 没有在你的 C++ 框架中实现。如果你 C++ 框架实现不提供 unordered_map，则你必须下载一个可用的实现版本（例如，查看 www.boost.org）。

21.6.5　集合容器

我们可以把集合容器（set）看作是一个对值不感兴趣的 map，或者说，是一个没有值的 map。我们可以像这样可视化一个 set 节点，如图 21-7 所示。

我们可以像这样使用 set 表示 map 示例（参见 21.6.2 节）中定义的 Fruits，如图 21-8 所示。

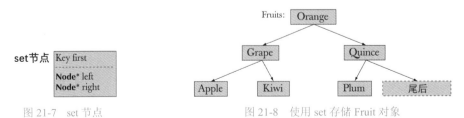

图 21-7　set 节点　　　　　图 21-8　使用 set 存储 Fruit 对象

集合容器的用途是什么？碰巧的是，有很多问题需要我们记住某个值是否出现过。记录哪些水果是可用的（与价格无关）就是一个示例；构建字典是另一个示例。一种稍微不同的使用风格是拥有一组"记录"；也就是说，元素是可能包含"大量"信息的对象，我们只是使用一个成员作为键。例如：

```
struct Fruit {
      string name;
      int count;
      double unit_price;
      Date last_sale_date;
      // ...
};
struct Fruit_order {
      bool operator()(const Fruit& a, const Fruit& b) const
      {
            return a.name<b.name;
      }
};
set<Fruit, Fruit_order> inventory; // 使用 Fruit_order(x,y) 比较 Fruit 对象
```

在这里，我们再次看到使用函数对象可以显著扩展 STL 组件的使用范围。

由于 set 没有值类型，它也不支持下标（operator[ ]( )）。我们必须使用"列表操作"，如 insert( ) 和 erase( )。不幸的是，map 和 set 也不支持 push_back( )，原因很明显：是 set 而不是程序员决定插入新值的位置。所以使用 insert( )。例如：

```
inventory.insert(Fruit{"quince",5});
inventory.insert(Fruit{"apple",200,0.37});
```

set 相对于 map 的一个优点是，你可以直接使用从迭代器获得的值。由于不像 map（参见 21.6.3 节）那样有（键，值）对，解引用运算符可以直接给出元素类型的值：

```
for (auto p = inventory.begin(); p!=inventory.end(); ++p)
      cout << *p << '\n';
```

当然，假设你已经定义了 Fruit 的 << 运算符，我们可以编写如下形式：

```
for (const auto& x : inventory)
      cout << x << '\n';
```

21.7　拷贝操作

在 21.2 节中，我们认为 find( ) 是"最简单且实用的算法"。当然，这一点是可以被论证了。许多简单的算法都很有用，甚至有些算法写起来非常简单。既然可以使用别人为我们编写和调试好的代码，无论多么简单，为什么还要自己费心编写新代码呢？在简单性和实用性方面，copy( ) 与 find( ) 不相上下。STL 提供了三个版本的拷贝，如表 21-5 所示。

表 21-5　复制操作

复制操作	
copy(b,e,b2)	把 [b:e) 拷贝到 [b2:b2+(e−b))
unique_copy(b,e,b2)	把 [b:e) 拷贝到 [b2:b2+(e−b))；防止相邻重复项的复制
copy_if(b,e,b2,p)	把 [b:e) 拷贝到 [b2:b2+(e−b))；仅限满足谓词 p 为真的元素

21.7.1　拷贝

基本的拷贝算法的定义如下：

```
template<typename In, typename Out>
    // 需要满足 Input_iterator<In>() && Output_iterator<Out>()
Out copy(In first, In last, Out res)
{
    while (first!=last) {
        *res = *first;        // 拷贝元素
        ++res;
        ++first;
    }
    return res;
}
```

给定一对迭代器，copy( ) 将一个序列拷贝到另一个序列，目标序列由另一个迭代器指向其第一个元素。例如：

```
void f(vector<double>& vd, list<int>& li)
    // 拷贝 list 的 int 元素到 double 的 vector
{
    if (vd.size() < li.size()) error("target container too small");
    copy(li.begin(), li.end(), vd.begin());
    // ...
}
```

注意，copy( ) 的输入序列的类型可以不同于输出序列的类型。这是 STL 算法的一个很有用的通用性：它们适用于所有类型的序列，而无需对其实现进行不必要的修改。我们没有忘记检查输出序列中是否有足够的空间来存放我们打算放入其中的元素。检查这些大小是程序员的工作。STL 算法的目标是最大的通用性和最佳性能来用于程序设计；它们（在默认情况下）不会进行范围检查或其他潜在的昂贵测试来保护用户。有时，你会希望它们这样做，但当你想检查时，可以像我们上面所做的那样进行检测。

21.7.2　流迭代器

你将会看到"拷贝到输出"和"从输入拷贝"这样的短语。这是思考某些 I/O 形式时一种很好且很有用的方式。实际上，我们可以使用 copy( ) 来做到这一点。

记住，序列具有以下性质：

- 有开始和结尾。
- 可以使用 ++ 获得下一个元素。
- 可以使用 * 获得当前元素的值。

我们可以用这种方法表示输入和输出流。例如：

```
ostream_iterator<string> oo{cout};  // 对 *oo 赋值就是写入 cout
*oo = "Hello, ";                    // 代表 cout << "Hello, "
++oo;                               // " 准备下一个输出操作 "
*oo = "World!\n";                   // 代表 cout << "World!\n"
```

你可以想象这是如何实现的。标准库提供了一个类似的 ostream_iterator 类型；ostream_

iterator<T> 是一个迭代器，可用于写入类型为 T 的值。

　　同样地，标准库还提供了 istream_iterator<T> 来读取类型为 T 的值：

```
istream_iterator<string> ii{cin};        // 读取 *i1 就是从 cin 读取一个字符串
string s1 = *ii;                         // 代表 cin>>s1
++ii;                                    // "准备下一个输入操作"
string s2 = *ii;                         // 代表 cin>>s2
```

　　使用 ostream_iterator 和 istream_iterator，我们可以对 I/O 使用 copy( )。例如，我们可以做一个"简单粗暴"的字典，如下所示：

```
int main()
{
    string from, to;
    cin >> from >> to;                       // 获得源文件和目标文件的名称
    ifstream is {from};                      // 打开输入流
    ofstream os {to};                        // 打开输出流
    istream_iterator<string> ii {is};        // 流的输入迭代器
    istream_iterator<string> eos;            // 输入哨兵
    ostream_iterator<string> oo {os,"\n"};   // 流的输出迭代器
    vector<string> b {ii,eos};               // b 是根据输入初始化的 vector
    sort(b.begin() ,b.end());                // 排序缓存
    copy(b.begin() ,b.end() ,oo);            // 拷贝缓存到输出
}
```

　　流迭代器 eos 表示的是"输入结束"。当一个 istream 到达输入结尾（通常称为 eof）时，它的 istream_iterator 将等于默认的 istream_iterator（这里称为 eos）。

　　注意，我们用一对迭代器初始化了 vector 对象。作为容器的初始化值，一对迭代器（a,b）表示"将序列 [a:b) 读入容器"。当然，我们使用的迭代器对的值是（ii,eos），作为输入的开始和结束。这样我们就不用显式地使用 >> 和 push_back( )。我们强烈反对下面这种做法：

```
vector<string> b {max_size}; // 不要猜测输入数量
copy(ii,eos,b.begin());
```

　　试图猜测输入的最大数量的人，通常会发现数量被低估了，由此产生的缓冲区溢出会给他们或他们的用户带来严重的问题。这种溢出也是安全问题的根源。

试一试

　　首先，让程序能够正常运行，用一个几百字的小文件对其进行测试。然后，尝试"我们强烈反对"的版本，猜测它输入的大小，并查看当输入缓冲区 b 溢出时会发生什么。注意，在你的特定示例中最坏的情况是溢出，而不会导致任何不良后果，这可能会让你想要将其就这样交付给用户。

　　在我们的小程序中，我们读取单词，然后对它们进行排序。这似乎是一种显而易见的处理方式，但我们为什么要把单词放在"错误的地方"，导致之后必须进行排序呢？更糟糕的是，我们发现存储一个单词并输出它的次数和它在输入中出现的次数一样。

　　我们可以通过使用 unique_copy( ) 替代 copy( ) 来解决后一个问题。unique_copy( ) 不拷贝重复的

值。例如，使用普通 copy( ) 程序来处理：

```
the man bit the dog
```

然后输出：

```
bit
dog
man
the
the
```

如果我们使用 unique_copy( )，程序将输出：

```
bit
dog
man
the
```

这些换行符是从哪里来的？使用分隔符输出是如此常见，以至于 ostream_iterator 的构造函数允许你（可选的）在每个值之后指定一个要输出的字符串：

```
ostream_iterator<string> oo {os,"\n"};        // 为流生成输出迭代器
```

显然，换行符是适合于人们阅读的输出格式的普遍选择，但也许我们更喜欢用空格作为分隔符，我们可以写成：

```
ostream_iterator<string> oo {os," "};         // 为流生成输出迭代器
```

这时将会得到输出：

```
bit dog man the
```

21.7.3　使用 set 保持顺序

有一种更简单的方法来获得输出，那就是使用 set 而不是 vector：

```
int main()
{
    string from, to;
    cin >> from >> to;                        // 获得源文件和目标文件的名称

    ifstream is {from};                       // 生成输入流
    ofstream os {to};                         // 生成输出流

    set<string> b {istream_iterator<string>{is}, istream_iterator<string>{} };
    copy(b.begin() ,b.end() , ostream_iterator<string>{os," "}); // 拷贝缓存到输出
}
```

当我们将值插入到 set 中时，重复将被忽略。此外，set 中的元素是有序的，因此，不需要进行排序。只要选对了工具，大多数任务还是容易完成的。

21.7.4　copy_if

copy( ) 算法会无条件地进行拷贝。unique_copy( ) 算法防止拷贝具有相同值的相邻元素。第三种拷贝算法只拷贝谓词为真的元素：

```
template<typename In, typename Out, typename Pred>
```

```
                // 需要满足 Input_iterator<In>() && Output_operator<Out>() &&
                // Predicate<Pred, Value_type<In>>()
        Out copy_if(In first, In last, Out res, Pred p)
                // 拷贝满足谓词的元素
        {
                while (first!=last) {
                        if (p(*first)) *res++ = *first;
                        ++first;
                }
                return res;
        }
```

使用 21.4 节中的 Larger_than 函数对象，我们可以找到序列中所有大于 6 的元素，如下所示：

```
        void f(const vector<int>& v)
                // 拷贝所有大于 6 的元素
        {
                vector<int> v2(v.size());
                copy_if(v.begin(), v.end(), v2.begin(), Larger_than(6));
                // ...
        }
```

由于程序设计时出现的一个错误，1998 年的 ISO 标准中没有包含这个算法。这个错误现在已经纠正了，但大家仍然可能使用的是没有 copy_if 的版本。如果是这样，请使用本节中的定义。

21.8　排序和查找

通常，我们希望数据是有顺序的。我们可以使用一种保持顺序的数据结构来实现，如 map 和 set，也可以使用排序。在 STL 中，最常见和最有用的排序操作是 sort( )，我们已经使用过多次。在默认情况下，sort( ) 使用 < 作为排序条件，但我们也可以提供我们自己的条件：

```
        template<typename Ran>
                // 需要满足 Random_access_iterator<Ran>()
        void sort(Ran first, Ran last);

        template<typename Ran, typename Cmp>
                // 需要满足 Random_access_iterator<Ran>()
                // && Less_than_comparable<Cmp,Value_type<Ran>>()
        void sort(Ran first, Ran last, Cmp cmp);
```

作为一个基于用户指定的条件的排序示例，我们将展示如何在不考虑大小写的情况下对字符串进行排序：

```
        struct No_case {                         // 是否 lowercase(x) < lowercase(y)？
                bool operator()(const string& x, const string& y) const
                {
                        for (int i = 0; i<x.length(); ++i) {
                        if (i == y.length()) return false;    // y<x
                        char xx = tolower(x[i]);
                        char yy = tolower(y[i]);
```

```
            if (xx<yy) return true;                    // x<y
            if (yy<xx) return false;                   // y<x
            }
            if (x.length()==y.length()) return false;  // x==y
            return true;                               // x<y (x 中的字符更少)
        }
    };

    void sort_and_print(vector<string>& vc)
    {
        sort(vc.begin(),vc.end(),No_case());
        for (const auto& s : vc)
            cout << s << '\n';
    }
```

一旦序列被排序，我们不再需要使用 find( ) 从开始查找；我们可以使用这个顺序来做二分查找。基本上，二分查找的工作如下：

假设我们查找值 x；查看中间的元素：

- 如果元素的值等于 x，我们找到它了！
- 如果元素的值小于 x，值为 x 的元素必然在右侧，那么我们继续在右侧的元素中查找（在这半边做二分查找）。
- 如果值 x 小于元素的值，值为 x 的元素必然在左侧，那么我们继续在左侧的元素中查找（在这半边做二分查找）。
- 如果我们访问到最后的元素（往左或右）还没有找到 x，则没有具有该值的元素。

对于较长的序列，二分查找比 find( )（它是一个线性搜索）快得多。二分查找的标准库算法是 binary_search( ) 和 equal_range( )。"较长的"具体是什么意思？这要视情况而定，但通常 10 个元素就足以让 binary_search( ) 比 find( ) 更有优势。对于 1 000 个元素的序列，binary_search( ) 将比 find( ) 快 200 倍，因为它的复杂度是 $O(\log_2(N))$；参见 21.6.4 节。

binary_search 算法有两种变体：

```
template<typename Ran, typename T>
bool binary_search(Ran first, Ran last, const T& val);

template<typename Ran, typename T, typename Cmp>
bool binary_search(Ran first, Ran last, const T& val, Cmp cmp);
```

这些算法要求并认为它们的输入序列是有序的。如果不是，那么"有趣的事情"可能会发生，如无限循环。binary_search( ) 简单地告诉我们一个值是否存在：

```
void f(vector<string>& vs)    // vs 是有序的
{
    if (binary_search(vs.begin(),vs.end(),"starfruit")) {
        // 我们有一个 starfruit
    }

    // ...
}
```

因此，当我们只关心值是否在序列中时，binary_search( ) 是理想设计。如果我们关心我们查找的元素，可以使用 lower_bound( )、upper_bound( ) 或 equal_range( )（参见附录 B.5.4、23.4 节）。有时我们关心找到了哪个元素，这通常是因为，元素是除了键以外还包含更多信息的对象，可能有许多元素具有相同的键，或者我们想知道哪个元素满足搜索条件。

21.9　容器算法

因此，我们根据迭代器指定的元素序列来定义标准库算法。输入序列定义为一对迭代器 [b:e)，其中，b 指向序列的第一个元素，e 指向序列的最后一个元素之后的位置（参见 20.3 节）。输出序列被简单地认为是其第一个元素的迭代器。例如：

```
void test(vector<int> & v)
{
    sort(v.begin(),v.end()); // 从 v.begin() 到 v.end() 对 v 的元素进行排序
}
```

这很棒并且通用。例如，我们可以对 vector 的一半元素进行排序：

```
void test(vector<int> & v)
{
    sort(v.begin(),v.begin()+v.size()/2);        // 排序前半部分的元素
    sort(v.begin()+v.size()/2,v.end());          // 排序后半部分的元素
}
```

但是，指定元素的范围有点冗余，而且在大多数情况下，我们对一个 vector 的所有元素进行排序，而不仅仅是一半。所以，大多数时候，我们会编写如下代码：

```
void test(vector<int> & v)
{
    sort(v); // 排序 v
}
```

标准库没有提供 sort( ) 这个版本的变体，但我们可以自己定义它：

```
template<typename C>                 // 需要满足 Container<C>()
void sort(C& c)
{
    std::sort(c.begin(),c.end());
}
```

实际上，我们发现它很有用，以致于我们把它加入了 std_lib_facilities.h。

输入序列很容易像这样处理，但为了保持简单，我们倾向于将返回类型作为迭代器。例如：

```
template<typename C, typename V>     // 需要满足 Container<C>()
Iterator<C> find(C& c, V v)
{
    return std::find(c.begin(),c.end(),v);
}
```

当然，Iterator<C> 是 C 的迭代器类型。

操作题

在每个（本操作题中的一行所定义的）操作之后，输出 vector 对象。

1. 定义一个 struct Item { string name; int iid; double value; /* . . . */ };，创建一个 vector<Item> 类型的对象 vi，并从一个文件中填充 10 个条目。

2. 用 name 对 vi 排序。

3. 用 iid 对 vi 排序。

4. 用值对 vi 排序；按值的降序输出（例如，第一个是最大值）。

5. 插入 Item{ "horse shoe",99,12.34} 和 Item{ "Canon S400", 9988,499.95}。

6. 从 vi 中使用 name 移除（擦除）两个 Item 元素。

7. 从 vi 中使用 iid 移除（擦除）两个 Item 元素。

8. 使用 list<Item> 替代 vector<Item> 来重复上述练习。

现在尝试 map 类型：

1. 定义一个 map<string,int> 类型的对象 msi。

2. 插入 10 个（名称，值）对，例如，msi["lecture"]=21。

3. 以你选择的某种格式，将（名称，值）对输出到 cout。

4. 从 msi 擦除（名称，值）对。

5. 编写一个函数来从 cin 中读取键值对的值，并放入 msi 之中。

6. 从输入读取 10 个键值对，并放入 msi 中。

7. 将 msi 的元素写入 cout。

8. 输出 msi 里的（整型）值的总和。

9. 定义一个 map<int,string> 类型的对象 mis。

10. 将 msi 的值输入到 mis；也就是说，如果 msi 有一个元素（"lecture",21），那么 mis 也应该有一个元素（21,"lecture"）。

11. 输出 mis 的元素到 cout。

更多的 vector 使用：

1. 将一些浮点值（至少 16 个）从文件读入一个 vector<double> 类型的对象 vd 中。

2. 输出 vd 到 cout。

3. 创建一个类型为 vector<int> 的向量容器 vi，且 vi 具有与 vd 相同数量的元素；将 vd 中的元素复制到 vi 中。

4. 输出（vd[i],vi[i]）对到 cout，且每行一对。

5. 输出 vd 元素的总和。

6. 输出 vd 元素的总和与 vi 元素的总和的差值。

7. 有一种标准库算法叫作 reverse，它以序列（由一对迭代器定义）作为参数；使用它让 vd 的元素反向排列，输出 vd 到 cout。

8. 计算 vd 中元素的平均值，并输出结果。

9. 生成一个新的 vector<double> 类型的对象，取名为 vd2，然后拷贝 vd 中低于平均值的所有元素到 vd2 中。

10. 对 vd 进行排序，并再次输出它。

回顾

1. 有哪些有用的 STL 算法示例？

2. find( ) 的作用是什么？至少给出 5 个示例。

3. count_if( ) 的作用是什么？

4. sort(b,e) 的排序条件是什么？

5. STL 算法如何将一个容器作为其输入参数？

6. STL 算法如何将一个容器作为其输出参数？

7. STL 算法通常如何指示"未找到"或"失败"？

8. 什么是函数对象？

9. 函数对象与函数之间有哪些不同？

10. 什么是谓词？

11. accumulate( ) 的作用是什么？

12. inner_product( ) 的作用是什么？

13. 什么是关联容器？至少给出 3 个示例。

14. list 是一个关联容器吗？为什么？

15. 二叉树的基本排序性质是什么？

16. 树型结构的平衡（大致）是什么意思？

17. map 每个元素占用多少空间？

18. vector 每个元素占用多少空间？

19. 既然可以选择使用（有序的）map，为什么还要使用 unordered_map？

20. set 和 map 之间有何不同？

21. multimap 和 map 之间有何不同？

22. 当我们可以"只编写一个简单的循环"时，为什么还要使用 copy( ) 算法呢？

23. 什么是二分查找？

术语

accumulate( )	find_if( )	搜索（searching）
算法（algorithm）	函数对象（function object）	序列（sequence）
函数调用运算符：( )	泛型（generic）	set
关联式容器（associative container）	哈希函数（hash function）	sort( )
平衡树（balanced tree）	inner_product( )	排序（sorting）
binary_search( )	lambda 表达式	流迭代器（stream iterator）
copy( )	lower_bound( )	unique_copy( )
copy_if( )	map	unordered_map
equal_range( )	谓词（predicate）	upper_bound( )
find( )		

练习题

1. 通读本章所有内容，做所有你还没做过的"试一试"练习。

2. 查找 STL 文档的可靠来源，列出所有标准库算法。

3. 自行实现 count( )，测试它。

4. 自行实现 count_if( )，测试它。

5. 如果我们不能返回 end( ) 来表示"未找到"，我们该怎么做才能达到相同的目的？重新设计并实现 find( ) 和 count( )，使迭代器指向第一个和最后一个元素。将结果与标准版本进行比较。

6. 在 21.6.5 节的 Fruit 示例中，我们将 Fruit 对象拷贝到 set 中。如果我们不想拷贝 Fruit 对象呢？我们可以让 set<Fruit*> 来代替。然而，要做到这一点，我们必须为这个集合定义一个比较操作。使用 set<Fruit*, Fruit_comparison> 实现 Fruit 示例，并讨论两种实现之间的差异。

7. 为一个 vector<int> 编写一个二分查找函数（不使用标准库的版本）。你可以选择任何你喜欢的接口，测试它。对于你的二分查找函数，你有多少信心它是正确的？现在为 list<string> 编写一个二分查找函数，测试它。这两个二分查找函数之间有多少相似之处？如果你不知道 STL 的相关知识，你觉得它们之间会有多少相似之处？

8. 以 21.6.1 节中的词频示例为例，将其修改为按频率顺序输出（而不是按字典顺序）。提示：行的形式应该是 3: C++，而不是 C++: 3。

9. 定义一个 Order 类，包含（客户）名称、地址、数据和 vector<Purchase> 等成员。Purchase 是一个具有（产品）name、unit_price 和 count 等成员的类。定义一种从文件中读写 Order 对象的机制。定义输出 Order 对象的机制。创建一个包含至少 10 个订单的文件，创建一个包含至少 10 个 Order 对象的文件，将其读入 vector<Order>，按（客户的）名称排序，然后将其写回文件。创建另一个包含至少 10 个 Order 对象的文件，其中，大约 $\frac{1}{3}$ 与第一个文件相同，将其读入一个 list<Order>，按客户的地址排序，并将其写回一个文件。使用 std:: Merge() 将两个文件合并为第三个文件。

10. 计算练习题 9 中的两个文件中订单的总价值。单个 Purchase 的价值（当然）是 unit_price*count。

11. 提供将 Order 对象输入文件的 GUI 界面。

12. 提供一个 GUI 界面查询 Order 对象的文件。例如，"查找来自 Joe 的所有订单""查找文件 Hardware 中的订单总价值"和"列出文件 Clothing 中的所有订单"。提示：首先，设计一个非 GUI 界面版本；然后，在此基础上构建 GUI。

13. 编写一个程序来"整理"一个文本文件，以便在单词查询程序中使用，即将标点符号替换为空格，将单词改为小写，将 don't 替换为 do not（等），并删除复数（例如，ships 变成 ship）。不要对程序要求太高。例如，一般来说，很难确定复数，所以如果你发现 ship 和 ships 都有，去掉 s 就好了。在至少 5000 字的现实世界中的文本文件上使用该程序（例如，一篇研究论文）。

14. 编写一个程序（使用练习 13 的输出）来回答以下问题："在一个文件中出现了多少次 ship？""哪个词出现频率最高？""文件中最长的单词是哪个？""哪个最短？""列出所有以 s 开头的单词。""列出所有 4 个字母的单词。"

15. 为练习题 14 的程序提供一个 GUI 接口。

附言

STL 是 ISO C++ 标准库中与容器和算法相关的部分。因此，它提供了非常通用、灵活和有用的基础功能。这可以为我们节省很多工作：重新发明轮子可能很有趣，但很少有成效。除非有强烈的理由不这样做，否则应该使用 STL 容器和基础算法。更重要的是，STL 是一个泛型程序设计的示例，它展示了具体的问题和具体的解决方案是如何产生一组强大而通用的功能的。如果你需要操作数据（大多数程序员都需要），STL 提供了一个示例、一组思想和一种方法，通常会对你有所帮助。

第四部分
拓宽眼界

第 22 章

理念与历史

"如果有人说：'我想要这样一种程序设计语言，只需要对它说出我的期望，它就能帮我实现'，那么就给他一根棒棒糖吧。"

——**Alan** Perlis

本章选择性地对程序设计语言的历史，以及程序设计语言的设计理念进行了简要介绍。这些理念和表达它们所用的语言是达到专业水准的基础。由于本书使用 C++ 语言，因此，我们将主要专注于 C++ 和对其有影响的其他语言。本章旨在为本书中提出的观念提供背景和解释。我们将对每种语言的设计者或设计团队进行介绍。语言不只是抽象的作品，而是当人们面临实际问题时，设计出来的具体的解决方案。

22.1 历史、理念和专业水平

亨利·福特（Henry Ford）有一句名言："历史是一派胡言。"然而在很久以前，还有一个完全相反的观点被广泛引用："不了解历史的人注定要重蹈覆辙。"所以真正的问题是如何取舍，要选择了解历史的哪些部分，放弃哪些部分。"任何东西中的 95% 都是无用的。"这是另一个流行的观点（我们对此表示赞同，实际上可能不止 95%）。我们对历史与当前实践关系的看法是，不够了解历史，就算不上是专业水准。如果你对自己所在领域的背景了解不多，那么你会很容易被误导，而多走弯路。因为任何一个工作领域的历史都充斥着大量不起作用的、似是而非的内容。历史中真正有价值的部分是那些在实践中证明过自己的想法和理念。

我们希望能够在此介绍更多的程序设计语言和软件，介绍它们的关键性思想的起源，如操作系统、数据库、图形软件、互联网、网页、脚本等。但受本书的篇幅所限，仅仅展现了程序设计语言理念和历史的冰山一角。软件和程序设计领域里还有很多其他重要且实用的内容，你将会在其他地方看到相关的内容。

程序设计的最终目的一定是为了生成有用的系统。当人们在热烈讨论程序设计技术和程序设计语言的时候，这点很容易被遗忘。需牢记，不忘初心！如果你觉得自己需要提醒，可以再阅读一遍第 1 章。

22.1.1 程序设计语言的目标和哲学

什么是程序设计语言？程序设计语言应该为我们做什么？下面是关于"什么是程序设计语言"的一些常见答案：

- 给机器下指令的工具。
- 算法符号。
- 程序员之间的沟通方式。
- 实验工具。
- 控制计算机设备的一种手段。
- 表达概念之间关系的一种方法。
- 表达高层设计的一种方法。

我们的答案是："上面所有的都是，并且还有其他答案！"显然，和本章讨论的其他内容一样，在这里考虑的是通用程序设计语言。此外，还有一些特殊用途的程序设计语言和特定领域的程序设计语言，它们的应用面较窄，通常有着更明确的使用目的。

程序设计语言需要具有哪些特性呢？

- 可移植性。

- 类型安全。
- 定义准确。
- 高性能。
- 简洁表达想法的能力。
- 易于调试。
- 易于测试。
- 能够访问所有系统资源。
- 平台独立性。
- 可在所有平台上运行（例如，Linux、Windows、智能手机、嵌入式系统）。
- 长期稳定性。
- 能及时改进以应对应用领域的变化。
- 易于学习。
- 小型化。
- 支持流行的程序设计风格（例如，面向对象程序设计和泛型程序设计）。
- 易于程序分析。
- 功能丰富。
- 大规模社群的支持。
- 对新手友好（如学生、初学者）。
- 为专业人士（如建筑工程师）提供全面的工具。
- 大量可用的软件开发工具。
- 大量可用的软件组件（如各种库）。
- 开放软件社群的支持。
- 被主流平台供应商（如微软、IBM 等）支持。

不幸的是，我们不能同时拥有所有这些特性。这的确让人失望，因为客观来讲这里的每一条特性都有益处：它们都能为程序设计语言提供帮助，程序设计语言缺少这里某些特性会给程序员带来额外的工作量和复杂性。为什么程序设计语言不能同时拥有所有这些特性呢？原因很简单，有一些特性是相互排斥的，鱼和熊掌不可兼得。例如，不能指望拥有 100% 平台独立性的同时，还能访问系统的所有资源。各个平台都有各自特有的资源，这也意味着一个能访问某平台所有资源的程序，在其他平台将会试图访问并不存在的资源，而导致运行失败。同样的道理，虽然我们想要一种小型化且易于学习的程序设计语言（及工具和库），但这显然无法应对各种系统和各种应用领域全面的程序设计需求。

这里就体现了语言设计理念的重要性。每种语言、库、工具的设计过程中，设计者都必须做出技术选择，理念可以为其提供权衡的准则。没错，当你编写程序时，你就是一名设计者，必须做出设计决策。

22.1.2　程序设计理念

The C++ Programming Language 的前言中写道，"C++ 语言是一种通用程序设计语言，旨在让严肃的程序员们更享受程序设计。"这是什么意思？程序设计的目的不就是为了生产产品吗？不就是关于正确性、质量和可维护性吗？不就是要考虑上市时间吗？不就是关于效率吗？不就是关于对软件工程的支持吗？当然，这些说法都没错，但是不能忘了程序员们。再举一个例子：高德纳（Don Knuth）说过，"Alto 最好的地方是它在晚上不会跑得更快。"Alto 是 PARC（Xerox Palo Alto Research Center）的一台计算机，它是第一批"个人计算机"中的一台，它与当时主流的共享计算

机不同，共享计算机在白天会有大量用户竞争访问，所以通常晚上使用会更快。

　　程序设计工具和技术的存在是为了让程序员能够更好地工作，并得到更好的结果，这很重要。那么，可以提出哪些指导方针来帮助程序员，以最小的代价做出更完美的软件呢？本书中明确使用了一致的理念，因此，本节只是对这些内容的一个总结。

　　代码需要具有良好的结构，因为在良好的结构下，修改程序更轻松。结构越好，就越容易进行程序修改、发现并修正错误、添加新功能、移植到新的架构及优化性能等。这正是我们所说的"良好"的真正含义。

　　在本节的剩余部分，我们将：

　　（1）重新审视我们试图实现的目标，也就是我们想要从代码中获得什么。

　　（2）提出两种通用的软件开发方法，并证实两者结合使用比单独使用其中一种效果更好。

　　（3）思考用代码表达程序结构时的一些关键问题如下。

- 直接表达。
- 抽象层次。
- 模块化。
- 一致性与最小化。

　　理念是思考的工具，是要拿出来使用的，而不是用于取悦领导和考官的花里胡哨的词汇。我们编写的程序应该与我们的理念保持一致。当我们在开发过程中陷入困境时，最好回头想一想，看看问题是否来自于某种理念的偏离，有时这将会有所帮助。当评估一个程序时（最好是在将其交付给用户之前），应该找与出理念不一致的部分，这部分将来最有可能出现问题。在尽可能广泛地应用理念的同时，也要记住设计过程中存在的一些无法规避的实际问题（例如，性能和简单性的权衡），以及语言中的缺陷（没有一种语言是完美的），这些因素通常将会导致无法完美地实现设计理念，只能尽量接近。

　　设计理念可以指导我们做出具体的技术决策。例如，我们不能单独和孤立地对库的每一个接口做出决策（参见 14.1 节）。这样得到的结果将是一团糟。相反，必须回到基本原则，决定对于这个特定的库，什么是最重要的，然后生成一组一致的接口。在理想情况下，将在文档和代码的注释中阐明这个特定设计所遵循的设计原则和权衡。

　　在一个项目开始时，首先应该回顾设计理念，看看它与需要解决的问题及其早期解决方案有何联系。这是个获取和完善思路的好办法。在设计和开发过程的后期，当你陷入困境时，回头看看你的代码，找出偏离设计理念最远的地方——这也是错误最可能潜伏、设计缺陷最可能存在的位置。这是一种替代默认调试技术的方法，这里所说的默认调试技术指的是"在相同的地方尝试使用相同的技术来反复查找错误"。毕竟"错误总是存在于你没有仔细查找过的地方——否则你早就找到它了。"

1. 我们需要的是什么

通常，我们需要拥有：

- 正确性。是的，很难定义什么是"正确的"，但这是整个工作的重要一步。通常，对于一个给定项目，会有人给出项目正确性的定义，但最终还是要靠我们自己去理解其中的含义。
- 可维护性。每个成功的程序都会随着时间的推移而改变，它可能会被移植到新的硬件或软件平台上，可能扩展一些新的功能，或者必须修复新发现的漏洞。在 22.1.2 节中关于程序结构理念的部分，将阐述可维护性。
- 性能。性能（"效率"）是一个相对的概念。性能必须满足项目的需求。人们常说高效的代码必然是低层次的，而采用良好架构的高层次代码总是低效的。但恰恰相反，我们发现，通过遵循我们所推荐的理念和方法，通常可以取得更好的性能。标准库（STL）就是一个既抽象又高效的代码示例。对底层细节的痴迷和对这些类细节的不屑，同样容易导致糟糕的性能。

● 按时交付。交付一个完美的程序给客户，但时间上却延期了一年，通常也是不可接受的。显然，客户的期望常常不切实际，但我们需要在合理的时间内交付高质量的软件。有一种荒诞的说法，"按时完成"意味着质量低劣。相反，我们发现重视良好的结构（例如，资源管理、不变式和接口设计），设计上充分考虑到测试，并使用适当的库（通常是为特定的应用程序或应用领域而设计的）是软件按时交付的好办法。

以下目标导致我们更加关注代码结构：

● 如果程序中存在漏洞（实际上每个大型程序都有漏洞），则在结构清晰的程序中更容易找到漏洞。

● 如果一个程序需要被一个新手理解，或者需要以某种方式进行修改，那么一个清晰的结构比一堆杂乱的低层次细节更容易理解。

● 如果一个程序遇到了性能问题，那么调整一个高层次程序（更接近理念，并具有良好的结构）通常比调整一个混乱的低层次程序更容易。对于初学者来说，高层次的代码更容易理解。而且，相比低层次代码，高层次代码在设计之初就已经充分考虑了测试与调整因素。

程序的可理解性同样重要。任何有助于我们理解程序、分析程序的手段都是有益的。从根本上讲，规律性比不规律性要好——但也要避免为了实现规律性而过度简化。

2. 一般性的方法

编写正确的软件，有两种方法：

● 自下而上。仅使用已被证明可行的组件来构建系统。

● 自上而下。使用可能包含错误，但是能捕获所有错误的组件来构建系统。

有趣的是，大多数可靠的系统构建，都结合了这两种明显相反的方法。原因很简单，对于真实世界里的大型系统而言，这两种方法都无法单独提供所需的正确性、适应性和可维护性：

● 我们无法构建和"证明"足够数量的基本组件，以此来消除所有错误来源。

● 当组合这些可能带有错误的基本组件（如库、子系统、类层次结构等）来构建系统时，我们无法完全弥补这些组件的缺陷。

然而，这两种方法的结合使用可以提供比单独使用某一种方法更好的效果：我们可以实现（或借用或购买）足够好的组件，其中的错误，可以通过错误处理和系统测试来弥补。此外，如果我们继续构建更好的组件，系统的更多部分将由它们组成，从而减少所需的"杂乱的专用代码"。

测试是软件开发的重要环节，我们将在第 26 章对此进行详细讨论。测试是对错误的系统性查找。"尽早测试、频繁测试"是一个流行的观点。我们试图通过程序设计来简化测试，并使错误更难"隐藏"在杂乱的代码中。

3. 通过代码直接表达

当我们需要表达一些想法时，无论要表达的事物是高层次的还是低层次，理想的方式是直接用代码来表达，而不是通过其他辅助的方式。直接在代码中表达我们想法，这一理念有多种不同的形式：

● 通过代码直接表达概念。例如，将参数表示为特定类型（如 **Month** 或 **Color**），要比一般类型（如 **int**）更好。

● 通过代码独立地表达**相互独立的**概念。例如，除了少数之外，标准库 **sort( )** 算法支持各种元素类型和各种容器；排序、比较标准、容器和元素类型这些概念是**相互独立的**。如果构建了一个"在自由存储区上分配对象的 **vector** 容器，其中，元素类型是 **Object** 的派生类，该类定义了一个 **before( )** 成员函数，供 **vector::sort( )** 使用"，那么将得到一个远不如标准库

sort( ) 那么通用的版本，因为我们对存储、类层次结构、可用成员函数、排序操作等进行了假设。

- 通过代码表达概念之间的关系。最常见的是直接表达继承关系（例如，**Circle** 是 **Shape** 的一种）和参数化（例如，**vector<T>** 与特定的元素类型无关，表示所有 **vector** 容器都具有的共性）。

- 通过自由组合代码表达的概念——仅在这种组合有意义时。例如，**sort( )** 允许使用各种元素类型和各种容器，但元素必须支持 <（如果不支持，则使用 **sort( )** 时需要提供一个额外的参数，指定比较标准），并且排序的容器必须支持随机访问迭代器。

- 简单地表达简单的概念。遵循上面所列出的理念，可能会导致代码过于通用。例如，最终可能会设计出异常复杂的类层次（继承结构），这将超出了所有人的需求；或是某个明显简单的类，构造对象时却需要提供 7 个参数。为了避免每个用户都必须面对所有可能的复杂情况，我们应该尽量提供一些简单的版本，能够处理最常见、最重要的情况。例如，除了使用 **op** 参数的通用版本 **sort(b，e，op)** 之外，还有一个使用"小于"操作隐式排序的 **sort(b，e)**；还可以提供 **sort(c)** 版本，用于使用"小于"操作对标准容器进行排序，**sort(c，op)** 版本用于使用 **op** 对标准容器排序。

4. 抽象层

我们应该在尽可能高的抽象层次上工作，也就是说，我们的理念是以尽可能笼统的方式来表达解决方案。

例如，考虑如何表达电话簿里的条目（例如，保存在电脑或手机上）。可以将一组（姓名，值）对表示为 **vector<pair<string,Value_type>>**。然而，如果总是需要使用姓名访问该集合，那么 **map<string，Value_type>** 将是更高层次的抽象，从而省去了编写（和调试）访问函数的麻烦。另一方面，**vector<pair<string，Value_type>>** 本身是比两个数组 **string[max]** 和 **Value_type[max]** 更高层次的抽象，其中，字符串与其值之间的关系是隐式的。最低层次的抽象是一个 **int**（元素个数）加上两个 **void***（指向某种程序员能看懂，但编译器不知道的表现形式）。到目前为止，例子中的每一种表示方式都可被视为低层次的，因为它关注的是值的表示，而不是其功能。可以通过定义一个直接反映使用场景的类，来更接近实际的应用程序。例如，可以设计一个 **Phonebook** 类，该类应该具有方便的接口，然后使用该类为基础编写应用程序。可以使用上述建议的表示方法中的任意一种来实现 **Phonebook** 类。

之所以偏好使用高层次的抽象（当有适当的抽象机制，并且程序设计语言可以足够高效地支持它时）的原因是，这更接近于人类思考问题和解决问题的方式，而不是在计算机硬件层次上表达解决方案。

选择使用低层次抽象级别的原因通常是为了"效率"。注意，只有在对"效率"有迫切要求的时候，才值得这样做（参见 25.2.2 节）。而且，使用较低层次（更原始）的语言特性，不一定能提供更好的性能。相反，有时还会失去获得优化的机会。例如，**Phonebook** 类，可使用 **string[max]** 加 **Value_type[max]** 实现，或是使用 **map<string，Value_type>**。对于某些应用前者更高效，而对于另一些应用后者更高效。当然，在只涉及个人通讯录的应用程序中，性能不会是主要的问题。然而，当我们必须跟踪并操作数百万个条目时，这种权衡就变得更有意义了。更重要的是，一段时间过后，低层次功能的使用会耗尽程序员的时间，导致因为时间不足而无法对程序进行改进（在性能或其他方面）。

5. 模块化

模块化是一种理念。我们希望组成系统的组件（如函数、类、类层次结构、库等），能够进行独立构建、理解和测试。在理想情况下，设计和实现的组件，可以在多个程序中使用（"重用"）。所谓重用是指，构建系统时使用其他地方使用过的、先前测试过的组件。在关于类、类层次结构、接口设计和泛型程序设计的讨论中，我们已经谈到过这一点。我们所讨论的"程序设计风格"（参见 22.1.3 节）与潜在"可重用"组件的设计、实现和使用有关。请注意，并非每个组件都可以在多个程序中使用；有些代码过于专业化，难以改进以用于其他地方。

代码中的模块化应该反映出应用程序中重要的逻辑差别。我们不能简单地通过将两个完全独立的类 A 和 B 放入一个称为 C 的"可重用组件"中来"提高重用性"。通过 A 和 B 的接口合并得到 C 的接口，这只会使得代码变得更复杂，如图 22-1 所示。

在图 22-1 中，用户 1 和用户 2 都使用 C。除非仔细研究一下 C 的内部，否则可能会认为两位用户从组件共享中获得了好处。共享（"重用"）的好处应该包括更好的测试、更少的总代码量、更大的用户群等，在本示例中并未体现。不幸的是，类似这样的重用并不罕见。

如何做才能获得真正的好处呢？也许应该提供 A 和 B 的通用接口，如图 22-2 所示。

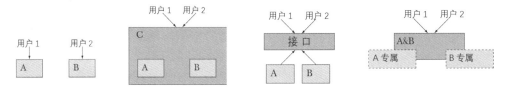

图 22-1　错误的模块化　　　　　　　图 22-2　正确的模块化

在图 22-1 和图 22-2 旨在表明继承（左）和参数化（右）。在这两种情况下，提供的接口必须小于 A 和 B 接口的简单并集，这样做才有价值。换句话说，A 和 B 必须有基本的共同点，用户才能从中受益。请注意，我们再次涉及了接口（参见 9.7 节和 25.4.2 节），并隐式提到了不变式（参见 9.4.3 节）。

6. 一致性和简约主义

一致性和简约主义是表达概念时最基本的理念，它们可能因为太过浅显而被忽略。然而，要优雅地呈现一个混乱的设计真的很难，所以一致性和简约主义可以作为设计标准，甚至可以影响到程序中的最细微之处：

- 如果对功能的实用性有怀疑，则不要添加该功能。
- 给相似的特性提供相似的接口（和名称），但前提是这些相似性是根本性的。
- 为不同的特性提供不同的名称（可能还有不同的接口样式），但前提是这些差异是根本性的。

一致的命名规则、接口样式和实现样式有助于维护工作。当代码保持一致时，新上手的程序员不必为大型系统的每个部分都学习一系列新的规范。标准库就是一个很好的例子（参见第 20~ 第 21 章、附录 B.4~B.6）。当这种一致性无法实施时（例如，对于旧有的代码或其他语言的代码），可以退而求其次，提供一个与程序其他部分风格相吻合的接口。否则，将会得到另一种结果，外来的（"奇怪的""糟糕的"）风格将会直接影响程序中的每个部分，我们将会被迫访问这些令人讨厌的代码。

保持简约主义和一致性的一种方法是，仔细地（并且一致地）记录每个接口。这样，不一致和重复的地方就更容易被察觉。做好前置条件、后置条件和不变式的记录尤其重要，因为这样可以有利于资源管理和错误报告。一致的错误处理和资源管理策略，对于实现简约性是至关重要的（参见 19.5 节）。

对一些程序员来说，关键的设计原则是 KISS（keep it simple, stupid，保持简单、傻瓜化）。甚至有人声称 KISS 是唯一有价值的设计原则。然而，我们更倾向于使用更朴素的表述，比如，"保持简单事务的简单性"和"尽可能保持简单，但不要过分简化"。后一句话引自阿尔伯特·爱因斯坦（Albert Einstein），这句话告诉我们，过分简化是相当危险的，会破坏设计。一个显而易见的问题是，"为谁简化，与谁比较？"

22.1.3　风格/范式

当设计和实施一个程序时，应该保持一致的风格。C++ 支持 4 种基本的风格：
- 面向过程程序设计。
- 数据抽象。
- 面向对象程序设计。
- 泛型程序设计。

这些风格有时（有点夸张的）称为"程序设计范式"。除此之外，还有一些其他"范式"，如函数式程序设计、逻辑式程序设计、基于规则的程序设计、基于约束的程序设计和面向切面的程序设计。然而，C++ 并不直接支持这些风格，我们也不大可能在一本入门书籍中涵盖所有这些内容，所以我们将把这些内容作为"未来的工作"。同样，我们在讨论风格/范式时，省略了大量的细节，也都留作"未来的工作"，需要将来进一步去学习。

- 面向过程程序设计：一种使用函数构造程序的程序设计思想，函数通过对参数的操作来完成工作。例如，数学函数库中的 **sqrt( )** 和 **cos( )**。C++ 通过函数的概念支持这种程序设计风格（参见第 8 章）。这种风格最有价值的地方在于，可以选择多种方式传递参数，如按值、引用或 **const** 引用。在这种风格下，通常数据用 **struct** 表示，而不使用显式抽象机制（例如，将类的数据成员或成员函数设为私有）。注意，这种程序设计风格（包括函数）是其他所有风格不可或缺的一部分。
- 数据抽象：其思想是，首先提供一组适用于应用领域的数据类型，然后使用这些数据类型编写程序。矩阵提供了一个经典的例子（参见 24.3~4.6 节）。在此风格中，大量使用显式数据隐藏（例如，使用类的私有数据成员）。标准库的 **string** 和 **vector** 都是这种风格的经典示例，它们展示了数据抽象与泛型程序设计中参数化之间的紧密联系。这种风格之所以称为"抽象"，是因为类型是通过接口使用的，而不是直接访问其实现。
- 面向对象程序设计：其思想是，直接使用代码表达类型之间的层次关系。在第 14 章中 **Shape** 类的实现，是面向对象程序设计的一个经典示例。当这些类型确实存在本质上的层次关系时，这种风格的意义显而易见。然而，这种风格也经常被滥用，即人们总是会试图构建一些从本质上来说并不存在的层次关系。当你觉得需要设计派生类时，一定要问一下原因。你想通过这样的层次关系表达什么？在程序中，基类、派生类的区别对程序有何帮助？
- 泛型程序设计：一种将具体算法提升到更抽象层次的程序设计思想，并通过添加参数来描述算法可以变化的部分，而不改变算法的本质。在第 20 章中的 **high( )** 示例是一个简单的算法提升示例。标准库中的 **find( )** 和 **sort( )** 是经典的泛型程序设计算法。具体参见第 20~21 章，以及下面的示例。

现在把这些范式放到一起讨论！通常，当人们谈论程序设计风格（"范式"）时，就好像它们只是无关联的、可相互替代的：要么使用泛型程序设计，要么使用面向对象程序设计。但是，如果目标是以最好的方式表达问题的解决方案，那么需要同时使用多种风格。所谓"最好"，我们指的是易于阅读、易于编写、易于维护和足够高效。考虑下面这个例子：经典的"**Shape** 示例"，源自 Simula（参见 22.2.4 节），它通常被视为面向对象程序设计的示例。第一种解决方案可能如下所示：

```
void draw_all(vector<Shape*>& v)
{
    for(int i = 0; i<v.size();++i) v[i]->draw();
}
```

这看起来确实"相当的面向对象程序设计"。它主要依赖类层次结构和虚拟函数调用，为每个给定的 **Shape** 找到正确的 **draw( )** 函数，即对于 **Circle**，它调用 **Circle::draw( )**；对于 **Open_polyline**，它调用 **Open_polymine::drawn( )**。但 **vector<Shape*>** 本质上使用的是泛型程序设计：它依赖于编译时解析的参数（元素类型）。为了强调这一点，下面通过使用简单的标准库算法来遍历所有元素：

```
void draw_all(vector<Shape*>& v)
{
    for_each(v.begin(),v.end(),mem_fun(&Shape::draw));
}
```

for_each( ) 的前两个参数各自指定一个序列，第三个参数是一个可调用的函数，序列中的每个元素都会调用该函数（参见附录 B.5.1）。现在，第三个参数被假定为使用 **f(x)** 语法调用的普通函数（或函数对象），而不是使用 **p->f( )** 语法调用的成员函数。因此，使用标准库函数 **mem_fun( )**（参见附录 B.6.2）来表明实际是要调用一个成员函数（虚拟函数 **Shape::draw( )**）。重点是 **for_each( )** 和 **mem_fun( )** 作为模板，一点也不"面向对象"；它们显然属于泛型程序设计。更有趣的是，**mem_fun( )** 是一个返回某类对象的独立（模板）函数。换句话说，它可以很容易地被分类为普通的数据抽象风格（非继承性的），甚至面向过程程序设计（非数据隐藏）。因此，可以声称这一行代码使用了 C++ 支持的所有 4 种基本范式的主要特性。

那么，为什么要写第二个版本的"绘制所有 **Shape**"示例呢？从根本上讲，它与第一个版本做了相同的事情，甚至还需要多写几个字符！我们可以争辩说，使用 **for_each( )** 表示循环比写出 **for** 循环"更明显，而且不容易出错"，但对许多人来说，这并不是一个非常令人信服的说法。一个更好的理由是，"**for_each( )** 展现了这么做的目的是什么（对一个序列进行迭代遍历），而不是如何做。"然而，对于大多数人来说，"它很有用"才更具有说服力：第二个版本展示了一种泛化的方法（泛型程序设计的优良传统），这使得可以使用更通用的方式解决更多的问题。为什么使用 **vector** 作为形状的容器？为什么这里不使用 **list** 容器？为什么不只是一般的序列？为此，可以编写第三个（也是更通用的）版本：

```
Template<typename Iter> void draw_all(Iter b, Iter e)
{
    for_each(b,e,mem_fun(&Shape::draw));
}
```

这个版本将适用于所有类型的形状序列。甚至可以将其作用于 **Shape** 数组中的元素：

```
Point p {0,100};
Point p2 {50,50};
Shape* a[ ] = { new Circle{p,50}, new Triangle{p,p2,Point{25,25}} };
draw_all(a,a+2);
```

我们还可以提供一个更简单的版本，只用于容器：

```
Template<class Cont> void draw_all(Cont& c)
{
    for (auto& p : c) p->draw();
```

```
}
```

甚至，使用 C++14 里的新概念（参见 19.3.3 节）：

```
void draw_all(Container& c)
{
    for (auto& p : c) p->draw();
}
```

重点仍然是，这段代码显然是面向对象的、泛型的，并且非常像普通的面向过程程序设计。它依赖于类层次结构中的数据抽象和单个容器的实现。由于缺乏更好的术语，我们将这种很好的混合了多种风格的方式称为多范式程序设计。然而，我们认为这就是程序设计，"范式"的主要目的是大致反映出解决问题的方式，以及表达所采用的程序设计语言的弱点。我们预测，随着技术、程序设计语言和支持工具的显著改进，这种程序设计方式将有一个光明的未来。

22.2 程序设计语言历史概览

最初的程序设计，程序员们把 0 和 1 凿在石头上！好吧，这并不是事实，但也差不了太多。在本书中，我们将（几乎）从头开始，并快速地介绍程序设计语言历史上的、与 C++ 程序设计相关的一些主要发展阶段。

现在有很多种程序设计语言。每 10 年都会至少出现 2000 多种新的程序设计语言，"程序设计语言死亡"的速度也差不多。本书简要介绍近 60 年中出现的 10 种程序设计语言，有关详细信息，请参阅 http://research.ihost.com/hopl/HOPL.html。在这个网站上，你可以找到三次 ACM SIGPLAN HOPL（history of programming languages，程序设计语言历史）会议的所有论文的链接。这些都是经过业内充分审核的论文，因此，比起一般的网络资源，这里的信息更全面，也更值得信赖。本书讨论的程序设计语言都在 HOPL 上有过介绍。注意，如果在网络搜索引擎中输入一篇著名论文的完整标题，很有可能会找到这篇论文的全文。此外，这里提到的大多数计算机科学家都有各自的主页，在那里可以查看关于他们研究工作的更多信息。

在本章中，对每一种语言的介绍都很简短。这是必然的，实际上每一种提到的语言，或是数百种没有提到的语言中的任意一种，都值得用一整本书来介绍。这里每一种提及的程序设计语言都经过我们严格的筛选。我们希望你把这当作一次挑战，通过不同的语言去学习更多的知识，而不是认为，"X 语言的全部也就这点东西而已"！请记住，这里提到的每一种语言都是一项重大成就，对我们的世界做出了重要贡献。受篇幅所限，我们无法全面而公正地介绍这些语言——但总比不做任何介绍要好。我们试图为每种语言提供一小段代码作为样本，但很抱歉，在本章中并不适合这样做（请参见练习题 5 和练习题 6）。

在多数情况下，人们在介绍某种产品（例如，一种程序设计语言）的时候，只是简单说明它是什么，或者告诉大家它是某个"开发过程"的产物，这样介绍歪曲了历史。实际上，程序设计语言的形成，通常是某人或（大多数情况下）多人的设计理念、专业、个人偏好及外部约束的综合结果，这在程序设计语言形成的早期阶段尤为明显。因此，我们会强调与语言相关的关键人物。并不是 IBM、贝尔实验室、剑桥大学等组织设计了程序设计语言，真正的设计者是这些组织中的人（通常是与朋友和同事合作）。

注意，有一种奇怪的现象，它经常扭曲我们的历史观。那些著名科学家和工程师最受人敬仰与关注的时刻，通常是在他们声名显赫之时，例如，成为国家学院成员、皇家学会院士、圣约翰爵士，或图灵奖获得者等。换句话说，离他们取得各自最杰出工作成就的准确时间已经过去了几十年。虽然他们中的几乎所有人，直到晚年，都还在各自的专业领域做出贡献。然而，当回顾你最喜欢的语言特性和程序设计技术是如何诞生的时候，试着想象一个年轻小伙子（即使是现在，科学和工程领域中的女性仍然太少）试图弄清楚自己是否有足够的钱请女朋友去一家像样的餐厅吃饭；或者一位年轻的父亲正在考虑如何将一篇重要的论文在合适的时间与地点提交给一个会议，以便这个年轻的家庭能够顺便去度个假。而不是灰白的胡须、秃头和过时的衣衫，那都是很久以后的事情了。

22.2.1　最早的程序设计语言

早在 1949 年，当第一台"现代"存储程序式电子计算机出现时，每台计算机都具有自己的程序设计语言。那时，算法的表达（例如，行星轨道的计算）和特定机器的指令之间存在一一对应的关系。显然，科学家们（当时的用户通常是科学家）拥有的是数学公式，但程序是一串机器指令的列表。最初的程序列表使用的是十进制或八进制，与它们在计算机内存中的表示形式完全匹配。后来，汇编语言和"自动编码"出现了。也就是说，人们开发了用符号表示机器指令和器件（如寄存器）的语言。因此，程序员使用代码"LD R0 123"，将地址为 123 的存储器内容加载到 0 号寄存器中。然而，每台机器都有自己的指令集和自己的程序设计语言。

剑桥大学计算机实验室的大卫·惠勒（David Wheeler）是当时程序设计语言设计者的杰出代表人物之一，如图 22-3 所示。1949 年，他编写了有史以来第一个在存储程序式计算机上运行的真实程序（在 4.4.2 节第 1 点中提到的"平方表"程序）。大约有 10 个人声称自己编写了全世界的第一个编译器（针对特定机器的"自动编码"），大卫·惠勒是其中之一，他发明了函数调用（是的，即使是如此显而易见的东西，也需要在某一时刻被某人发明出来）。在 1951 年，他写了一篇关于如何设计程序库的精彩论文，在当时那篇论文至少领先了时代 20 年！他与莫里斯·威尔克斯（Maurice Wilkes，建议大家去搜索一下此人）和斯坦利·吉尔（Stanley Gill）合作完成了第一本关于程序设计的书。1951 年在剑桥大学，他是第一位计算机科学专业博士学位获得者，后来在硬件（缓存架构和早期局域网）和算法领域（例如，TEA 加密算法，参见 25.5.6 节；和"Burrows-Wheeler 转换"，一种用于 bzip2 中的压缩算法）做出了重大贡献。大卫·惠勒恰好是本贾尼·斯特劳斯特卢普（Bjarne Stroustrup）的博士论文导师——计算机科学还是一门年轻的学科。大卫·惠勒的一些最重要的研究成果都是在研究生阶段取得的。他后来成为剑桥大学教授和皇家学会院士。

图 22-3　大卫·惠勒和他的同事们

22.2.2　现代程序设计语言的起源

图 22-4 是重要的早期程序设计语言的发展历程。

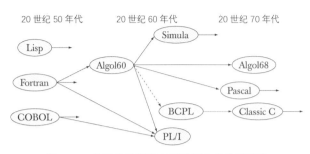

图 22-4　重要的早期程序设计语言的发展历程

这些程序设计语言之所以重要，部分原因是它们曾经（目前，在某些情况下仍然）被广泛使用。另一个原因是，它们成为了重要的现代程序设计语言的祖先，通常具有同名的直系后代。在本节中，将介绍三种早期程序设计语言：Fortran、COBOL 和 Lisp。大多数现代程序设计语言都可以追溯到这三种语言。

1. Fortran

1956 年，Fortran 的发明可以说是程序设计语言发展历程中最重要的一步。"Fortran"代表"公式转换（formula translation）"，其基本思想是将人类（而不是机器）熟悉的符号表示转换为高效的机器代码。Fortran 符号表示法的模型，是科学家和工程师使用数学方法编写的，而不是（当时非常新的）电子计算机所提供的机器指令。

现在看来，Fortran 可以被认为是使用代码直接描述应用程序的第一次尝试。它允许程序员编写线性代数公式（类似它们在课本上的样子）。Fortran 提供了数组、循环和标准数学函数（使用标准数学符号，如 $x+y$ 和 $\sin(x)$）。它有一个数学函数标准库，还提供了对 I/O 机制的支持，用户还可以自定义函数和库。

这种符号表示法在很大程度上与机器无关，因此，Fortran 代码通常只需稍加修改就可以从一台计算机移植到另一台计算机。在当时，这可是前沿技术的一次巨大突破。因此，Fortran 被认为是第一种高级程序设计语言。

从 Fortran 源代码生成的机器码几乎达到了最佳效率。要知道在那个年代，计算机有整个房间那么大，而且非常昂贵（是一个优秀程序员团队年薪的许多倍），按现在的标准，它的速度慢得离谱（例如，每秒处理 100 000 条指令）、内存小得离谱（例如，8KB）。然而，人们还是能够将程序安装到这些机器中，符号方法上的改进大大提高了程序员的生产力和程序的可移植性，但如果不能高效运行，也不会取得成功。

Fortran 在其科学与工程计算这一目标领域取得了巨大的成功，并一直在不断发展。Fortran 语言的主要版本有 II、IV、77、90、95、03。目前，关于 Fortran77 和 Fortran90 谁的使用更广泛仍然存在争议。

图 22-5　约翰·巴克斯

Fortran 的第一次定义和实现是由 IBM 的约翰·巴克斯（John Backus）领导的团队完成的："我们当时并不知道自己想要什么，也不知道如何实现。它就这样自己长成了。"约翰·巴克斯如图 22-5 所示。的确，他当时怎么可能知道呢？以前从来没有人做过类似的事情，但在这个过程中，他们开发，或者说是发现了编译器的基本结构：词汇分析、语法分析、语义分析和优化。时至今日，Fortran 在数值计算的优化方面仍然处于领先地位。此外，在最初的 Fortran 之后，还出现了一个用于专门描述语法的符号集：巴科斯范式（Backus-Naur form, BNF）。它最初用于 Algol60（参见 22.2.3 节），现在已经用于大多数现代程序设计语言。在第 6 章和第 7 章中，使用了 BNF 的某个版本来描述语法。

很久以后，约翰·巴克斯开创了一个全新的程序设计语言分支（"函数式程序设计"），倡导一种数学程序设计方法，而不是基于机器的方式来读写内存。注意，纯数学没有赋值的概念，甚至没有操作的概念。纯数学知识在一组给定的条件下，"简单"地陈述什么必须是真的。函数式程序设计的一些思想来源于 Lisp（参见 22.2.2 节），在 STL 中也有体现（参见第 21 章）。

2. COBOL

COBOL（面向商业的通用语言，the common business-oriented language）过去（目前，某些情况下仍然）是商业应用程序开发的主要程序设计语言，而 Fortran 过去（现在仍然如此）则适用于开发科学研究领域的应用。COBOL 主要用于数据操作：

- 数据拷贝。
- 数据存储和检索（如记账）。
- 打印输出（如报表）。

在 COBOL 的核心应用领域，计算被视为次要问题。人们一度认为 COBOL 与"商务英语"是如此接近，以至于管理人员都可以自己程序设计，程序员很快就会变得多余。多年来，热衷于削减程序设计开支的管理者总是重复这一美好愿望，但这错得离谱，从来都没接近过实现。

COBOL 最初是在美国国防部和一些主要的计算机制造商的倡议下，由一个委员会（CODASYL）在 1959—1960 年设计的，其目的是为了满足与商业相关的计算需求。该设计直接基于格蕾丝·莫里·赫柏（Grace Murray Hopper）发明的 FLOW-MATIC 语言。她的贡献之一是使用了一种接近英语的语法（与 Fortran 开创的数学符号不同，这种表示法至今仍占主导地位）。与 Fortran 及其他所有成功的程序设计语言一样，COBOL 也经历了不断的发展，其主要版本包括 60、61、65、68、70、80、90 和 04。

格蕾丝·莫里·赫伯（Grace Murray Hopper）拥有耶鲁大学数学博士学位，如图 22-6 所示。第二次世界大战期间，她使用最早期的计算机为美国海军工作。在早期的计算机行业工作了几年后，她重返海军。

"美国海军少将格蕾丝·莫里·赫伯博士是一位杰出的女性，她在早期的计算机程序设计领域做出了杰出的贡献。作为软件开发领域的领导者，她在从原始程序设计技术过渡到先进的编译器过程中起到了关键作用。她始终坚信，'我们一直是这样做的'不是继续这样做的充分理由。"

—— 安妮塔·博格（Anita Borg），1994 年在"格蕾丝·莫里·赫柏计算机女性庆典"会议上的发言

格蕾丝·莫里·赫伯被认为是第一个将计算机错误称为"虫子（bug）"的人。她无疑是这个术语的早期的使用者之一，并在文档中进行了使用，如图 22-7 所示。

图 22-6　格蕾丝·莫里·赫伯

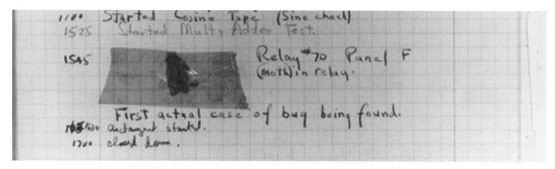

图 22-7　bug 一词最早期的使用

正如你看到的，这个虫子是真实的（一只蛾子），它直接导致了硬件的故障。现在，大多数计算机故障都存在于软件中，很难再看到如此生动的 bug 了。

3. Lisp

Lisp 最初由麻省理工学院的约翰·麦卡锡（John McCarth）于 1958 年设计，用于链表和符号处理（也因此得名："LISt Processing"）。最初，Lisp 是解释型语言（现在通常也是），而不是编译型语言。Lisp 的"方言"（原版语言的变体）有几十种（很可能有几百种）。实际上，人们经常声称"Lisp 本身就是复数形式的"。目前，最流行的版本是 Common Lisp 和 Scheme。这一语言一直是人工智能（AI）研究的中流砥柱（尽管交付的产品通常是 C 或 C++ 实现的）。Lisp 的主要灵感来源于 λ 演算中的数学思想。

Fortran 和 COBOL 设计的主要目的是在各自的应用领域中解决实际问题。而 Lisp 社区更关心程序设计本身和程序的优雅性。通常这些努力是成功的。Lisp 是第一种将其定义与硬件分离，同时，将其语义建立在数学形式上的程序设计语言。什么是 Lisp 特定的应用领域呢？这很难给出一个精确定义。"人工智能"和"符号计算"不像"商业处理"和"科学程序设计"那样可以清晰地映射到某种日常事务。Lisp（及 Lisp 社区）的设计理念可以在许多现代语言中得到体现，特别是在函数式程序设计语言中。

约翰·麦卡锡（John McCarthy）在加州理工学院获得数学学士学位，在普林斯顿大学获得数学博士学位，如图 22-8 所示。你可能会注意到，程序设计语言设计者中有很多是数学专业的。在麻省理工学院完成了他载入史册的工作后，麦卡锡于 1962 年来到斯坦福大学，参与建立了斯坦福人工智能实验室。他被公认为是人工智能一词的创造者，并在该领域做出了许多贡献。

图 22-8　约翰·麦卡锡

22.2.3 Algol 家族

20 世纪 50 年代末期，许多人认为程序设计变得过于复杂、过于专用、不太科学。他们认为，程序设计语言的多样性根本没必要，而且当这些语言放在一起时，并没有充分考虑通用性，也没有一套健全的基本原则作为支撑。自那以后，这种情绪开始蔓延，最终一群人在 IFIP（国际信息处理联合会，international federation of information processing）的支持下走到了一起。在短短几年内，他们创造了一种全新的程序设计语言，彻底颠覆了人们对程序设计语言及其定义的思考方式。C++ 在内的大多数现代程序设计语言都得以从中受益。

1. Algol60

Algol（算法语言，algorithmic language）是 IFIP 2.1 小组努力的成果，是对现代程序设计语言概念上的重大突破：

- 词法作用域。
- 使用语法定义语言。
- 语法和语义规则的明确分离。
- 语言定义和实现的明确分离。
- 系统地使用（静态，即编译时确定的）类型。
- 直接支持结构化程序设计。

Algol 首先提出了"通用程序设计语言"的概念。在此之前，程序设计语言都是只适用于某一单一领域，例如，科学（如 Fortran）、商业（如 COBOL）、列表操作（如 Lisp）或模拟仿真等。在这些语言中，Fortran 与 Algol60 最为接近。

不幸的是，Algol60 的广泛使用从未离开过学术领域。许多业内人士都认为它"过于古怪"，Fortran 程序员觉得它"速度太慢"，COBOL 程序员认为它"对商业处理的支持不够好"，Lisp 程序员认为它"不够灵活"，而且大部分业内人士都觉得它"过于学术化"，还有些美国人认为它"太欧洲"了。大多数批评都是正确的。例如，Algol60 报告中并没有定义任何 I/O 机制！然而，在那个时代，几乎所有程序设计语言都存在类似的缺陷，因此，不能否定 Algol 语言的重要地位，它为许多领域设定了新的标准。

Algol60 的一个曾经的问题是，没有人知道如何实现它。这个问题最终由 Algol60 报告的编写者彼得·诺尔（Peter Naur）（如图 22-9 所示）和艾兹格·迪科斯彻（Edsger Dijkstra）（如图 22-10 所示）领导的程序员团队解决了。

图 22-9　彼得·诺尔

彼得·诺尔在哥本哈根大学学习了天文学，并在哥本哈根理工大学（DTH）和丹麦计算机制造商 Regnecentralen 工作过。1950—1951 年，他在英国剑桥大学的计算机实验室学习程序设计（丹麦当时还没有计算机），之后他取得了巨大的成功，其贡献跨越了学术界 / 工业界的鸿沟。他是语法描述规范 BNF（巴科斯范式）的共同发明人，也是关于程序的形式化推理的最早期支持者（大约在 1971 年，本贾尼·斯特劳斯特卢普从彼得·诺尔的学术论文中接触到了不变式的使用）。诺尔始终保持着对计算机科学的思考，总是强调程序设计中人的因素。实际上，他后期的研究工作完全可以被认为是哲学的一部分（虽然在他的眼里，传统的学术哲学都是胡扯）。他是哥本哈根大学第一位信息学（datalogi）教授（datalogi 是丹麦语，最好翻译为英文里的"informatics"，信息学；彼得·诺尔讨厌"计算机科学"这个词，他认为这纯属用词不当——"信息处理技术"并不主要关于计算机）。

艾兹格·迪科斯彻是计算机科学史上的另一位伟人，如图 22-10 所示。他在莱顿学习物理，但早期在阿姆斯特丹数学中心从事信息处理工作。他后来又在很多地方工作过，包括埃因霍温理工大学、宝来公司和得克萨斯州立大学奥斯汀分校。除了在 Algol 上影响深远的工作之外，他还是使用数学逻辑进行程序和算法设计的先驱和坚定支持者，此外，他还是 THE 操作系统的设计者和实现者之一。THE 是最早具有系统化处理并发操作能力的操作系统之一。THE 代表的是埃因霍温技术学校（Technische Hogeschool Eindhoven），这所大学是当时艾兹格·迪科斯彻工作的地方。可以说，他最著名的论文 *Go-To Statement Considered Harmful* 强有力地证明了非结构化控制流的缺陷。

图 22-10 艾兹格·迪科斯彻

图 22-11 是令人赞叹的 Algol 家族树。

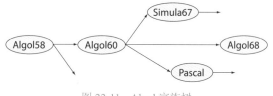

图 22-11 Algol 家族树

需要特别注意，Simula67 和 Pascal 两种语言是许多（几乎所有的）现代程序设计语言的祖先。

2. Pascal

Algol 家族树中提到的 Algol68 语言是一个庞大而雄心勃勃的项目。与 Algol60 一样，它也是由"Algol 委员会"（IFIP 2.1 小组）负责的。但它一直都是未完成的状态，以至于人们开始对它失去了耐心，并怀疑该项目是否会带来任何有价值的成果。尼古拉斯·沃斯（Niklaus Wirth）（如图 22-12 所示）是 Algol 委员会的一名成员，他决定独自设计并实现一个 Algol 版本，起名为 Pascal，与 Algol68 不同，Pascal 语言是 Algol60 的简化。

Pascal 于 1970 年完成，它确实很简单，但代价是不够灵活。人们常说 Pascal 只适合教学，但早期的论文将其描述为运行在超级计算机上的 Fortran 替代品。Pascal 确实非常容易学习，随着一个可移植性极好的版本的实现，它成为了非常流行的教学程序设计语言，但事实证明它并没有威胁到 Fortran 的地位。

图 22-12　尼古拉斯·沃斯

　　Pascal 是瑞士苏黎世联邦理工学院（ETH）的尼古拉斯·沃斯教授的杰作（图 22-12 中照片分别拍摄于 1969 年和 2004 年）。他在加州大学伯克利分校获得了博士学位（电气工程和计算机科学专业）。如果存在程序设计语言设计大师这样的头衔，沃斯教授是世界上最接近这个称号的人。在 25 年的时间里，他设计并实施了下列语言：

- Algol W。
- PL/360。
- Euler。
- Pascal。
- Modula。
- Modula-2。
- Oberon。
- Oberon-2。
- Lola（一种硬件描述语言）。

尼古拉斯·沃斯将这些工作称为他对简洁性的不懈追求。他的工作对这个领域产生了巨大的影响。学习这些语言是非常有趣的练习。沃斯教授是唯一在 HOPL 会议上展示过两种语言的人。

　　最终大家发现，对于现实世界中的实际应用来说，纯粹的 Pascal 过于简单和死板。20 世纪 80 年代，主要在安德斯·海尔斯伯格（Anders Hejlsberg）的努力下，Pascal 才免于消亡。安德斯·海尔斯伯格是 Borland 的三位创始人之一。他首先设计并实现了 Turbo Pascal（除其功能之外，还提供了更灵活的参数传递功能），后来还添加了一个类似 C++ 的对象模型（但只有单继承和一个还不错的模块机制）。他就读于哥本哈根理工大学，彼得·诺尔偶尔会在那里讲课——这个世界真小呀。安德斯·海尔斯伯格后来为 Borland 设计了 Delphi 语言，为 Microsoft 设计了 C# 语言。

　　Pascal 家族树（经过必要的简化后）如图 22-13 所示。

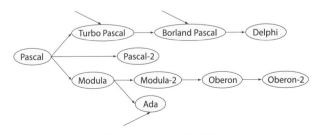

图 22-13　Pascal 家族树

3. Ada

Ada 程序设计语言是为了满足美国国防部的需求专门设计的。具体来说，它成为了一种适合于为嵌入式系统编写可靠、可维护程序的语言。其最直接的祖先是 Pascal 和 Simula（参见 22.2.3. 节和 22.2.4 节）。Ada 设计小组的组长是让·伊克比亚（Jean Ichbiah），他是 Simula 用户小组的前任主席。Ada 设计强调的是：

- 数据抽象（但直到 1995 年才支持继承）。
- 强大的静态类型检查。
- 直接通过语言支持并发性。

Ada 的设计目标是希望在程序设计语言中体现软件工程。因此，美国国防部设计的并不是这种程序设计语言，他们设计的是这种程序设计语言所需的精细过程。大量的人员和组织参与了设计过程，整个项目在一系列的竞争中得以推进，首先选出最佳语言规范，然后再产生体现最佳语言规范思想的最佳语言。这个庞大项目持续了 20 多年（1975—1998 年），从 1980 年开始由一个名为 AJPO（Ada 联合计划办公室，Ada joint program office）的部门负责管理。

1979 年，项目完成，并以奥古斯塔·阿达·洛夫莱斯（Augusta Ada Lovelace）女士（著名诗人拜伦勋爵的女儿）的名字命名。洛夫莱斯女士可称为第一位现代程序员（这里现代的定义并不那么严谨），因为她曾在 19 世纪 40 年代与查尔斯·巴贝奇（Charles Babbage，剑桥大学的卢卡斯数学教授，牛顿曾经担任过这一职位）合作研发过一台革命性的机械计算机。不幸的是，作为实用工具，巴贝奇的机器并不成功。

由于其精心设计的过程，Ada 被认为是终极"委员会设计（design-by-committee）"语言。作为最终胜出的设计团队的首席设计师，来自法国霍尼韦尔-布尔公司的让·伊克比亚断然否认了这一点。然而，我怀疑（根据与他的交谈），如果他没有受到这个过程的约束，他本可以设计出更好的语言。让·伊克比亚和洛夫莱斯女士如图 22-14 所示。

图 22-14　让·伊克比亚和洛夫莱斯女士

多年来，美国国防部一直强制要求军事应用程序必须使用 Ada 开发，因此，有了这样一个说法，"Ada 不仅仅是一个好想法，简直就是一项法律"！最初，Ada 的强制使用并不严格，但当许多项目获得使用其他语言（通常是 C++）的"豁免"时，美国国会通过了一项法律，明确要求在大多数军事应用中使用 Ada。后来，出于商业和技术现实的考虑，该法律被废除了。本贾尼·斯特劳斯特卢普是极少数被美国国会禁止使用其劳动成果的人之一。

我们坚信，与 Ada 所获得的声誉相比，它实际上是一门更出色的程序设计语言。我们怀疑，如果美国国防部对其使用的确切方式（应用程序开发过程、软件开发工具、文档等标准）不那么强硬，那么它可能会成功得多。直到现在，Ada 在航空航天应用和类似的先进嵌入式系统应用领域仍然十分重要。

Ada 于 1980 年成为军用标准，1983 年成为 ANSI 标准（第一次 Ada 实施发生于 1983 年——在第一个标准发布的三年后），1987 年成为 ISO 标准。这个 ISO 标准在 1995 年进行了全面的（当然，是在确保兼容性的前提下）修订。在并发机制的灵活性和对继承的支持方面进行了重大改进。

22.2.4　Simula

Simula 是由挪威计算中心和奥斯陆大学的克利斯登·奈加特（Kristen Nygaard）和奥利·约翰·达尔（Ole-Johan Dahl）于 20 世纪 60 年代初至中期开发的，如图 22-15 所示。Simula 无疑是 Algol 语言家族的一员。实际上，Simula 几乎就是 Algol60 的超集。然而，我们选择单独把 Simula 拿出来介绍，是因为现在的"面向对象程序设计"的基础思想大多数来源于 Simula。它是第一种提供继承和虚拟函数的语言。使用类（class）表示"用户自定义类型"，使用虚函数（virtual function）表示支持在基类中提供接口并通过派生类重写的函数，这两个术语来都自 Simula。

图 22-15　奥利·约翰·达尔和克利斯登·奈加特

Simula 的贡献不只限于语言特性。它基于使用代码建模模拟现实世界现象的思想，提出了明确的面向对象设计的概念：

- 将概念表示为类和类对象。
- 将层次关系表示为类层次结构（继承）。

因此，程序成为了一组相互作用的对象，而不是单一庞大的单体。

克利斯登·奈加特是 Simula67 的共同发明者（与奥利·约翰·达尔，在图 22-15 左边，戴着眼镜的那位），在很多方面他都是算得上是一位巨人（包括身高），他具有与之匹配的慷慨与激情。他构思了面向对象程序设计和设计（尤其是继承）的基本思想，并在之后的几十年中不断探索其含义。他从不满足于简单、短期和短视的答案。他几十年来一直热衷于投身到各种社会活动中。挪威没有加入欧盟就有他的一份功劳，他认为那将是一场潜在的中央集权和官僚噩梦，欧盟不会关心挪威这样最边缘的小国的需求。20 世纪 70 年代中期，克利斯登·奈加特在丹麦奥斯陆大学计算机科学系度过了相当长的时间（当时，本贾尼·斯特劳斯特卢普正在那里攻读硕士学位）。

克利斯登·奈加特在奥斯陆大学获得数学硕士学位。他于 2002 年去世，就在他（与他的终身好友奥利·约翰·达尔一起）获得 ACM 的图灵奖的前一个月，图灵奖可以说是计算机科学家的最高职业荣誉，如图 22-16 所示。

图 22-16　克利斯登·奈加和特奥利·约翰·达尔

奥利·约翰·达尔是一位比较传统的学者。他的研究主要集中在规范化语言和形式化方法方面。1968 年，他成为奥斯陆大学第一位信息学（计算机科学）全职教授。

2000 年 8 月，奥利·约翰·达尔和克利斯登·奈加特被挪威国王授予圣奥拉夫高级骑士勋章。在他们的家乡，纯粹的计算机技术人员才能获得如此高的荣誉！

22.2.5　C

在 1970 年，当时大家都很清楚，重要系统的程序设计——尤其是操作系统的实现——必须使用汇编语言完成，不具备可移植性。这与 Fortran 出现之前的科学计算程序设计情况非常相似。一些个人和组织行动起来，致力于解决这个问题。其中，C 语言（参见第 27 章）是迄今为止最成功的成果。

丹尼斯·里奇（Dennis Ritchie）在新泽西州茉莉山的贝尔电话实验室计算机科学研究中心设计并实现了 C 语言。C 语言的魅力在于，它是一种强大且简单的程序设计语言，而且非常贴近硬件的基本特性。目前，C 语言版本中的大部分复杂性（为了兼容 C 语言，这些复杂性在 C++ 语言中也存在）都是在丹尼斯·里奇最初的设计版本之后添加的，并且有一些是在他的反对下添加的。C 语言成功的一个重要因素是，它很早就被广泛使用了，但它真正的强大之处在于其将语言特性直接映射到硬件（参见 25.4~25.5 节）。丹尼斯·里奇将 C 语言描述为"一种强类型但弱检查的语言"。也就是说，C 语言使用静态（编译时）类型的系统，程序使用对象的方式必须与其定义相一致，才能正常运行。但 C 编译器并不会去做这种检查。考虑到当时 C 编译器必须在 48KB 的内存中运行，这样的设计也就不奇怪了。在 C 语言使用后不久，人们设计了一个称为 lint 的程序，该程序与编译器是分离的，用于类型系统一致性验证。

丹尼斯·里奇与肯·汤普森（Ken Thompson）一起（如图 22-17 所示），共同发明了 UNIX，这无疑是有史以来最有影响力的操作系统。C 语言一直都与 UNIX 操作系统紧密联系在一起，并随着 Linux 和开源项目一起发展。

图 22-17　肯·汤普森和丹尼斯·里奇

丹尼斯·里奇在贝尔实验室计算机科学研究中心工作了 40 年。他毕业于哈佛大学（物理学）；但他没有获得哈佛大学应用数学博士学位，原因是他忘记（或拒绝）支付 60 美元的注册费。

在早期，大约 1974—1979 年，贝尔实验室中的许多人都对 C 语言的设计和应用产生了影响。道格拉斯·麦克罗伊（Doug McIlroy）是所有人都喜爱的评论家，大家喜欢和他一起讨论问题，他还是个非常有创意的家伙，如图 22-18 所示。他对 C、C++、UNIX 等都产生了影响。

布莱恩·克尼汉（Brian Kernighan）是一位杰出的程序员和作家，如图 22-19 所示。他的代码和散文都是清晰风格的典范。本书的风格部分源于他的杰作 *The C Pragramming Language*（又称"K&R"，因为这本书是布莱恩·克尼汉（K）和丹尼斯·里奇（R）合著的）。

图 22-18　道格拉斯·麦克罗伊

图 22-19　布莱恩·克尼汉

只有好的程序设计思想是不够的，要想在大范围内发挥作用，这些思想必须制定为最简单的形式，并以目标受众中的大多数人都能理解的方式清晰表达。在思想表达时，应该尽量避免太过啰嗦，也不能模棱两可或是过度抽象。纯粹主义者常常嘲笑这种大众化的方式，他们更喜欢以专家模式呈现"原始结果"。我们不是纯粹主义者，我们坚信虽然让不平凡且有价值的思想灌输到初学者的大脑中很困难，但这对专业发展至关重要，对整个社会也很有价值。

布莱恩·克尼汉多年来参与了许多有影响力的程序设计和出版项目。AWK（一种早期的脚本语言，以三位作者 Aho、Weinberger 和 Kernighan 名字的首个字母命名）和 AMPL（数学程序设计语言，a mathematical programming language）是其中的两个经典例子。

布莱恩·克尼汉目前是普林斯顿大学的教授，他无疑是一位优秀的教师，擅长把复杂的问题讲清楚。他在贝尔实验室计算机科学研究中心工作了 30 多年。贝尔实验室后来更名为 AT&T 贝尔实验室，之后又被拆分为 AT&T 实验室和朗讯贝尔实验室。他毕业于多伦多大学物理学专业，他的博士学位是普林斯顿大学的电子工程专业博士学位。

图 22-20 为 C 语言家族树。

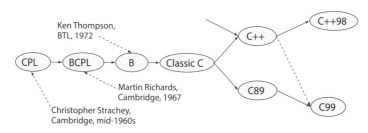

图 22-20　C 语言家族树

C 语言起源于 CPL，一个从未完成的英国项目；BCPL（basic CPL）语言是马丁·理查兹（Martin Richards）在剑桥大学休假期间访问麻省理工学院时创造的程序设计语言，以及肯·汤普森实现的解释型语言 B 语言。后来，C 语言制定了 ANSI 和 ISO 标准，并且很多特性受到了 C++ 的影响（例如，函数参数检查和 const）。

CPL 是剑桥大学和伦敦帝国理工学院的联合项目。最初，该项目在剑桥大学进行，因此，命"C"代表"剑桥"（Cambridge）。当帝国理工学院成加入项目时，官方对"C"的解释变成了"联合"（combined）。实际上（或常有人说），"C"一直代表的是"Christopher"，即 CPL 项目的主要设计者克里斯托弗·斯特雷奇（Christopher Strachey）。

22.2.6　C++

C++ 是一种通用程序设计语言，偏向于系统程序设计，其特点是：

● 可以看作是更好的 C。
● 支持数据抽象。
● 支持面向对象程序设计。
● 支持泛型程序设计。

C++ 最初是由本贾尼·斯特劳斯特卢普（如图 22-21 所示）在新泽西州茉莉山贝尔电话实验室计算机科学研究中心设计和实现的。他的办公室与丹尼斯·里奇、布莱恩·克尼汉、肯·汤普森、道格拉斯·麦克罗伊，以及其他 UNIX 大师们相邻。

本贾尼·斯特劳斯特卢普在其家乡丹麦奥胡斯大学获得了硕士学位（数学与计算机科学专业）。然后，他去了剑桥大学，在大卫·惠勒的指导下获得了计算机科学博士学位。C++

图 22-21　本贾尼·斯特劳斯特卢普

的主要贡献在于：

- 使抽象技术可以用于主流项目，不再是代价高昂且难于管理的技术。
- 率先在要求高性能的应用领域使用面向对象和泛型程序设计技术。

在 C++ 出现之前，这些技术通常只是被草率地归类于"面向对象程序设计"，在业内并不流行。这种情况与 Fortran 之前的科学计算程序设计、C 语言之前的系统程序设计类似，大家都认为，这些技术对于实际应用来说代价太高，对于"普通程序员"来说太复杂。

C++ 的相关工作始于 1979 年，并于 1985 年发布了第一个商业版本。在最初的设计和实现之后，本贾尼·斯特劳斯特卢普与贝尔实验室及其他地方的朋友一起，进一步完善了 C++，直到 1990 年正式开始标准化。从那时起，C++ 的定义由 ANSI（美国国家标准化组织）制定，在 1991 年改为由 ISO（国际标准组织）制定。本贾尼·斯特劳斯特卢普作为负责新语言特性关键小组的主席，在这项工作中发挥了重要作用。第一个 ISO 标准（C++98）于 1998 年批准通过，第二个 ISO 标准于 2011 年批准通过（C++11），之后又陆续批准通过了 C++14、C++17[①]。

亚历山大·斯特潘诺夫（Alex Stepanov）（如图 22-22 所示）是标准库（STL）的发明者，也是泛型程序设计的先驱。他毕业于

图 22-22 亚历山大·斯特潘诺夫

莫斯科大学，曾使用多种语言（包括 Ada、Scheme 和 C++）研究机器人、算法等。从 1979 年开始，他一直活跃于美国学术界和工业界，曾在通用电气实验室、AT&T 贝尔实验室、惠普、SGI 和 Adobe 等公司工作。

C++ 家族树如图 22-23 所示。

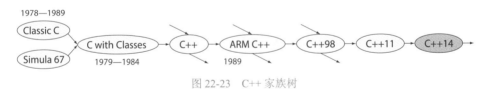

图 22-23 C++ 家族树

"支持类的 C"是本贾尼·斯特劳斯特卢普最初的尝试，它综合了 C 语言和 Simula 的思想。但在其后继者 C++ 实现后，它就立即消亡。

程序设计语言讨论通常侧重于优雅和高级的功能。然而，C 和 C++ 能够跻身信息处理领域史上最成功程序设计语言的行列，靠的并不是优雅和高级。它们的优势是灵活性、高性能和稳定性。一些重要的软件系统寿命会超过几十年，它们通常会耗尽硬件资源，并且经常需要面对各种意想不到的变更需求。C 和 C++ 恰恰能够在这种环境中蓬勃发展。我们喜欢引用丹尼斯·里奇的名言："有些语言是为了证明某个观点而设计的；而另一些语言是为解决某个问题而设计的。"他所说的"另一些语言"主要是指 C。本贾尼·斯特劳斯特卢普总是喜欢这样说："实际上，我知道如何设计比 C++ 更优雅的语言。"C++ 和 C 所追求的并不是抽象的美（虽然拥有它，我们肯定会很开心），而是实用性。

22.2.7 现状

目前，还在使用的程序设计语言有哪些，用于什么领域？这是一个很难回答的问题。时至今

---

① 译者注：每三年发布一个新版本，然后开始筹备下一个版本，目前已经正式发布了 C++20，C++23 正在定制中。

日，程序设计语言的家族树已经变得十分庞大，即使是以最简略的形式表现，看上去也有些拥挤和混乱 ①。如图 22-24 所示。

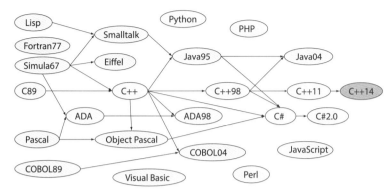

图 22-24　程序设计语言的家族树

实际上，我们能够在互联网及其他地方找到的统计数据大多都不靠谱，因为它们选择的衡量指标并不能反映语言的实际使用情况。例如，程序设计语言相关的网络发帖量、编译器发货量、学术论文量、图书销量等。所有这些指标都有利于新语言，而对那些成熟的语言并不公平。换一个问题。什么是程序员？每天使用程序设计语言的人？正在学程序设计，偶尔写一些小程序的学生算不算？学校里程序设计课程的教授呢？一个几乎每年都编写一些程序的物理学家？假设一名专业的程序员，每周都会使用几种不同的程序设计语言编写程序，那么这该被统计多次还是一次？这些问题没有标准答案，也就是说，统计数据所依赖的指标并没有统一的定义，哪怕是相同的指标、相同的数据，也可能统计出完全不同的结果。

然而，我们觉得有义务给大家一个具体的数字，2014 年世界上有大约 1 000 万名专业程序员。我们的依据来源于 IDC（一家数据收集公司）、与出版商和编译器供应商的讨论，以及各种网络资源。这个数字可能并不精确，但可以确定的是，只要对于"专业程序员"的定义是合理的，那么这个数字肯定在 100 万 ~1 亿名范围之间。程序员使用哪种语言呢？ Ada、C、C++、C#、COBOL、Fortran、Java、PERL、PHP、Python 和 Visual Basic 可能（只是可能）占比在 90% 以上。

除了这里提到的语言以外，我们还可以列出几十种甚至数百种有趣或重要的程序设计语言。但这样做，除了能体现公平以外，并没有其他意义。你可以根据需要自行查找相关信息。专业程序员通常需要掌握几种程序设计语言，并根据需要学习新的语言。并不存在"一种真实的语言"能满足所有人和所有应用程序。实际上，几乎所有重要系统都使用了不止一种语言。

回顾

1. 了解历史有什么用处？
2. 程序设计语言有哪些用途？列出几个例子。
3. 列出几种良好程序设计语言所需要具备的基本特性。
4. 抽象的含义是什么？更高层次的抽象又是什么意思？
5. 代码的 4 个高层次的理念是什么？
6. 列出高层次程序设计的一些潜在优势。
7. 什么是重用性，它能带来什么好处？

---

① 译者注：图 22-24 内容为截止到 2016 年的情况。

8. 什么是面向过程程序设计？举一个具体的例子。

9. 什么是数据抽象？举一个具体的例子。

10. 什么是面向对象程序设计？举一个具体的例子。

11. 什么是泛型程序设计？举一个具体的例子。

12. 什么是多范式程序设计？举一个具体的例子。

13. 第一个运行在存储程序式计算机上的程序出现在什么时候？

14. 大卫·惠勒（David Wheeler）的最主要工作成果是什么？

15. 约翰·巴克斯（John Backus）设计的第一种语言的主要贡献是什么？

16. 格蕾丝·莫里·赫伯（Grace Murray Hopper）设计的第一种语言是什么？

17. 约翰·麦卡锡（John McCarthy）主要在哪一个计算机科学领域工作？

18. 彼得·诺尔（Peter Naur）对 Algol60 的贡献是什么？

19. 艾兹格·迪科斯彻（Edsger Dijkstra）最著名的工作成果是什么？

20. 尼古拉斯·沃斯（Niklaus Wirth）设计并实现了哪种语言？

21. 安德斯·海尔斯伯格（Anders Hejlsberg）设计了哪种语言？

22. 让·伊克比亚（Jean Ichbiah）在 Ada 项目中的角色是什么？

23. Simula 开创了哪种程序设计风格？

24. 克利斯登·奈加特（Kristen Nygaard）在哪里（除奥斯陆大学以外）教书？

25. 奥利·约翰·达尔（Ole-Johan Dahl）最著名的工作成果是什么？

26. 肯·汤普森（Ken Thompson）是哪个操作系统的主要设计者？

27. 道格拉斯·麦克罗伊（Doug McIlroy）最著名的工作成果是什么？

28. 布莱恩·克尼汉（Brian Kernighan）最著名的著作是什么？

29. 丹尼斯·里奇（Dennis Ritchie）曾在哪里工作？

30. 本贾尼·斯特劳斯特卢普（Bjarne Stroustrup）最著名的工作成果是什么？

31. 亚历山大·斯特潘诺夫（Alex Stepanov）在设计 STL 时使用了哪种语言？

32. 列出 22.2 节中未描述的 10 种语言。

33. Scheme 是哪种语言的"方言"（原版语言的变体版本）？

34. C++ 最主要的两个起源是什么？

35. C++ 中的"C"代表什么？

36. Fortran 是首字母缩写吗？如果是，全称是什么？

37. COBOL 是首字母缩写吗？如果是，全称是什么？

38. Lisp 是首字母缩写吗？如果是，全称是什么？

39. Pascal 是首字母缩写吗？如果是，全称是什么？

40. Ada 是首字母缩写吗？如果是，全称是什么？

41. 最好的程序设计语言是哪一个？

术语

在本章中，"术语"实际上是程序设计语言、组织和人。

程序设计语言：

- Ada
- Algol
- BCPL
- C
- C++

- COBOL
- Fortran
- Lisp
- Pascal
- Scheme
- Simula

组织：

- 贝尔实验室
- Borland 公司
- 剑桥大学（英国）
- ETH（苏黎世联邦理工学院）
- IBM 公司
- 麻省理工学院

- 挪威计算机中心
- 普林斯顿大学
- 斯坦福大学
- 哥本哈根理工大学
- 美国国防部
- 美国海军

人名：

- 查尔斯·巴贝奇（Charles Babbage）
- 奥利·约翰·达尔（Ole-Johan Dahl）
- 安德斯·海尔斯伯格（Anders Hejlsberg）
- 让·伊克比亚（Jean Ichbiah）
- 约翰·麦卡锡（John McCarthy）
- 彼得·诺尔（Peter Naur）
- 丹尼斯·里奇（Dennis Ritchie）
- 本贾尼·斯特劳斯特卢普（Bjarne Stroustrup）
- 大卫·惠勒（David Wheeler）

- 约翰·巴克斯（John Backus）
- 艾兹格·迪科斯彻（Edsger Dijkstra）
- 格蕾丝·莫里·赫伯（Grace Murray Hopper）
- 布莱恩·克尼汉（Brian Kernighan）
- 道格拉斯·麦克罗伊（Doug McIlroy）
- 克利斯登·奈加特（Kristen Nygaard）
- 亚历山大·斯特潘诺夫（Alex Stepanov）
- 肯·汤普森（Ken Thompson）
- 尼古拉斯·沃斯（Niklaus Wirth）

练习题

1. 请给出程序设计的定义。

2. 请给出程序设计语言的定义。

3. 阅读时留意章节中的插图，哪些是计算机科学家？为每位科学家写一段话，总结其贡献。

4. 阅读时留意章节中的插图，哪些不是计算机科学家？指出他们每个人的国籍和工作领域。

5. 用本章中提到的每种语言编写一个"Hello, World!"小程序。

6. 对于本章中提到的每种语言，找到一本流行的教材，查看其中使用的第一个完整的程序。尝试用所有其他语言编写这个程序。警告：这练习题很可能需要完成上百个程序。

7. 我们显然"遗漏"了许多重要的语言。特别是，省略了 C++ 之后的程序设计语言发展。列出你认为应该进行介绍的 5 种现代语言，并按照本章语言部分的写法，用一页半的篇幅介绍其中 3 种语言。

8. C++ 的用途是什么？为什么？写一份 10~20 页的报告。

9. C 的用途是什么？为什么？写一份 10~20 页的报告。

10. 选择一种语言（C 或 C++ 除外），写一篇 10~20 页的报告，描述它的起源、目的和功能。给出一些具体的例子。介绍谁在使用这种语言，用它做什么？

11. 目前，谁在剑桥大学担任卢卡斯教授？

12. 在本章提到的语言设计者中，谁拥有数学学位？谁没有？

13. 在本章提到的语言设计者中，谁拥有博士学位？分别在哪个领域？谁没有博士学位？

14. 在本章提到的语言设计者中，谁获得过图灵奖？图灵奖是什么？查找此处提到的获奖者的图灵奖引文（Turing Award citation，获奖原因的简短描述）。

15. 编写一个程序，输入（名称，年份）键值对（pair）构成的文件，例如，（Algol，1960）和（C，1974），程序的输出为：在时间轴上绘制出这些名称。

16. 修改练习题 15 的程序，使其读取一个包含（名称，年份，（祖先））三元组（tuple）的文件，例如，（Fortran，1956，（ ））、（Algol，1960，（Fortran））和（C++，1985，（C，Simula）），使用箭头表示祖先和后代的关系。使用该程序绘制 22.2.2 节和 22.2.7 节中图表的改进版本。

附言

显然，本章只是粗略地介绍了一下程序设计语言的历史，以及开发高质量软件所需的理念。我们认为历史和理念非常重要，很遗憾没有足够的篇幅进行更详细的介绍。我们希望这些内容足够传达一些令我们兴奋的内容给大家，以及表达我们的一些观点，对更好的软件、更好的程序设计方式的追求没有尽头，程序设计语言本身的设计和实现就很好地证明了这一点。请记住，对于程序设计来说，真正的主题是开发高质量软件，程序设计语言只是使用的工具而已。

第 23 章

文本处理

"所谓显然的事情通常并非真的那么显然……

'显然'一词的使用往往表明缺乏逻辑论证。"

——Errol Morris

本章主要介绍如何从文本中提取信息。我们将大量的信息作为单词存储在文档中，例如，书籍、电子邮件或表格，以便将来能以某种更适合的格式从中提取所需的信息。在本章中，首先，回顾文本处理中最常用的标准库功能：字符串（**string**）、输入输出流（**iostream**）和映射（**map**）；然后，将介绍正则表达式（**regex**），它是描述文本模式的一种方式；最后，将展示如何使用正则表达式从文本中查找和提取特定的数据元素，如邮政编码，并验证文本文件的格式。

23.1   文本

处理文本的需求无处不在。书籍中充满了文字，电脑屏幕上看到的很多内容都是文本，源代码也是文本。我们使用的各种通信信道充斥着文本。两个人之间交流的一切都可以用文本表示。但我们不要走极端，图像和声音通常最好还是用图像文件和声音文件来表示（即二进制格式）。不过，对于几乎所有其他信息而言，都适合使用程序进行文本分析和转换。

从第 3 章开始，我们就开始使用 **iostream** 和 **string**。因此，在本章中，我们只是简单回顾一下这些标准库中的语言特性。映射容器（参见 23.4 节）对于文本处理来说特别有用，因此，本章将提供一个用于电子邮件分析的示例来展示映射的使用。回顾过后，我们将重点介绍如何在文本中使用正则表达式（参见 23.5~23.10 节）。

23.2   字符串

标准库的 **string** 包含一个字符序列，并提供一些有用的操作，例如，向字符串中添加字符、返回字符串的长度及串联字符串。实际上，标准库 **string** 提供了相当多的操作，但其中的大部分并不常用，只有必须在较底层执行相当复杂的文字操作时才用得上。在本章中，只涉及一些常用的操作。可以在手册或专业的教材中查找它们的详细信息（及完整的字符串操作清单）。这些操作的定义可以在 **<string>** 中找到（注意，不是 **<string.h>**），如表 23-1 所示。

表 23-1   部分 string 操作

部分 string 操作	
s1 = s2	将 s2 的内容赋予 s1；s2 可以是 **string** 或 C 风格字符串
s += x	在 **s** 末尾添加 **x**；x 可以是字符、**string** 或 C 风格字符串
s[i]	下标访问
s1+s2	串联；结果类型是 **string**，内容为 **s1** 的拷贝，尾部添加 **s2** 的拷贝
s1==s2	**string** 值的比较；**s1** 或 **s2** 可以是（但不能两者都是）C 风格字符串。还存在类似的 **!=** 操作

续表

部分 string 操作	
s1<s2	**string** 值的字典顺序比较；**s1** 或 **s2** 可以是（但不能两者都是）C 风格字符串。还存在类似的 <=、> 和 >= 操作
s.size()	**s** 中的字符数
s.length()	**s** 中的字符数
s.c_str()	**s** 中字符串的 C 风格字符串版本
s.begin()	指向第一个字符的迭代器
s.end()	指向尾后（最后一个字符的下一个）位置的迭代器
s.insert(pos,x)	将 **x** 插入 **x[pos]** 之前的位置；**x** 可以是 **string** 或 C 风格字符串。必要时，**s** 会扩展空间来容纳 **x**
s.append(x)	在 **s** 的最后一个字符后插入 **x**；**x** 可以是 **string** 或 C 风格字符串。必要时，**s** 会扩展空间来容纳 **x**
s.erase(pos)	从 **s[pos]** 位置开始，删除 **s** 中往后的所有字符。**s** 的大小变为 **pos**
s.erase(pos,n)	从 **s[pos]** 位置开始，删除 **s** 中往后的 **n** 个字符 **s** 的大小变为 **max(pos，size−n)**
pos = s.find(x)	在 **s** 中查找 **x**；**x** 可以是字符、**string** 或 C 风格字符串；**pos** 是找到的第一个字符的下标或 **string::npos**（**s** 的尾后位置）
in>>s	从输入流 **in** 中读取一个单词存入 **s**，单词以空白分隔符作为间隔
getline(in,s)	从输入流 **in** 中读取一行存入 **s**
out<<s	将 **s** 写入到输出流 **out**

I/O 操作已经在第 10 章和第 11 章中进行了介绍，并将在 23.3 节中进行总结。注意，对 **string** 的输入操作会根据需要扩充 **string** 的存储空间，以免发生溢出。

Insert( ) 和 **append( )** 操作可能会移动字符（换个更大的地方），以确保新字符有足够的存储空间。**erase( )** 操作可以将 **string** 中的字符"向前"移动，以确保在删除字符后不会留下任何空隙。

标准库 **string** 实际上是一个模板，称为 **basic_string**，它支持多种字符集，如 Unicode，它提供了数千个字符（如£、Ω、μ、δ、☺、♫ 及其他"普通字符"）。例如，如果需要自定义一个包含 Unicode 字符序列的类型，其名称为 Unicode，可以这样写：

```
basic_string<Unicode> a_unicode_string;
```

我们一直使用的标准库 **string**，实际上是保存普通 **char** 序列的 **basic_string**：

```
using string = basic_string<char>; //string 为 basic_string<char>（参见 20.5 节）
```

这里没有介绍 Unicode 字符或 Unicode 字符串，如果需要使用它们，可以查阅相关资料，你会发现（从 C++ 语言本身、**string**、**iostream** 和正则表达式的角度）对它们的处理方式，与普通字符、字符串是一致的。如果需要使用 Unicode 字符，最好向有经验的人请教，使用时不仅需要遵循程序设计语言规则，还必须遵循一些系统约定。

在文本处理的上下文中，几乎所有东西都表示为字符串的形式。例如，在本页中，可以将数字 12.333 表示为一个有 6 个字符的字符串（前后由空白符隔开）。当读取这个数字时，必须将这些字符转换为浮点型数，然后才能进行算术运算。这就要求提供两个方向的转换功能，将数值转换为 **string**，以及将 **string** 转换为数值。在 11.4 节中，介绍了如何使用 **ostringstream** 将一个整数转换为

一个 **string**。此技术可以推广到具有 << 运算符的任何类型：

```cpp
template<typename T> string to_string(const T& t)
{
    ostringstream os;
    os << t;
    return os.str();
}
```

使用示例：

```cpp
string s1 = to_string(12.333);
string s2 = to_string(1+5*6-99/7);
```

上面两行代码执行之后，**s1** 的值变为 "**12.333**"，**s2** 的值变为 "**17**"。实际上，**to_string( )** 不仅可以用于数值类型，还可以用于任何带有 << 运算符的类型 **T**。与之相反的转换，从 **string** 对象到数值的转换，同样容易且实用：

```cpp
struct bad_from_string : std::bad_cast {  // 用于报告字符串转换错误的类
    const char* what() const override
    {
        return "bad cast from string";
    }
};

template<typename T> T from_string(const string& s)
{
    istringstream is {s};
    T t;
    if (!(is >> t)) throw bad_from_string{};
    return t;
};
```

使用示例：

```cpp
double d = from_string("12.333");
void do_something(const string& s)
try {
    int i = from_string(s);
    // . . .
}
catch (bad_from_string e) {
    error("bad input string",s);
}
```

from_string( ) 比 **to_string( )** 更加复杂一些，这是因为 **string** 对象可以表示多种类型的值。所以必须给定要从 **string** 对象中提取的值的类型。这也意味着，我们看到的 **string** 对象表示的值可能不是所期望的类型。例如：

```cpp
int d = from_string<int>("Mary had a little lamb");  // 糟糕！
```

由于存在发生这种错误的可能性，前面才定义了 **bad_from_string** 异常来表示这类错误。在23.9 节中，将看到为什么 **from_string( )**（或功能等价的函数）对文本处理至关重要，因为需要从文本字段中提取数值。在 16.4.3 节中，介绍了在 GUI 代码中如何使用一个类似的函数 **get_int( )**。

注意，**to_string( )** 和 **from_string( )** 在功能上是相似的。实际上，它们大致是彼此的逆操作。也就是说（忽略空格、舍入等细节），对于每个"合适的类型 **T**"，我们有如下结论：

```
s==to_string(from_string<T>(s)); // 对所有 s
```

以及：

```
t==from_string(to_string<T>(t)); // 对所有 t
```

这里"合适的"意味着 **T** 应该具有默认构造函数、>> 运算符和一个匹配的 << 运算符。

需要留意，**to_string( )** 和 **from_string( )** 的实现都使用 **stringstream** 来完成所有困难的工作。实际上，对于任何具有 << 和 >> 运算符的类型，我们都可以使用这种技术手段来实现类型转换：

```
template<typename Target, typename Source>
Target to(Source arg)
{
    stringstream interpreter;
    Target result;

    if (!(interpreter << arg)              // 将 arg 写入流
       || !(interpreter >> result)          // 从流中读取 result
       || !(interpreter >> std::ws).eof())  // 是否已经读到了流的末尾?
            throw runtime_error{"to<>() failed"};

    return result;
}
```

对于 !(interpreter>>std::ws).eof( ) 是否感到很好奇？在提取结果后，读取 **stringstream** 中可能留下的任何空白符。空白符是允许出现的，但输入中不应该还有其他字符，我们可以通过查看是否处于"文件末尾（eof，end of file）"来进行检查。因此，如果尝试从一个 **string** 中读取一个 **int**，那么 **to<int>**("123") 和 **to<int>**("123 ") 都会成功，但 **to<int>**("123.5") 会失败，因为最后还剩下了 .5 没有处理。

23.3 I/O 流

I/O 流的作用是建立字符串和其他类型之间的联系。标准库 I/O 流不仅用作输入和输出，它还可以用于实现内存中字符串格式和类型的转换。标准库 I/O 流提供了读取、写入和格式化字符串的功能。**iostream** 库在第 10 章和第 11 章中已经进行了介绍，这里简单总结一下，如表 23-2 所示。

表 23-2 I/O 流

I/O 流	
in >> x	根据 x 的类型，从 in 中读取数据存入 x
out << x	根据 x 的类型，将 x 的内容写入 out
in.get(c)	从 in 中读取一个字符存入 c
getline(in,s)	从 in 中读取一行内容存入字符串 s

标准库 I/O 流的类层次结构如图 23-1 所示（参见 14.3 节）。

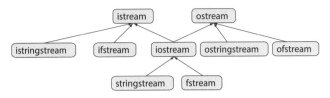

图 23-1　标准库 I/O 流的类层次结构

这些类一起，提供了对文件和字符串，以及任何可以当作是文件或字符串的内容（如键盘和屏幕，参见第 10 章）进行 I/O 操作的能力。正如第 10 章和第 11 章所述，**iostream** 提供了相当精细的格式化功能。图 23-1 中的箭头表示继承关系（参见 14.3 节），举例来说，一个 **stringstream** 对象在使用时可以被当作是 **iostream**、**istream** 或 **ostream**。

与 **string** 类似，**iostream** 可以与 Unicode 等更大的字符集一起使用，用法与普通字符集一致。再次注意，如果需要使用 Unicode I/O，最好向有经验的人请教，使用时不仅需要遵循程序设计语言规则，还必须遵循一些系统约定。

23.4　映射容器

关联容器，例如映射容器、哈希表，在许多文本处理中都起到关键（英文为 key）作用（这里的 "key" 一语双关，既表示很 "关键"，又表示数据结构中的 "关键字"）。原因很简单，当我们处理文本时，收集的信息通常与文本字符串相关，例如，姓名、地址、邮政编码、社会保障号码、职务等。即使这些文本字符串中的一些可以转换为数值，但将它们视为文本并使用该文本作为标识，通常更方便、更简单。单词计数示例（参见 21.6 节）是一个很好的简单示例。如果你还不太习惯使用 **map**，在继续学习下面的内容之前，请重新阅读 21.6 节。

以电子邮件系统为例。使用者通常在某些程序（如 Thunderbird 或 Outlook）的帮助下搜索和分析电子邮件和电子邮件日志。在大多数情况下，这些程序使用户无需查看所有的邮件内容，就能获得需要的信息。如发件人、接收人、抄送人、转发痕迹等信息，都是以邮件头中的文本形式呈现给程序，那里保存着完整的信息。目前，分析邮件头的工具有数千种，大多数使用正则表达式（如 23.5~23.9 节所述）来提取信息，并使用某种形式的关联容器来组织相关数据。例如，我们经常会根据发件人、邮件主题或其他关键字对邮件进行搜索。

在这里，将使用一个简化的邮件文件来说明从文本文件中提取数据的一些技术。下面是来自 www.faqs.org/rfcs/RFC2822.html 的真实的 RFC2822 邮件头：

```
xxx
xxx
----
From: John Doe <jdoe@machine.example>
To: Mary Smith <mary@example.net>
Subject: Saying Hello
Date: Fri, 21 Nov 1997 09:55:06 -0600
Message-ID: <1234@local.machine.example>
This is a message just to say hello.
So, "Hello".
----
From: Joe Q. Public <john.q.public@example.com>
```

```
To: Mary Smith <@machine.tld:mary@example.net>, , jdoe@test .example
Date: Tue, 1 Jul 2003 10:52:37 +0200
Message-ID: <5678.21-Nov-1997@example.com>
Hi everyone.
----
To: "Mary Smith: Personal Account" <smith@home.example>
From: John Doe <jdoe@machine.example>
Subject: Re: Saying Hello
Date: Fri, 21 Nov 1997 11:00:00 -0600
Message-ID: <abcd.1234@local.machine.tld>
In-Reply-To: <3456@example.net>
References: <1234@local.machine.example> <3456@example.net>
This is a reply to your reply.
----

----
```

为了简单起见，这里删除了邮件中的大部分内容，并在每个邮件之后添加了"----"符号，来表示结束。我们将编写一个小巧的"玩具应用程序"，查找"**John Doe**"发送的所有邮件，并输出它们的"**主题（Subject）**"。其中，展现出的技术，同样可以用于实现更复杂、更有趣的需求。

首先，必须选择是采用随机访问，还是通过输入流的方式分析数据。我们选择随机访问，因为程序在实际使用过程中，可能只对某几个发件人的消息感兴趣，或者只关心来自于某一个发件人的某些信息。然而，随机访问的实现比起输入流的方式更困难一些，因此，将有机会研究更多的技术细节。特别地，我们将再次使用迭代器。

我们的基本思路是将一个完整的邮件读入一个数据结构（称为 **Mail_file**）。此结构使用 **vector<string>** 保存邮件的所有文本行，使用 **vector<Message>** 保存每一封邮件在 **vector<string>** 中的范围[①]，如图 23-2 所示。

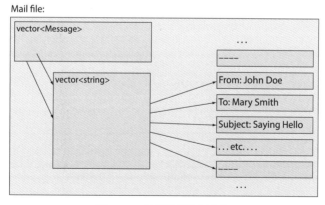

图 23-2　邮件程序数据结构

为了实现这一目的，我们将添加迭代器及函数 **begin( )** 和 **end( )**，这样就可以使用一致的方式遍历文本行和邮件。这个"样板代码"使得我们可以方便地访问邮件。考虑到这一点，我们的"玩具应用程序"将收集所有发件人的所有邮件，以方便访问[②]，如图 23-3 所示。

---

① 译者注：Message 包含两个迭代器，指向该邮件在 vector<string> 中的起始位置。图 23-2 中从 vector<Message> 发出来的两个箭头表示的就是两个迭代器。

② 译者注：图 23-3 中展现了 multimap 的数据结构，其中，人名为 key，指向的内容为 value。

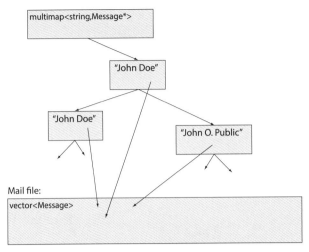

图 23-3　发件人与邮件的映射结构

　　最后，输出所有发件人为"John Doe"的邮件的主题，以此展示如何使用所创建的结构来处理邮件。

　　在这个程序中，使用了许多基本的标准库功能，如下所示：

```
#include<string>
#include<vector>
#include<map>
#include<fstream>
#include<iostream>
using namespace std;
```

我们将 **Message** 定义为一对指向 **vector<string>**（存放文本行的容器）的迭代器，如下所示：

```
typedef vector<string>::const_iterator Line_iter;
class Message { // 两个迭代器分别指向该邮件的第一行和最后一行
    Line_iter first;
    Line_iter last;
public:
    Message(Line_iter p1, Line_iter p2) :first{p1}, last{p2} { }
    Line_iter begin() const { return first; }
    Line_iter end() const { return last; }
    // . . .
};
```

我们将 **Mail_file** 定义为包含文本行和邮件的结构，如下所示：

```
using Mess_iter = vector<Message>::const_iterator;
struct Mail_file { // Mail_file包含文件中的所有行，并简化了对消息的访问
    string name;                    // 文件名称
    vector<string> lines;           // 按顺序存放的文本行容器
    vector<Message> m;              // 按顺序存放的邮件容器
    Mail_file(const string& n);     // 将文件 n 读入文本行容器

    Mess_iter begin() const { return m.begin(); }
    Mess_iter end() const { return m.end(); }
```

```
};
```

注意，在数据结构中添加迭代器，以便系统地遍历它们。实际上，我们并没有在这里使用标准库算法，但由于使用了迭代器，系统换成标准库算法的版本将会很容易。

要在邮件中查找并提取信息，还需要两个辅助函数：

```
// 在邮件中查找发件人的姓名
// 如果找到，则返回 true
// 如果找到，将发件人的姓名放在 s 中
bool find_from_addr(const Message* m, string& s);
// 返回消息的主题（如果有），否则返回 "":
string find_subject(const Message* m);
```

最后，编写一些代码，从文件中提取信息，如下所示：

```
int main()
{
    Mail_file mfile {"my-mail-file.txt"}; // 使用文本初始化 mfile

    // 首先将来自每个发送者的消息收集在 multimap 中:

    multimap<string, const Message*> sender;

    for (const auto& m : mfile) {
        string s;
        if (find_from_addr(&m,s))
            sender.insert(make_pair(s,&m));
    }

    // 现在遍历 multimap
    // 并提取 John Doe 邮件的主题:
    auto pp = sender.equal_range("John Doe <jdoe@machine.example>");
    for(auto p = pp.first; p!=pp.second; ++p)
        cout << find_subject(p->second) << '\n';
}
```

我们现在来详细分析一下映射容器的使用。这里，我们使用了 **multimap**（参见 20.10 节和附录 B.4），因为需要将来自同一发件人的多封邮件收集在一起。使用标准库 **multimap** 可以很好地完成这个任务，它使得访问具有相同关键字的元素变得容易了许多。显然，（通常情况下）我们的任务分为两部分：

● 构建映射容器。
● 使用映射容器。

通过遍历所有邮件，并使用 **insert( )** 将它们插入 **multimap** 中，由此构建 **multimap** 的内容，如下所示：

```
for (const auto& m : mfile) {
    string s;
    if (find_from_addr(&m,s))
        sender.insert(make_pair(s,&m));
}
```

映射容器中包含的元素是（键，值）对，我们可以使用 **make_pair( )** 创建这样类型的数据。使

用自定义的函数 **find_from_addr( )** 来查找发件人的名字。

为什么首先将消息放在一个 vector 中，然后再构建一个 **multimap**？为什么不一开始就将 Mossage 放入 map 中呢？原因很简单，这里只是在遵循最基本的准则：

- 首先，建立一个通用的结构，以便于支持完成多种任务。
- 然后，将其用于特定的应用程序。

通过这种方式，可以建立一个可重用的组件集合。如果我们一开始就在 **Mail_file** 中构建了一个 map，那么当想要完成一些不同的任务时，可能会被迫重新定义它。特别地，这里的 **multimap** （也就是代码里的 **sender** 对象）是基于邮件的地址（address）字段进行排序的。对于大多数其他应用程序来说，这样的顺序并没什么意义，它们可能更关心收件人、抄送地址、主题、时间戳等。

这种分阶段（或称为分层次）构建应用程序的方式可以极大地简化程序的设计、实现、文档和维护工作。关键点在于，每个阶段（或层次）只做一件事，而且做法很直接。与之相对的方法是，同时做几件事情就必然需要更高明的设计。显然，"从邮件头中提取信息"程序只是一个小例子。保持独立性、模块化和逐步构建应用程序的优势随着应用程序规模的增大而增加。

为了提取所需信息，只需使用函数 **equal_range( )**（参见附录 B.4.10）查找关键字为"**John Doe**"的所有条目。然后遍历函数 **equal_range( )** 返回的序列 **[first，second)** 中的所有元素，并使用函数 **find_subject( )** 提取主题：

```
auto pp = sender.equal_range("John Doe <jdoe@machine.example>");
for (auto p = pp.first; p!=pp.second; ++p)
    cout << find_subject(p->second) << '\n';
```

当我们遍历一个 map 中的元素时，我们得到一系列（键，值）对，在这些对中，第一个元素（在本例中是 string 类型的关键字）称为 first，第二个元素（在本例中是 Message 类型的值）称为 second（可参考 21.6 节）。

23.4.1　实施细节

显然，必须实现前面使用到的一些函数。对我们来说，将这些留作练习以节省版面是个诱人的想法，至少会很环保。但我们还是决定给出完整的示例。**Mail_file** 构造函数打开给定的文件，并构造 **lines** 和 **m** 两个向量，如下所示：

```
Mail_file::Mail_file(const string& n)
    // 打开名为 n 的文件
    // 读取 n 文件中的内容，写入 lines
    // 找到 lines 中的邮件，并在 m 中合成它们
    // 为简单起见，假设每条消息都以 ---- 行结尾
{
    ifstream in {n}; // 打开文件
    if (!in) {
        cerr << "no " << n << '\n';
        exit(1); // 结束程序
    }

    for (string s; getline(in,s); )  // 构建 lines 向量容器
        lines.push_back(s);

    auto first = lines.begin();      // 构建 Messages 的向量容器
```

```
for (auto p = lines.begin(); p!=lines.end(); ++p) {
    if (*p == "----") {                   // 邮件末尾
        m.push_back(Message(first,p));
        first = p+1;                      //---- 并不是邮件的一部分
    }
}
}
```

这段代码中的错误处理并不完善。如果这个程序是要提供给别人使用的，那么必须做得更好。

试一试

我们是认真的：运行这个示例并确保能够了解运行结果。什么是"更好的错误处理"？修改 Mail_file 的构造函数，以处理可能出现的、与"----"相关的格式错误。

在能够使用正则表达式（参见 23.6~23.10 节）更好地识别文件中的信息之前，函数 **find_from_addr( )** 和 **find_subject( )** 只是起到了占位的作用，如下所示：

```
int is_prefix(const string& s, const string& p)
    // p 是 s 的第一部分吗？
{
    int n = p.size();
    if (string(s,0,n)==p) return n;
    return 0;
}


bool find_from_addr(const Message* m, string& s)
{
    for(const auto& x:*m)
        if (int n = is_prefix(x,"From: ")) {
            s = string(x,n);
            return true;
        }
    return false;
}


string find_subject(const Message* m)
{
    for (const auto&x:*m)
        if (int n = is_prefix(x, "Subject: ")) return string(x,n);
    return "";
}
```

注意，我们使用子字符串的方式：**string(s，n)** 构造一个由 s 的尾部组成的字符串，即 **s[n]~s[size()–1]**；而 **string(s，0，n)** 构建一个由字符 **s[0]~s[n–1]** 的字符串。由于这些操作实际上构造了新的字符串并且会复制字符，因此，当性能至关重要时，需要谨慎使用。

为什么函数 **find_from_addr( )** 与 **find_subject( )** 如此不同？例如，一个返回 **bool** 值，另一个

返回 **string**。之所以这样设计，是因为需要强调下面两点：

- **find_from_addr( )** 需要区分两种情况，一种是查找有结果，但地址值为空（" "），另一种是查找无结果。在第一种情况下，**find_from_addr( )** 返回 **true**（因为它找到了一个地址），并将 **s** 设置为空字符串 " "（因为地址恰好为空）。在第二种情况下，它返回 **false**（因为没有地址行）。
- 如果有空主题或没有主题行，则 **find_subject()** 返回 " "。

find_from_addr( ) 这样区分有意义吗？是必须的吗？我们认为这种区分方式是有意义的，某些时候肯定会认识到这样做的重要性。当在文件中查找信息时，这种区分将反复出现：我们是否找到了要查找的字段，其中是否包含有用的内容？在实际项目中，**find_subject( )** 也应该按 **find_from_addr( )** 的风格编写，以允许用户进行区分。

现在，这个程序没有做性能优化，但对于大多数应用场景来说，它运行得足够快。特别地，它只读取一次输入文件，只有一份拷贝。对于大型文件，用 **unordered_multimap** 替换 **multimap** 可能更好，但除非测试一下，否则永远不会知道。

有关标准库关联容器（**map**、**multimap**、**set**、**unordered_map** 和 **unordered_multimap**）的介绍，请参见 21.6 节。

23.5　一个问题

I/O 流和 **string** 用于读写、存储字符序列，并对其进行一些基本操作。然而，当对文本进行操作时，通常需要结合字符串的上下文或涉及许多相似的字符串。来看一个简单的例子，分析电子邮件（一个单词序列），看看它是否包含美国某些州的邮政编码（两个字母的州缩写，后跟 5 个数字的邮政区号），如下所示：

```
for (string s; cin>>s; ) {
    if (s.size()==7
    && isalpha(s[0]) && isalpha(s[1])
    && isdigit(s[2]) && isdigit(s[3]) && isdigit(s[4])
    && isdigit(s[5]) && isdigit(s[6]))
        cout << "found " << s << '\n';
}
```

在这里，若 **isalpha(x)** 为真，则表示 x 为字母；若 **isdigit(x)** 为真，则表示 x 为数字（参见 11.6 节）。这个简单（过于简单）的解决方案存在几个问题：

- 它太冗长了（4 行代码，8 个函数调用）。
- 遗漏了（是有意的吗？）没使用空白符分隔的邮政编码（例如，"TX77845"、"TX77845 - 1234 和 **ATX77845**）。
- 遗漏了（是有意的吗？）州缩写字母和邮政区号数字之间有空白符的邮政编码（如 **TX 77845**）。
- 接受了（是有意的？）所有州缩写为小写字母的邮政编码（如 **tx77845**）。
- 如果需要检查一种不同格式的邮政编码（如 **CB3 0FD**），只能完全重写该代码。

一定存在更好的办法！在介绍这种方法之前，让我们再思考一下，如果决定继续使用"简单有效的老方法"，来编写更多的代码以处理更多情况，会遇到哪些问题：

- 如果需要处理多种格式，将被迫添加 **if** 或 **switch** 语句。

- 如果需要处理大写和小写的情况，必须显式地转换（通常转换为小写）或添加另一个 **if** 语句。
- 需要以某种方式描述查找内容的上下文，具体怎么做呢？这意味着，必须以字符而不是字符串为处理对象，这将失去 **iostreams** 带来的许多优势（参见 7.8.2 节）。

如果愿意，可以尝试继续使用这种老旧的方式编写代码。但后果将会很明显，即将被迫使用大量 **if** 语句来处理大量的特殊情况。即使是当前这个简单的例子，也可能需要处理不同的表示方式（例如，5 位数和 9 位数的邮政区号）。在许多其他的例子中，会需要处理重复的情况（例如，任意数量的数字，后面跟着一个感叹号，如 **123！** 和 **123456！** ）。另外，还必须处理前缀和后缀。正如在 11.1 节和 11.2 节中所展示的那样，程序员对规则性、简单性的渴望，并无法限制人们对输出格式的个人偏好。想想人们写日期时五花八门的格式，就会赞同这一观点：

```
2007-06-05
June 5, 2007
jun 5, 2007
5 June 2007
6/5/2007
5/6/07
...
```

之前也许还能凑合使用，但现在已经到了无法忍受的地步。经验丰富的程序员们宣称，"肯定存在更好的方法"，并开始寻找新的解决方案。最简单和最流行的解决方案是使用所谓的正则表达式。正则表达式是支撑许多文本处理程序的基础，是 UNIX 的 grep 命令的基础（参见练习题 8），也是很多重视文本处理的程序设计语言（如 AWK、PERL 和 PHP）的重要组成部分。

我们将使用的正则表达式是 C++ 标准库的一部分。它们与 PERL 中的正则表达式是兼容的。这为学习和使用提供了许多已有的文献、教材和手册。例如，可以参考 C++ 标准委员会的工作文件（可以在互联网上查找 "WG21"），或者约翰・马多克（John Maddock）的 **boost::regex** 文档，以及大多数 PERL 教材。在本章中，我们将介绍正则表达式的基本概念，以及一些最基本和最实用的使用方法。

试一试

在前面两个段落，我们"不小心"遗漏了几个名词和首字母缩略词的解释。在互联网上搜索这些名词，了解它们的含义。

23.6　正则表达式的思想

正则表达式的基本思想是：定义一种文本模式，用于查找匹配。思考一下，如何用一种简单明了的文本模式来描述美国的邮政编码（如 **TX77845**）。下面是第一次尝试：

```
wwddddd
```

其中，**w** 表示"任何字母"，**d** 表示"任何数字"。这里使用 **w**（表示 "word"），因为字母 l（表示 "letter"）太容易与数字 1 混淆。对于这个简单的示例，该符号表示方法是可行的，但让我们试试 9 位数的邮政区号格式（如 **TX77845 - 5629**），下面这样表示是否有效：

```
wwddddd-dddd
```

这看起来没什么问题，但为什么 d 可以表示"任何数字"，而 - 却只能表示"连字符"呢？无论如何，应该指出 w 和 d 是特殊的：它们表示字符集，而不是它们本身字符的值（w 表示"一个 a 或 b 或 c 或……"，d 表示"一个 1 或 2 或 3 或……"）。这种方式不够明确、不容易察觉。不如在一个字母前加反斜线符号，表示该字母指代一类字符，而不是字面含义，在 C++ 中通常也是这样使用特殊字符（例如，\n 是字符串文本中的换行符）。我们将得到下面这个模式：

```
\w\w\d\d\d\d\d-\d\d\d\d
```

这看上去很丑，但至少它是明确的，反斜线符号表明"发生了不寻常的事情"。在这里，通过简单的重复来表示重复的字符。这种做法不但乏味，而且容易出错。我们真的在连字符（-）前有 5 位数，其后有 4 位数了吗？的确是的，但实际上没有明确地写出来 5 和 4，所以必须数一数才能确定。可以在字符后面添加一个计数值，以表示重复的次数，例如：

```
\w2\d5-\d4
```

然而，的确需要一种语法来表明该模式中的 2、5 和 4 是计数值，而不是数字字符 2、5 和 4。让我们用花括号来表示计数值：

```
\w{2}\d{5}-\d{4}
```

这使得"{"与"\"一样变成了特殊字符，这无法避免，但有办法处理得更好一点。

到目前为止，一切都很好，但还必须处理两个更棘手的细节：邮政区号中的最后 4 位数字是可选的。我们设计的模式必须接受 TX77845 和 TX77845-5629。有两种基本的表达方式，一种是：

```
\w{2}\d{5} 或 \w{2}\d{5}-\d{4}
```

另一种是：

```
\w{2}\d{5} 和可选的 -\d{4}
```

为了简洁而准确地描述这两种方式，首先必须了解分组（或子模式）的概念，以便将 \w{2}\d{5}-\d{4} 分为 \w{2}\d{5} 和 -\d{4} 两个组成部分。按照惯例，使用括号表示分组，例如：

```
(\w{2}\d{5})(-\d{4})
```

我们现在已经将文本模式分为两个子模式，是时候介绍一下为什么要这样做了。和前面一样，引入新功能需要引入另一个特殊字符，"（"现在就像"\"和"{"一样具有了特殊含义。传统上，"|"用于表示"或"（从备选项中选择一项），而"?"用于表示可选项（可以选择要或是不要），所以邮政编码后 4 位数字可选的第一种表示方式：

```
(\w{2}\d{5})|(\w{2}\d{5}-\d{4})
```

第二种方式为：

```
(\w{2}\d{5})(-\d{4})?
```

与"{}"表示计数类似（如 \w{2}），可以使用问号"?"作为后缀。例如，(-\d{4})? 表示"-\d{4} 是可选项"。也就是说，可以接受一个连字符接 4 位数字作为后缀的邮政编码。实际上，5 位数的邮政区号模式（\w{2}\d{5}）使用的括号没起到任何作用，所以可以省略它们：

```
\w{2}\d{5}(-\d{4})?
```

为了完成 23.5 节中所述问题的解决方案，可以在两个字母后面添加一个可选的空格：

```
\w{2} ?\d{5}(-\d{4})?
```

新添加的" ?"看起来有点奇怪，其实它只是一个空格字符后面跟着一个问号而已，表明空格字符是可选的。如果觉得这看起来意图不够明显，像是无意写错了，那么可以将空格放在括号中：

```
\w{2}( )?\d{5}((-\d{4})?
```

如果认为这依然晦涩难懂，可以引入一种新符号表示空白字符，例如 \s（ s 代表 "space"）。于是，我们的文本模式将变成下面这样：

```
\w{2}\s?\d{5}(-\d{4})?
```

但如果在字母后面写了两个空格呢？按目前所定义的模式，将接受 TX77845 和 TX 77845，但会拒绝 TX 77845。这显然不符合要求。需要能够表示 "零个或更多空白字符"，因此，引入后缀 "*" 来表示 "零个或多个"，并得到：

```
\w{2}\s*\d{5}(-\d{4})?
```

如果是按照我们的步骤，一步不落地跟到这里，现在应该能感受到这个最终的正则表达式很合理。这种使用模式的表示法符合逻辑，而且非常简洁。此外，我们在做设计决策的时候是非常谨慎的：这种特别的表示方法非常流行。对于许多文本处理任务，都会使用到它。是的，它看起来有点像是一只猫走过键盘后的输出，哪怕是错误地输入一个字符（甚至空格）就会完全改变它意思，但请努力去适应它吧。我们再也没有比这更好的建议了。自从它首次被引入 UNIX 的 grep 命令以来，这种符号风格已经流行了 30 多年 [1]，而且要知道在 UNIX 的 grep 命令出现之前它就已经存在了。

23.6.1　原始字符串常量

需要特别留意，正则表达式模式中所有的反斜线符号。要在 C++ 字符串常量中使用反斜线符号（\），必须在它前面再加上一个反斜线符号。以邮政编码的模式为例：

```
\w{2}\s*\d{5}(-\d{4})?
```

要将该模式表示为字符串常量，必须写成：

```
"\\w{2}\\s*\\d{5}(-\\d{4})?"
```

稍微再充分考虑一点，需要匹配的许多模式都包含双引号（"）。要在字符串常量中添加双引号，也必须在其前面加一个反斜线符号。这可能很快变得难以管理。实际上，在实际使用中，这个 "特殊字符问题" 变得非常烦人，以至于 C++ 和其他语言引入了原始字符串常量的概念，以便能够处理实际的正则表达式模式。在原始字符串常量中，反斜线符号只是反斜线符号字符（而不是转义字符），双引号只是双引号字符（而不是表示字符串的两端）。作为原始字符串常量，邮政编码模式变成：

```
R"(\w{2}\s*\d{5}(-\d{4})?)"
```

R "(表示字符串的开始)" 表示字符串的结束。因此，得到了一个 22 个字符组成的字符串：

```
\w{2}\s*\d{5}(-\d{4})?
```

不包括结束符 0。

23.7　使用正则表达式进行查找

现在，可以使用 23.6 节中的邮政编码模式在文件中查找邮政编码。程序首先定义模式，然后逐行读取文件，查找与其匹配的内容。如果在某行中找到了符合模式的匹配项，则输出行号和找到的内容，如下所示：

```
#include <regex>
#include <iostream>
#include <string>
```

---

[1]　译者注：本章原著的创作时间为 2016 年。

```
#include <fstream>
using namespace std;

int main()
{
    ifstream in {"file.txt"}; // 输入文件
    if (!in) cerr << "no file\n";

    regex pat {R"(\w{2}\s*\d{5}(-\d{4})?)"};// 邮政编码模式
    int lineno = 0;
    for (string line; getline(in,line); ) { // 读取输入行，存到输入缓冲区
        ++lineno;
        smatch matches; // 匹配的字符串存到这里
        if (regex_search(line, matches, pat))
            cout << lineno << ": " << matches[0] << '\n';
    }
}
```

需要详细解释一下，这里使用了标准库 **<regex>** 中的正则表达式。使用它，可以定义模式 **pat**:

```
regex pat {R"(\w{2}\s*\d{5}(-\d{4})?)"}; // 邮政编码模式
```

一个 **regex** 模式也是一种 **string**，因此，可以用字符串初始化它。这里，使用了一个原始字符串常量。然而，一个 **regex** 不仅仅是一个 **string**，而且还是在正则表达式初始化（或赋值）时创建的某种复杂的机制，该机制用于模式匹配，其使用对用户来说是透明的，其内容超出了本书的范围。一旦用邮政编码模式初始化了一个 **regex**，就可以将其应用于文件中的每一行：

```
smatch matches;
if (regex_search(line, matches, pat))
    cout << lineno << ": " << matches[0] << '\n';
```

regex_search(line, matches, pat) 在 **line** 中查找与 **pat** 中的正则表达式相匹配的内容，如果找到匹配项，则将其存储在 **matches** 中；如果没有找到匹配项，则 **regex_search(line, matches, pat)** 将返回 **false**。

变量 **matches** 的类型为 **smatch**。其中，第一个字母 **s** 代表"子（sub）"或"字符串（string）"。本质上，**smatch** 是一个向量，其元素是 **string** 类型的子匹配。里面的第一个元素，这里的 **matches[0]** 是完全匹配的结果。如果 **i<matches.size( )**，则可以将 **matches[i]** 视为字符串。因此，如果对于给定的正则表达式，有 **N** 个子模式，则将有 **matches.size( )==N+1**。

那么，什么是子模式呢？这里先给出一个较好的、初步的答案："模式中任何在括号中的内容都可以作为一个子模式。"仔细看看 **\w{2}\s*\d{5}(-\d{4})?**，邮政编码 4 位扩展数字被包裹在括号中。这是该模式中唯一的子模式，因此，可以猜测（实际的确如此）**matches.size( )==2**。我们还猜测，访问最后 4 位数字会变得简单，例如：

```
for (string line; getline(in,line); ) {
    smatch matches;

    if (regex_search(line, matches, pat)) {
        cout << lineno << ": " << matches[0] << '\n'; // 完全匹配
        if (1<matches.size() && matches[1].matched)
```

```
                cout << "\t: " << matches[1] << '\n'; // 子匹配
        }
    }
```

严格来讲，可以不必测试 1<matches.size( )，因为我们已经对该模式的结构有了充分的了解。但我们觉得还是应该较真一点（因为我们一直在尝试各种模式，它们并不都是刚好只有一个子模式）。可以通过子匹配的 **matched** 成员来判断对应的子匹配是否成功，例如，示例中通过 **matches[1].matched**，询问第一个子匹配是否成功。当 **matches[i].matched** 为 **false** 时，不匹配的子模式 **matches[i]** 将输出为空字符串。类似地，不存在的子模式（如上面模式的 **matches[17]**）会按未匹配子模式进行处理。

以下面的内容作为程序的输入：

```
address TX77845
ffff tx 77843 asasasaa
ggg TX3456-23456
howdy
zzz TX23456-3456sss ggg TX33456-1234
cvzcv TX77845-1234 sdsas
xxxTx77845xxx
TX12345-123456
```

将得到的输出为：

```
1: TX77845
2: tx 77843
5: TX23456-3456
    : -3456
6: TX77845-1234
    : -1234
7: Tx77845
8: TX12345-1234
    : -1234
```

注意：

- 我们没有被以 **ggg** 开头的那行所欺骗，它的邮政编码格式是不正确的。（它错在哪里？）
- 在以 **zzz** 开头的那一行中，我们只找到第一个邮政编码（与我们的要求相符，我们要求每行只找一个）。
- 在第 5 行和第 6 行找到了正确的后缀。
- 在第 7 行的中找到了"隐藏"在两个 **xxx** 中的邮政编码。
- 在 **TX12345–123456** 中发现了"隐藏"在其中的邮政编码。（这是我们需要的结果吗？）

23.8　正则表达式语法

目前，我们已经看过了一个非常基础的正则表达式匹配示例。现在是时候更系统、更全面地学习正则表达式了（以 **regex** 库中使用的形式）。

正则表达式（英文为 regular expression，简称"regexp"或"regexs"）实际上是一种表达字符串模式的小巧的语言。它是一种具有强大表现力，并且非常简洁的语言，而且还有些神秘。经过几十年的使用，新增了许多微妙的特性和几种"方言"。在本章中，将只描述其中的一个庞大且实用的子集，这是目前使用最广泛的一种"方言"（PERL）。如果需要表达更多的东西（在此没有涉及的内容），或者希望多了解几种正则表达式，那就在互联网上搜索一下吧。质量参差不齐的教材和规范文档比比皆是。

regex 库还支持 ECMAScript、POSIX、awk、grep 和 egrep 表示法，以及一系列查找选项。这些都非常有用，特别是当你需要匹配另一种语言指定的某种模式时。如果需要一些我们没有介绍过的功能、特性，则可以查看这些选项。但请记住，"使用最多的特性"并不是良好的程序设计习惯。发发善心，多为负责代码维护的可怜的程序员着想吧（没准这个倒霉蛋就是几个月后的你自己），他必须阅读并理解你的代码，所以只编写必要的代码，尽可能避免晦涩难懂的特性。

23.8.1   字符和特殊字符

正则表达式描述了一种字符串匹配的模式。在默认情况下，模式中的字符与字符串中相对应的字符相匹配。例如，正则表达式（模式）"abc"将与"Is there an abc here?"中的 abc 相匹配。

正则表达式的真正威力来自"特殊字符"，以及在模式中具有特殊含义的字符组合，如表 23-3 所示。

表 23-3   正则表达式中特殊含义的字符

特殊含义的字符	
.	任何单个字符（"通配符"）
[	代表某种类型的字符
{	计数
(	子模式分组开始
)	子模式分组结束
\	下一个字符有特殊含义
*	0 个或多个
+	1 个或多个
?	可选项（0 个或 1 个）
|	二者选其一（或）
^	行的开始；否定
$	行的结束

例如：

x.y

匹配以 x 开头并以 y 结束的任意三个字符组成的字符串，如，xxy、x3y 和 xay，但不匹配 yxy、3xy 和 xy。

注意，{...}、*、+ 和 ? 是后缀运算符。例如，\d+ 表示"一个或多个十进制数字"。

如果要在模式中使用特殊字符，则必须使用反斜线符号"进行转义"。例如，+ 在模式中是运算符，表示"一个或多个"，但 \+ 表示加号本身。

23.8.2   字符的类别

通过"特殊字符"的使用，可以简洁地描述常见的字符组合，如表 23-4 所示。

表 23-4 使用特殊字符表示字符的类别

使用特殊字符表示字符的类别		
\d	十进制数字	**[[:digit:]]**
\l	小写字符	**[[:lower:]]**
\s	空白符（空格符、制表符等）	**[[:space:]]**
\u	大写字符	**[[:upper:]]**
\w	字母（a~z 或 A~Z）或数字（0~9）或下画线（_）	**[[:alnum:]]**
\D	除了 \d 之外的任何字符	**[^[:digit:]]**
\L	除了 \l 之外的任何字符	**[^[:lower:]]**
\S	除了 \s 之外的任何字符	**[^[:space:]]**
\U	除了 \u 之外的任何字符	**[^[:upper:]]**
\W	除了 \w 之外的任何字符	**[^[:alnum:]]**

注意，大写形式的特殊字符表示"除了相应的小写形式特殊字符所表示字符之外的任何字符"。需要特别留意的是，\W 表示"不是一个字母"而不是表示"一个大写字母"。

第三列的内容（例如，**[[:digit:]]**）提供了另一种表示相同含义的语法。

与 **string** 和 **iostream** 库类似，**regex** 库可以处理大型字符集，如 Unicode。这里的情况与 **string** 和 **iostream** 一样，我们再次提及它，以便你可以在需要时寻求帮助，以及查阅更多信息。处理 Unicode 文本操作超出了本书的讨论范围。

23.8.3 重复

模式的重复通过后缀运算符实现，如表 23-5 所示。

表 23-5 重复后缀运算符

重复	
{n}	正好重复 n 次
{n,}	重复 n 次或更多次
{n,m}	重复至少 n 次，最多 m 次
*	重复 0 次或更多次，即 {0,}
+	重复 1 次或更多次，即 {1,}
?	可选（0 或 1 次），即 {0,1}

例如：

Ax*

可以匹配以 **A** 开始，后跟 0 个或多个 **x** 的字符串，如：

```
A
Ax
Axx
Axxxxxxxxxxxxxxxxxxxxxxxxxx
```

如果希望字符至少出现一次，应该使用 + 而不是 *。例如：

Ax+

可以匹配以 **A** 开始，后跟一个或多个 **x** 的字符串，如：

```
Ax
Axx
Axxxxxxxxxxxxxxxxxxxxxxxxxxx
```

但不包括：

```
A
```

用问号表示常见的可选情况，即出现 0 次或 1 次的情况。例如：

\d-?\d

可以匹配两个数字之间带有可选连字符（-）的情况，如：

```
1-2
12
```

但不包括：

```
1--2
```

要指定特定的引用次数或特定的引用范围，请使用花括号。例如：

\w{2}-\d{4,5}

正好匹配以两个字母（或数字、下画线）和一个连字符（-）开始，后跟 4 个或 5 个数字的情况，如：

```
Ab-1234
XX-54321
22-54321
```

但不包括：

```
Ab-123
?b-1234
```

是的，你没看错，数字也属于 **\w** 所表示的字符类别。

23.8.4　子模式

要将一个正则表达式指定为一个子模式，可以使用括号对其进行分组。例如：

```
(\d*:)
```

也定义了一个由零个或多个数字后跟冒号的子模式。一个更复杂的模式可以由多个分组构成。例如：

```
(\d*:)?(\d+)
```

它表示字符串前面指定了一个可选项，其内容为零个或多个数字后跟冒号，后跟一个或多个数字的序列。难怪人们会发明正则表达式这么一种简洁而精确的表达方式，确实好用！

23.8.5　可选项

"或"运算符（|）表示二者选其一的概念。例如：

```
Subject: (FW:|Re:)?(.*)
```

这将匹配电子邮件主题行，其中，**FW:** 或 **Re:** 为可选项，后跟零个或多个字符。例如：

```
Subject: FW: Hello, world!
```

```
Subject: Re:
Subject: Norwegian Blue
```

但不包括：

```
SUBJECT: Re: Parrots
Subject FW: No subject!
```

不允许使用空的可选项：

```
(|def) // 错误
```

但是，可以同时指定多个可选项：

```
(bs|Bs|bS|BS)
```

23.8.6　字符集和范围

特殊字符为最常见的字符类别提供了一种速记表示法：数字（\d），字母、数字和下画线（\w）等（参见 23.7.2 节）。然而，有时候需要自定义字符类别，这很有用。例如：

[\w @]	一个单词字符（字母、数字、下画线）、一个空格或一个 @
[a–z]	小写字母 **a~z**
[a–zA–Z]	大写或小写字母 **A~Z**（或 **a~z**）
[Pp]	大写或小写的 **P**
[\w\–]	单词字符（字母、数字、下画线）或连字符（没有转义符的普通连字符表示"范围"）
[asdfghjkl;']	美式 QWERTY 键盘中间一行上的所有字符
[.]	点
[.[{(*+?^$]	正则表达式中所有具有特殊含义的字符

在字符类别规范中，–（连字符）用于指定范围，例如，[1–3]（1、2 或 3）和 [w–z]（w、x、y 或 z）。请谨慎使用这些范围：不是每种语言都有相同的字符集合，字符编码顺序也各不相同。如果需要使用的一个范围，但不是英语字母表中最常见字母和数字的子范围，则请先查阅相关资料。

注意，可以在字符类别规范中使用特殊字符，如 \w（意思是"任何单词字符"）。那么，如何在字符类别中添加反斜线符号（\）？像往常一样，对反斜线符号进行"转义"：\\。

当字符类别规范的第一个字符是 ^ 时，^ 表示"否定"的概念。例如：

[^aeiouy]	不是一个英语元音
[^\d]	不是一个数字
[^aeiouy]	一个空格、一个 ^，或一个英语元音 [①]

在最后一个正则表达式中，^ 不是 [之后的第一个字符，因此，它只是一个普通字符，而不是一个否定运算符。正则表达式有时就是如此微妙，有许多不易察觉的细节。

regex 的实现还提供了一组命名字符类别（named character class）用于匹配。例如，如果想匹配任何字母数字（alphanumeric）字符（即匹配字母或数字：**a~z**、**A~Z** 或 **0~9)**，可以使用正则表达式 [[:alnum:]]。这里，**alnum** 是一个字符集（字母数字字符集）的名称。引号包围的、包含字母和数字字符的非空字符串的模式是"[[:alnum:]]+"。要将正则表达式表示为普通的字符串常量，必须对引号进行转义：

```
string s {"\"[[:alnum:]]+\""};
```

---

① 译者注 1：注意 ^ 前有一个空格。

此外，要把字符串常量放到一个 **regex** 中，必须对反斜线符号进行转义 [①]：

```
regex s {"\\\"[[:alnum:]]+\\\""};
```

使用原始字符串常量会更简洁：

```
regex s2 {R"("[[:alnum:]]+")"};
```

对于包含反斜线符号或双引号的模式的表示，首选原始字符串常量。这也是多数应用程序中采用的方式。

使用正则表达式会导致很多符号约定。表 23-6 是一个标准字符类别列表。

表 23-6　字符类别

字符类别	
alnum	任何字母数字（alphanumeric）字符
alpha	任何字母字符
blank	除换行符以外的任何空白符
cntrl	任何控制字符
d	任何十进制数字
digit	任何十进制数字
graph	任何图形字符
lower	任何小写字符
print	任何可打印字符
punct	任何标点字符
s	任何空白符
space	任何空白符
upper	任何大写字符
w	任何单词字符（字母、数字、下画线）
xdigit	任何十六进制数字字符

基于 **regex** 的实现可以提供更多的字符类别，但如果决定使用这里没有列出的命名类别，则需要确保它的可移植性能够满足需求。

23.8.7　正则表达式错误

如果指定一个错误的正则表达式会发生什么？考虑下面的情况：

```
regex pat1 {"(|ghi)"};        // 错误：备选项不能为空
regex pat2 {"[c-a]"};         // 错误：范围不存在
```

当将一种模式赋值给正则表达式时，它会检查该模式，如果正则表达式匹配器无法使用它进行匹配（因为它是非法的或过于复杂），则会抛出一个 **bad_expression** 异常。

下面这个小程序可以帮助你了解正则表达式是如何匹配的：

```
#include <regex>
```

[①] 译者注 1：注意字例中是三个反斜线符号，前面两个反斜线符号表示双引号前面的单反斜线符号，后面的反斜线符号加双引号表示的是双引号。例如，使用 regex_search 函数对字符串 "are you \"happy\"！！" 进行搜索的结果为 "happy"，会包含引号，但并不会包含转义符。

```cpp
#include <iostream>
#include <string>
#include <fstream>
#include<sstream>
using namespace std;
// 从输入中读取一个模式和一组文本行
// 检查模式并找出匹配该模式的文本行
int main()
{
    regex pattern;

    string pat;
    cout << "enter pattern: ";
    getline(cin,pat);          // 读取模式

    try {
        pattern = pat;         // 这里会检查 pat
        cout << "pattern: " << pat << '\n';
    }
    catch (bad_expression) {
        cout << pat << " is not a valid regular expression\n";
        exit(1);
    }

    cout << "now enter lines:\n";
    int lineno = 0;

    for (string line; getline(cin,line); ) {
        ++lineno;
        smatch matches;
      if (regex_search(line, matches, pattern)) {
            cout << "line " << lineno << ": " << line << '\n';
            for (int i = 0; i<matches.size(); ++i)
                cout << "\tmatches[" << i << "]: " << matches[i] << '\n';
        }
        else
            cout << "didn't match\n";
    }
}
```

试一试

编译、运行上面的程序，并使用它尝试一些模式，如 abc、x.*x、(.*)、\([^)]*\) 及 \w+ \w+(Jr\.)?。

23.9　与正则表达式进行模式匹配

正则表达式有两种基本用法：

- 查找字符串。在（任意长的）数据流中查找与正则表达式匹配的字符串。例如，regex_search( ) 在数据流中查找与给定模式相匹配的子字符串。
- 判断是否匹配。判断正则表达式与（长度已知的）字符串是否匹配。例如，regex_match( ) 判断给定模式与字符串是否完全匹配。

在 23.6 节中，查找邮政区号就是一个查找字符串的示例。下面，将介绍一个匹配的示例，思考一下，如何从表 23-7 中提取数据。

表 23-7　某小学 2007 年的学生人数

klasse	antal drenge	antal piger	elever ialt
0A	12	11	23
1A	7	8	15
1B	4	11	15
2A	10	13	23
3A	10	12	22
4A	7	7	14
4B	10	5	15
5A	19	8	27
6A	10	9	19
6B	9	10	19
7A	7	19	26
7G	3	5	8
7I	7	3	10
8A	10	16	26
9A	12	15	27
0MO	3	2	5
0P1	1	1	2
0P2	0	5	5
10B	4	4	8
10CE	0	1	1
1MO	8	5	13
2CE	8	5	13
3DCE	3	3	6
4MO	4	1	5
6CE	3	4	7
8CE	4	4	8

klasse	antal drenge	antal piger	elever ialt
9CE	4	9	13
rest	5	6	11
Alle klasser	184	202	386

表 23-7 为本贾尼·斯特劳斯特卢普的小学母校 2007 年的学生人数 [①]，是从网页上提取下来的，它看起来很工整、也很典型，也正是进行数据分析时经常遇到的数据格式：

- 它有数值字段。
- 它有字符域，只有理解表格上下文的"人"，才能看懂这些字符串的含义（选用丹麦语的表格，就是为了强调这一点。）
- 字符串中包含空格。
- 此数据的"字段"由"分隔符"隔开，在本例中，"分隔符"为制表符。

我们选择的这个表格"相当典型"且"难度适中"。但要注意，有一个微秒的小问题需要面对，实际上人眼看不出空格和制表符之间的区别，只能把这个问题留给代码去解决。

下面举例说明正则表达式的下列用途：

- 验证表格布局是否正确，即每一行是否都包含正确数量的字段。
- 验证合计值（每一列最后一行中的数值）是否准确。

如果能顺利完成这个任务，那么我们将会有信心完成任何类似的任务！例如，可以基于这个表格创建一个新的表格，在新表格中合并具有相同数字开头的行，开头的数字表示年级，如一年级以 1 开头，或者查看学生人数在相关年份中是增加了还是减少了（参见练习题 10 和练习题 11）。

要分析表格，需要两种模式，一种用于标题行，另一种用于其余行：

```
regex header {R"(^[\w ]+(    [\w ]+)*$)"};
regex row {R"(^[\w ]+(  \d+)(  \d+)(  \d+)$)"};
```

记住，我们一直赞扬正则表达式的简洁和实用，但从来没有称赞它容易被初学者理解。实际上，正则表达式有"只写语言"的名声。让我们从标题行开始分析。由于它不包含任何数字数据，可以略过第一行，但作为练习，还是来解析一下它。它由 4 个"单词字段"（"字母数字字段"）组成，不同字段用制表符隔开。这些字段可能包含空格，因此，不能简单地直接使用 \w 来指定其字符类别，而是使用 [\w]，即单词字符（字母、数字或下画线）或空格。一个或多个这样的字符用 [\w]+ 表示。我们需要在行的开头有一个这样类别的字符，所以我们使用 ^[\w]+。符号"^"表示"行头"。其余的每个字段都可以表示为一个制表符后跟一些单词：([\w]+)。现在，可以表示任意数量的这种字段后跟一个行尾：([\w]+)*$。美元符号（$）表示"行尾（end of line）"。

注意，在现实中人眼很难区分制表符和空格，但在本例中，在排版时故意加宽了制表符。

现在，到了更有趣的部分：将需要一种模式，能够从行中提取数字。第一个字段与之前相同：^[\w]+。它后面正好有三个数字字段，每个数字字段前面都有一个制表符 (\d+)，因此，可以得到：

```
^[\w ]+(  \d+)(  \d+)(  \d+)$
```

将其放入原始字符串常量后变为：

```
R"(^[\w ]+(  \d+)(  \d+)(  \d+)$)"
```

现在，要做的就是使用这些模式。首先，对表格的布局进行验证：

---

① 译者注：丹麦小学为 9 年义务教育。

```
int main()
{
    ifstream in{ "table.txt" };                        // 输入文件
    if (!in) error("no input file\n");

    string line;                                        // 输入缓冲区
    int lineno = 0;

    regex header{ R"(^[\w ]+( [\w ]+)*$)" };            // 标题行
    regex row{ R"(^[\w ]+( \d+)( \d+)( \d+)$)" };       // 数据行

    if (getline(in, line)) {                            // 检查标题行
        smatch matches;
        if (!regex_match(line, matches, header))
            error("no header");
    }

    while (getline(in, line)) {                         // 检查数据行
        ++lineno;
        smatch matches;
        if (!regex_match(line, matches, row))
            error("bad line", to_string(lineno));
    }
}
```

为了简洁起见，我们省略了所有的 **#include**。需要对所有行上的所有字符进行检查，因此，使用 **regex_match( )** 而不是 **regex_search( )**。这两者之间的区别在于，**regex_match( )** 必须匹配其输入的所有字符才算成功，而 **regex_search( )** 只需要找到匹配的子字符串即可。将 **regex_match( )** 错误地写成了 **regex_search( )**（反之亦然）将导致错误，而这种错误总是令人抓狂、很难被发现。而且，这两个函数接受"匹配"参数的方式也一样。

接下来，验证该表格中的数据。男孩（"drenge"）和女孩（"piger"）列中记录了其学生数量。对于每一行，检查最后一个字段（"ELEVER IALT"）是否正好等于前面两个字段的总和。最后一行（"Alle klasser"）记录的是所在列上面数字的总和。为了方便检查，修改了模式 **row**，这样就能对文本字段进行子匹配，以便可以识别"Alle klasser"，例如：

```
int main()
{
    ifstream in{ "table.txt" };                        // 输入文件
    if (!in) error("no input file");

    string line;                                        // 输入缓冲区
    int lineno = 0;

    regex header{ R"(^[\w ]+( [\w ]+)*$)" };            // 标题行
    regex row{ R"(^[\w ]+( \d+)( \d+)( \d+)$)" };       // 数据行

    if (getline(in, line)) {                            // 检查标题行
```

```
            smatch matches;
            if (regex_match(line, matches, header)) {
                error("no header");
            }
        }
        // 列合计:
        int boys = 0;
        int girls = 0;

        while (getline(in, line)) {
            ++lineno;
            smatch matches;
            if (!regex_match(line, matches, row))
                cerr << "bad line: " << lineno << '\n';

            if (in.eof()) cout << "at eof\n";
            // 检查行:
            int curr_boy = from_string<int>(matches[2]);
            int curr_girl = from_string<int>(matches[3]);
            int curr_total = from_string<int>(matches[4]);
            if (curr_boy + curr_girl != curr_total) error("bad row sum \n");

            if (matches[1] == "Alle klasser") {                     // 最后一行
                if (curr_boy != boys) error("boys don't add up\n");
                if (curr_girl != girls) error("girls don't add up\n");
                if (!(in >> ws).eof()) error("characters after total line");
                return 0; // 一切正常, 正常退出
            }
            // 更新合计::
            boys += curr_boy;
            girls += curr_girl;
        }
        error("didn't find total line");
    }
```

最后一行在语义上与其他行不同——这是它们的总和。通过标签（"Alle klasser"）来识别它。在这一行之后，如果没有找到期望的匹配数据，或是数据之后有其他非空白字符（使用 23.2 节中 **to<>( )** 里采用的技术），则给出错误提示。

使用 23.2 节中的 **from_string( )** 从数据字段中提取一个整数值。由于已经检查了这些字段是否完全由数字组成，因此，不必再检查 **string** 到 **int** 的转换是否成功。

 操作题

1. 确认 **regex** 是否是你机器上标准库的一部分。提示: 尝试使用 **std::regex** 和 **tr1::regex**。

2. 将 23.7 节中的小程序运行起来，这可能涉及如何设置项目工程或通过命令行参数链接到 regex 库，以及 regex 相关头文件的使用。

3. 使用第 2 题中的程序测试 23.7 节中的模式。

回顾

1. 可以从哪里查找"文本"？

2. 标准库中哪些功能在文本分析中最常用？

3. insert( ) 的插入位置是给定位置（或迭代器）之前还是之后？

4. 什么是 Unicode？

5. 如何将 string 转换为其他类型，以及将其他类型转换为 string？

6. cin>>s 和 getline(cin,s) 之间有什么区别（假设 s 是一个 string）？

7. 列出标准流。

8. map 的关键字是什么？举例说明一些关键字类型。

9. 如何遍历一个 map 中的元素？

10. map 和 multimap 之间有什么区别？map 中有一个很实用的操作是 multimap 没有的，是哪一个？为什么？

11. 前向迭代器需要支持哪些操作？

12. 空字段和字段不存在有什么区别？给出两个例子。

13. 为什么需要在正则表达式中使用转义符？

14. 如何将正则表达式转换为 regex 变量？

15. \w+\s\d{4} 匹配的是什么样的字符串？给出三个例子。当初始化 regex 变量时，如何使用字符串常量来表示这个样式？

16. 在程序中，如何确定一个字符串是不是有效的正则表达式？

17. regex_search( ) 的作用是什么？

18. regex_match( ) 的作用是什么？

19. 如何在正则表达式中表示点字符（.）？

20. 如何在正则表达式中表示"至少三个"的概念？

21. 字符 7 属于 \w 字符类别吗？_（下画线符号）呢？

22. 大写字母的正则表达式是什么？

23. 如何自定义字符集？

24. 如何提取整数字段的值？

25. 如何将浮点数表示为正则表达式？

26. 如何从匹配结果中提取浮点值？

27. 什么是子匹配？如何访问子匹配结果？

术语

match（匹配）	regex_match( )	search（查找）
multimap	regex_search( )	smatch
pattern（模式）	regular expression（正则表达式）	sub-pattern（子模式）

练习题

1. 运行电子邮件文件分析示例，自己创建一个更大的邮件文件对其进行测试。确保文件中包含可能触发错误的邮件信息，例如，具有两个地址行的邮件、具有相同地址和/或主题的多封邮件及空邮件。另外，用一些显然不符合规范的邮件信息对程序进行测试，例如，一个不包含 ---- 行的大文件。

2. 添加一个 multimap 对象，使用它保存主题。让程序通过键盘输入的方式获取一个字符串，并打印出以该字符串为主题的所有邮件消息。

3. 修改 23.4 节中的电子邮件示例程序，使用正则表达式查找主题和发件人。

4. 找到一个包含多条真实电子邮件信息的文件（包含真实的邮件内容），并修改程序，使其能够接收用户输入作为发件人，并提取电子邮件文件中该发件人相关的所有主题行。

5. 查找一个大的电子邮件消息文件（包含数千封邮件信息），然后使用一个 multimap 进行输出测试，看看需要花费多少时间。然后将 multimap 替换为 unordered_multimap 再进行测试。注意，我们的应用程序没有利用 multimap 的排序功能。

6. 编写一个在文本文件中查找日期的程序。以 "line-number: line" 的格式输出至少包含一个日期的所有行。使用正则表达式，从简单的日期格式开始，例如，12/24/2000，并用它测试程序。然后，添加更多的格式。

7. 编写一个程序（类似于练习题 6 中的程序），在文件中查找信用卡卡号。做一些调查研究，弄清楚现实生活中信用卡卡号的格式是什么样的。

8. 修改 23.8.7 节中的程序，使其接受一个模式和一个文件名作为输入，它的输出为 "line-number: line" 格式的匹配项。如果未找到匹配项，则输出为空。

9. 使用 eof( )（参见附录 B.7.2），可以确定表的哪一行是最后一行。尝试用它简化 23.9 节中的表格检查程序。在测试程序时，请务必使用在表格后面以空行为结尾的文件，以及不以换行符结尾的文件。

10. 修改 23.9 节中的表格检查程序，合并具有相同初始数字的行（表示年级：一年级以 1 开头），输出一个新的表格。

11. 修改 23.9 节中的表格检查程序，输出学生人数在相关年份中是增加还是减少的。

12. 根据查找包含日期行的程序（参见练习题 6）编写一个新程序，查找所有日期并将其重新转换为 ISO yyyy-mm-dd 格式。程序应接收一个输入文件，输出文件除了日期格式不同，其他部分保持与输入文件一样。

13. 点（.）是否与 "\n" 相匹配？编写一个程序验证一下。

14. 编写一个类似 23.8.7 节中的程序（可以通过输入模式来进行匹配）。但是，使用文件作为程序输入（用换行符 "\n" 表示换行），这样就可以验证包含跨行的模式。测试这个程序，并记录十几种测试模式。

15. 描述一种不能用正则表达式表示的模式。

16. 仅限专家：证明在练习题 15 中描述的模式确实不符合正则表达式。

附言

人们很容易陷入这样的观点：计算机和计算都是关于数字的，计算就是数学的一种形式。显然，事实并非如此。看看你的电脑屏幕，它充满了文本和图片。也许它正忙着播放音乐。对于任何应用程序，使用适当的工具都很重要。对 C++ 而言，这意味着使用适当的库。对于文本处理，正则表达式库通常是关键工具，map 和标准库算法也很有帮助。

第 24 章

数值计算

"每一个复杂的问题，都有一个清晰、简
单但错误的答案。"

——H.L. Mencken

本章介绍一些基本语言特性和标准库功能对数值计算的支持。我们将讨论大小、精度和截断这些基本问题。本章的核心部分是对多维数组的讨论，包括 C 风格的多维数组和 N 维矩阵库。我们还将介绍随机数的概念，它被广泛应用于测试、模拟仿真和电子游戏领域。最后，我们列出了标准库数学函数，并简要介绍了标准库中复数的基本功能。

24.1　介绍

对某些人来说，数值意味着严谨的数学计算，这几乎是他们工作的全部。许多科学家、工程师和统计学家都属于这一类。对于更多的人来说，数值计算有时是必不可少的。偶尔与物理学家合作的计算机科学家就属于这一类。而对于大多数人来说，除了简单的整数和浮点数运算之外，对数值计算的需求是很少的。本章的目的是介绍一些处理简单数值计算问题的程序设计语言技术细节。我们不打算介绍数值分析或浮点运算的细节，这些内容远远超出了本书的讨论范围，并与具体应用领域中的特定业务主体密切相关。本章将主要介绍如下问题：

- 与具有固定大小的内置类型相关的问题，例如，精度和溢出。
- 数组，包括内置多维数组的概念，以及更适合数值计算的 **Matrix** 库。
- 随机数的最基本概念。
- 标准库中的数学函数。
- 复数。

重点是 **Matrix** 库，它使矩阵（多维数组）的处理变得简单。

24.2　大小、精度和溢出

当使用内置类型和常用信息技术时，数值会占用固定大小内存。也就是说，整数类型（**int**、**long** 等）只是整数数学概念的近似值，浮点类型（**float**、**double** 等）是实数数学概念的近似值。这意味着，从数学的角度来看，某些计算是不精确或错误的。考虑下面的情况：

```
float x = 1.0/333;
float sum = 0;
for (int i=0; i<333; ++i) sum+=x;
cout << setprecision(15) << sum << "\n";
```

运行这个程序，有些人会以为结果为 1，但实际上得到的是：

```
0.999999463558197
```

这正是我们期望的运行结果，这是舍入误差的影响。一个浮点数在内存中只占有固定数量的二进制位，因此，可以很容易地指定一个计算来"欺骗"计算机，这类计算需要的精度超过了计算机硬件所能提供的范围。例如，有理数 1/3 不能精确地表示为十进制数（无论使用多少位小数）。1/333 的情况也一样，所以当添加 333 份 x（机器对 1/333 的最佳近似浮点值）时，得到的结果与 1 略有不同。每当大量使用浮点数时，就会出现截断误差，唯一的问题是误差是否会显著影响结果。

从始至终都需要检查计算结果是否合理。当进行计算时，必须对什么是合理的结果，有清晰的概念，否则很容易被一些"愚蠢的错误"或计算误差所愚弄。要对截断误差保持警惕，如果有疑问，则一定要咨询专家或查阅数值计算相关的技术资料。

试一试

将上述示例中的 333 替换为 10，然后再次运行该示例。你期望得到什么结果？实际得到了什么结果？我们警告过你的！

固定大小对整数的影响会更明显。原因在于，根据定义浮点数是实数的近似值，因此，它们往往会丢失精度（即丢失最低有效位）。而对整数的影响往往是引起溢出（即丢失最高有效位）。这使得浮点数运算的误差变得很隐蔽（不容易被初学者发现），而整数的误差则非常明显（通常很容易被发现）。请记住，我们更希望错误更早地、更明显地暴露出来，以便能够及时修复。

思考下面这个整数问题：

```
short int y = 40000;
int i = 1000000;
cout << y << " " << i*i << "\n";
```

运行结果为：

```
-25536 -727379968
```

这结果与我们的预期相符。这里看到的是典型的溢出现象。由于不可能有足够数量的位数来表示所有的整数，整数类型仅可以表示相对较小的整数。在本例中，两个字节的 **short** 整形不能表示 40 000，4 字节的 **int** 整形无法表示 1 000 000 000 000。C++ 内置类型（参见附录 A.8）的实际大小取决于硬件和编译器，**sizeof(x)** 可以返回 x 的字节数（bytes），其中，x 可以是一个对象，也可以是一种类型。按照 **sizeof(char)==1** 的定义，一些常见类型的大小如图 24-1 所示。

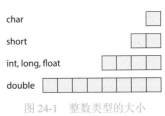

图 24-1　整数类型的大小

这些是在 Windows 操作系统上，使用微软编译器时类型的大小。C++ 提供各种大小的整数和浮点数，但除非有充分的理由，否则请坚持使用 **char**、**int** 和 **double** 这几个标准宽度的类型。剩下的那些整数和浮点类型，使用它们通常带来的麻烦会大于好处。

可以将整数值赋给浮点数变量。如果整数值大于浮点类型所能表示的范围，则会丢失精度，例如：

```
cout << "sizes: " << sizeof(int) << ' ' << sizeof(float) << '\n';
int x = 2100000009; // 大整数
float f = x;
cout << x << ' ' << f << '\n';
cout << setprecision(15) << x << ' ' << f << '\n';
```

在我们的计算机上，输出结果为：

```
Sizes: 4 4
```

```
2100000009 2.1e+009
2100000009 2100000000
```

float 类型和 int 类型占用同样大小的内存空间（4 字节）。一个 float 值由一个"尾数" a（通常是 0~1 的一个数）和一个指数 b 组成（$a×10^b$），因此，它不能精确表示最大的 int 值（要知道一个 float 的大小是固定的，如果为了提高精度，增加尾数部分的位数，就需要减少指数部分的位数）。因此，上面示例中的 f 无法精确地表示 2 100 000 009，只能保存其近似值，对于最后这个数字 9 它实在是无能为力了，这就是输出结果是 2 100 000 000 的原因。

另一方面，当将浮点数分配给整数时，会得到截断结果，即小数部分被简单地丢弃。例如：

```
float f = 2.8;
int x = f;
cout << x << ' ' << f << '\n';
```

x 的值将为 2，并不会四舍五入得到 3。在 C++ 中，float 到 int 的转换会截断而不是舍入。

在进行计算时，必须注意可能的溢出和截断。C++ 不会解决此类问题。思考下面这些情况：

```
void f(int i, double fpd)
{
    char c = i;              // 是的：char 实际上是非常小的整数
    short s = i;             // 注意：int 类型可能无法存储在 short 整形中
    i = i+1;                 // 如果 i 已经是最大的 int 值呢？
    long lg = i*i;           // 注意：long 的大小可能和 int 一样
    float fps = fpd;         // 当心：float 可能装不下一个 double 值
    i = fpd;                 // 截断：例如，5.7 -> 5
    fps = i;                 // 可能会丢失精度（对于非常大的 int 值）
}

void g()
{
    char ch = 0;
    for (int i = 0; i<500; ++i)
    cout << int(ch++) << '\t';
}
```

如果对这段程序有疑问，尝试运行它！对这类问题，不要只是感到绝望，不要只是查阅文档。除非经验丰富，否则很容易误解技术资料中数值相关的技术细节。

试一试

运行 g( )。修改 f( )，以打印 c、s、i 等。用不同的值测试该程序。

整数的表示及其转换将在 25.5.3 节中进一步介绍。应该尽量将数值使用限制在少数几种数据类型上，这有助于减少混乱。例如，在程序中不使用 float，只使用 double，消除了需要将 double 到 float 转换的可能性。实际上，我们更倾向只使用 int、double 和 complex（参见 24.9 节）来表示计算值，只使用 char 表示字符，只用 bool 表示逻辑运算。对于其他算术类型，非必要不使用。

24.2.1　数值限制

各种版本的 C++ 实现，都在 **\<limits>**、**\<climits>**、**\<limits.h>** 和 **\<float.h>** 中指定了内置类型的属性，以便程序员可以使用这些属性来检查限制、设置哨兵等。附录 B.9.1 中列出了这些属性值，这些值对底层程序开发人员至关重要。如果你觉得自己需要使用它们，那么可能你的代码过于接近硬件了，但它们还有其他用途。对语言实现的各个方面感到好奇是很正常的，例如，"一个 **int** 有多大"或 "**char** 是带符号的吗"试图在系统文档中找到明确的答案可能很困难，而且往往只规定了最低要求。然而，写一个程序给出答案却很简单，如下所示：

```
cout << "number of bytes in an int: " << sizeof(int) << '\n';
cout << "largest int: " << INT_MAX << '\n';
cout << "smallest int value: " << numeric_limits<int>::min() << '\n';

if (numeric_limits<char>::is_signed)
    cout << "char is signed\n";
else
    cout << "char is unsigned\n";

char ch = numeric_limits<char>::min() ; // 最小的正值
cout << "the char with the smallest positive value: " << ch << '\n';
cout << "the int value of the char with the smallest positive value: "
    << int(ch) << '\n';
```

当编写的代码需要在多种硬件上运行时，有时将这些信息提供给程序是非常有用的。另一种选择通常是，将答案通过手工编码的方式添加到程序中，但这样容易造成维护上的灾难。

当需要检查溢出时，这些属性值也很有用。

24.3　数组

数组（array）是一个元素序列，可以通过它的下标（位置）来访问元素。这个概念的另一个名称是向量（vector）。这里我们特别关注元素本身是数组的数组：多维数组。多维数组通常又称矩阵（matrix）。术语的多样性也体现了这种概念的流行和实用。标准库 **vector**（参见附录 B.4）、标准库 **array**（参见 20.9 节）和内置数组类型（参见附录 A.8.2）都是一维的。那么，如何表示二维数组（如矩阵），甚至 7 维数组的情况呢？

可以按照如图 24-2 的方式理解一维和二维数组：

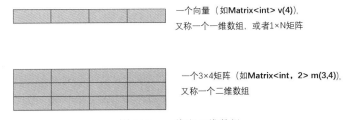

一个向量（如**Matrix\<int> v(4)**），
又称一个一维数组，或者1×N矩阵

一个3×4矩阵（如**Matrix\<int，2> m(3,4)**），
又称一个二维数组

图 24-2　一维和二维数组

数组是大多数信息处理（"数值运算"）的基础。大多数有趣的科学、工程、统计和金融计算都严重依赖于数组。

通常将数组称为由行和列组成的结构，如图 24-3 所示。

一行是指在垂直方向（y 轴）具有相同坐标的元素序列，一列是指在水平方向（x 轴）上具有相同坐标的一组元素。

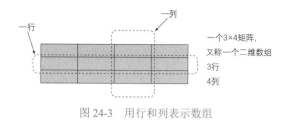

图 24-3　用行和列表示数组

24.4　C 风格的多维数组

C++ 内置数组可以用作多维数组使用。只需将多维数组视为数组的数组，即以数组为元素的数组。例如：

```
int ai[4];                    // 1- 维数组
double ad[3][4];              // 2- 维数组
char ac[3][4][5];             // 3- 维数组
ai[1] = 7;
ad[2][3] = 7.2;
ac[2][3][4] = 'c';
```

这种方法继承了一维数组的优势和缺点：

（1）优势。

● 直接映射到硬件。

● 底层操作效率高。

● 语言直接支持。

（2）缺点。

● C 风格的多维数组是数组的数组（见下文）。

● 固定大小（即编译时大小必须确定）。如果在运行时再确定大小，则必须使用自由存储区来实现。

● 不能简单地传递内容。它只要察觉到有一点点类似的企图，数组就会将自己转换为一个指针，指向自己的第一个元素。

● 没有范围检查。通常，数组并不知道自己的大小。

● 没有数组的整体操作，甚至不支持赋值（拷贝）。

内置数组广泛应用于数值计算，但同时它们也是程序错误和复杂性的主要来源。对于大多数人来说，编写和调试它们都是一件很痛苦的事。如果必须使用它们，那么请查阅相关资料（例如，*The C++ Programming Language*）。不幸的是，C++ 使用了与 C 同样的内置多维数组，因此，有很多"历史遗留"代码使用了这种数组。

内置数组最基本的问题是，不能简单地传递多维数组，因此，必须依靠指针，并显式地计算在多维数组中的位置。例如：

```
void f1(int a[3][5]);                    // 仅用于 [3][5] 矩阵

void f2(int [ ][5], int dim1);           // 第 1 个维度可以为空，无须固定
```

```
void f3(int [5][ ], int dim2);                    // 错误：第 2 维度不可为空，必须固定

void f4(int[ ][ ], int dim1, int dim2);    // 错误（反正也根本无法使用）

void f5(int* m, int dim1, int dim2)            // 古怪的写法，但能用
{
    for (int i=0; i<dim1; ++i)
          for (int j = 0; j<dim2; ++j) m[i*dim2+j] = 0;
}
```

这里，将 **m** 作为 **int*** 类型的参数来传递，即使它是一个二维数组。只要第二个维度需要使用变量表示（作为一个参数），就没有任何方法告诉编译器参数 **m** 是一个（**dim1**，**dim2**）数组，所以只是传递一个指针，该指针保存了它在内存中的起始位置。表达式 **m[i*dim2+j]** 实际上就是 **m[i,j]**，但因为编译器不知道 **m** 是二维数组，所以必须计算 **m[i,j]** 在内存中的位置。

对于我们来说，这太复杂、原始、容易出错。同时，效率也很低，因为显式地计算元素的位置会使优化变得困难。因此，我们不打算教这些，接下来我们将专注于一个 C++ 库，它消除了内置数组的这些问题。

24.5   Matrix 库

作为用于数值计算的数组／矩阵，需要具备哪些最基本的"东西"？

（1）"在程序中，数组最好是看上去和它们在数学或工程课本中一样。"

向量、矩阵、张量等。

（2）具备编译时和运行时检查。

- 支持任意维数组。
- 数组在一个维度中可以具有任意数量的元素。

（3）数组可以作为变量／对象。

可以简单地传递值。

（4）支持常见的数组运算：

- 下标访问：( )。
- 子数组：[ ]。
- 赋值：=。
- 标量运算（+=、−=、*=、%= 等）。
- 融合的向量运算（例如，**res[i]=a[i]*c+b[i]**）。
- 点乘（**res** 等于 **a[i]*b[i]** 的和，又称内积）。

（5）基本上就是将传统的数组／向量概念转换为代码，这些代码不但可以节省时间（如果必须自己实现这些代码，将需要付出很大的精力），性能上也更有保证。

（6）可以根据需要自行扩展（实现中没有使用"魔法"，即不应该有难以捉摸的地方）。

Matrix 库可以满足这些要求，但也仅此而已。如果想要更多的功能，比如，高级数组函数、稀疏数组、控制内存布局等，就需要自己编写相应的程序，或者（最好）使用更接近需求的库。基于 **Matrix** 库去构建新的算法和数据结构可以满足许多此类需求。**Matrix** 库并不是 ISO C++ 标准库的一部分。可以在本书的官方网站上找到它，文件名称为 **Matrix.h**。它在命名空间 **Numeric_lib** 中定

义了相关的功能。选择"matrix"这个名字是因为"vector"和"array"在 C++ 库中已经被过度使用了。英文 matrix 的复数形式是 matrices (matrixes 也是正确的，但很少被使用)。**Matrix** 库的实现使用了一些高级技术，在本书中不会介绍。

24.5.1 维数与访问

思考一个简单的例子：

```
#include "Matrix.h"
using namespace Numeric_lib;

void f(int n1, int n2, int n3)
{
    Matrix<double,1> ad1(n1);                    // 元素是 double 类型；一维
    Matrix<int,1> ai1(n1);                       // 元素是 int 类型；一维
    ad1(7) = 0;                                   // 下标访问 ()——Fortran 风格
    ad1[7] = 8;                                   // [ ] 同样有效——C 风格
    Matrix<double,2> ad2(n1,n2);                  // 二维
    Matrix<double,3> ad3(n1,n2,n3);              // 三维
    ad2(3,4) = 7.5;                               // 真正的多维下标
    ad3(3,4,5) = 9.2;
}
```

因此，当定义 **Matrix** 对象时，需要指定元素类型和维数。显然，**Matrix** 是一个模板，元素类型和维数是模板参数。为 **Matrix** 提供一对模板参数（例如，**Matrix<double,2>**）后，将得到一种可以用于创建对象的具体类型。例如，**Matrix<double,2> ad2(n1,n2)** 定义了一个 **Matrix<double,2>** 类型的对象，通过模板参数指定了元素类型（**double**）和维度（2）。所以 **ad2** 是一个大小为 ($n1,n2$) 的二维数组，也可称为 $n1 \times n2$ 矩阵。要从一维 **Matrix** 中获得元素，需要给定一个下标，从二维 **Matrix** 中获得元素，需要提供两个下标，以此类推。

与内置数组类型和 vector 相似，**Matrix** 的下标从 0 开始（而不是像 Fortran 数组那样从 1 开始）。也就是说，**Matrix** 的下标范围为 **[0,max)**，其中，**max** 是元素的数量。

这很简单，而且与教科书里的表现方式一致。如果你理解起来有困难，那么需要查阅相关的数学教材，而不是程序员参考书籍。这里唯一需要注意的是，如果忽略矩阵的维数，默认表示一维数组。还要注意，可以使用 **[ ]** 进行下标访问（C 和 C++ 风格），也可以使用 **( )** 进行下标访问（Fortran 风格）。两者都有，可以更好地处理多个维度的情况。**[ ]** 总是可以使用单下标访问特定的一行（如 **[x]**），如果 a 是 N 维 **Matrix**，则 $a[x]$ 是一个 $N-1$ 维的 **Matrix**。**( )** 可接受一个或多个下标访问一个元素（如 **(x,y,z)**），在使用时，下标的个数必须等于维数。

下面是一些 **Matrix** 的错误使用：

```
void f(int n1, int n2, int n3)
{
    Matrix<int,0> ai0;                           // 错误：没有：0 维矩阵

    Matrix<double,1> ad1(5);
    Matrix<int,1> ai(5);
    Matrix<double,1> ad11(7);
```

```
    ad1(7) = 0;                        // Matrix_error 异常（7 超出范围）
    ad1 = ai;                          // 错误：元素类型不匹配
    ad1 = ad11;                        // Matrix_error 异常（大小不同）

    Matrix<double,2> ad2(n1);          // 错误：缺少第二维的大小
    ad2(3) = 7.5;                      // 错误：下标个数不对
    ad2(1,2,3) = 7.5;                  // 错误：下标个数不对

    Matrix<double,3> ad3(n1,n2,n3);
    Matrix<double,3> ad33(n1,n2,n3);
    ad3 = ad33;                        // 正确：相同的元素类型、维度和大小
}
```

声明的维数与使用时的维数不符，这种错误会在编译时被捕获。而访问超出范围的错误，则会在运行时被捕获，并抛出 **Matrix_error** 异常。

第一个维度是行，第二个维度是列，所以可以使用（行，列）下标访问二维矩阵（二维数组）。也可以使用 [行][列] 进行访问，因为用单个下标访问二维矩阵可以得到一个一维矩阵，如图 24-4 所示。

这个 **Matrix** 将按"以行为主"存储在内存中，如图 24-5 所示。

图 24-4　二维矩阵的下标访问　　　　　　　　图 24-5　Matrix 的内存分布

一个 **Matrix** 对象"知道"自己的大小，因此，将其作为参数进行传递时，处理其中的元素是非常简单的：

```
void init(Matrix<int,2>& a)              // 将每个元素都初始化为特定的值
{
    for (int i=0; i<a.dim1(); ++i)
        for (int j = 0; j<a.dim2(); ++j)
            a(i,j) = 10*i+j;
}

void print(const Matrix<int,2>& a)       // 逐行打印元素
{
    for (int i=0; i<a.dim1(); ++i) {
        for (int j = 0; j<a.dim2(); ++j)
            cout << a(i,j) <<'\t';

        cout << '\n';
    }
}
```

不难看出，**dim1( )** 返回第一维的元素个数，**dim2( )** 返回第二维的元素个数，以此类推。元素的类型和维数是 **Matrix** 类型的一部分，因此，不能编写一个接受 **Matrix** 模板作为参数的函数（但

可以编写一个模板来实现）：

```
void init(Matrix& a);        // 错误：缺少元素类型和维数
```

注意，**Matrix** 库没有提供矩阵的整体运算，例如，两个四维 **Matrix** 相加，或者将二维 **Matrix** 与一维 **Matrix** 相乘。优雅而高效地执行这些运算超出了这个库目前的范围。可以基于 **Matrix** 库，设计、构建功能更丰富的矩阵库（参见练习题 12）。

24.5.2　一维 Matrix

对于最简单的一维 **Matrix**，能用它做些什么呢？

可以在声明中忽略维度的个数，因为有默认值（一维）：

```
Matrix<int,1> a1(8);         // a1 是一维 int 型 Matrix
Matrix<int> a(8);            // 也就是 Matrix<int,1> a(8);
```

因此，**a** 和 **a1** 是相同的类型（**Matrix<int,1>**）。可以获取整个矩阵元素的个数，或者是某一个维度上的元素个数，对于一维 **Matrix** 这显然是一回事。

```
a.size();                    // 整个 Matrix 中，元素的数量
a.dim1();                    // 第一维度中，元素的数量
```

可以获得这些元素在内存中的位置，即指向第一个元素的指针：

```
int* p = a.data();           // 提取数据作为指向数组的指针
```

这有助于将 **Matrix** 数据传递给接受指针参数的 C 风格的函数。可以像下面代码这样对矩阵使用下标操作：

```
a(i);                        // 第 i 个元素（Fortran 风格），但会进行范围检查
a[i];                        // 第 i 个元素（C 风格），会进行范围检查
a(1,2);                      // 错误：a 是一维矩阵
```

一些算法常常需要访问 **Matrix** 的一部分。这样的"部分"称为 slice( )（子矩阵或一个范围内的所有元素），这里提供了两种获取子矩阵的方式：

```
slice(i);                    // 元素范围：从 a[i] 到矩阵的结束
a.slice(i,n);                // 元素范围：从 a[i] 到 a[i+n-1]
```

下标和子矩阵操作可以在赋值运算的左侧和右侧使用。它们引用 **Matrix** 中的元素，而不拷贝它们。例如：

```
a.slice(4,4) = a.slice(0,4); // 用 a 的前半部分赋值给其后半部分
```

例如，如果 **a** 一开始的值为：

```
{ 1 2 3 4 5 6 7 8 }
```

我们将得到：

```
{ 1 2 3 4 1 2 3 4 }
```

注意，最常见的子矩阵是 **Matrix** 的"起始元素段"和"末尾元素段"，例如，**a.slice(0,j)** 的区间是 **[0:j)**，**a.slice(j)** 的区间是 **[j:a.size( ))**。特别地，上面的例子也可以简化为：

```
a.slice(4) = a.slice(0,4);   // 用 a 的前半部分赋值给其后半部分
```

也就是说，这种表示法设计上更注重常用情况。可以指定 **i** 和 **n**，使得 **a.slice(i,n)** 超出 **a** 的有效范围。然而，生成的子矩阵将仅引用 **a** 中有效的元素。例如，**a.slice(i,a.size( ))** 指的是范围 **[i:a. size( ))**，而 **a.slice(a.size( ))** 和 **a.slice(a.size( ),2)** 都是空 **Matrix**。这恰好是许多算法所需要的。这是我们从数学领域中借鉴的约定。显然，**a.slice(i,0)** 是一个空矩阵。没人会故意这样写，但如果 **n** 恰

好为 0 的 **a.slice(i,n)** 是空矩阵（而不是必须避免的错误），则会使得一些算法更容易使用。

可以使用普通的 C++ 对象拷贝操作来复制所有元素：

```
Matrix a2 = a;              // 拷贝初始化
a = a2;                     // 拷贝赋值
```

可以对 **Matrix** 的每个元素应用内置操作：

```
a *= 7;                     // 缩放：对每个 i 执行 a[i]*=7。（类似的还有 +=、-=、/= 等）
a = 7;                      // 对每个 i 执行 a[i]=7
```

这适用于元素类型所支持的所有赋值和组合赋值运算符（=、+=、- =、/=、*=、%=、^=、&=、|=、>>=、<<=）。还可以对 **Matrix** 中的每个元素执行同一个函数：

```
a.apply(f);                // 对每个元素 a[i] 执行：a[i]=f(a[i])
a.apply(f,7);              // 对每个元素 a[i] 执行：a[i]=f(a[i],7)
```

组合赋值运算符和函数 **apply( )** 会修改 **Matrix** 中的元素。如果想创建一个新的 **Matrix** 作为结果，可以使用：

```
b = apply(abs,a);          // 通过 b(i)==abs(a(i)) 创建一个新的 Matrix
```

这个 **abs** 是标准库的绝对值函数（参见 24.8 节）。本质上，**apply(f,x)** 与 **x.apply(f)** 的关系，就像 + 与 += 的关系一样。例如：

```
b = a*7;                   // 对每个 i 执行：b[i] = a[i]*7
a *= 7;                    // 对每个 i 执行：a[i] = a[i]*7
y = apply(f,x);           // 对每个 i 执行：y[i] = f(x[i])
x.apply(f);               // 对每个 i 执行：x[i] = f(x[i])
```

其运行结果为 **a==b** 和 **x==y**。

在 Fortran 中，第二个版本的 **apply** 称为"广播"函数，通常写成 **f(x)** 而不是 **apply(f,x)**。为了使这个功能对每个函数 f 都适用（而不是像 Fortran 中那样，只有少数函数适用），需要为"广播"操作命名，所以使用 **apply**。

另外，为了匹配成员函数 **apply** 有两个参数的版本，除 **a.apply(f,x)** 之外，还提供了：

```
b = apply(f,a,x);          // 对每个 i 执行：b[i]=f(a[i],x)
```

例如：

```
double scale(double d, double s) { return d*s; }
b = apply(scale,a,7);  // 对每个 i 执行：b[i] = a[i]*7
```

注意，"独立的"函数 **apply( )** 接受一个函数作为参数，该函数根据其参数生成运算结果，然后 **apply( )** 用这个运算结果来初始化得到的矩阵。通常，它不会修改所作用的矩阵。成员函数版本的 **apply( )** 的不同之处在于，它接受一个修改参数的函数。也就是说，它会修改所作用的 **Matrix** 中的元素。例如：

```
void scale_in_place(double& d, double s) { d *= s; }
b.apply(scale_in_place,7);              // 对每个 i 执行：b[i] *= 7
```

还存在一些传统数学库中常用的函数：

```
Matrix a3 = scale_and_add(a,8,a2);  // 融合乘法和加法
int r = dot_product(a3,a);           // 点乘
```

scale_and_add( ) 操作通常称为融合乘 - 加运算（fused multiply-add）或简称 fma。它的定义是，对于 **Matrix** 中的每个 i，**result(i)=arg1(i)*arg2+arg3(i)**。点乘又称内积，参见 21.5.3 节。它的定义是，对于 **Matrix** 中的每个 i，**result+=arg1(i)*arg2(i)**，其中，**result** 初始值为 0。

一维数组是非常常见的，可以将其表示为内置数组、**vector** 或 **Matrix**。如果需要使用矩阵运算，如 *=，或者需要与高维矩阵交互，则使用 **Matrix**。

可以将这样的库的用途解释为"它更好地匹配数学运算"或"它省去了为每个元素编写循环的麻烦"。总之，生成的代码明显更简洁，并且编写代码时也不容易出错。**Matrix** 库提供的那些操作（例如，拷贝，对所有元素进行赋值，以及对所有元素执行指定的函数）使得我们不必自己编写循环代码，也就避免了总是需要检查循环代码是否正确的烦恼。

为了支持将数据从内置数组复制到 **Matrix** 对象中，**Matrix** 提供了两个构造函数。例如：

```
void some_function(double* p, int n)
{
    double val[ ] = { 1.2, 2.3, 3.4, 4.5 };
    Matrix<double> data{p,n};
    Matrix<double> constants{val};
    // . . .
}
```

当在程序中使用的是数组或 **vector** 而不是 **Matrix** 时，这两个构造函数通常很有用。

注意，编译器能够推断出（已经完成了初始化的）数组的元素数量，因此，在上面示例定义 **constants** 时不必给出元素数量，它会被推断为 **4**。另一方面，如果只给定一个指针，则编译器无法知道元素数量，因此，对于变量 **data**，必须同时指定指针（**p**）和元素个数（**n**）。

24.5.3　二维 Matrix

Matrix 库的基本思想是，除了需要具体说明维数的地方，不同维数的 **Matrix** 实际上非常相似。所以关于一维 **Matrix** 的大部分内容都适用于二维 **Matrix**，如下所示：

```
Matrix<int,2> a(3,4);
int s = a.size();        // 元素个数
int d1 = a.dim1();       // 一行中的元素个数
int d2 = a.dim2();       // 一列中的元素个数
int* p = a.data();       // 以 C 风格数组的形式提取数据
```

可以获得总元素个数和每个维度的元素个数。可以获得一个指向这些元素的指针，它们在内存中以矩阵的形式排列。

可以以如下的形式使用下标：

```
a(i,j);                  // 第（i，j）个元素（Fortran 风格），但进行范围检查
a[i];                    // 第 i 行（C 风格），进行范围检查
a[i][j];                 // 第（i，j）个元素（C 风格）
```

对于一个二维 **Matrix**，下标 **[i]** 获得第 *i* 行的一维 **Matrix**。这意味着，可以提取某一行，并将其传递给需要一维 **Matrix** 甚至内置数组（通过 **a[i].data( )**）的操作和函数，如图 24-6 所示。注意，**a(i,j)** 可能比 **a[i][j]** 更快，尽管这在很大程度上取决于编译器和优化器。

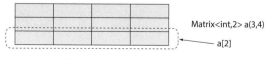

图 24-6　二维 Matrix 下标访问

可以以如下形式进行子矩阵操作：

```
a.slice(i);              // 从 a[i] 到最后的那些行
```

```
a.slice(i,n);            // 从 a[i] 到 a[i+ n-1] 的那些行，如图 24-7 所示
```

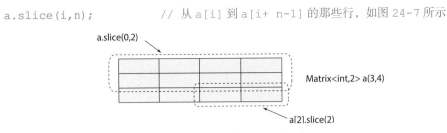

图 24-7   二维 Matrix 子矩阵

注意，二维 **Matrix** 的子矩阵本身也是一个二维 **Matrix**（可能行数更少）。

操作上，二维矩阵与一维矩阵相同。这些操作并不关心元素是如何组织的，它们只是按照元素在内存中的顺序应用于所有元素，如下所示：

```
Matrix<int,2> a2 = a;    // 拷贝初始化
a = a2;                         // 拷贝赋值
a *= 7;                         // 缩放（类似的还有 +=，-=，/= 等）
a.apply(f);                     // 对每个元素 a(i,j) 执行：a(i,j)=f(a(i,j))
a.apply(f,7);                   // 对每个元素 a(i,j) 执行：a(i,j)=f(a(i,j),7)
b=apply(f,a);                   // 使用 b(i,j)==f(a(i,j)) 创建新的 Matrix
b=apply(f,a,7);                 // 使用 b(i,j)==f(a(i,j),7) 创建新的 Matrix
```

事实证明，交换行的操作很常用，Matrix 库也支持这种操作：

```
a.swap_rows(1,2); // 交换行
```

没有对应的函数 **swap_columns( )**。如果需要，你可以自己实现它（参见练习题 11）。由于布局上采用的是以行为主存储，行和列并不是完全对称的概念。这种不对称性还表现在 **[i]** 获得矩阵的一行（而没有提供选择列的运算符）。在 **(i,j)** 中，第一个下标 **i** 对应 **i** 行。这种不对称性还反映了深层次的数学特性。

二维的"东西"实在是太多了，下面这些显然都可以使用二维 **Matrix** 来描述：

```
enum Piece { none, pawn, knight, queen, king, bishop, rook };
Matrix<Piece,2> board(8,8);    // 一个棋盘
const int white_start_row = 0;
const int black_start_row = 7;
Matrix<Piece> start_row
      = {rook, knight, bishop, queen, king, bishop, knight, rook};
Matrix<Piece> clear_row(8) ;   // 8 个具有默认值的元素
```

对于 **clear_row** 的初始化基于两点：**none==0**，以及元素默认初始化为 **0**。

可以以如下形式使用 **start_row** 和 **clear_row**：

```
board[white_start_row] = start_row;                      // 重置白色棋子
for (int i = 1; i<7; ++i) board[i] = clear_row;          // 重置棋盘中间
board[black_start_row] = start_row;                      // 重置黑色棋子
```

注意，当使用 **[i]** 提取一行时，得到一个左值（参见 4.3 节）。也就是说，可以对 **board[i]** 的结果进行赋值。

24.5.4   Matrix I/O

Matrix 库为一维和二维矩阵提供了非常简单的 I/O 功能：

```
Matrix<double> a(4);
```

```
cin >> a;
cout << a;
```

这段代码将读取花括号内由 4 个空白符隔开的 **double** 值，例如：

```
{ 1.2 3.4 5.6 7.8 }
```

输出的方式非常相似，输出流可以得到刚刚输入的内容。

二维 **Matrix** 的 I/O 操作只是简单地读取和写入一个花括号内的一维 **Matrix** 序列，例如：

```
Matrix<int,2> m(2,2);
cin >> m;
cout << m;
```

这段代码将读取类似下面的内容：

```
{
{ 1 2 }
{ 3 4 }
}
```

输出操作与输入操作非常相似。

Matrix 的 << 和 >> 运算符的存在主要是为了方便编写简单程序。对于更高级的用途，可能需要编写自己的函数替代它们。其结果就是，**Matrix** 的 << 和 >> 被放置在 **MatrixIO.h** 头文件中（而不是在 **Matrix.h** 中），这样在使用 **Matrix** 时就不一定要包含它。

24.5.5 三维 Matrix

本质上，三维（以及更高维）**Matrix** 和二维 **Matrix** 非常相似，只是具有更多维数。思考下面的情况：

```
Matrix<int,3> a(10,20,30);

a.size();              // 元素个数
a.dim1();              // 第一维度元素个数
a.dim2();              // 第二维度元素个数
a.dim3();              // 第三维度元素个数
int* p = a.data();     // 将数据提取为指向 C 风格的数组的指针
a(i,j,k);              // 第 (i, j, k) 个元素 (Fortran 风格)，但进行范围检查
a[i];                  // 第 i 行 (C 风格)，进行范围检查
a[i][j][k];            // 第 (i, j, k) 个元素 (C 风格)
a.slice(i);            // 从第 i 行到最后一行
a.slice(i,j);          // 从第 i 行到第 j 行
Matrix<int,3> a2 = a;  // 拷贝初始化
a = a2;                // 拷贝赋值
a *= 7;                // 缩放（类似的还有 +=, -=, /= 等）
a.apply(f);            // 对每个元素 a(i,j,k) 执行：a(i,j,k)=f(a(i,j,k))
a.apply(f,7);          // 对每个元素 a(i,j,k) 执行：a(i,j,k)=f(a(i,j,k),7)
b=apply(f,a);          // 使用 b(i,j,k)==f(a(i,j,k)) 创建一个新的 Matrix
b=apply(f,a,7);        // 使用 b(i,j,k)==f(a(i,j,k),7) 创建一个新的 Matrix
a.swap_rows(7,9);      // 交换行
```

如果你理解了二维 **Matrix** 的相关概念，就能很容易理解三维 **Matrix**。例如，如果 **a** 是一个三

维矩阵，在下标访问没有越界的情况下，**a[i]** 是一个二维矩阵，**a[i][j]** 是一个一维矩阵，**a[i][j][k]** 是一个 **int** 元素。

我们倾向于认为现实世界是三维的。这导致在建模中常常使用三维 **Matrix**（例如，使用笛卡儿坐标系进行物理仿真）：

```
int grid_nx;                 // 网格分辨率；启动时设置
int grid_ny;
int grid_nz;
Matrix<double,3> cube(grid_nx, grid_ny, grid_nz);
```

如果把时间作为第四维度，将得到一个四维空间，需要一个四维 **Matrix**，以此类推。

Matrix 还可以对 N 维矩阵有更好的支持，请参见 *The C++Programming Language* 的第 29 章。

24.6   示例：求解线性方程组

对于一段数学计算的代码，只有理解了其中表达的数学含义，这段代码才有价值，否则它会显得毫无意义。如果学过线性代数的基础内容，那么下面的例子对你来说应该很简单；如果没学过，就把它看作是将教科书上的解决方案转换为代码的一个例子吧，看看如何尽可能地将代码与解决方案保持一致。

选择这个示例，是为了演示 **Matrix** 的一个相当实用且重要的用法。下面将求解一组这种形式的线性方程

$$a_{1,1}x_1 + \cdots + a_{1,n}x_n = b_1$$
$$\vdots$$
$$a_{n,1}x_1 + \cdots + a_{n,n}x_n = b_n$$

其中，x_1，$\cdots$，x_n 表示 n 个未知数；a_1，$\cdots$，a_n 和 b_1，$\cdots$，b_n 是给定的常量。为简单起见，假设未知数和常量都是浮点数。线性方程组的意义是找到同时满足这些方程的未知数的值。这些方程可以简洁地表示为一个矩阵和两个向量

$$Ax=b$$

其中，A 是一个 $n \times n$ 的系数方阵

$$A = \begin{bmatrix} a_{1,1} & \cdots & a_{1,n} \\ \vdots & \vdots & \vdots \\ a_{n,1} & \cdots & a_{n,n} \end{bmatrix}$$

向量 x 和 b 分别是未知数和常量向量

$$x = \begin{bmatrix} x_1 \\ \vdots \\ x_n \end{bmatrix} \quad , \quad b = \begin{bmatrix} b_1 \\ \vdots \\ b_n \end{bmatrix}$$

这个方程组可能有 0 个、1 个或无穷多个解，这取决于系数矩阵 A 和向量 b。求解线性系统有多种方法，本书选用一种经典的方法，称为高斯消元法，详细介绍可以查阅弗里曼（Freeman）和菲利普斯（Phillips）的 *Parallel Numerical Algorithms*，斯图尔特（Stewart）的《Matrix Algorithms（第一卷）》，伍德（Wood）的 *Introduction to Numerical Analysis*。首先，对 A 和 b 进行变换，使 A 成为一个上三角矩阵。上三角矩阵指的是 A 中所有对角线以下的元素都为零。换句话说，系统将变

247 章 数值计算 637

为如下形式：

$$\begin{bmatrix} a_{1,1} & \cdots & a_{1,n} \\ 0 & \ddots & \vdots \\ 0 & 0 & a_{n,n} \end{bmatrix} \begin{bmatrix} x_1 \\ \vdots \\ x_n \end{bmatrix} = \begin{bmatrix} b_1 \\ \vdots \\ b_n \end{bmatrix}$$

这很容易做到。为了使得 $a(i,j)$ 的值转为 0，先将它乘以一个常量，使它等于第 i 列的另一个元素，如 $a(k,j)$。然后，只需要将第 i 个方程减去第 k 个方程，$a(i,j)$ 即变为 0，矩阵第 i 行的其他元素的值也会发生相应的变化。

如果能使对角线上所有的元素都是非 0 的，那么这个系统（方程组）就有一个唯一的解，此解可以通过"回代法"来求得。其过程为，首先通过转换后的最后一个方程（转换后系统中的最后一行）求解 x_n

$$a_{n,n}x_n = b_n$$

显然，x_n 等于 $b_n/a_{n,n}$。在完成后，从系统中删除第 n 行，并继续求解 x_{n-1} 的值，以此类推，直到 x_1 的值被求解。每一次这样的步骤，都需要除以 $a_{i,i}$，这也就是为什么对角线的系数必须非 0，否则，回代法就无法进行，这意味着系统有 0 个或无穷多个解。

24.6.1 经典高斯消元法

现在，我们来看一下在 C++ 程序中如何表示上述计算方法。首先，将两种具体的 **Matrix** 类型的名称进行简化：

```
using Matrix = Numeric_lib::Matrix<double,2> ;
using Vector = Numeric_lib::Matrix <double,1>;
```

接下来，表达所需的计算：

```
Vector classical_gaussian_elimination(Matrix A, Vector b)
{
      classical_elimination(A, b);
      return back_substitution(A, b);
}
```

也就是说，首先对参数 **A** 和 **b** 进行输入值的值传递，然后调用一个函数来求解系统，最后通过回代函数计算结果并将结果返回。关键之处在于，我们对问题的分解，以及方案采用的符号都与原始数学描述中的一致。为了完成解决方案，必须实现 **classical_elimination( )** 和 **back_substitution( )**。具体实现如下：

```
void classical_elimination(Matrix& A, Vector& b)
{
      const Index n = A.dim1();
      // 从第一列遍历到倒数第二列，将对角线以下的所有元素都变为 0：
       for (Index j = 0; j<n-1; ++j) {
            const double pivot = A(j,j);
            if (pivot == 0) throw Elim_failure(j);

            // 将第 i 行对角线下的每个元素都变为 0：
            for (Index i = j+1; i<n; ++i) {
                const double mult = A(i,j) / pivot;
```

```
                A[i].slice(j) =scale_and_add(A[j].slice(j),-mult,A[i].slice(j));
                b(i) -= mult*b(j); // 对 b 进行相应的更改
            }
        }
    }
```

"pivot" 表示位于当前处理行对角线上的元素，它必须是非 0 的，因为需要用它作为除数。如果它是 0，则抛出异常并放弃计算：

```
Vector back_substitution(const Matrix& A, const Vector& b)
{
    const Index n = A.dim1();
    Vector x(n);

    for (Index i = n-1; i>= 0; --i) {
        double s = b(i)-dot_product(A[i].slice(i+1),x.slice(i+1));

        if (double m = A(i,i))
            x(i) = s/m;
        else
            throw Back_subst_failure(i);
    }

    return x;
}
```

24.6.2　选取主元

为了避免"被 0 除"的问题，可以对行进行排序，将 0 和较小的值远离对角线，从而实现更鲁棒的解决方案。这里的"更鲁棒"指的是对舍入误差不那么敏感。然而，当对下三角置 0 时，其他值也会发生变化，因此，还必须重新排序，以使小值远离对角线（也就是说，不能只是对矩阵排序一次，然后就使用经典算法）：

```
void elim_with_partial_pivot(Matrix& A, Vector& b)
{
    const Index n = A.dim1();

    for (Index j = 0; j<n; ++j) {
        Index pivot_row = j;

        // 寻找一个合适的主元
        for (Index k = j+1; k<n; ++k)
            if (abs(A(k,j)) > abs(A(pivot_row,j))) pivot_row = k;

        // 如果我们找到了更合适的主元，就交换行：
        if (pivot_row!=j) {
            A.swap_rows(j,pivot_row);
            std::swap(b(j), b(pivot_row));
        }
```

```
                  // 消除:
                  for (Index i = j+1; i<n; ++i) {
                      const double pivot = A(j,j);
                      if (pivot==0) error("can't solve: pivot==0");
                      const double mult = A(i,j)/pivot;
                       A[i].slice(j) = scale_and_add(A[j].slice(j), -mult, A[i].
slice(j));
                      b(i) -= mult*b(j);
                  }
              }
      }
```

在这里，我们使用 **swap_rows( )** 和 **scale_and_add( )** 使代码更符合常规，并避免了显式地编写循环代码。

24.6.3　测试

毫无疑问，代码必须进行测试。幸运的是，有一个简单的测试方法，如下所示：

```
 void solve_random_system(Index n)
 {
      Matrix A = random_matrix(n); // 参见 24.7 节
      Vector b = random_vector(n);

      cout << "A = " << A << '\n';
      cout << "b = " << b << '\n';

      try {
          Vector x = classical_gaussian_elimination(A, b);
          cout << "classical elim solution is x = " << x << '\n';
          Vector v = A*x;
          cout << " A*x = " << v << '\n';
      }
      catch(const exception& e) {
          cerr << e.what() << '\n';
      }
 }
```

有三种可能的情况，程序会进入 **catch** 子句：

- 代码本身有错误（但是，作为乐观主义者，我们认为没有）。
- 输入内容是 classical_elimination 出现错误（**elim_with_partial_pivot** 在很多情况下可以做得更好）。
- 舍入误差导致的错误。

然而，我们的测试方法并不像期望的那样真实，因为真正的随机矩阵不太可能导致 **classical_elimination** 出现问题。

为了验证解决方案，输出 **A*x**，它最好等于 **b**（或在给定的误差之内）。由于舍入误差的可能性，所以不能只是像下面这样进行判断：

```
        if (A*x!=b) error("substitution failed");
```

因为浮点数只是实数的近似值，所以必须接受近似正确的结果。一般来说，最好避免对浮点数计算的结果使用 == 和 != 来判断其是否正确，因为浮点数本质上是一种近似值。

Matrix 库没有定义矩阵与向量的乘法，因此，在本程序中采用下面的方法：

```
Vector operator*(const Matrix& m, const Vector& u)
{
        const Index n = m.dim1();
        Vector v(n);
        for (Index i = 0; i<n; ++i) v(i) = dot_product(m[i],u);
        return v;
}
```

同样，一个简单的 **Matrix** 操作完成了大部分工作。**Matrix** 的输出操作来自 **MatrixIO.h**，如 24.5.4 节所述。函数 **random_matrix( )** 和 **random_vector( )** 只是随机数的简单应用（参见 24.7 节），这两个函数的实现留作练习。**Index** 是 **Matrix** 库中索引类型的类型别名（参见附录 A.16）。通过 **using** 声明将其纳入当前作用域：

```
using Numeric_lib::Index;
```

24.7　随机数

如果让人们给出一个随机数，大多数人会说 7 或 17，所以有人说这两个数是"最随机的"数字。人们几乎不会回答 0。0 被认为是一个很特别的数字，因此，它不被视为是"随机的"，可以称为"最不随机的"数字。从数学的角度来看，这完全是无稽之谈，随机数并不是单个数字。通常需要的，也就是通常所说的随机数，是指一个符合某种分布的数字序列，在这个序列中，无法从前一个数字预测出序列中的下一个数字。这样的数字在测试（这是生成大量测试用例的一种方式）、游戏（这是确保游戏每次运行都有差别的一种方法）和仿真（在参数有限的情况下，以"随机"方式模拟实体）中都非常有用。

作为一种实用工具和数学问题，随机数具有极高的复杂性，这与其在现实世界中的重要性相匹配。在本节中，将只涉及简单测试和仿真所需的随机数基础知识。在 <random> 中，标准库具有一组非常完善的功能，可以生成满足各种数学分布的随机数。标准库随机数工具基于两个基本概念：

- 引擎（随机数引擎）。引擎是一个函数对象，用于生成均匀分布的整数值序列。
- 分布。分布是一个函数对象，它将来自引擎的序列值作为输入，根据数学公式生成一个值序列。

例如，在 24.6.3 节中使用的函数 **random_vector()**。调用 **random_vector(n)** 会生成一个 **Matrix<double,1>**，包含 n 个 **double** 类型的元素，它们的值是在 **[0:n)** 范围内的随机数：

```
Vector random_vector(Index n)
{
        Vector v(n);
        default_random_engine ran{};                    // 生成整数
        uniform_real_distribution<> ureal{0,max};       // 将 int 映射为 [0:max) 范围
                                                         // 内的 double 类型

        for (Index i = 0; i < n; ++i)
            v(i) = ureal(ran);
```

```
        return v;
    }
```

默认引擎（**default_random_engine**）使用简单、运行成本低，对于简单应用也足够好用。对于更专业的应用，标准库包含了各种引擎，它们具有更好的随机性及不同的运行成本。例如，**linear_configuratial_engine**、**mersenne_twister_engine** 和 **random_device**。如果你想使用它们，通常是当 **default_random_engine** 无法满足需求的时候，就需要查阅相关资料。如果想要了解系统中随机数生成器的效果，请完成练习题 10。

std_lib_facilities.h 中的两个随机数生成器的定义为：

```
int randint(int min, int max)
{
    static default_random_engine ran;
    return uniform_int_distribution<>{min,max}(ran);
}

int randint(int max)
{
    return randint(0,max);
}
```

这些简单的函数有时很有用，但让我们尝试一下其他方法，生成一个正态分布：

```
auto gen = bind(normal_distribution<double>{15,4.0},
                default_random_engine{});
```

<functional> 中的标准库函数 **bind( )** 构造了一个函数对象，当调用该对象时，会调用第一个参数，并将第二个参数作为这次调用的参数。因此，在这里，**gen( )** 是一个可调用对象，它使用 **default_random_engine** 依据正态分布返回随机值，其均值为 **15**、标准差为 **4.0**。可以以如下形式使用它：

```
vector<int> hist(2*15);

for (int i = 0; i < 500; ++i)             // 生成包含 500 个值的直方图
    ++hist[int(round(gen()))];

for (int i = 0; i != hist.size(); ++i) {   // 输出直方图
    cout << i << '\t';
    for (int j = 0; j != hist[i]; ++j)
        cout << '*';
    cout << '\n';
}
```

输出为：

```
0
1
2
3 **
4 *
5 *****
```

```
 6  ****
 7  ****
 8  ******
 9  ************
10  ************************
11  ************************
12  ******************************
13  **********************************************
14  *************************************************
15  **************************************************
16  ***************************
17  *********************************************
18  **********************************
19  ******************************
20  **************
21  ************
22  ************
23  *******
24  ******
25  *
26  *
27
28
29
```

正态分布非常常见，又称高斯分布或（出于明显原因）可以简称"钟形曲线"。其他分布包括 **bernoulli_distribution**、**exponential_distribution** 和 **chi_squared_ distribution**。可以在 *The C++ Programming Language* 中找到它们的描述。整数型分布返回闭合区间 **[a:b]** 中的值，而实数型（浮点型）分布返回开区间 **[a:b)** 中的值。

默认情况下，在每次运行程序时，一个引擎（**random_device** 可能除外）都会给出相同的序列。这对于调试来说非常方便。如果想从一个引擎得到不同的序列，需要用不同的值来初始化它。这种初始化方法通常称为"种子（seed）"。例如：

```
    auto gen1 = bind(uniform_int_distribution<>{0,9},default_random_
engine{});
    auto gen2 = bind(uniform_int_distribution<>{0,9},default_random_
engine{10});
    auto gen3 = bind(uniform_int_distribution<>{0,9},default_random_
engine{5});
```

为了得到一个不可预测的序列，人们通常使用一天中的时间（精确到纳秒，参见 26.6.1 节）或类似的时间作为种子。

24.8 标准数学函数

标准库中包含了标准数学函数（**cos**、**sin**、**log** 等），如表 24-1 所示。它们的定义可以在 **<cmath>** 中找到。

表 24-1　标准数学函数

标准数学函数	
abs(x)	绝对值
ceil(x)	>= x 的最小整数（向上取整）
floor(x)	<= x 的最大整数（向下取整）
sqrt(x)	平方根；x 必须是非负的
cos(x)	余弦
sin(x)	正弦
tan(x)	正切
acos(x)	反余弦，结果为非负数
asin(x)	反正弦，返回最接近 0 的结果
atan(x)	反正切
sinh(x)	双曲正弦
cosh(x)	双曲余弦
tanh(x)	双曲正切
exp(x)	以 e 为底的指数
log(x)	自然对数，以 e 为底，x 必须为正
log10(x)	以 10 为底的对数

　　标准数学函数支持 **float**、**double**、**long double** 和 **complex**（参见 24.9 节）参数类型。进行浮点计算时，这些函数都很有用。如果你需要了解更多细节，有大量的相关资料可供查阅，标准库的联机文档就可以作为很好的入门材料。

　　如果标准数学函数不能产生数学上的有效结果，它会设置变量 **errno**。例如：

```
errno = 0;
double s2 = sqrt(-1);
if (errno) cerr << "something went wrong with something somewhere";
if (errno == EDOM) // 域错误
    cerr << "sqrt() not defined for negative argument";
pow(very_large,2); // 这不是一个好主意
if (errno==ERANGE) // 范围错误
    cerr << "pow(" << very_large << ",2) too large for a double";
```

　　如果要进行严谨的数学计算，必须检查 **errno**，以确保计算完成后它仍然为 0。如果 errno 不是 0，则表示发生了错误。请查阅手册或联机文档，了解哪些数学函数可以设置 **errno**，以及它们设置的 **errno** 值都代表什么错误。

　　如上述示例中所示，非 0 的 **errno** 仅仅表示"什么地方出错了"。对于标准库之外的函数，在发生错误时设置 **errno** 也是很常见的，因此，必须更仔细地查看 **errno** 的值，以了解究竟是哪里出了问题。如果在调用标准库函数之前确保 **errno==0**，并在调用之后立即测试 **errno**，那么就可以依赖于这些值，就像在示例中对 **EDOM** 和 **ERANGE** 所做的那样。其中，**EDOM** 表示定义域的错误（即参数有问题），**ERANGE** 表示值域错误（即结果有问题）。

基于 **errno** 的错误处理方式有些原始。它可以追溯到第一个（1975 年）C 语言数学函数。

24.9 复数

复数在科学和工程计算中有着广泛的应用。在这里假设大家了解相关的数学属性，因此，本节将着重展示如何在 ISO C++ 标准库中表示复数运算。可以在 **<complex>** 中找到复数及其相关的标准数学函数的定义：

```
template<class Scalar> class complex {
  // 复数是一对标量值，基本上是一对坐标
    Scalar re, im;
public:
    constexpr complex(const Scalar & r, const Scalar & i) :re(r), im(i) {
}
    constexpr complex(const Scalar & r) :re(r),im(Scalar ()) { }
    complex() :re(Scalar()), im(Scalar()) { }

    constexpr Scalar real() { return re; }        // 实部
    constexpr Scalar imag() { return im; }        // 虚部
    // 运算符: = += -= *= /=
};
```

标准库 **complex** 确保支持标量类型 **float**、**double** 和 **long double** 构成的复数。除了 **complex** 的成员和标准数学函数（参见 24.8 节），**<complex>** 还提供了大量有用的运算，如表 24-2 所示。

表 24-2 复数运算

复数运算	
z1+z2	加法
z1−z2	减法
z1*z2	乘法
z1/z2	除法
z1==z2	等于
z1!=z2	不等于
norm(z)	**abs(z)** 的平方
conj(z)	共轭：如果 z 是 {re,im}，那么 **conj(z)** 是 {re,-im}
polar(rho,theta)	用给出的极坐标（**rho,thera**）构造一个复数
real(z)	实部
imag(z)	虚部
abs(z)	又称模长（**rho**）
arg(z)	又称辐角（**theta**）
out << z	复数输出
in >> z	复数输入

注意，**complex** 没有提供 < 或 **%**。

complex<T> 的使用完全和使用内置类型一样，比如，**double**。例如：

```
using cmplx = complex<double>; // 有时 complex<double> 太烦琐，需要个别名

void f(cmplx z, vector<cmplx>& vc)
{
    cmplx z2 = pow(z,2);
    cmplx z3 = z2*9.3+vc[3];
    cmplx sum = accumulate(vc.begin(), vc.end(), cmplx{});
    // . . .
}
```

注意，并不是所有 **int** 和 **double** 中常用的操作都有复数的版本。例如：

```
if (z2<z3) // 错误：复数不支持 < 运算符
```

注意，C++ 标准库中复数的表示（布局方式）与 C 和 Fortran 中的对应类型是兼容的。

✔ 操作题

1. 输出 **char** 类型、**short** 类型、**int** 类型、**long** 类型、**float** 类型、**double** 类型、**int*** 类型和 **double*** 类型的大小（使用 **sizeof**，而不是 <limits>）。

2. 通过 **sizeof** 输出以下类型的大小：**Matrix<int> a(10)**、**Matrix<int> b(100)**、**Matrix<double> c(10)**、**Matrix<int,2> d(10,10)**、**Matrix<int,3 >e(10,10,10)**。

3. 输出第 2 题中每个 **Matrix** 的元素的个数。

4. 编写一个程序，从 **cin** 中获取 **int** 值，并输出每个 **int** 值的 **sqrt( )**，如果 **sqrt(x)** 对某些 **x** 是非法的（例如，通过检查 **sqrt( )** 的返回值），则输出 "没有平方根"。

5. 从输入中读取 10 个浮点数值，并将它们放入一个 **Matrix<double>** 对象。**Matrix** 没有 push_back()，因此，要小心处理输入错误的 **double** 值的情况。然后输出 **Matrix**。

6. 计算 [0,n)*[0,m) 的乘法表，并将其表示为一个二维 **Matrix**。从 **cin** 中提取 *n* 和 *m*，并输出漂亮的表格（假设 *m* 足够小，结果的每一行都可以在屏幕的一行中进行展示）。

7. 从 **cin** 中读取 10 个 **complex<double>**（是的，**cin** 支持 **complex** 的 >> 操作），并将它们放入一个 **Matrix** 中。计算并输出 10 个复数的总和。

8. 将 6 个 **int** 型整数读入一个矩阵对象 **Matrix<int,2> m(2,3)**，并进行输出。

回顾

1. 谁在使用数值计算？

2. 什么是精度？

3. 什么是溢出？

4. **double** 的大小通常是多少？ **int** 类型的大小呢？

5. 如何检测溢出？

6. 在哪里可以找到数值限制，例如，最大的 **int** 值？

7. 什么是一个数组？什么是一行或一列？

8. 什么是 C 风格的多维数组？

9. 对于矩阵计算的支持（例如，一个库），程序设计语言必须提供哪些功能特性？

10. 矩阵的维数是什么？

11. 矩阵可以有多少维数（理论上 / 数学上）？

12. 什么是子矩阵？

13. 什么是广播运算？请列出一些示例。

14.Fortran 风格的下标访问和 C 风格的下标访问有什么区别？

15. 如何将一个运算应用于矩阵中的每个元素？举例说明。

16. 什么是融合运算？

17. 定义点乘（内积）运算。

18. 什么是线性代数？

19. 什么是高斯消元法？

20.（在线性代数中、"现实生活"中）主元（pivot）表示什么？

21. 是什么使一个数字随机？

22. 什么是均匀分布？

23. 在哪里可以找到标准数学函数？它定义了哪些参数类型？

24. 复数的虚部是什么？

25. -1 的平方根是多少？

术语

array（数组）	**Matrix**
C（C 语言）	Multidimensional（多维）
column（列）	random number（随机数）
complex number（复数）	real（实部）
dimension（维度）	row（行）
dot product（点乘、内积）	scaling（缩放）
element-wise operation（对每个元素进行操作）	size（大小）
errno	**sizeof**
Fortran（Fortran 语言）	slicing（子矩阵，分割成子块）
fused operation（融合运算）	subscripting（下标访问）
imaginary（虚部）	uniform distribution（均匀分布）

练习题

1. **a.apply(f)** 和 **apply(f,a)** 中的函数参数 **f** 是不同的。为两个 **apply( )** 分别编写一个函数 **triple( )**，函数的功能是将数组 {1 2 3 4 5} 中的元素值翻三倍。定义一个函数 **triple( )**，该函数可以同时用于 **a.apply(triple)** 和 **apply(triple,a)**。解释一下，为什么把 **apply( )** 使用的函数都写成这样不是一个好主意。

2. 重复练习题 1，但使用函数对象，而不是函数。提示：**Matrix.h** 中可以找到类似的应用。

3. 仅限专家（无法使用本书中描述的功能完成）：编写一个 **apply(f,a)**，它可以接受 **void(T&)**，**T(const T&)**，以及它们的等效函数对象。提示：参考 **Boost::bind**。

4. 运行高斯消元法的程序。也就是说，完成它，让它编译通过，并进行简单的测试。

5. 尝试使用高斯消元法程序执行 *A*=={{0 1}{1 0}} 和 *b*=={5 6}，分析错误原因。然后，测试 **elim_with_partial_pivot( )**。

6. 在高斯消元法的例子中，将向量运算 **dot_product( )** 和 **scale_and_add( )** 替换为循环。测试并添加注释以提高代码可读性。

7. 重写高斯消元法程序，不使用 **Matrix** 库，只使用内置数组或 **vector**。

8. 以动画的方式展示高斯消元法。

9. 重写 **apply( )** 的非成员函数版本，以返回一个 **Matrix**，其元素类型为所应用函数的返回类型。也就是说，**apply(f,a)** 应该返回一个 **Matrix<R>**，其中，**R** 是 **f** 的返回类型。警告：需要用到本书中没有介绍的模板相关知识。

10. **default_random_engine** 到底有多随机？编写一个程序，接收两个整数 *n* 和 *d* 作为输入，调用 *d* 次 **randint(***n***)**，记录结果。输出每一个 [0:n) 范围内所有值的出现次数，并观察计数的相似程度。尝试使用较小的 *n* 值和较小的 *d* 值，观察只取几个随机数是否会导致明显的偏差。

11. 写一个与 24.5.3 节中的 **swap_rows( )** 对应的 **swap_columns( )**。显然，实现该功能，你必须首先阅读并理解一些现有的 **Matrix** 库代码。不要过于担心效率，**swap_columns()** 的运行速度不可能像 **swap_rows( )** 那样快。

12. 实现

```
Matrix operator*(Matrix&,Matrix&);
```

和

```
Matrix operator+(Matrix&,Matrix&)
```

必要时，请查阅教科书中的相关数学定义。

附言

一方面，不喜欢数学的人，很可能也不喜欢本章的内容，那么在工作的选择上，也很可能会选择一份不需要本章知识的工作。另一方面，如果你确实喜欢数学，我们希望你能够体会到数学的基本概念与其在代码中的表达是如此的紧密。

第 25 章
嵌入式系统程序设计

"'不安全'就意味着'有人可能会死'。"

——某安全办主任

本章将介绍嵌入式系统程序设计的概念。也就是说,本章讨论的主题是为"小设备"编写程序准备的,这些"小设备"看起来与配置有屏幕和键盘的传统计算机不大一样。本章讨论的基本原理、程序设计技术、语言功能和编码规范更"接近硬件"。主要涉及的语言问题包括资源管理、内存管理、指针和数组的使用及位操作。重点是底层功能的安全使用和替代。本章不会介绍特定的机器架构或直接访问硬件设备的方法,那些应该是具体设备技术文档和手册介绍的内容。最后,本章给出了一个加密/解密算法实现的示例。

25.1　嵌入式系统

实际上，世界上大多数计算机看上去都和大家想象中的不大一样。它们只是大型系统的一部分或是一个"小设备"。例如：

- 汽车。现在的一台汽车中可能有几十台计算机，用于控制燃油喷射、监控发动机性能、调节收音机、控制刹车、观察轮胎胎压、控制风挡雨刷等。
- 手机。一部手机至少包含两台计算机，通常其中一台专门用于信号处理。
- 飞机。现在的飞机包含很多计算机，用于飞机的方方面面。例如，为乘客提供的娱乐系统，摆动翼尖以获得最佳飞行性能的控制系统等。
- 相机。有些相机有 5 个处理器，每个镜头甚至有自己的独立处理器。
- 信用卡（"智能卡"类型）。
- 医疗设备监测器和控制器（如 CAT 扫描仪）。
- 电梯（升降机）。
- PDA（personal digital assistant，个人数字助理，即掌上电脑）。
- 打印机控制器。
- 音响系统。
- MP3 播放器。
- 厨房用具（如电饭煲和面包机）。
- 电话交换机（通常由数千台专用计算机组成）。
- 泵控制器（用于水泵和油泵等）。
- 焊接机器人。一些用于狭小或危险的地方，这些环境是人类焊工无法工作的。
- 风力涡轮机。一些高度达到 200m（650ft[①]），可产生兆瓦级的电力。
- 海堤闸门控制器。

---

① 1ft = 0.3048m。

- 装配流水线上的质量监控器。
- 条形码阅读器。
- 汽车装配机器人。
- 离心机控制器（用于许多医疗分析过程）。
- 磁盘驱动器控制器。

这些计算机往往是大型系统的一部分。这样的"大型系统"通常看起来不像一台计算机，通常也不把它们称为计算机。当看到一辆汽车从街上驶来，通常不会说："看，这是一个分布式计算机系统！"是的，一辆汽车也是一个分布式计算机系统，但它的操作与机械系统、电子系统和电气系统高度集成，以至于我们不会去单独考察计算机系统。它们运行上的约束（时间和空间），以及对程序正确性的定义都离不开整个系统。通常，嵌入式计算机控制物理设备，计算机的正确行为被定义为物理设备的正确操作。想一想一台大型船用柴油发动机，如图 25-1 所示。

图 25-1　大型船用柴油发动机

仔细看，5 号气缸缸盖处有个工程师。这是一种为大型船舶提供动力的大型发动机。如果这样的发动机出现故障，你将会在头条上看到相关报道。在这台发动机上，一个汽缸控制系统由三台计算机组成，安装在每个气缸盖的上方。每个气缸控制系统通过两个独立的网络系统连接到发动机控制系统（由另外三台计算机组成）。然后，发动机控制系统连接到控制室，工程师可以通过专用 GUI 系统与其进行通信。整个系统还可以通过无线电（通过卫星）从航运线路控制中心进行远程监控。有关的更多示例，可参见第 1 章。

那么，从程序员的角度来看，那些运行在发动机里计算机上的程序有什么特别之处？或是更明确地说，有哪些问题是"普通程序"通常不必过于担心，但在各种嵌入式系统中需要特别注意的呢？

- 通常，在嵌入式系统中可靠性至关重要：因为失败的后果可能是惊人的、昂贵的（可能达到"数十亿美元"），并且可能是致命的（对船上的人或类似环境中的动物）。
- 通常，在嵌入式系统中资源（内存、处理器周期、能源等）是有限的：这对发动机里的计算机来说通常不是一个问题，但手机、传感器、航天探测器等系统，里面的计算机可用的资源就很有限了。在一个双 2GHz 处理器、8GB 内存的笔记本电脑很常见的世界里，飞机或航天探测器上的关键计算机可能只有 60MHz 和 256KB，并且一个小设备里的计算机可能仅有 1MHz 的处理器和几百字的 RAM。能够适应环境危害（如振动、颠簸、不稳定的电力供应、过热、过冷、潮湿、人为破坏等）的电脑通常比普通的笔记本电脑慢得多。

- 通常，在嵌入式系统中实时响应至关重要：如果燃油喷射器错过了一个喷射周期，则会对一个 100 000hp[1] 的重要系统产生不良影响。如果错过几个周期，也就是说，1s 左右都不能正常工作，直径可达 33ft（10m）、质量可达 130t 的螺旋桨可能会发生奇怪的现象。这显然是需要极力避免的事情。

- 通常，嵌入式系统必须长年不间断地运行：或者该系统是工作在绕地球轨道运行的通信卫星上；又或者该系统很便宜，市场上存量很大，任何显著的返修率都会毁了它的制造商（想想 MP3 播放器、带嵌入式芯片的信用卡和汽车燃油喷射器）。在美国，主干电话交换机的强制可靠性标准是 20 年中停机时间 20min 以内（甚至不要指望每次更改程序的时候，都能关闭这些交换机）。

- 通常，对于嵌入式系统，手动维护是不可行的或非常罕见的：可以每隔两年左右把一艘大型船舶开进港口进行一次全面维护，对船上的其他部分进行维修，并且正好有计算机专家在那里，可以对系统进行维护。不定期的人工维护是不可行的（当船舶在太平洋中部遭遇大风暴时，不允许出现任何错误）。也根本无法派人去火星轨道上修理航天探测器。

很少有单个系统需要面临所有这些约束，并且受到其中任何约束的任何一种系统都属于非常专业的领域。我们的目的不是让你成为"速成专家"，试图这样做是非常愚蠢且不负责任的。我们的目的是让你熟悉基本问题及其解决方案中涉及的基本概念，以便你能了解构建此类系统所需的一些技能。也许你会对获得这些宝贵的技能感兴趣。嵌入式系统的设计和实现者，对人类科技文明的许多方面都至关重要。这是一个需要专家们施展才华的领域。

那么本章的内容与新手有关吗？对 C++ 程序员来说有关吗？答案是肯定的。现实生活中，嵌入式系统设备比传统的个人电脑多得多。我们的很大一部分程序设计工作与嵌入式系统程序设计有关，所以你的第一份真正的工作就可能会涉及嵌入式系统程序设计。此外，本节开始时列出的嵌入式系统示例，都是我亲眼所见的使用 C++ 进行程序设计的实际示例。

25.2　基本概念

嵌入式系统中的计算机程序设计与其他程序设计差别很小，因此，本书介绍的大多数概念和技术都适用。本章的重点是描述两者之间的不同之处，我们必须根据任务的约束来调整程序设计语言功能的使用，并且经常在最底层操作硬件：

- 正确性。对于嵌入式系统，正确性甚至比其在普通系统中更重要。"正确性"不仅是一个抽象的概念。在嵌入式系统中，程序正确性不仅意味着产生正确的结果，而且是在有限的资源下，在正确的时间、以正确的顺序、产生正确的结果。理想情况下，构成正确性的细节是精心规划出来的，但通常这样的规范只能通过一些试验之后才能完成。一般来说，关键性的试验只能在整个系统建成后才能进行（运行程序的计算机是整个系统的一部分）。对于一个嵌入式系统来说，完全确定其正确性是极其困难和极其重要的。在这里，"极其困难"可能意味着"在有限的时间和资源下，根本不可能"，我们必须尽力利用一切可用的工具和技术。幸运的是，某些领域的技术规范、仿真、测试和其他技术的都非常成熟，其全面性

---

[1]　1hp（马力）＝ 735.5w（瓦[特]）。

超乎想象。在这里，"极其重要"可能意味着"故障会导致损失，甚至毁灭一切"。

- 容错。我们必须小心地指定程序应该处理哪些情况。例如，对于一个普通的学生项目，如果在演示过程中将电源线拔掉，还要求它能继续正常工作，你可能会觉得这不公平。失去电源不是普通 PC 应用程序应该处理的情况之一。然而，对于嵌入式系统来说，断电并不罕见，有些系统会要求妥善处理这种情况。例如，系统的关键部分可能具有双电源、备用电池等。更糟糕的是，编写应用程序的时候无法假定硬件会一直正常工作。在长时间和各种工作条件的影响下，指望硬件不出错是不现实的。例如，编写一些电话交换机和一些航空航天应用程序时，会假设计算机内存中的某个位，在某些时刻会"决定"改变其值（例如，从 0 变成 1）；或者，它可以"决定"它更喜欢 1 这个值，并忽略将该值 1 更改为 0 的请求。如果内存足够大，而且使用时间足够长，则这种错误行为终究还是会发生。如果把存储器暴露在强辐射下，比如，系统运行在地球大气层之外，这类错误会发生得更频繁。当设计一个系统（嵌入式或非嵌入式）时，必须明确程序能够处理哪些硬件错误。通常默认情况是，假定硬件按规定的方式工作，但当处理更关键的系统时，这个假设必须修改。

- 不能停机。嵌入式系统通常必须长时间运行，运行期间不能更改软件或通过专业人员进行干预。这里的"长时间"可以是几天、几个月、几年或硬件的整个生命周期。这并不是嵌入式系统所独有的，但它与绝大多数"普通应用程序"，以及本书（到目前为止）中的所有示例和练习都不同。这种"必须永远运行"的要求意味着，对错误处理和资源管理的重视。这里的"资源"指的是什么？所谓资源是机器得到的优先供给。在程序中可以通过显式操作（主动申请资源）来获取资源，并显式地（主动释放资源）或隐式地（资源被系统回收）将其返还给系统。资源包括内存、文件句柄、网络连接（套接字）和同步锁等。应用程序作为长时间运行系统的一部分，除了一些必须一直占用的资源之外，必须释放它获得的所有其他资源。例如，一个程序如果每天忘记关闭一个文件，则在大多数操作系统上，它的存活时间不会超过一个月。一个程序如果每天少释放 100B 内存，那么一年就会浪费超过 32KB 内存，这足以让一个小型设备在几个月后崩溃。这种资源"泄漏"的糟糕之处在于，程序在突然停止工作之前会完美地工作几个月。如果一个程序将会崩溃，那么崩溃最好尽早发生，以便及时发现、修正错误。特别地，我们希望它在交付给用户之前就早早暴露出问题。

- 实时性限制。如果某嵌入式系统的某些响应必须在规定时限之前完成，则可以将该嵌入式系统分类为硬实时系统。如果大多数情况下，响应必须在规定时限之前完成，但可以承受偶尔的超时，则将该系统分类为软实时系统。软实时系统的例子有汽车车窗控制器和立体声音响放大器。人们不会注意到车窗移动时几分之一秒的延迟，也只有经过训练的专业人士才能察觉到音高变化中的几毫秒延迟。硬实时系统的一个例子是燃油喷射器，它必须在相对于活塞运动的正确时间进行"喷射"。哪怕时间偏差只有几分之一毫秒，性能就会受到影响，发动机就会开始出现异常。一个严重的延迟甚至会导致发动机停止工作，从而导致事故或灾难。

- 可预测性。这是嵌入式系统程序中的一个关键概念。显然，这个术语有许多直观的含义，但在嵌入式系统程序设计中，它有一个专门的定义：如果一个操作在一台给定的计算机上每次执行所用的时间都相同，并且此类操作的执行时间也都相同，那么该操作就是可预测的。例如，当 x 和 y 是整数时，$x+y$ 每次执行的时间相同；当 xx 和 yy 是其他两个整数时，$xx+yy$ 每次执行的时间相同。通常，可以忽略与系统架构相关的执行速度的微小差异（例如，由缓存和管道引起的差异），而只依赖于固定不变的时间上限。不可预测的操作不能在硬实时系统中使用，并且必须在所有实时系统中非常谨慎地使用。不可预测的操作的一个经典示例是对列表的线性搜索（例如，**find( )**），其中，元素的数量是未知的，也不容易给出搜索范围。只有当能够可靠地预测元素的数量或至少预测元素的最大数量时，这样的搜索在硬实时系统中才是可接受的。也就是说，为了保证在给定时限内得到响应，我们必须能够（可能需要借助代码分析工具）计算所有可能的代码序列所需的时间，最终确定一个时限值。

- 并发性。嵌入式系统通常必须响应来自外部的事件。这导致了程序中许多事件可以"同时"发生，因为它们对应于真正同时发生的真实事件。同时处理多个动作的程序称为并发或并行。很遗憾，虽然并发问题是那么地令人着迷，是程序设计领域中的难点也是重点，但其已经超出了本书的讨论范围。

25.2.1 可预测性

从可预测性的角度来看，C++ 非常棒，但它并不完美。C++ 语言中的所有功能（包括虚函数调用）都是可预测的，除了下列情况：

- 使用 **new** 和 **delete** 进行自由存储区内存分配（参见 25.3 节）。
- 异常处理（参见 19.5 节）。
- 动态类型转换 **dynamic_cast**（参见附录 A.5.7）。

对于硬实时系统，必须避免使用这些功能。**new** 和 **delete** 的问题将在 25.3 节中详细描述，这些是基本的概念。注意，标准库中的 **string** 和标准库容器（**vector**、**map** 等）间接地使用了自由存储区，因此，它们也是不可预测的。**dynamic_cast** 的问题是当前实现细节所导致的，但不是根本问题。

异常处理的问题是，在查看特定的 **throw** 时，程序员必须查看大段代码，才能知道需要多长时间可以找到匹配的 **catch**，甚至不知道是否有这样的 **catch**。在嵌入式系统程序中，确实需要合适的 **catch**，因为不能指望 C++ 程序员总是坐在那里启动调试器，然后等待错误的出现。原则上，异常的问题可以通过一个工具来解决，这个工具可以告诉你每次 **throw** 时将调用哪个 **catch**，以及需要多长时间能达到那个 **catch**。但目前，这还是一个正在研究中的问题，所以如果需要异常处理具有可预测性，则必须使用基于返回状态或其他老旧的方法，这样做虽然乏味但却是可预测的。

25.2.2 理念

在编写嵌入式系统程序时，为了追求性能和可靠性，程序员有可能退回到只使用底层语言特性的境地。这种策略对于独立的小段代码是可行的。然而，它很容易让整体设计变得一团糟，使得程序的正确性难以验证，并增加系统开发所需的时间和成本。

与以往一样，我们的理念是在给定问题的约束条件下，尽可能地使用高层次抽象来描述解决方案。不要沦落到只能编写华丽的汇编代码！保持一贯的原则，尽可能直接地在代码中表达想法（在给定的约束条件下），努力编写最清晰、最干净、最易维护的代码。不到迫不得已，不要进行优化。性能（在时间或空间上）对于一个嵌入式系统来说确实至关重要，但试图从每一小段代码中榨取性能却是误入歧途。此外，对于许多嵌入式系统来说，关键是要足够正确和"足够快"。突破"足够快"，省下来的时间，系统也只是处于空闲状态，直到需要执行另一个操作。试图尽可能高效地编写每一小段代码，会花费大量时间、导致大量错误，并且由于算法和数据结构变得难以理解和更改，通常会导致错过优化的机会。例如，这种"底层优化"方法经常导致错失内存优化的机会，相似的代码出现在许多地方，但由于一些微不足道的差异而无法共享。

约翰·本特利（John Bentley）以高效代码而闻名，他提出了两条"优化法则"：

- 第一法则，不要做优化。
- 第二法则（仅适用于专家），还是不要做优化。

在优化之前，需要确保对系统足够了解。只有这样，才能确信优化是（或能变为）正确的、可靠的。关注算法和数据结构。当系统有了可以运行的早期版，再根据需要仔细测试和调整它。幸运的是，惊喜并不罕见。简洁的代码有时运行速度足够快，而且不占用过多的内存空间。不过，不要指望惊喜。要多测试，惊吓往往比惊喜更多。

25.2.3　在故障中生存

假设要设计并实现一个不会发生故障的系统。这里的"不会发生故障"是指"可以在无人为干预的情况下正常工作一个月"。那么必须防止什么样的故障呢？我们当然可以排除太阳不再发光的情况，也可以排除系统被大象践踏的情况。然而，通常不知道什么地方会故障。对于一个特定的系统，可以并且必须假设哪些类型的故障更常见。例如：

- 功率激增或电源故障。
- 连接插头振动出其插座。
- 系统被坠落的碎片砸中，处理器被砸坏。
- 系统坠落（磁盘可能因撞击而损坏）。
- X 射线导致内存中某些位的值出现异常，以不符合语言定义的方式发生改变。

瞬时故障通常是最难发现的。瞬时故障是"偶尔"会发生的，但不是每次程序运行时都会发生的故障。例如，听说有一个处理器只有在温度超过 130°F（54°C）时才会出现异常。正常情况下不应该出现这么热的情况，至少在实验室里测试时从来没有过。然而，当系统（无意或偶尔地）被放到某个工厂车间的角落里，散热不好时，这还是有可能发生的。

在实验室里无法复现的故障是最难修复的。很难想象，如何让 JPL（喷气推进实验室，jet propulsion laboratory）工程师诊断火星巡回者号上的软件和硬件故障，并在搞清楚问题后更新软件解决故障，要知道火星巡回者号发生故障时在距离实验室 20min（对于一个以光速传播的信号）的地方。

对于设计和实现一个具有良好容错能力的系统来说，领域知识（即关于一个系统，它的环境、它使用的知识）是必不可少的。在本章中，将只概括地介绍一下。注意，这里"概括的"每一个主题，都经历过数千篇论文和几十年的研究与发展。

- 防止资源泄漏：不能发生泄漏。要明确程序使用了哪些资源，并确保（完美地）保管好这些资源。任何泄漏最终都会导致系统或子系统的崩溃。最重要的资源是 CPU 时钟和内存。通常，程序还会使用其他资源，比如，同步锁、通信信道和文件等。
- 复制：如果硬件资源（例如，计算机、输出设备、轮子）的正常运行对系统来说至关重要，那么设计者面临一个基本的选择，即是否应该为系统提供关键资源的多个备份？如果硬件发生故障，要么接受故障，要么提供一个备用的硬件资源，让软件切换使用备用的资源。例如，船用柴油发动机的燃油喷射器控制器，它包括两套网络连接设备，用于连接三台计算机。注意，"备用资源"不必与原始的完全相同（例如，航天探测器可能有一个较强的主天线和一个较弱的备用天线）。同时，在系统正常工作时，"备用资源"通常可用于提高性能。
- 自检：要了解程序（或硬件）何时出现问题。这对硬件组件（如存储设备）来说非常有用，它可以监视自身的故障，纠正较小的故障，并报告重大故障。软件可以检查其数据结构的一致性，检查不变量（参见 9.4.3 节），并依赖内部"完整性检查"进行故障认定。不幸的是，自检本身也可能是不可靠的。而且必须小心，报告故障本身可能会导致新的故障，所以真的很难对错误检查模块本身做完整的检查。
- 快速解决错误代码的方法：使系统模块化。基于模块的故障处理：每个模块都有一个特定的任务要做。如果一个模块确定它不能完成它的任务，它可以报告给其他模块。保持模块内的故障处理尽量简单（这样更可能是正确和有效的），并让其他模块负责处理更严重的故障。一个可靠的系统是模块化和多层次的。在每一层次中，更严重故障都会上报给下一层次的模块，最终可能会报告给某个人。收到严重故障通知（另一个模块无法自行处理的故障）的模块可以采取适当的措施，可能涉及重新启动检测到错误的模块，或者使用不太复杂（但更可靠）的"备份"模块运行。准确定义给定系统的"模块"是整个系统设计的一部分，但可以将其视为一个类、一个库、一个程序或计算机上的所有程序。

- 监控子系统：以防子系统自己无法或没有注意到故障的发生。在一个多层系统中，较高的层次可以监视较低的层次。许多不允许发生故障的系统（例如，船用发动机或空间站控制器）其关键子系统都有三重备份。这样做不仅是为了有两个备用，而且还可以以少数服从多数的投票方式来决定哪个子系统的行为异常。在多层结构实施困难的情况下（即在系统的最高层或不允许有失效的子系统），三重备份尤其有用。

无论如何精心设计，并竭尽全力、小心谨慎地实施，系统缺陷都无法避免。因此，在向用户交付系统之前，必须对其进行系统的和彻底的测试，参见第 26 章。

25.3　内存管理

计算机中最基本的两种资源是时间（用于执行指令）和空间（用于存储数据和代码）。在 C++ 中，有三种分配内存，保存数据的方法（参见 17.4 节、附录 A.4.2）：

- 静态内存。由连接器分配，并在程序运行期间一直保持有效。
- 栈（自动）内存。在调用函数时分配，当函数返回时释放。
- 动态（堆）内存。由 **new** 分配，并通过 **delete** 释放以供重用。

让我们从嵌入式系统程序设计的角度来思考这些问题。特别地，以必须具备可预测性（参见 25.2.1 节）的角度来考虑内存管理，例如，硬实时系统程序设计和安全性关键的程序设计。

静态内存在嵌入式系统程序设计中没有特别的问题：在程序开始运行之前，也在系统部署很久之前，所有的问题都得到了解决。

栈内存可能是一个问题，因为它可能分配过多，但这并不难处理。系统的设计人员必须确定，程序执行时的任何情况下，栈的增长都不会超过可接受的限制。这通常意味着，必须限制函数调用的最大嵌套数。也就是说，必须能够证明一个调用链（例如，**f1** 调用 **f2** 调用…调用 **fn**）不会太长。因此，在某些系统中，会禁止递归调用。这样的禁止对于某些系统和某些递归函数可能是合理的，但它不是必须的。例如，我们都知道 **factorial(10)** 最多调用 **factorial** 十次。然而，嵌入式系统程序员可能更喜欢使用迭代来实现阶乘（参见 15.5 节），以避免任何分歧或意外。

动态内存分配通常被禁止或严格限制。也就是说，要么禁止 **new**，要么将其使用限制在启动期间，而 **delete** 是禁止使用的。基本原因是：

- 可预测性。自由存储区内存分配是不可预测的，也就是说，它并不一定是一个固定时间的操作，通常情况都不是。在许多 **new** 的实现中，在分配和释放了许多对象之后，分配新对象所需的时间可能会急剧增加。
- 碎片化。自由存储区可能会碎片化，也就是说，在分配和释放大量对象之后，剩余的未使用内存可能会被"碎片化"为许多未使用的空间"小洞"，这些"小洞"是无法使用的，因为每个"小洞"都太小，容纳不了应用程序使用的对象。这将导致可用的自由存储区的大小可能远小于初始自由存储空间的大小减去已分配对象的大小。

在 25.3.1 节中将解释这种不可接受的状态是如何产生的。这里的底线是，必须避免在硬实时系统或安全性关键的系统中同时使用 **new** 和 **delete** 的程序设计技术。下面的部分解释了如何使用栈数据结构和存储池数据结构，系统地避免自由存储带来的问题。

25.3.1　自由存储区存在的问题

new 的问题究竟在哪里？实际上，**new** 和 **delete** 一起使用确实是个问题。思考一下下面程序中内存分配和释放的结果：

```
Message* get_input(Device&); // 在自由存储区创建一个 Message

while(/* ... */) {
    Message* p = get_input(dev);
    // ...
    Node* n1 = new Node(arg1,arg2);
    // ...
    delete p;
    Node* n2 = new Node (arg3,arg4);
    // ...
}
```

在每次循环时，创建了两个 **Node**。在此过程中，分配了一个 **Message**，并在之后将其删除。基于某些"设备"的输入构建数据结构，这样的代码并不罕见。仔细观察这段代码，期望的可能是每次循环时"消耗"$2*sizeof(Node)$ 字节的内存（加上自由存储的额外开销）。不幸的是，这无法得到保证。实际上，这种情况不太可能发生。

假设有一个简单（但并非不切实际）的内存管理器。再假设一个 **Message** 比一个 **Node** 稍大一点。可以像这样可视化自由存储区的使用，其中，**Message** 使用深色表示，**Node** 使用浅色表示，"小洞"（即"未使用的空间"）使用纯白色表示，如图 25-2 所示。

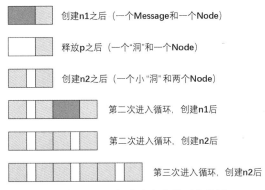

图 25-2　可视化自由存储区的使用

因此，每次执行循环时，都会在自由存储区中留下一些未使用的空间（"小洞"）。这可能仅有几个字节的大小，但如果不能使用这些"小洞"，这将与内存泄漏一样糟糕，甚至最终导致一个长时间运行程序的崩溃。内存中的自由存储区中分散着许多"小洞"，因为每个"小洞"都太小，无法用于分配给新对象，就称其为内存碎片。基本上，只要"小洞"足够大，能够容纳对象，自由存储区管理器就最终会用完这些"小洞"，只留下那些小到无法使用的"小洞"。对于所有广泛使用 **new** 和 **delete** 并需要长期运行的程序来说，这是一个严重的问题。不可用的片段占用大部分内存的情况并不少见。这通常会极大地增加执行 **new** 所需的时间，因为它必须在大量对象和片段中搜索合适大小的内存块。显然，对于嵌入式系统来说，这是不可接受的。在设计简陋的非嵌入式系统中，这也是一个严重的问题。

为什么"语言"或"系统"本身不能解决这个问题呢？或者，难道不能编写程序的时候避免产生这样的"小洞"吗？先来看一个解决内存中"小洞"问题的最直接的方法：移动 **Node**，以便将所有可用空间压缩到一个连续的区域中，这样就可以使用该区域分配更多的对象。

不幸的是，"系统"无法做到这一点。原因是 C++ 代码直接用内存地址来访问对象。例如，指针 **n1** 和 **n2** 包含实际存储器地址。如果移动指向的对象，这些指针变量中的地址将不再指向正确的对象。假设在某处保存了指向 **Node** 的指针，可以以图 25-3 的方式表示数据结构的相关部分。

现在，通过移动对象来整理碎片，使所有未使用的内存都集中在一个位置，如图 25-4 所示。

指针指向Node　　经过整理后

图 25-3　整理前的内存结构　　　　图 25-4　整理后的内存结构

不幸的是，现在指针被弄得一团糟，因为只是移动了指针指向的对象但没有更新指针的值。那么为什么不在移动对象的同时更新指针呢？也许可以编写一个程序来实现它，但前提是必须知道数据结构的细节。一般情况下，"系统"（支持 C++ 运行的系统）不知道指针的具体地址。也就是说，给定一个对象，"程序中的哪些指针现在指向这个对象"这个问题没有很好的答案。即使这个问题很容易解决，这种方法（称为压缩垃圾收集）并不总是正确的。例如，要想正常工作，它通常需要两倍以上的内存，程序才能跟踪指针并在其中移动对象。嵌入式系统可能无法提供这些额外的内存。此外，高效的压缩垃圾收集器很难做到可预测性。

对于自定义的数据结构，当然可以回答"指针在哪里"，并将其压缩。这是可行的，但一个更简单的方法是首先避免碎片化。在下面的示例中，可以在分配 **Message** 之前简单地分配空间给两个 **Node**：

```
while( ... ) {
    Node* n1 = new Node;
    Node* n2 = new Node;
    Message* p = get_input(dev);
    // ... 在节点中存储信息 ...
    delete p;
    // ...
}
```

然而，一般来说，重新排列代码以避免碎片化并不容易。可靠地做到这一点是非常困难的，而且通常与优秀代码的一些原则相违背。结果就是，我们倾向于将自由存储区的使用进行限制，只在不会导致碎片化的情况（系统启动时）下使用。通常，预防问题比解决问题效果更好。

试一试

完成上面的程序，输出创建的对象的地址和大小，看看"小洞"是否存在，以及它们是如何出现在你的机器上的。如果时间充裕，可以像上面那样绘制内存布局，以可视化的形式看看到底发生了什么。

25.3.2　自由存储区的替代方法

现在，我们知道一定要避免造成碎片。那该如何去做呢？一个简单的事实是，**new** 本身不会导致碎片化，它需要 **delete** 来创建"小洞"。所以需要从禁止 **delete** 开始。这意味着，一旦对象被分配了内存空间，它将永远留在程序中。

在没有 **delete** 的情况下，**new** 就是可预测的了吗？也就是说，所有 **new** 操作都需要相同的时间吗？是的，在所有常见的实现中是这样，但它实际上并没有得到标准的保证。通常，嵌入式系统在开机或重启后会运行一段启动代码，将系统进入"准备就绪"状态。在此期间，可以按自己的方式分配内存，只要不超过最大限额就可以。一种做法是，可以决定在启动时使用 **new**。另一种（额外的）做法是，可以留出全局（静态）内存供将来使用。出于程序结构的考虑，最好避免使用全局数据，但使用这种语言机制进行预分配内存是个不错的选择。这方面的准确规则应是系统程序设计标准规范的一部分（参见 25.6 节）。

有以下两种数据结构对内存的可预测性分配特别有用：

- 栈（stack）。栈可以在其中分配任意数量的内存（在给定的最大范围之内），而且可以且仅可以释放上次分配的内存。也就是说，栈只能在其顶部增长和缩小，不会存在碎片，因为两次分配之间不可能存在"小洞"。
- 存储池（pool）。存储池是一组相同大小的对象的集合。只要分配的对象不超过存储池的容量，就可以进行分配和释放对象。由于所有对象的大小都相同，因此，不可能出现碎片。

对于栈和存储池来说，分配和释放都是可预测且快速的。

所以，对于硬实时系统或关键系统，可以根据需要定义栈和存储池。最好选择使用现有的、被验证过的栈和存储池（前提是能够满足需求）。

注意，不要使用 C++ 标准库容器（**vector**、**map** 等）和 **string**，因为它们间接使用了 **new**。可以自己构建（购买或找到）可预测的"类标准"容器，并且对它们的使用不局限于在嵌入式系统中。

注意，嵌入式系统通常对可靠性要求非常严格，因此，无论选择什么解决方案，都必须确保不要回归到直接使用大量底层特性的地步，否则会损害程序设计风格。充满指针、显式转换等特性的代码，很难保证其正确性。

25.3.3　存储池示例

存储池是一种数据结构，可以从中分配给定类型的对象，随后可以释放这些对象。创建存储池时，将指定它可以包含的最大对象数，使用深色表示"已分配的对象"，浅色表示"准备就绪等待分配给对象的空间"，如图 25-5 所示。

存储池：

图 25-5　存储池数据结构

存储池的数据结构类型（**Pool**）可以定义为：

```
template<typename T, int N>
class Pool {                      // 包含 N 个 T 型对象的池
public:
    Pool();                       // 创建 N 个 T 型对象的池
    T* get();                     // 从池中得到一个 T；如果没有空闲的 T 返回 0
```

```
    void free(T*);           // 将 get() 返回的 T 归还给池
    int available() const;   // 空闲 T 的数量
private:
    // 存储 T[N] 所需的空间和用于跟踪分配了哪些 T
    // 以及哪些没有分配（例如，一个空闲对象列表）的数据
};
```

每个 **Pool** 对象都包括元素类型和最大容量。可以像下面这样使用一个池：

```
Pool<Small_buffer,10> sb_pool;
Pool<Status_indicator,200> indicator_pool;
Small_buffer* p = sb_pool.get();
// ...
sb_pool.free(p);
```

确保存储池永不耗尽是程序员的责任。"确保"的确切含义取决于应用程序。对于某些系统，程序员必须编写代码进行限制，除非存储池中有空闲的对象可以被分配，否则不会调用 get()。在其他一些系统上，程序员可以测试 **get( )** 的结果，如果结果为 0，则采取补救措施。后者的一个典型示例是同时最多处理 10 万个电话的电话系统。对于每个呼叫，分配一些资源，如拨号缓冲区。如果系统用完了所有的拨号缓冲区（例如，**dial_buffer_pool.get( )** 返回 0），则系统将拒绝建立新的连接（并且可能切断一些现有的通话，来释放容量）。想打电话的人可以稍后再拨打。

当然，这里的 **Pool** 模板只是存储池的一般概念的一种版本。例如，如果对内存分配的限制不那么严格，则可以在存储池的构造函数中指定元素数量。如果需要比最初指定数量更多的元素，那么甚至可以更改存储池的元素数量。

25.3.4　栈示例

栈是一种数据结构，可以从中分配内存块，并释放最后分配的内存块。使用深色表示"已分配的内存"，浅色表示"已准备好但未分配的空间"，如图 25-6 所示。

图 25-6　栈数据结构

如图 25-6 所示，这个栈向右"增长"。

可以像定义一个对象存储池一样定义一个对象栈：

```
template<typename T, int N>
class Stack { // N 个 T 型对象的栈
 // . . .
};
```

然而，大多数系统都需要分配不同长度的对象。栈可以做到这一点，而存储池不能。下面我们将展示如何定义一个这样的栈，从中分配不同大小的"原始"内存，而不是固定大小的对象：

```
template<int N>
class Stack {                   // N 个字节的栈
public:
    Stack();                    // 创建一个 N 个字节的栈
    void* get(int n);           // 从栈中分配 n 字节，如果没有空闲空间，则返回 0
```

```
        void free();              // 将最后一次调用 get() 得到的空间归还给栈
        int available() const;    // 可用字节数
private:
    // char[N] 的空间和用于跟踪已分配的内容，
    // 以及未分配的内存空间（例如，栈顶部指针）的数据
};
```

由于 **get()** 返回一个指向所需字节数的 **void***，需要将该内存里存放的内容转换为合适的对象类型。可以像下面这样使用栈：

```
Stack<50*1024> my_free_store; // 创建一个 50KB 大小的栈

void* pv1 = my_free_store.get(1024);
int* buffer = static_cast<int*>(pv1);
void* pv2 = my_free_store.get(sizeof(Connection));
Connection* pconn = new(pv2) Connection(incoming,outgoing,buffer);
```

static_cast 的使用在 17.8 节中介绍过。**new(pv2)** 表示"定址 **new**"，它的意思是"在 **pv2** 指向的内存空间中构建一个对象"。也就是说，它不分配任何空间。这里假设 **Connection** 类型有一个接受参数列表 **(incoming,outgoing,buffer)** 的构造函数，否则程序将无法编译。

当然，这个 Stack 模板只是栈的一般概念的实现版本之一。在内存分配限制不那么严格的应用中，可以在栈的构造函数中指定可用于分配的字节数。

25.4　地址、指针和数组

可预测性是部分嵌入式系统的要求，可靠性则是所有嵌入式系统都关心的问题。这导致人们会尽量避免使用那些被证实容易出错的语言特性和程序设计技术（至少在嵌入式系统程序设计中是这样）。例如，对指针使用上的疏忽就非常容易导致错误的发生，有两个突出的问题：

● （未检查且不安全的）显式类型转换。
● 传递指向数组元素的指针。

前一个问题通常可以通过严格限制显式类型转换（强制转换）的使用来解决。指针 / 数组的问题则更加微妙，需要搞清楚一些细节，最好使用（简单的）类或标准库功能（如 **array**，参见 20.9节）来处理。因此，本节将重点讨论如何解决指针 / 数组问题。

25.4.1　强制类型转换

物理资源（例如，外部设备的控制寄存器）及其最基本的软件控制通常存在于底层系统的特定地址中。必须将这些地址输入到程序中，并为这些数据指定一个类型。例如：

```
Device_driver* p = reinterpret_cast<Device_driver*>(0xffb8);
```

参见 7.8 节。编写这类程序时通常需要借助手册或联机帮助。硬件资源与指向硬件资源的软件指针之间的对应关系并不稳固，这里的硬件资源是指资源寄存器的地址，通常表示为十六进制整数。必须在没有编译器帮助的情况下处理好（因为这不是程序设计语言的问题）。通常，使用 **reinterpret_cast** 将 **int** 类型强制地转换为指针类型是应用程序与其重要硬件资源之间连接中的关键环节，但这种转换是危险的、完全没有经过检查的。

如果显式类型转换（**reinterpret_cast**、**static_cast** 等，参见附录 A.5.7）不是必需的，则应避免使用。使用 C 和 C++ 风格的程序员总是习惯使用强制类型转换，但实际上很多时候并没有必要。

25.4.2　一个问题：不正常的接口

如 18.6.1 节所述，当数组作为参数传递给函数时，通常作为指向其第一个元素的指针。这也就"丢失"了数组的大小，因此，不能直接告诉函数有多少个元素（如果有的话）。这会导致许多微妙且难以修复的错误。在这里，将研究一些数组／指针问题的示例，并提出一个替代方案。从一个非常糟糕（但不幸的是，并不罕见）的接口示例开始，并改进它。思考下面的内容：

```
void poor(Shape* p, int sz)                    // 糟糕的接口设计
{
    for (int i = 0; i<sz; ++i) p[i].draw();
}

void f(Shape* q, vector<Circle>& s0)           // 非常烂的代码
{
    Polygon s1[10];
    Shape s2[10];
    // 初始化
    Shape* p1 = new Rectangle{Point{0,0},Point{10,20}};
    poor(&s0[0],s0.size()); // #1（传递来自 vector 的数组）
    poor(s1,10);                       // #2
    poor(s2,20);                       // #3
    poor(p1,1);                        // #4
    delete p1;
    p1 = 0;
    poor(p1,1);                        // #5
    poor(q,max);                       // #6
}
```

函数 **poor( )** 展示了一个糟糕的接口设计：它提供了一个接口，为调用者带来了很多的错误隐患，但实现上没有为实现者提供防止此类错误的机会。

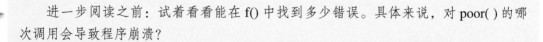

试一试

进一步阅读之前：试着看看能在 f() 中找到多少错误。具体来说，对 poor( ) 的哪次调用会导致程序崩溃？

乍一看，这些调用都没什么问题，但这种代码会让程序员花上无数个夜晚去调试，也会让追求质量的工程师做噩梦。

（1）元素类型传递错误，例如，**poor(&s0[0]，s0.size( ))**。而且，**s0** 可能是空的，在这种情况下 **&s0[0]** 本身是错误的。

（2）使用了"神奇的常量"（在这里并不会导致错误）：**poor(s1,10)**。此外，元素类型是错误的。[①]

（3）使用"神奇的常量"（在这里是错误的）：**poor(s2,20)**。

---

① 译者注：把常量称为"神奇的"，是因为随意性太强，就像变魔法，一下子 10 就出现了，没有过程，也没有通过名称给出提示，为什么是 10？如果是不小心写错了，则很难被发现。

（4）正确的调用（很容易验证）：**poor(p1,1)** 第一次被调用。

（5）传递了空指针：**poor(p1,1)** 第二次被调用。

（6）可能是正确的：**poor(q,max)**。无法仅仅通过查看代码片段来确定。需要检查 **q** 指向的数组是否包含超过 **max** 个元素，必须找到 **q** 和 **max** 的定义，并在使用时确定它们的值。

上面这些错误每一个都很简单，不必处理微妙的算法或数据结构问题。问题在于 **poor()** 的接口涉及以指针形式传递的数组，这可能会引发一系列问题。这里使用了毫无意义的变量名称（例如，**p1**、**p0**），使得问题变得更加令人费解。然而，还可以变得更糟，如果换成更容易记忆但误导性很强的变量名称，则将使得这些问题变得更难发现。

理论上，编译器可以捕获其中的一些错误，例如，第二次调用 **poor(p1,1)** 时 **p1==0**。但实际上，对于这个特定的例子，编译一定无法通过，只是因为编译器捕获了另一个更明显的错误：试图创建抽象类 **Shape** 的对象。然而，这与 **poor( )** 的接口问题没有关系，所以不要放松警惕。接下来，将使用一个非抽象的 **Shape** 版本，以避免从接口问题中分心。

为什么 **poor(&s0[0]**，**s0.size( ))** 调用是错误的呢？ **&s0[0]** 表示 **Circle** 数组的第一个元素，它是一个 **Circle*** 指针。接口需要的类型是 **Shape*** 指针，传递的是指向 **Shape** 派生类对象的指针（这里是 **Circle***）。这显然是可以接受的，需要这种转换，这样就可以进行面向对象程序设计，通过它们的公共接口（本例中是 **Shape**）访问各种类型的对象（参见 14.2 节）。然而，**poor( )** 不仅将该 **Shape*** 用作指针，它还将其视为数组，并使用下标遍历该数组：

```
for (int i = 0; i<sz; ++i) p[i].draw();
```

也就是说，它以 **&p[0]**、**&p[1]**、**&p[2]** 等作为对象存储的起始内存地址进行访问，如图 25-7 所示。

就内存地址而言，这些指针的间隔为 **sizeof(Shape)**（参见 17.3.1 节）。不幸的是，对于 **poor( )** 的调用者来说，**sizeof(Circle)** 比 **sizeof(Shape)** 大，因此，内存布局看上去如图 25-8 所示。

图 25-7 通过指针数组访问派生类对象

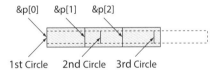

图 25-8 下标地址与实际内存布局

也就是说，当 **poor( )** 调用 **draw( )** 时，使用的指针实际上指向 **Circle** 对象的中间！这很可能立即导致程序崩溃。

而 **poor(s1,10)** 更狡猾。它依赖于一个"神奇的常量"，因此，立即被怀疑存在维护上的隐患，但还有一个更深层次的问题。使用 **Polygon** 数组不会立即导致使用 **Circle** 时看到的问题，出现这种情况的唯一原因是，**Polygon** 没有在基类 **Shape** 的基础上添加任何的数据成员（而 **Circle** 添加了新的数据成员，参见 13.8 节和 13.12 节）。也就是说，**sizeof(Shape)==sizeof(Polygon)**，更通俗地讲，**Polygon** 与 **Shape** 具有相同的内存布局，只是碰巧"运气好"而已。**Polygon** 的定义稍有改变就会导致程序崩溃。所以 **poor(s1,10)** 目前虽然是可行的，但这是一个潜伏中的错误。这显然不是高质量的代码。

通过上面的示例，可以体会到一条通用的程序设计语言规则，即"一个 **D** 是一个 **B**"并不意味着"一个 **Container<D>** 是一个 **Container<B>**"（参见 19.3.3 节）。例如：

```
class Circle : public Shape { /* ... */ };
```

```
void fv(vector<Shape>&);
void f(Shape &);

void g(vector<Circle>& vd, Circle & d)
{
    f(d);        // 正确: 从 Circle 到 Shape 的隐式转换
    fv(vd);      // 错误: 不存在从 vector<Circle> 到 vector<Shape> 的转换
}
```

好吧, 所以 **poor( )** 的调用是非常糟糕的代码, 但是这样的代码可以被用于嵌入式系统中吗? 也就是说, 在安全和性能至关重要的领域, 是否还需要关心这类问题? 是否可以将其仅视为普通程序 (非关键系统) 开发人员的烦恼, 并告诉嵌入式系统开发人员 "不要使用它们" 呢? 实际情况却没那么简单, 许多现代嵌入式系统都严重依赖 GUI, 而 GUI 几乎总是以示例中的面向对象程序设计方式开发。例如, **iPod** 的用户界面、一些手机的用户界面, 以及一些小设备上操作人员的显示界面 (包括飞机上)。另一个示例是, 相似设备 (如各种电动机) 的控制器可以构成一个经典的类层次结构。也就是说, 这种代码 (尤其是这种函数声明方式) 的确是应该操心的。需要一种更安全的方式来传递数据集合, 并且不会引发其他重大问题。

因此, 我们不希望将内置数组作为 "指针 + 元素个数" 的方式传递给函数。那么还有更好的选择吗? 最简单的解决方案是将引用传递给容器, 如 **vector**。此类代码问题:

```
void poor(Shape* p, int sz);
```

在下面的代码中就可以避免:

```
void general(vector&);
```

如果程序设计环境中可以使用 **std::vector** (或等价的容器), 则只需在接口中一致地使用 **vector** (或等价的容器), 永远不要将内置数组作为 "指针 + 元素个数" 的方式进行传递。

如果无法将使用限制于 **vector** 或等价的容器, 那么就进入了一个更加困难的领域, 虽然我们将提供的接口类 (**Array_ref**) 使用起来很直观, 但解决方案将涉及一些复杂的技术和语言特性。

25.4.3　解决方案: 接口类

不幸的是, 在许多嵌入式系统中无法使用 **std::vector**, 因为它依赖于自由存储区。可以通过使用 **vector** 的特殊实现版本来解决这个问题, 也可以 (更简单地) 使用功能类似 **vector** 但不进行内存管理的容器。在描述这样的接口类之前, 思考一下它需要具备哪些功能、特性:

- 它是内存中对象的引用 (它不拥有对象、不分配对象、不删除对象等)。
- 它 "知道" 自己的大小 (因此, 有能力进行范围检查)。
- 它 "知道" 其元素的确切类型 (从而避免成为类型错误的根源)。
- 传递 (拷贝) 它的代价应该和使用 "指针 + 元素数量" 一样低。
- 它不会隐式转换为指针。
- 它可以很容易地表达接口对象所描述的元素范围的子范围。
- 它和内置数组一样容易使用。

我们将只能尽量满足 "和内置数组一样容易使用" 这一目标。而不希望为了 "一样容易使用", 而导致 "一样容易引发错误"。

下面给出了接口类的一个定义:

```
template<typename T>
```

```
class Array_ref {
public:
    Array_ref(T* pp, int s) :p{pp}, sz{s} { }

    T& operator[ ](int n) { return p[n]; }
    const T& operator[ ](int n) const { return p[n]; }

    bool assign(Array_ref a)
    {
        if (a.sz!=sz) return false;
        for (int i=0; i<sz; ++i) { p[i]=a.p[i]; }
        return true;
    }

    void reset(Array_ref a) { reset(a.p,a.sz); }
    void reset(T* pp, int s) { p=pp; sz=s; }

    int size() const { return sz; }

    // 默认拷贝操作:
    // Array_ref 没有任何资源
    // Array_ref 具有引用语义
private:
    T* p;
    int sz;
};
```

这个接口类 **Array_ref** 已经非常简化了：

- 没有定义 **push_back( )**（需要自由存储区），也没有定义 **at( )**（需要异常处理）。
- **Array_ref** 是一种形式的引用，因此，拷贝操作只是拷贝（**p,sz**）。
- 通过使用不同的数组进行初始化，可以得到元素类型相同，但数量不同的 **Array_ref**。
- 通过使用 **reset( )** 更新（**p,size**) 的值，可以更改现有 **Array_ref** 的大小（许多算法需要指定子范围）。
- 没有定义迭代器接口（但如果需要，可以很容易地添加）。实际上，**Array_ref** 在本质上非常接近由两个迭代器所描述的一个范围。

Array_ref 不拥有元素、不进行内存管理，它只是一种访问和传递元素序列的机制。在这一点上，它不同于标准库 **array**（参见 20.9 节）。

为了简化 **Array_ref** 的创建，提供了几个有用的辅助函数：

```
template<typename T> Array_ref<T> make_ref(T* pp, int s)
{
    return (pp) ? Array_ref<T>{pp,s} : Array_ref<T>{nullptr,0};
}
```

如果用指针初始化 **Array_ref**，则必须显式地提供元素数量。这是一个明显的弱点，因为它提供了一个给出错误数量的机会。而且，如果指针是派生类数组隐式转换为基类指针的结果，如 **Polygon[10]** 到 **Shape***，那么在 25.4.2 节中最初的可怕问题又出现了，但有时程序的正确性只能依赖程序员。

上面对空指针进行了判断（因为它总是带来麻烦），下面将对空 **vector** 采取类似的预防措施：

```
template<typename T>
Array_ref<T> make_ref(vector<T>& v)
{
    return (v.size()) ? Array_ref<T>{&v[0],v.size()} : Array_ref<T>{nullptr,0};
}
```

这段代码的意思是传递 **vector** 中的一组元素。尽管 **vector** 通常不适用于需要使用 **Array_ref** 的系统，但我们还是在这里使用了它，原因是它与可以在那里使用的容器具有相同的关键属性（例如，基于存储池的容器，参见 25.3.3 节）。

最后的一个辅助函数处理内置数组（编译器知道其大小）：

```
template <typename T, int s>
Array_ref<T> make_ref(T (&pp)[s])
{
    return Array_ref<T>{pp,s};
}
```

奇怪的 **T(&pp)[s]** 语法将参数 **pp** 声明为对包含 **s** 个 **T** 类型元素的数组的引用。这允许使用数组初始化 **Array_ref**，并记录大小。由于 C++ 无法声明空数组，因此，不必测试 0 个元素的情况：

```
Polygon ar[0]; // 错误：没有元素
```

有了 **Array_ref** 后，就可以尝试重写 25.4.2 节中的示例：

```
void better(Array_ref<Shape> a)
{
    for (int i = 0; i<a.size(); ++i) a[i].draw();
}


void f(Shape* q, vector<Circle>& s0)
{
    Polygon s1[10];
    Shape s2[20];
    // 初始化
    Shape* p1 = new Rectangle{Point{0,0},Point{10,20}};
    better(make_ref(s0));        // 错误：需要 Array_ref<Shape> 类型
    better(make_ref(s1));        // 错误：需要 Array_ref<Shape> 类型
    better(make_ref(s2));        // 正确:（无需转换）
    better(make_ref(p1,1));      // 正确：一个元素
    delete p1;
    p1 = 0;
    better(make_ref(p1,1));      // 正确：没有元素
    better(make_ref(q,max));     // 正确:（只要 max 正确）
}
```

相比以前的版本，新的程序有了如下改进：

● 代码更简单了。程序员大多数情况下不必再关心大小的问题，只有在特定的地方（创建

Array_ref）才需要考虑，而不是分散在整个代码中。

- Circle[ ] 到 shape[ ]，Polygon[ ] 到 Shape[ ] 的转换问题会被发现。
- 隐式地处理了 **s1** 和 **s2** 的元素数目错误的问题。
- **max**（以及指针的其他元素计数）的潜在问题变得更加明显——这是必须明确大小的唯一地方。
- 隐式地、系统地处理空指针和空 **vector** 问题。

25.4.4　继承与容器

但是，如果真的想把 **Circle** 集合当成 **Shape** 集合，也就是说，真的想要 **better( )**（它是我们的老朋友 **draw_all( )** 的另一个版本，参见 19.3.2 节和 22.1.3 节）来处理多态吗？基本上，做不到。在 19.3.3 节和 25.4.2 节中，看到类型系统有充分的理由拒绝接受 vector<Circle> 作为 vector<Shape> 来处理。基于同样的原因，将拒绝接受 Array_ref<Circle> 作为 Array_ref<Shape>。如果想不起来原因，最好重读一遍 19.3.3 节，因为这个原因非常基础，尽管它可能会带来一些不便。

此外，为了保持运行时的多态行为，必须通过指针（或引用）来访问多态对象：**better( )** 中的 **a[i].draw( )** 使用了点运算符，这个细节中暴露了问题。在看到点而不是箭头（->) 时，就应该预料到多态性会出现问题。

那么该怎么做呢？首先，必须使用指针（或引用）而不是直接使用对象，因此，将尝试使用 Array_ref<Circle*>、Array_ref<Shape*> 等，而不是 Array_ref<Circle>、Array_ref<Shape> 等。

然而，仍然无法将 Array_ref<Circle*> 转换为 Array_ref<Shape*>，因为可能会需要将不是 Circle* 的元素放入 Array_ref<Shape*> 中。不过，我们可以钻个空子：

- 在本例中，并不需要修改 Array_ref<Shape*>，只想画出 **Shape**！这是一个有趣且有用的特殊情况：我们反对 Array_ref<Circle*> 转换为 Array_ref<Shape*> 的论点不适用于不修改 Array_ref<Shape*> 的情况。
- 所有指针数组都具有相同的内存布局（与它们所指向的对象类型无关），因此，不会遇到 25.4.2 节中的布局问题。

也就是说，将 Array_ref<Circle*> 作为不可变的 Array_ref<Shape*> 处理是没有问题的。因此，"只是"必须找到一种转换方法，如图 25-9 所示。

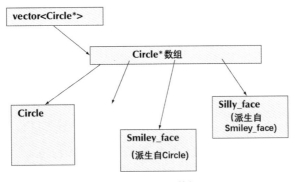

图 25-9　Circle* 数组

将 Circle* 数组当作不可变的 Shape* 数组（来自 Array_ref）来处理，在逻辑上这完全正确。

我们似乎误入了专家领域。实际上，这个问题非常棘手，还无法通过目前已有的工具来解决。然而，还是来看看如何才能产生一个近乎完美的方案来解决不正常的接口问题（非常流行的"指针 +

元素数量"的接口风格,参见 25.4.2 节)。请记住:不要为了证明自己有多聪明而进入"专家领域"。通常,找一个由专家设计、实现和测试过的库是更好的选择。

首先,重写 **better( )**,使其使用指针,并确保不会"搞乱"参数容器:

```
void better2(const Array_ref<Shape*const> a)
{
     for (int i = 0; i<a.size(); ++i)
          if (a[i])
               a[i]->draw();
}
```

现在正在使用指针,所以应该检查是否是空指针。为了确保 **better2( )** 不会通过 **Array_ref** 以不安全的方式修改数组和 **vector**,添加了两个 **const**。第一个 **const** 确保不会对 **Array_ref** 应用变更操作,如 **assign( )** 和 **reset( )**。第二个 **const** 放在 * 之后,表示指针本身是常量(而不是指向常量的指针),也就是说,即使有可用的操作,也不要去修改指针。

接下来,必须解决核心问题,即如何表达 **Array_ref<Circle*>** 转换为:

- 与 **Array_ref<Shape*>** 相似的类型(可以在 **better2( )** 中使用)。
- 但仅限于不可变的 **Array_ref<Shape*>**。

可以通过给 **Array_ref** 添加一个转换运算符来实现上述目标:

```
template<typename T>
class Array_ref {
public:
     // 和以前一样

     template<typename Q>
     operator const Array_ref<const Q>()
     {
          // 检查元素的隐式转换:
          static_cast<Q>(*static_cast<T*>(nullptr));     // 检查元素转换
          return Array_ref<const Q>{reinterpret_cast<Q*>(p),sz}; // 转换
                                                          // Array_ref
     }
     // 和以前一样
};
```

这段代码的确让人看着头疼,但基本要点是:

- 对于每种类型 **Q**,运算符都会强制转换为 **Array_ref<const Q>**,只要可以将 **Array_ref<T>** 的元素强制转换为 **Array_ref<Q>** 的元素(不使用强制转换的结果,只是检验一下转换是否可行)。
- 通过使用强制类型转换(**reinterpret_cast**)来构造一个新的 **Array_ref<const Q>**,以获得指向所需元素类型的指针。强制转换往往是有代价的,在这种情况下,永远不要将 **Array_ref** 转换用于多重继承的类(参见附录 A.12.4)。
- 注意,**Array_ref<const Q>** 中的 **const**,这确保了不能将 **Array_ref<const Q>** 拷贝到老版本的、可变的 **Array_ref<Q>** 中。

我们警告过的,这是"专家领域"和"令人头疼的问题"。然而,这个版本的 **Array_ref** 很容

易使用（棘手的只是定义 / 实现）：

```
void f(Shape* q, vector<Circle*>& s0)
{
    Polygon* s1[10];
    Shape* s2[20];
    // 初始化
    Shape* p1 = new Rectangle{Point{0,0},10};
    better2(make_ref(s0));          // 正确：转换为 Array_ref<Shape*const>
    better2(make_ref(s1));          // 正确：转换为 Array_ref<Shape*const>
    better2(make_ref(s2));          // 正确:（无须转换）
    better2(make_ref(p1,1));        // 错误
    better2(make_ref(q,max));       // 错误
}
```

上面代码的最后两行尝试使用指针而导致错误，因为两个指针是 **Shape*** 类型，而 **better2( )** 期望的是 **Array_ref<Shape*>** 类型参数。也就是说，**better2( )** 期望的是存储指针的容器不是指针本身。如果要将指针传递给 **better2( )**，则必须将它们放入容器（例如，内置数组或 **vector**）再传递。对于单个指针，可以勉强使用 **make_ref(&p1,1)**。然而，对于包含多个元素的数组，则必须创建指针容器。

总之，可以创建简单、安全、易于使用和高效的接口来弥补数组的不足。这是本节的主要目的。大卫·惠勒曾经说过："每个问题都可以通过间接的方式解决"，这被认为是"计算机科学的第一定律"。这正是解决这个接口问题所采用的方式。

25.5　位、字节和字

在本书前面的章节中，讨论过硬件内存的概念，如位、字节和字。但在一般的程序设计环境中，不太在意这些概念，而是根据对象的具体类型进行操作，例如，**double**、**string**、**Matrix** 和 **Simple_window**。本节将研究程序设计的另一个层面，即在嵌入式系统程序设计中，必须更多地考虑内存的底层现实。

如果对整数的二进制和十六进制表示法还不够熟悉，参见附录 A.2.1。

25.5.1　位和位运算

将一个字节看作 8 个二进制位的序列，如图 25-10 所示。

注意，字节中从右（最低有效位）到左（最高有效位）的位编号惯例。现在，把一个字想象成 4 个字节的序列，如图 25-11 所示。

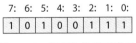

图 25-10　字节的位序列表示

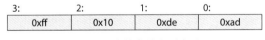

图 25-11　字的字节序列表示

同样地，从右到左编号，即从最低有效字节到最高有效字节。图 25-10 和 25-11 过分简化了现实世界中的情况：曾经有过一个字节是 9 位的计算机（但已经十年没有见过了），而一个字包含两个字节的机器并不罕见。但是，只要记得在使用"8 位"和"4 字节"这两个特性之前先确认一下，查阅一下系统手册，就应该没问题。

在需要可移植性的代码中，使用 **<limits>**（参见 24.2.1 节）来确保对类型大小的假设是正确的。

可以在代码中放置断言，让编译器进行检查：

```
static_assert(4<=sizeof(int),"ints are too small");
static_assert(!numeric_limits<char>::is_signed,"char is signed");
```

static_assert 的第一个参数是一个假定为真的常量表达式。如果它不为真，则断言失败，编译器将第二个参数（一个字符串）作为错误消息的一部分进行输出。

如何在 C++ 中表示一组位的集合？答案取决于需要处理的位的数量，以及需要哪些操作对方便性、高效性有更迫切的需求。可以使用整数类型作为位的集合：

- **bool**。1 位，但占用整个字节的空间。
- **char**。8 位。
- **short**。16 位。
- **int**。通常是 32 位，但许多嵌入式系统使用 16 位。
- **long int**。32 位或 64 位（但至少与 int 一样大）。
- **long long int**。32 位或 64 位（但至少和 long int 一样大）。

这里列出的是一些类型的典型大小，但不同的实现可能使用不同的大小，所以如果需要确认，就自己测试一下。另外，标准库包含了位操作相关的功能：

- **std::vector<bool>**。当需要超过 8×sizeof(long) 位时。
- **std::bitset**。当需要超过 8×sizeof(long) 位时。
- **std::set**。一个无序的、命名的位集合（参见 21.6.5 节）。
- 文件。很多位（参见 25.5.6 节）。

此外，还可以使用下面两个语言特性来表示位：

- 枚举（**enum**），参见 9.5 节。
- 位域，参见 25.5.5 节。

这些表示"位"的方法反映了一个事实，在计算机内存中的所有东西本质上都是位的集合。因此，人们迫切地需要提供多种方式来查看位集合、给位集合命名，以及对位集合进行各种运算。注意，程序设计内置语言特性被设计为处理一组固定数量的位（例如，8、16、32 和 64），以便计算机可以使用硬件直接提供的指令，以最佳速度对其进行逻辑运算。与内置特性不同，标准库可以处理任意数量的位。这可能会影响性能，但不要过早地下结论：如果选择一些可以很好地映射到底层硬件的位数，标准库通常可以拥有很好的性能。

先来看整数。C++ 提供了硬件直接实现的按位逻辑运算。这些运算可以作用于操作数的每一位，如表 25-1 所示。

表 25-1　位运算

位运算		
|	或	x 的第 n 位为 1 或 y 的第 n 位为 1，则 x|y 的第 n 位等于 1
&	与	x 的第 n 位为 1 且 y 的第 n 位为 1，则 x&y 的第 n 位等于 1
^	异或	x 的第 n 位为 1 或 y 的第 n 位为 1，且不同时为 1，则 x^y 的第 n 位等于 1
<<	左移	x<<s 的第 n 位是 x 的第 n+s 位
>>	右移	x>>s 的第 n 位是 x 的第 n−s 位
~	补	~x 的第 n 位与 x 的第 n 位取反

你可能会发现这里将"异或"（^，有时称为"xor"）作为基本运算很奇怪。然而，它确实是许

多图形和加密程序中常用的基本运算。

编译器不会将位逻辑运算 << 和输出运算符混淆，但你可能会。为避免混淆，请记住，输出操作符的左操作对象是 ostream 对象，而位逻辑运算符的左运算对象是整数。

注意，**&** 不同于 **&&**，**|** 不同于 **||**，因为前者对其运算对象的每一位进行单独运算（参见附录 A.5.5），产生的结果的位数与运算对象的位数相同。然而，**&&** 和 **||** 只返回 **true** 或 **false**。

来举几个例子。通常使用十六进制表示法来表示位的模式。对于半字节（4 位），如表 25-2 所示。

表 25-2　十六进制的 4 位表示

十六进制	位模式	十六进制	位模式
0x0	0000	0x8	1000
0x1	0001	0x9	1001
0x2	0010	0xa	1010
0x3	0011	0xb	1011
0x4	0100	0xc	1100
0x5	0101	0xd	1101
0x6	0110	0xe	1110
0x7	0111	0xf	1111

对于 9 以下的数字，可以使用十进制，但使用十六进制可以提醒我们正在使用位模式。对于字节和字，十六进制变得非常有用。一个字节中的位可以表示两个十六进制数字，如表 25-3 所示。

表 25-3　十六进制的字节表示

十六进制字节	位模式
0x00	0000 0000
0x0f	0000 1111
0xf0	1111 0000
0xff	1111 1111
0xaa	1010 1010
0x55	0101 0101

因此，如果希望事情尽可能简单，可以选择使用 **unsigned**（参见 25.5.3 节）：

```
unsigned char a = 0xaa;
unsigned char x0 = ~ a;  // a 的补，如图 25-12 所示。
unsigned char b = 0x0f;
unsigned char x1 = a&b;  // a 与 b，如图 25-13 所示。
```

图 25-12　补示例　　　　　　　　　图 25-13　与示例

```
unsigned char x2 = a^b;  // 异或：a xor b，如图 25-14 所示。
```

```
unsigned char x3 = a<<1;  // 左移一位, 如图 25-15 所示。
```

图 25-14　异或示例　　　　　　　　　　　图 25-15　左移示例

注意，如图 25-15 所示，将从第 0 位（最低有效位）的外边"移入" 0，以填充字节。最左边的位（第 7 位）会被简单丢弃。

```
unsigned char x4 = a>>2;  // 右移两位, 如图 25-16
                          所示。
```

图 25-16　右移示例

注意，如图 25-16 所示，将从第 7 位（最高有效位）的外边"移入" 2 个 0，以填充字节。最右边的 2 位（第 1 位和第 0 位）会被简单丢弃。

可以将位模式绘制出来，这样能很好地理解什么是位模式，但绘制几次图形之后，很快就会觉得乏味。下面展示了一个将整数转换为其位表示的小程序：

```
int main()
{
    for (unsigned i; cin>>i; )
        cout << dec << i << "=="
            << hex << "0x" << i << "=="
            << bitset<8*sizeof(unsigned)>{i} << '\n';
}
```

要输出整数的各个位，可以使用标准库里的 **bitset**：

```
bitset<8*sizeof(unsigned)>{i}
```

bitset 是位集合，它具有固定数量的位。在本例中，使用一个整数的位数量，也就是 **8*sizeof(unsigned)**，并使用无符号整数 **i** 初始化该位集合。

试一试

把上面的示例运行起来。尝试使用一些值，感受他们的二进制、十六进制表示。如果对负数的表示感到困惑，请在阅读 25.5.3 节后再试一试。

25.5.2　bitset

<bitset> 中的标准库模板类 **bitset** 用于描述、处理位集合。每个 **bitset** 的大小都是固定的，在构造时指定：

```
bitset<4> flags;
bitset<128> dword_bits;
bitset<12345> lots;
```

bitset 默认初始化为全 0，但通常会给它一个初始值。**bitset** 的初始值可以是无符号整数，也可以是由 0 和 1 组成的字符串。例如：

```
bitset<4> flags = 0xb;
bitset<128> dword_bits {string{"1010101010101010"}};
```

```
bitset<12345> lots;
```

其中，**lots** 被初始化为全 0；**dword_bits** 的初始化是 112 个 0，后面跟着我们显式指定的 16 位的值。如果你尝试将一个具有 "**0**" 和 "**1**" 以外的其他字符的字符串作为它的初始值，则会抛出 **std::invalid_argument** 异常：

```
string s;
cin>>s;
bitset<12345> my_bits{s};  // 可能引发 std::invalid_argument 异常
```

可以对 **bitset** 使用常用的位运算符。例如，假设 **b1**、**b2**、**b3** 都是 **bitset**：

```
b1 = b2&b3;     // 与
b1 = b2|b3;     // 或
b1 = b2^b3;     // 异或
b1 = ~b2;       // 非
b1 = b2<<2;     // 左移
b1 = b2>>3;     // 右移
```

基本上，对于位运算（按位逻辑运算）而言，**bitset** 就像一个用户可以指定大小的特殊 **unsigned int**（参见 25.5.3 节）一样。可以对 **unsigned int** 做的运算（算术运算除外），也可以对 **bitset** 做。特别地，**bitset** 特别适用于 I/O：

```
cin>>b;                 // 从输入读取一个 bitset
cout<<bitset<8>{'c'}; // 以位模式输出字符 'c'
```

当读入 **bitset** 时，输入流会查找 **0** 和 **1**。思考下面的情况：

```
10121
```

结果为 **101**，流中还有 **21** 未读出。

对于字节和字，**bitset** 中的位从右到左编号（从最低有效位到最高有效位），例如，位 7 的数值为 2^7，如图 25-17 所示。

7:	6:	5:	4:	3:	2:	1:	0:
1	0	1	0	0	1	1	1

图 25-17   bitset 的位序列

对于 **bitset** 而言，编号顺序并不仅是一种约定，因为 **bitset** 支持位的下标。例如：

```
int main()
{
    constexpr int max = 10;
    for (bitset<max> b; cin>>b; ) {
        cout << b << '\n';
        for (int i =0; i<max; ++i)
            cout << b[i]; // 相反的顺序

        cout << '\n';
    }
}
```

如果你需要对 **bitset** 有更全面的了解，可以查阅联机文档、手册或更专业的教材。

25.5.3　有符号整数和无符号整数

与大多数语言一样，C++ 同时支持有符号和无符号整数。无符号整数在内存中很容易表示：第 0 位表示 1，第 1 位表示 2，第 2 位表示 4，以此类推。然而，有符号整数带来了一个问题：如何区分正数和负数？对此，C++ 将选择权留给了硬件的设计者，但几乎所有的实现都使用二进制补码表示法。最左边的二进制位（最高有效位）作为"符号位"，如图 25-18 所示。

图 25-18　有符号整数的表示

如果符号位是 1，则数值是负数。几乎普遍使用二进制补码表示。为了节省篇幅，我们只讨论如何用 4 位二进制整数表示有符号数：

正数:	0	1	2	4	7
	0000	0001	0010	0100	0111
负数:	1111	1110	1101	1011	1000
	–1	–2	–3	–5	–8

– (x+1) 的位模式可以用于描述 x 的位模式的补码（又称~ x，参见 25.5.1 节）。

到目前为止，我们只使用了有符号整数（如 **int**）。下面是一套更好的程序设计原则：

● 对数值使用有符号整数表示（如 **int**）。

● 对位集合使用无符号整数表示（如 **unsigned int**）。

这是一个不错的程序设计原则，但很难严格遵守，因为有些人更喜欢使用无符号整数进行某些形式的运算，而有时需要使用他们的代码。特别地，由于历史原因，回溯到 C 语言的早期，当时 **int** 是 16 位大小，每一位都很重要，**v.size( )** 对于 **vector** 来说是一个无符号整型数。例如：

```
vector<int> v;
// . . .
for (int i = 0; i<v.size(); ++i) cout << v[i] << '\n';
```

一个"愿意帮忙的"的编译器可能会发出警告，提示正在混合使用有符号整数（即 i）和无符号整数（即 **v.size( )**）。混合使用有符号和无符号变量可能会导致灾难。例如，循环变量 i 有溢出的风险。也就是说，**v.size( )** 可能比最大的有符号 **int** 还要大。然后，i 将达到表示有符号整数中正整数的最高值（2 的 n 次幂再减 1，其中，n 为 **int** 的位数减 1，例如 2^{15}-1）。所以，下一个 ++ 不可能产生下一个更大的整数，而是会产生一个负值。循环永远不会结束！每次到达最大的整数后，都会从最小的负 **int** 值重新开始。因此，对于 16 位 **int** 型来说，如果 **v.size( )** 的值大于或等于 32×1024，那么这个循环就是一个（可能非常严重的）错误。对于 32 位 **int** 型，如果 i 达到 2×1024×1024×1024，则也将会出现同样的错误。

因此，严格来说，本书中的大多数循环都不够严谨，可能会导致问题。换句话说，对于嵌入式系统，要么已经验证，确保循环永远不可能到达临界点，要么用不同形式的循环替换它。为了避免这个问题，可以使用 **vector** 提供的 **size_type**、迭代器或范围 **for** 语句：

```
for (vector<int>::size_type i = 0; i<v.size(); ++i) cout << v[i] << '\n';
for (auto p = v.begin(); p!=v.end(); ++p) cout << *p << '\n';
for (int x : v) cout << x << '\n';
```

size_type 确保是无符号的，因此，第一行的版本（无符号整数）比前面 **int** 版本多了一位。这可能很重要，但它仍然只提供了多出一位的范围（使得循环可以完成的迭代次数增加了一倍）。使用迭代器的循环就没有这种限制。

试一试

以下示例可能看起来没什么问题，但它会造成一个死循环：

```
void infinite()
{
    unsigned char max = 160; // 非常大
    for (signed char i=0; i<max; ++i) cout << int(i) << '\n';
}
```

把它运行起来，并解释原因。

本质上，我们将无符号整数作为整数使用（即可以使用 +、−、* 和 /），而不是将它们简单地看作是位集合，主要有两个原因：

- 获得额外的精度。
- 表示整数具有不能为负的逻辑属性。

前者是程序员从使用无符号循环变量中得到的经验。

混合使用有符号和无符号类型的问题在于，在 C++（以及 C）中，它们以令人惊讶且难以记忆的方式相互转换。思考下面的问题：

```
unsigned int ui = -1;

int si = ui;
int si2 = ui+2;
unsigned ui2 = ui+2;
```

令人惊讶的是，第一行的初始化成功，**ui** 获得值 4294967295，这是一个无符号 32 位整数，其表示形式（位模式）与有符号整数 –1（"全是 1"）相同。有些人认为这样很整洁，使用 -1 作为"全是 1"的简写，其他人则认为这样是有问题的。同样的转换规则也适用于无符号整数到有符号整数的转换，因此，**si** 的值为 -1。正如预期的那样，**si2** 变为 1（–1+2==1），**ui2** 也变为 1。**ui2** 的结果应该会让你大吃一惊：为什么 4294967295+2 结果是 1？想一想，4294967295 可以表示为一个十六进制数（**0xffffffff**），事情就变得更清楚了：最大的无符号 32 位整数值为 4294967295，因此，4294967297 不能表示为 32 位整数，无符号或有符号都不行。所以要么说 4294967295+2 溢出了，要么（更准确地说）无符号整数支持模运算。也就是说，32 位整数的运算结果都是再求模的结果。

到目前为止一切都还算清楚吧？即使如此，还是希望已经让你相信，为了一点额外的精度而使用无符号整数，简直就是在玩火。这样的使用总是令人困惑，是潜在的错误来源。

如果整数溢出会发生什么？请思考：

```
Int i = 0;
while (++i) print(i);   // 将 i 输出为一个整数，后跟一个空格
```

这段程序将打印哪些值？显然，这取决于 **Int**（注意，这里没有写错，就是大写的 I）的定义。对于位数有限的整数，最终都会溢出。如果 **Int** 是无符号的（例如，**unsigned char**、**unsigned int**、或 **unsigned long long**），则 ++ 的结果会经过模运算，因此，在达到可以表示的最大数字之后将得到 0（循环结束）。如果 **Int** 是一个有符号整数（例如，**signed char**），这些数字将突然变为负数，并开始往 0（循环的结束条件）的方向增长。例如，对于 **signed char**，将看到 1 2… 126 127 –128 –127 …–2 –1。

　　所以，如果整数溢出会发生什么？答案是循环还会继续进行，就像有足够的位数保存结果一样，但实际上由于位数有限，结果中会丢弃一部分内容，也就是给定整形装不下的部分。一般的策略是丢弃最左边的位（最高有效位）。这与下面赋值时发生的情况相同：

```cpp
int si = 257;    // char 类型装不下
char c = si;     // 隐式转换为 char
unsigned char uc = si;
signed char sc = si;
print(si); print(c); print(uc); print(sc); cout << '\n';

si = 129;        // signed char 类型装不下
c = si;
uc = si;
sc = si;
print(si); print(c); print(uc); print(sc);
```

运行结果为：

257	1	1	1
129	–127	129	–127

　　产生上面结果的原因是，257 比 8 位能装下的最大整数（255，即 "8 个 1"）还大 2；129 比 7 位（留出一个符号位）能装下的最大整数（127，即 "7 个 1"）还大 2，所以符号位被置位。从这个程序的结果可以看出，在我们的计算机上，**char** 是有符号的（**c** 的结果与 **sc** 一样，而与 **uc** 不同）。

试一试

　　在纸上画出位模式，推算当 **si=128** 时的输出结果。然后运行这个程序，看看你的推算结果与运行结果是否一致。

　　为什么要引入函数 **print( )**？可以试试下面的方式：

```cpp
cout << i << ' ';
```

　　原因很简单，如果 **i** 是一个 **char** 类型，输出时将把它看作是一个字符，而不是一个整数值。因此，为了统一对待所有整数类型，定义了如下内容：

```cpp
template<typename T> void print(T i) { cout << i << '\t'; }
void print(char i) { cout << int(i) << '\t'; }
void print(signed char i) { cout << int(i) << '\t'; }
void print(unsigned char i) { cout << int(i) << '\t'; }
```

　　总结一下：可以完全像使用有符号整数一样使用无符号整数（包括普通算术），但要尽可能避免使用无符号整数，因为这样做会把问题变复杂，而且容易出错。

- 永远不要只是为了多获得一位精度，而去使用无符号整数类型。
- 如果当前需要多一位的精度，那么很快将会再需要多一位的精度。

　　不幸的是，无法完全避免无符号整数的运算：

- 标准库容器的下标运算使用了无符号整数类型。
- 有些人喜欢使用无符号整数进行运算。

25.5.4　位运算

我们为什么需要位运算呢？好吧，实际上大多数人都不太喜欢位运算。"以位为单位的修改"是比较底层且容易出错的，所以当有其他选择时，会更乐意使用其他方法。然而，位集合是基础的，也是非常有用的，所以不能假装它们不存在。这听起来可能有点消极和令人沮丧，但值得仔细思考。有些人真的很喜欢使用位和字节，所以值得留意的是，当必须以位为单位进行运算时（很可能这个过程还蛮有趣的），位运算不应该在代码中无处不在。就像约翰·本特利说的："喜弄位（bit）者，易被位反噬（bitten）""喜弄字节（byte）者，易被字节反噬（bytten）"。

那么，什么时候应该使用位运算呢？在有些情况下，应用程序中要处理的自然对象就是用位的形式，则在这些应用领域中需要使用位运算。这些领域的例子包括硬件指示器（"标识位"）、底层通信（需要从字节流中提取各种类型的值）、图形应用（需要用多级图像合成图片）和加密（参见25.5.6 节）。

例如，考虑如何从整数中提取（底层）信息（有时希望以字节的形式传输，就像二进制 I/O 的处理方式）：

```
void f(short val)                       // 假设是 16 位、2 字节的短整数
{
    unsigned char right = val&0xff;     // 最右（最低有效）字节
    unsigned char left = val>>8;        // 最左边（最高有效）字节
    // ...
    bool negative = val&0x8000;         // 符号位
    // ...
}
```

这些运算都很常见。它们称为"移位和掩码"运算。"移位"运算（使用 << 或 >>）将想要操作的位移动到指定的位置（本例中是最低有效位），这样会比较容易操作。"掩码"运算使用与（&）及位模式（这里是 0xff）将结果中不需要的位消除（设置为 0）。

当需要对位集合命名时，通常使用枚举类型。例如：

```
enum Printer_flags {
    acknowledge=1,
    paper_empty=1<<1,
    busy=1<<2,
    out_of_black=1<<3,
    out_of_color=1<<4,
    // ...
};
```

每个枚举常量的值如下所示，各自表示的含义通过其名称表达：

out_of_color	16	0x10	0001 0000
out_of_black	8	0x8	0000 1000
busy	4	0x4	0000 0100
paper_empty	2	0x2	0000 0010
acknowledge	1	0x1	0000 0001

这些常量值在某些情况下很有用，因为它们之间可以任意组合：

```
unsigned char x = out_of_color | out_of_black;   // x 变为 24 (16+8)
x |= paper_empty;                                 // x 变为 26 (24+2)
```

注意，|= 可以读作"设置一个位"（或"设置一些位"）。类似地，**&** 可以读作"是否设置了某位"，例如：

```
if (x & out_of_color) {   // 是否设置了 out_of_color？（是的，设置了）
    // ...
}
```

还可以使用 **&** 来进行掩码运算：

```
unsigned char y = x &(out_of_color | out_of_black);     // y 变为 24
```

现在 **y** 复制了 **x** 的第 4 位和第 3 位（**out_of_color** 和 **out_of_black**）的值。

将 **enum** 作为位集合来使用是非常常见的。这样做的时候，需要进行一次转换，将按位逻辑运算的结果"放回"**enum** 中，例如：

```
Flags z=Printer_flags(out_of_color|out_of_black); // 这里的类型转换是必要的
```

需要强制转换的原因是，编译器无法知道 **out_of_color | out_of_black** 的结果是否为 **Flags** 变量的有效值。编译器的怀疑是有道理的：毕竟，没有任何枚举常量的值为 24（**out_of_color | out_of_black**）。虽然我们知道本例中的赋值是合理的，但编译器并不知道。

25.5.5　位域（bitfield）

如前所述，位的概念频繁出现在硬件接口应用中。通常，接口被定义为各种大小的位集合和数字的混合。这些"位集合和数字"通常会被命名，并出现在字的特定位置，称为：设备寄存器。C++ 提供了一种特殊的语言特性来处理这种固定的数据布局：位域。想一想操作系统页面管理器中使用的页码，其结构如图 25-19 所示。

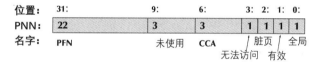

图 25-19　操作系统页面管理中使用的页码

图 25-19 中，32 位的字被分为两个数字字段（一个 22 位，一个 3 位）和 4 个标识位（每个 1 位）。这些数据的大小和位置是固定的。在中间甚至还有一个未使用（且未命名）的"域"。可以将其用如下 struct 类型来描述：

```
struct PPN {                         // R6000 物理页号
    unsigned int PFN : 22 ;          // 页帧号
    int : 3 ;                        // 未使用
    unsigned int CCA : 3 ;           // 缓存一致性算法
    bool nonreachable : 1 ;
    bool dirty : 1 ;
    bool valid : 1 ;
    bool global : 1 ;
};
```

通过查阅参考手册可以知道，位域 **PFN** 和位域 **CCA** 应该定义为无符号整数，但我们也可以通过图 25-19 中的信息写出这个 **struct**。在一个字中，各个位域从左到右排列。在冒号后以整数值的形式给出各个字段的宽度（位数）。无法指定一个绝对位置（例如，第 8 位）。如果位域"消耗"的宽度比一个字所能容纳的位数更多，那么超出的字段就会被放入下一个字中。希望这种方式能满足你的需求。定义完成后，位域的使用方式就与其他变量完全相同：

```
void part_of_VM_system(PPN * p )
{
    // ...
    if (p->dirty) {                 // 内容发生变化
        // 拷贝到磁盘
        p->dirty = 0 ;
    }
    // ...
}
```

位域的使用，为获取字中的信息提供了方便，省去了进行移位和掩码运算的麻烦。例如，给定一个名为 **pn** 的 **PPN**，可以像下面这样提取 **CCA**：

```
unsigned int x = pn.CCA;            // 提取 CCA
```

如果用一个名为 **pni** 的 **int** 型变量来表示相同的位序列，可以写成这样：

```
unsigned int y = (pni>>4)&0x7;      // 提取 CCA
```

也就是说，向右移位 **pn**，使 **CCA** 部分变为最左边，然后用 **0x7**（即最后三位的都为 1，其他位为 0）进行掩码运算，屏蔽所有其他位。如果查看机器代码，则很可能会发现这两行生成的代码是相同的。

这种字头缩写的形式（如 **CCA**、**PPN**、**PFN**）是这一类程序设计的典型代码风格，一旦脱离上下文就会很难理解。

25.5.6　示例：简单加密

作为在位和字节层面上处理数据的示例，让我们一起来看一个简单的加密算法：微型加密算法（TEA）。这个算法最初是由剑桥大学的大卫·惠勒设计的（参见 22.2.1 节）。它很简单，但对恶意的破解保护性很好。

没必要仔细去研究它的代码（除非你真的很想搞清楚，并且愿意冒着头疼的风险）。我们提供这些代码，只是为了让你对现实世界中实用的位运算代码有些了解。如果你想深入地研究加密算法，必须专门阅读相关教材。有关该算法的其他语言版本和更多信息，可以浏览网址：http://en.wikipedia.org/wiki/Tiny_Encryption_Algorithm，以及英国布拉德福德大学的西蒙·谢泼德（Simon Shepherd）教授的 TEA 网站。这段代码看起来会比较晦涩（而且没有注释）。

加密/解密的基本思想很简单。我想给你发一些消息，但不想让其他人看懂里面的内容。于是我对文本进行了转换，使那些不知道我是如何转换它的人无法读懂它，但你可以反向转换并阅读原文。这个转换过程称为加密。为了加密，使用了一种算法和一个称为"密钥"的字符串，这里必须假设不请自来的监听者了解我们采用的算法。你和我都有"密钥"，并希望不请自来的监听者没有钥匙。当你得到加密文本时，可以使用"密钥"对其解密。也就是说，你将重新构造我发送过来的"明文"。

TEA 算法使用的参数包括：一个包含两个无符号 **long**（**v[0]**，**v[1]**）的数组，用于表示 8 个要加密的字符；一个包含两个无符号 **long**（**w[0]**，**w[1]**）的数组，用于保存加密的输出；一个包含 4 个无符号 **long**（**k[0]**…**k[3]**）的数组，用于作为密钥：

```
void encipher(
    const unsigned long *const v,
```

```
        unsigned long *const w,
        const unsigned long * const k)
    {
        static_assert(sizeof(long)==4,"size of long wrong for TEA");

        unsigned long y = v[0];
        unsigned long z = v[1];
        unsigned long sum = 0;
        const unsigned long delta = 0x9E3779B9;

        for (unsigned long n = 32; n-->0; ) {
            y += (z<<4 ^ z>>5) + z^sum + k[sum&3];
            sum += delta;
            z += (y<<4 ^ y>>5) + y^sum + k[sum>>11 & 3];
        }
        w[0]=y;
        w[1]=z;
    }
```

注意，所有数组都是无符号类型，这样就可以对其执行位运算，而不用担心与负数相关的特殊处理会导致意外。移位（<< 和 >>）、异或（^）、按位与（&）完成了核心的基础工作，普通（无符号）加法运算使得算法更加完善。这段代码是专门为 **long** 中包含 4 个字节的机器编写的。代码中充斥着"神奇的"常数（例如，假设 **sizeof(long)** 为 4）。这通常不是一个好主意，但对于这个特殊的软件，这样写可以减小篇幅。作为一个数学公式，它可以写在信封的背面，也可以记在程序员的脑袋里（就像最初设想的一样）。大卫·惠勒希望，即便是在旅行时不带笔记、不带笔记本电脑等的情况下，也能对事物进行加密。这段代码不仅简洁，而且运行速度也很快。变量 **n** 决定迭代次数：迭代次数越高，加密强度越高。据我们所知，**n=32** 的 TEA 加密从未被破解过。

下面是对应的解密函数：

```
void decipher(
    const unsigned long *const v,
    unsigned long *const w,
    const unsigned long * const k)
{
    static_assert(sizeof(long)==4,"size of long wrong for TEA");

    unsigned long y = v[0];
    unsigned long z = v[1];
    unsigned long sum = 0xC6EF3720;
    const unsigned long delta = 0x9E3779B9;

    // sum = delta<<5, 通常 sum = delta * n
    for (unsigned long n = 32; n-- > 0; ) {
        z -= (y << 4 ^ y >> 5) + y ^ sum + k[sum>>11 & 3];
        sum -= delta;
        y -= (z << 4 ^ z >> 5) + z ^ sum + k[sum&3];
    }
```

```
        w[0]=y;
        w[1]=z;
    }
```

可以像这样使用 TEA 来生成一个文件，并可以通过没有安全保证的链接进行发送：

```
int main() // 发送者
{
    const int nchar = 2*sizeof(long);      // 64 位
    const int kchar = 2*nchar;             // 128 位

    string op;
    string key;
    string infile;
    string outfile;
    cout << "please enter input file name, output file name, and key:\n";
    cin >> infile >> outfile >> key;
    while (key.size()<kchar) key += '0';  // 补齐密钥
    ifstream inf(infile);
    ofstream outf(outfile);
    if (!inf || !outf) error("bad file name");

    const unsigned long* k =
            reinterpret_cast<const unsigned long*>(key.data());

    unsigned long outptr[2];
    char inbuf[nchar];
    unsigned long* inptr = reinterpret_cast<unsigned long*>(inbuf);
    int count = 0;

    while (inf.get(inbuf[count])) {
        outf << hex;              // 使用十六进制输出
        if (++count == nchar) {
            encipher(inptr,outptr,k);
            // 在前面用 0 补齐 :
            outf << setw(8) << setfill('0') << outptr[0] << ' '
                    << setw(8) << setfill('0') << outptr[1] << ' ';
            count = 0;
        }
    }

    if (count) { // 补齐
        while(count != nchar) inbuf[count++] = '0';
        encipher(inptr,outptr,k);
        outf << outptr[0] << ' ' << outptr[1] << ' ';
    }
}
```

　　这段代码的核心部分是 while 循环，剩下部分只是起辅助支撑作用。while 循环将字符读入输入缓冲区 inbuf 中，每当达到 TEA 所需的 8 个字符时，将它们传递给 encipher( ) 进行加密。TEA 并不在乎加密的具体是些什么字符，实际上，它不知道自己在加密什么。例如，可以对一张照片或一次电话通话进行加密。TEA 所关心的是给了它 64 位的明文（两个无符号 long），以便它可以生成一个对应的 64 位密文。因此，获取一个指向 inbuf 的指针，并将其转换为无符号 long* 类型，然后将其传递给 TEA。对密钥也是如此，TEA 将使用密钥的前 128 位（4 个无符号 long），因此，"补齐"用户的输入以确保有 128 位。最后一条语句用 0 补齐文本，以确保 TEA 使用的是 64 位（8 字节）的整数倍。

　　如何传输加密文本？格式可以自由选择，但由于它"只是位"而不是 ASCII 或 Unicode 字符，因此，不能真正将其视为普通文本。二进制 I/O（参见 11.3.2 节）是一个合理的选项，但这里我们决定输出为十六进制数：

5b8fb57c	806fbcce	2db72335	23989d1d	991206bc	0363a308
8f8111ac	38f3f2f3	9110a4bb	c5e1389f	64d7efe8	ba133559
4cc00fa0	6f77e537	bde7925f	f87045f0	472bad6e	dd228bc3
a5686903	51cc9a61	fc19144e	d3bcde62	4fdb7dc8	43d565e5
f1d3f026	b2887412	97580690	d2ea4f8b	2d8fb3b7	936cfa6d
6a13ef90	fd036721	b80035e1	7467d8d8	d32bb67e	29923fde
197d4cd6	76874951	418e8a43	e9644c2a	eb10e848	ba67dcd8
7115211f	dbe32069	e4e92f87	8bf3e33e	b18f942c	c965b87a
44489114	18d4f2bc	256da1bf	c57b1788	9113c372	12662c23
eeb63c45	82499657	a8265f44	7c866aae	7c80a631	e91475e1
5991ab8b	6aedbb73	71b642c4	8d78f68b	d602bfe4	d1eadde7
55f20835	1a6d3a4b	202c36b8	66a1e0f2	771993f3	11d1d0ab
74a8cfd4	4ce54f5a	e5fda09d	acbdf110	259a1a19	b964a3a9
456fd8a3	1e78591b	07c8f5a2	101641ec	d0c9d7e1	60dbeb11
b9ad8e72	ad30b839	201fc553	a34a79c4	217ca84d	30f666c6
d018e61c	d1c94ea6	6ca73314	cd60def1	6e16870e	45b94dc0
d7b44fcd	96e0425a	72839f71	d5b6427c	214340f9	8745882f
0602c1a2	b437c759	ca0e3903	bd4d8460	edd0551e	31d34dd3
c3f943ed	d2cae477	4d9d0b61	f647c377	0d9d303a	ce1de974
f9449784	df460350	5d42b06c	d4dedb54	17811b5f	4f723692
14d67edb	11da5447	67bc059a	4600f047	63e439e3	2e9d15f7
4f21bbbe	3d7c5e9b	433564f5	c3ff2597	3a1ea1df	305e2713
9421d209	2b52384f	f78fbae7	d03c1f58	6832680a	207609f3
9f2c5a59	ee31f147	2ebc3651	e017d9d6	d6d60ce2	2be1f2f9
eb9de5a8	95657e30	cad37fda	7bce06f4	457daf44	eb257206
418c24a5	de687477	5c1b3155	f744fbff	26800820	92224e9d
43c03a51	d168f2d1	624c54fe	73c99473	1bce8fbb	62452495
5de382c1	1a789445	aa00178a	3e583446	dcbd64c5	ddda1e73
fa168da2	60bc109e	7102ce40	9fed3a0b	44245e5d	f612ed4c

b5c161f8	97ff2fc0	1dbf5674	45965600	b04c0afa	b537a770
9ab9bee7	1624516c	0d3e556b	6de6eda7	d159b10e	71d5c1a6
b8bb87de	316a0fc9	62c01a3d	0a24a51f	86365842	52dabf4d
372ac18b	9a5df281	35c9f8d7	07c8f9b4	36b6d9a5	a08ae934
239efba5	5fe3fa6f	659df805	faf4c378	4c2048d6	e8bf4939
31167a93	43d17818	998ba244	55dba8ee	799e07e7	43d26aef
d5682864	05e641dc	b5948ec8	03457e3f	80c934fe	cc5ad4f9
0dc16bb2	a50aa1ef	d62ef1cd	f8fbbf67	30c17f12	718f4d9a
43295fed	561de2a0				

试一试

如果密钥为 bs，那么明文是什么？

任何安全专家都会说，将明文和密文存储在一起是一个愚蠢的做法，同时，也会表达对我们如何补齐、如何使用两个字母作为密钥等的看法。但这是一本程序设计书，而不是一本关于计算机安全的书籍。

通过读取加密文本并返回原始文本来测试程序。在编写程序时，能够进行简单的正确性测试总是件好事。

以下是解密程序的核心部分：

```
unsigned long inptr[2];
char outbuf[nchar+1];
outbuf[nchar]=0;  // 终止符
unsigned long* outptr = reinterpret_cast<unsigned long*>(outbuf);
inf.setf(ios_base::hex ,ios_base::basefield); // 使用十六进制输入

while (inf>>inptr[0]>>inptr[1]) {
    decipher(inptr,outptr,k);
    outf<<outbuf;
}
```

注意下面代码的使用：

```
inf.setf(ios_base::hex ,ios_base::basefield);
```

这条语句读入十六进制数。对于解密而言，这次将输出缓冲区 **outuf** 强制转换为位的形式。

TEA 可以看作是嵌入式系统程序设计的一个例子吗？并不是专门用于嵌入式系统的，但可以想象它被用于任何需要隐私或进行金融交易的地方，这就包括许多"小设备"。无论如何，TEA 程序展示了许多嵌入式系统代码的优点：它基于一个很好理解的（数学）模型，使得它的正确性得到保障，它代码量很小、运行很快，并且直接依赖于硬件属性。**encrypt( )** 和 **decipher( )** 的接口不是我们喜欢的风格。然而，**encrypt( )** 和 **decipher( )** 需要被设计为 C 和 C++ 函数，因此，不能使用 C++ 支持，但 C 却没有的功能。另外，程序中许多"神奇的常数"都来是从数学模型里直接抄过来的。

25.6　编码规范

错误的来源有很多。最严重和最难补救的问题与上层设计决策有关，例如，总体的错误处理策略、是否需要符合某些标准、算法的选择和设计、数据表示方式等。这些问题不会在这里进行讨论。我们关注的是由于代码编写不规范而引起的错误，也就是说，这些代码以不必要的、容易出错的方式使用程序设计语言的特性，或者以含糊不清的方式表达其含义。

编码规范试图通过定义一种"特有风格"来解决后一类提到的这些问题，它将程序员引导到 C++ 语言的一个子集，该子集为适用于给定的应用程序。例如，涉及硬实时约束的嵌入式系统或需要"永久"运行的系统，它们的编码规范可能会禁止 new 的使用。通常，比起让两个程序员各自自由选择合适的编码风格，编码规范还能确保他们编写的代码更为相似。例如，某个编码规范可能要求循环必须使用 for 语句（从而禁用 while 语句）。这可以使代码更加统一，这在大型项目中对代码维护很重要。注意，编码规范的目的是针对特定程序员群体改进特定应用程序的代码。适用于所有的 C++ 应用程序和所有的 C++ 程序员的编码规范并不存在。

因此，编码规范试图解决的是由解决方案表达方式引起的问题，而不是应用程序本身固有的复杂性引起的问题。因此，我们可以说：编码规范试图解决偶然复杂性，而不是必然（固有）复杂性。

这种偶然复杂性的主要来源包括：

- 聪明过头的程序员，会使用自己还没有掌握的特性，或者乐于采用复杂的解决方案。
- 未受过良好培训的程序员，不知道如何使用最合适的语言特性和库功能。
- 不必要的多种程序设计风格，会导致执行类似任务的代码看起来差异很大，使代码维护人员困惑。
- 不适当的程序设计语言，会导致语言特性的使用不太适应特定的应用领域或特定的程序员群体。
- 库的利用不足，会导致代码中存在大量底层资源的临时操作。
- 不适当的编码规范，会导致额外的工作或禁用了某些问题的最佳解决方案，使得程序设计规范的使用适得其反。

25.6.1　编码规范应该是怎样的

一个好的编码规范可以帮助程序员写出好的代码。也就是说，它应该通过回答许多小问题来帮助程序员，否则每个程序员都必须花费时间来逐个解决这些问题。有一句古老的工程师谚语："形式即解放。"在理想情况下，编码规范应该具有说明性，指明具体应该做什么。看起来显然应该这样，但许多编码规则只是一个禁用清单，在遵守了一长串不可做的内容之后，没有任何指导意见。程序员只是被告知不该做什么，很少能得到有效的帮助，而且常常令人感到厌恶。

一个好的编码规范的规则应该是可验证的，最好是能通过程序来验证。也就是说，一旦编写了代码，应该能够查看它并轻松地回答这个问题，"是否违反了编码规范中的规则？"

一个好的编码规范应该为其中的各种规则提供一个基本的理论依据，而不应该只是对程序员们说："我们就是这样做的"，这样做只能让他们感到恼火。更糟糕的是，程序员总是试图推翻编码规范中他们认为毫无意义的部分，并认为那些部分只会妨碍他们更好地工作。不要期望一个编码规范的所有内容都受人欢迎。即使是最好的编码规范也是一种妥协的结果，大多数都会禁止某些可能导致问题的做法，即使这些做法从未给你带来任何麻烦。例如，不一致的命名规范是混乱的源泉，但不同的人会强烈地依恋或厌恶不同的命名规范。例如，我个人认为驼峰编码风格（CamelCodingStyle）"非常丑陋"，并且强烈倾向于使用下画线风格（underscore_style），因为它更整洁、更易读，很多人都认同我的这一观点。然而，许多和我们同样理智的人却并不这样认为。显然，没有任何一种命名规范能让所有人都满意，但在这种情况下，正如在许多其他情况下一样，一个一致风格肯定比缺乏规范更好。

关于编码规范应该是怎样的，我们总结如下：

（1）一个好的编码规范是为特定的应用领域和特定的程序员群体设计的。

（2）一个好的编码规范既具有指示性，又具有限制性。

推荐使用一些"基础的"库功能，往往就是最有效的指示性规则。

（3）一个编码规范就是一套规则，指明了代码应该是什么样子的，通常应该包含以下内容：

- 指定命名和缩进规则，例如，"使用某种风格的布局"。
- 指定一种语言的一个子集，例如，"不要用 **new** 或 **throw**"。
- 指定注释规则，例如，"每个函数都必须有注释来描述它的功能"。
- 指定需要使用的一些库，例如，"使用 <iostream> 而不是 <stdio.h>"或"使用 **vector** 和 **string** 而不是内置数组和 C 风格的字符串"。

（4）大多数编码规范的共同目标包括提高程序的：

- 可靠性。
- 可移植性。
- 可维护性。
- 可测试性。
- 重用性。
- 可扩展性。
- 可读性。

（5）拥有一个好的编码规范一定比没有规范更好。在拥有编码规范之前，不应该启动一个大型（多人、多年）的工业项目。

（6）拥有一个不好的编码规范可能比没有规范更糟糕。例如，如果一个程序设计规范将 C++ 程序设计限制在 C 语言子集，那么该规范是有害的。但不幸的是，不好的编码规范并不少见。

（7）程序员群体都不喜欢编码规范，即使是很好的规范也不喜欢。大多数程序员都希望按照自己喜欢的方式编写代码。

25.6.2　编码规则示例

下面，我们想通过展示一些编码规则来让你对编码规范有初步的了解。在选择规则时，很自然地会选择那些有用的规则。然而在现实中，足够优秀的规范，从来没有见过少于 35 页的，而且大多数都要长得多。所以，本节不打算给出一套完整的编码规范。此外，每一套优秀的编码规范都是为特定的应用领域和特定的程序员群体而设计的。因此，我们也不会伪装出一个具有通用性的编码规范。

这些编码规则都有编号，并包含一个（简要的）基本原理。许多规则包含示例以便于理解。我们将编码规则分为了建议性规则（是一种推荐，程序员可以偶尔忽略）和硬性规则（必须严格遵守）两类。当采用一套真正的编码规范时，硬性规则通常只有在得到管理者的书面许可后才能被打破。每次违反建议性规则或硬性规则都需要在代码中添加注释。规则的任何例外情况，都可以在该规则中列出。硬性规则在编码中用大写字母 R 标识，建议性规则在编码中用小写字母 r 表示。

我们将这些规则归类为：

- 一般规则。
- 预处理规则。
- 命名和布局规则。

- 函数和表达式规则。
- 类规则。
- 硬实时规则。
- 关键系统规则。

"硬实时"和"关键系统"规则只适用于它们各自类别的项目。

与现实中优秀的编码规范相比，我们使用的术语不够明确（例如，"关键"的真正含义是什么），列出的规则也过于简单。这些规则与 JSF++ 规则（参见 25.6.3 节）之间的相似之处并非偶然，毕竟我本人参与了 JSF++ 规则的制定。然而，在本书中的代码示例并不符合下面这些编码规则，毕竟，本书中的代码不是关键的嵌入式系统代码。

一般规则

R100：任何单个函数或类的源代码行数（不包含注释），应该在 200 行之内。

原因：函数或类太长往往很复杂，因此，很难理解和测试。

r101：任何单个函数或类的源码都应该能在一块屏幕上完整显示，并实现单一的逻辑功能。

原因：如果程序员只能看到函数或类的一部分，很容易忽略一些问题。一个试图执行多个逻辑功能的函数通常会比单一功能的函数更长、更复杂。

R102：所有代码应符合 ISO/IEC 14882:2011（E）C++ 标准。

原因：ISO/IEC 14882 标准的语言扩展或各种版本的定义可能不够严谨、不太明确，并且限制了可移植性。

预处理规则

R200：不要使用宏，使用 **#ifdef** 和 **#ifndef** 进行源代码控制除外。

原因：宏不遵守定义域和类型规则。在查看源代码时，宏的意图不够明显、易读性差。

R201：**#include** 仅用于包含头文件（*.h）。

原因：**#include** 用于访问接口声明，而不是实现细节。

R202：所有 **#include** 语句应位于所有非预处理器声明之前。

原因：**#include** 如果位于文件的中间，可能会被读者忽略，并且同一个名称在文件的不同位置可能会被解析为不同的结果。

R203：头文件（*.h）不得包含非常量变量的定义或非内联、非模板函数的定义。

原因：头文件应该包含接口声明，而不是实现细节。然而，常量通常被视为接口的一部分，一些非常简单的函数需要定义为内联函数（因此，需要在头文件中）以提高性能。在当前的模板实现中，需要在头文件中定义完整的模板。

命名和布局规则

R2300：缩进应该被使用，并且在同一个源文件中，使用方式应该保持一致。

原因：提高可读性和保持代码风格统一。

R301：每条新语句从新的一行开始。

原因：提高可读性。

示例：

```
Int a = 7;X = a+7;f (x, 9);    // 违规
Int a = 7;                     // 合规
X = a+7;                       // 合规
f (x, 9);                      // 合规
```

示例：

```
if (p<q) cout << *p;            // 违规
```

示例：

```
if (p<q)
  cout << *p;      // 合规
```

R302：标识符应使用具有描述性的名称。

标识符可以包含常见的缩写和首字母缩略词。

按照惯例使用 **x**、**y**、**i**、**j** 等的时候，可以认为它们是具有描述性的。

使用下画线命名风格（如 **number_of_elements**），而不是驼峰命名风格（如 **numberOfElements**）。不要使用匈牙利命名法。

类型、模板和命名空间名称必须以大写字母开头。

避免使用过长的名字。

示例：**Device_driver** 和 **Buffer_pool**

原因：提高可读性。

注意：以下画线开头的标识符被 C++ 标准保留给语言实现使用，因此，在用户程序中应被禁止使用。

例外：当调用一个通过认证的库时，可以使用该库中的名称。

R303：标识符之间的区别要明显，区分不应仅存在于以下几个方面：

● 大小写不同。

● 出现 / 不出现下画线字符。

● 字母 O 与数字 0 或字母 D 的互换。

● 字母 I 与数字 1 或字母 l 的互换。

● 字母 S 和数字 5 的互换。

● 字母 Z 与数字 2 的互换。

● 字母 n 和字母 h 的互换。

示例：**Head** 和 **head** // 违规

原因：提高可读性。

R304：标识符不能只包含大写字母和下画线。

示例：**BLUE** 和 **BLUE_CHEESE**　　//违规

原因：只包含大写字母的标识符被广泛用于宏，它们可能通过 **#include** 某些文件（经过认证的库的文件）被使用。

例外：用于防止与 **#include** 加载的宏重名。

函数和表达式规则

r400：内部域中的标识符不应与外部域中的标识符重名。

示例：**int var = 9; { int var = 7; ++var; }** // 违规：：内部 var 屏蔽了外部 var

原因：提高可读性。

R401：声明应在尽可能小的作用域内进行。

原因：使得变量初始化的位置和使用的位置更接近，降低了混淆的可能性，并且变量超出范围时会释放其资源。

R402：**所有**变量均需要初始化。

示例：**int var;** // 违规：var 没有被初始化

原因：未初始化的变量是常见的错误来源。

例外：会根据输入立即被填充的变量无需初始化。

注意：许多类型，如 **vector** 和 **string**，都有一个默认构造函数来保证其初始化。

R403：不得使用强制类型转换。

原因：强制类型转换是常见的错误来源。

例外：**dynamic_cast** 可以酌情使用。

例外：新风格的类型转换可以使用，用来将硬件地址转换为指针，或者将从程序外部（例如，GUI 库）接收的 **void*** 转换为适当类型的指针。

R404：函数接口中不得使用内置数组。也就是说，作为函数参数的指针应假定指向单个元素。应使用 **Array_ref** 传递数组。

原因：当数组作为指针传递时，其元素的数量不会传递给被调用的函数。此外，数组到指针的隐式转换、派生类对象到基类对象的隐式转换共同使用可能会导致内存错误。

类规则

R500：对没有公共数据成员的类，使用 **class** 声明。对没有私有数据成员的类，使用 **struct** 声明。不要使用同时包含公有和私有数据成员的类。

原因：提高可读性，使代码更清晰。

r501：如果类具有析构函数、指针或引用类型的成员，则必须定义或禁止拷贝构造函数和拷贝赋值运算符。

原因：析构函数通常会释放资源。默认的拷贝语义很少对指针和引用成员或具有析构函数的类做“正确的事情”。

R502：如果一个类有虚函数，则它必须有虚析构函数。

原因：一个类如果有虚函数，那么就可以通过基类接口来使用它。一个函数如果只知道对象的基类部分，可能会删除该对象，而不会清理派生类特有的部分，派生类需要一个清理的机会（在它们的析构函数中）。

r503：接受单个参数的构造函数，其声明必须为显式的（**explicit**）。

原因：为了避免意外的隐式类型转换。

硬实时规则

R800：不得使用异常。

原因：不可预测性。

R801：**new** 只能在启动期间使用。

原因：不可预测性。

例外：定位 **new** 可用于从栈分配内存。

R802：不能使用 **delete**。

原因：不可预测性，并且可能导致内存碎片化。

R803：不能使用 **dynamic_cast**。

原因：不可预测性（假设使用普通技术来实现）。

关键系统规则

R900：递增和递减运算不得用作子表达式。

示例：**int x = v[++i]; //** 违规

示例：
```
++i;
int x = v[i];    // 合规
```

原因：这种增量可能会被忽略。

R901：代码不应依赖于低于算术表达式级别的优先级规则。

示例：x = a*b+c;   // 合规

示例：**if (a<b || c<=d)** // 违规：应该加上括号（a<b）和（c<=d）

原因：在对 C/C++ 不太熟悉的程序员编写的代码中，常常出现优先级混淆的情况。

规范的编号中留了空隙，这样就可以在不改变现有规则编号的情况下添加新规则，也不会破坏现有的分类。通过编号来标识规则是很常见的，因此，重新编号会受到用户的反对。

25.6.3　实际编码规范

目前，现有的 C++ 编码规范有很多，大多数都是公司内部使用，并没有广泛使用的版本。在很多情况下，编码规范的使用的确是一件好事，可能只有部分真正需要使用这些规范的程序员们并不这么觉得。以下是一系列编码规范，如果在适当的领域使用，这些编码规范会起到很大的作用：

- http://google-styleguide.googlecode.com/svn/trunk/cppguide.xml，（*Google C++ Style Guide*）。这是一个相当老套的，限制性又很强的，但在不断发展中的风格指南。

- www.stroutrup.com/JSF-AV-rules.pdf，Lockheed Martin公司 *Joint Strike Fighter Air Vehicle Coding Standords for the System Development and Demonstration Program*。文件编号 2RDU00001 版次 C，2005 年 12 月。俗称 "JSF++"。洛克希德 - 马丁公司为飞机软件制定的一套规范。这些规则确实是由程序员编写的，也是为程序员编写的。

- www.programmingresearch.com，*Programming Research.High -Integrity C++ Coding Standard Manual 2.4* 版。

- 艾迪生 - 韦斯利出公司出版发行，Sutter,Herb and Andrei Alexandrescu，*C++ Coding Standards*：*101Rules,Guide -lines ,and Best Practices Addison-Wesley* 2004 ISBN：0321113586. 这更像是一种 "元编码标准"。也就是说，它没有具体的规则，而是告诉你哪些规则是好的，为什么是好的。

注意，必须首先了解应用程序领域、程序设计语言和相关程序设计技术。对于大多数应用程序，当然也包括大多数嵌入式系统程序设计，你还需要了解操作系统和（或）硬件架构。如果你需要使用 C++ 进行底层编码，请查阅 ISO C++ 委员会的性能报告（ISO/IEC TR 18015，www. stroutrup.com/performanceTR.pdf）。"性能" 在这里主要针对 "嵌入式系统程序设计"。

在嵌入式系统的世界中，语言的 "方言" 和专用语言比比皆是，但只要条件允许，请尽量使用标准语言（如 ISO C++）、工具和库。这将使你的学习少走弯路，并使得你的劳动成果更加有生命力。

✓ 操作题

1. 运行下面的代码：

```
int v=1; for(int i=0; i<sizeof(v)*8; ++i) {cout<<v<<' '; v<<=1; }
```

2. 将 v 声明为 **unsigned int**，再运行一次。

3. 使用十六进制常量，按如下要求定义 **short unsigned int** 变量：

a) 每个位都置 1。

b) 最低有效位，置 1。

c) 最高有效位，置 1。

d) 最低字节中所有位，置 1。

e) 最高字节中所有位，置 1。

f) 每隔一个位，置 1（并且最低位为 1）。

g) 每隔一个位，置 1（并且最低位为 0）。

4. 将它们分别输出为十进制和十六进制。

5. 使用位运算（|、&、<<），并只使用常量 1 和 0，重做第 3 题和第 4 题。

回顾

1. 什么是嵌入式系统？举 10 个例子，其中，至少有 3 个不属于本章提到的内容。

2. 嵌入式系统有什么特别之处？给出 5 个常见的关键点。

3. 在嵌入式系统中，可预测性的定义是什么？

4. 为什么嵌入式系统很难维护和修复？

5. 为什么优化系统以提高性能是一个糟糕的主意？

6. 为什么需要采用高层次的抽象编码而不是低层次的编码方式？

7. 什么是瞬时错误？为什么我们特别害怕这种错误？

8. 怎样才能设计出一个能在故障中正常运行的系统？

9. 为什么不能避免所有故障？

10. 什么是领域知识？给出一些应用领域的例子。

11. 为什么编写嵌入式系统程序时需要具备业务领域的知识？

12. 什么是子系统？举例说明。

13. 从 C++ 语言的角度来看，有哪三种存储方式？

14. 什么时候会使用自由存储区？

15. 为什么在嵌入式系统中使用自由存储区通常是不可行的？

16. 什么时候可以在嵌入式系统中安全地使用 new？

17. 在嵌入式系统中使用 std::vector 的潜在问题是什么？

18. 在嵌入式系统中使用异常处理的潜在问题是什么？

19. 什么是递归函数调用？为什么一些嵌入式系统程序员会避开它？它的替代方案是什么？

20. 什么是内存碎片？

21. 什么是垃圾收集器（在程序设计中）？

22. 什么是内存泄漏？它为什么会导致问题？

23. 什么是资源？举例说明。

24. 什么是资源泄漏？如何系统地预防它？

25. 为什么不能轻松地将对象从内存中的一个位置移动到另一个位置？

26. 什么是栈？

27. 什么是存储池？

28. 为什么栈和存储池的使用不会导致内存碎片？

29. 为什么需要使用 reinterpret_cast？为什么它容易导致问题？

30. 为什么指针作为函数参数是危险的？举例说明。

31. 使用指针和数组会产生什么问题？举例说明。

32. 在接口中使用指针（指向数组）有哪些替代方法？

33. 什么是"计算机科学第一定律"？

34. 什么是位？

35. 字节是什么？

36. 通常一个字节有多少位？

37. 对位集合可以做哪些运算？

38. 什么是"异或"运算？它有什么用？

39. 如何表示一组位（序列，或者是其他什么东西）？

40. 通常，在一个字中如何对位进行编号？

41. 通常，在一个字中如何对字节进行编号？

42. 什么是字？

43. 通常一个字包含多少位？

44. 0xf7 的十进制值是多少？

45. 0xab 的位序列是什么？

46. 什么是 bitset？什么时候需要使用它？

47. unsigned int 和 signed int 有什么不同？

48. 什么时候会选择使用 unsigned int 而不是 signed int？

49. 如果要遍历的元素非常多，该如何编写循环呢？

50. 在一个 unsigned int 变量被赋值为 −3 后，它的值是多少？

51. 什么时候需要处理位和字节（而不是更高层次的一些数据类型）？

52. 什么是位域？

53. 位域的用途是什么？

54. 什么是加密？为什么要使用它？

55. 可以对照片进行加密吗？

56. TEA 代表什么？

57. 如何以十六进制表示法编写数字输出？

58. 各种编码规范的目的是什么？列出采用它们的原因。

59. 为什么不能有一个通用的编码规范？

60. 列出好的编码规范应该具备的一些属性。

61. 编码规范可以造成哪些危害？

62. 列出至少 10 条你喜欢的编码规范（被证实确实有用）。为什么它们有用？

63. 为什么要避免 ALL_CAPITAL 这样的标识符？

术语

address（地址）	encryption（加密）	pool（存储池）
bit（位）	exclusive or（异或）	predictability（可预测性）
bitfield（位域）	gadget（小设备）	real time（实时）
bitset	garbage collector（垃圾收集器）	resource（资源）
coding standard（编码规范）	hard real time（硬实时）	soft real time（软实时）
embedded system（嵌入式系统）	leak（泄漏）	unsigned（无符号）

练习题

1. 如果你尚未完成本章中的"试一试"练习，现在做一下。

2. 列出可以用十六进制表示法拼写的单词。将 0 读作 o，将 1 读作 l，将 2 读作 to 等，如 Fool 和 Beef。在提交答案之前，请过滤掉那些粗俗的单词。

3. 使用位模式初始化 32 位有符号整数，并输出结果：全 0、全 1、1 和 0 交替（从最左边的 1 开始）、0 和 1 交替（从最左侧的 0 开始）、110011001100…模式、001100110011…模式、以全 1 字节开始后跟全 1 或全 0 字节的模式、全部以字节 0 开始后跟全 1 或全 0 的字节的模式。使用 32 位无符号整数重复该练习。

4. 将按位逻辑运算符 &、|、^ 和 ~ 添加到第 7 章的计算器程序中。

5. 写一个死循环，并执行它。

6. 编写一个难以发现的死循环。一个不是真正无限的循环也算是正确答案，因为它在完全消耗某种系统资源后才会终止。

7. 输出 0~400 的十六进制值，输出 -200~200 的十六进制值。

8. 输出键盘上每个字符的数值。

9. 在不使用任何标准库头文件（如 <limits>）或查看文档的情况下，计算 int 的位数，并确定 char 的实现在你的开发环境是有符号的还是无符号的。

10. 观察 25.5.5 节中位域的示例。编写一个程序，初始化 PPN，然后读取并输出每个域的值，接着更改每个域的值（通过对其赋值）并输出结果。重做此练习，但将 PPN 信息存储为 32 位无符号整数，并使用位运算（参见 25.5.4 节）访问字中的位。

11. 重做练习题 10，但位保存在 bitset<32> 中。

12. 输出 25.5.6 节中示例的明文。

13. 使用 TEA（参见 25.5.6 节）在两台计算机之间进行"安全"通信。最低要求是使用电子邮件。

14. 实现一个简单的 vector，它最多可以容纳从存储池中分配的 N 个元素。测试 N=1 000，元素为整数类型的情况。

15. 使用 new 来测量分配 10 000 个对象所需的时间（参见 26.6.1 节），每个元素的大小为 [0：1000）字节范围内的随机值。然后使用 delete 来测量释放这些对象所需的时间。测试两次，第一次以分配的相反顺序释放，第二次以随机顺序释放。然后，测试从存储池中分配 10 000 个大小为 500 字节的对象并释放它们的等效操作。接着，在栈上分配 10 000 个随机大小的对象，然后释放它们（按相反的顺序），测试时间。比较测试结果。每个测试至少做三次，以确保结果一致。

16. 制定 20 个编码风格规则（不要只复制 25.6 节中的规则）。将它们应用到你最近编写的、代码超过 300 行的程序中。写一篇简短的（一两页）评论，说明应用这些规则的经验。在这个过程中，你是否在代码中发现了错误？代码是否变得更清晰了？是否有些代码变得不那么清晰了？然后，根据这些经验修改编码规则。

17. 在 25.4.3 节和 25.4.4 节中，我们自定义了一个 Array_ref 类，该类使得对数组元素的访问更简单、更安全。特别地，能够正确处理继承关系。在不使用强制类型转换或其他未定义行为的操作的前提下，尝试使用 Array_ref<Shape*> 以不同方式将 Rectangle* 放入 vector<Circle*> 中。这应该是不可能的。

附言

那么，嵌入式系统程序设计基本上是"摆弄位"吗？完全不是这样，尤其是当你故意减少位运算，以避免出现正确性的潜在问题的时候。然而，在系统的某些地方，我们必须直接对位和字节进行处理，真正的问题是在哪些地方必须使用，以及如何使用。在大多数系统中，低层次代码可以而且应该局部化。我们处理过的许多最有趣的系统都是嵌入式系统，一些最有趣和最具挑战性的程序设计任务都来自这个领域。

第 26 章

测试

"我只是证明了代码的正确性，并没有测试过。"

——Donald Knuth

本章介绍正确性相关的测试和设计。这些都是巨大的话题，所以本章涉及的只是它的冰山一角。本章重点是为测试一些单元（如程序的函数和类）提供实用的思想和技术。在此将讨论接口的使用，以及如何选择相应的测试。我们强调通过系统设计来简化测试，以及从开发的最初阶段就进行测试的重要性。我们还简要介绍了如何验证程序的正确性，以及处理性能问题。

26.1 我们想要什么

让我们做一个简单的实验：实现一个二分查找法的程序。现在就动手去做吧，不要等到本章的结尾，也不要等到下一小节。亲手试一试很重要，就现在！二分查找法是从有序序列的中间位置开始查找：

- 如果中间元素正好等于正在查找的元素，查找任务就完成了。
- 如果中间元素小于正在查找的元素，将继续在右半部分对其进行二分查找。
- 如果中间元素大于正在查找的元素，将继续在左半部分对其进行二分查找。
- 返回结果需要表明查找是否成功，同时，如果找到了元素，则可以通过返回结果修改元素，例如，使用索引、指针或迭代器。

使用小于运算（<）作为比较（排序）标准。可以随意选用任何你喜欢的数据结构、函数调用约定和返回结果的方式，但一定要自己完成查找代码的编写。使用别人的经过验证的函数通常都是对的，但在本例中只会适得其反。特别地，不要使用标准库算法（**binary_search** 或 **equal_range**），虽然在大多数情况下，这应该是你的首选。不要着急，可以多花点时间完成它。

现在你应该已经完成了二分查找法的程序。如果还没有，请回到上一段。如何确定自己完成的查找函数是正确的？写下为什么确信这段代码是正确的。你对自己的理由有多自信？论点中是否有薄弱的环节？

这是一段非常简单的代码。它实现了一个常规且经典的算法。一个典型的编译器大约有 20 万行代码，操作系统有 1000 万 ~5000 万行代码。你开会或度假时乘坐的飞机，上面的安全系统关键代码是 50 万 ~200 万行。感觉如何？你在二分查找函数中使用的技术如何适应现实世界的软件规模？

令人好奇的是，尽管这些代码如此复杂，但大多数大型软件在绝大部分情况下都能正常工作。当然，为游戏而设计的普通 PC 上，运行的任何程序都不会被认为是"关键"的。更重要的是，安全性至关重要的软件几乎在任何时候都需要能够正确工作。我们想不起过去十年中因为软件故障而导致飞机坠毁或汽车车祸的案例。银行软件系统因为一张 0.00 美元的支票而严重混乱的故事，也已经是很久以前的事情了，这类事情基本上不会再发生。然而，软件是由普通程序员编写的。你很清楚自己会犯错，实际上我们都会犯错，那么软件是怎么做到的呢？

最根本的答案是，"我们"已经知道如何用不可靠的部件构建可靠的系统。我们努力使每一个程序、每一个类和每一个函数都正确，但通常最初的尝试都会失败。然后我们进行调试、测试和重新设计，排除尽可能多的错误。然而，在所有重要的系统中，仍然会隐藏一些错误。虽然我们知道错误的存在，但无法找到它们，或者更确切地说，以我们拥有并愿意花费的时间和精力，不可能找到所有错误。于是，我们再次重新设计系统，目的是能够使其从意外和"不可能"的事件中恢复过来。这样最终得到的可能是一个非常可靠的系统。但请注意，这种可靠的系统可能仍然存在错误（通常的确存在错误），并且偶尔还会达不到预期。然而，它们不会崩溃，并且总是提供可接受范围内最低限度的服务。例如，当需求超负荷时，电话系统可能无法满足所有的呼叫请求，但它还是会保持许多呼叫连接。

现在，我们或许可以从哲学的角度来讨论一下，这里所推测和处理的意外错误是否真的属于错误。但还是不要这样做，对于系统构建者来说，"只是"想办法让系统更可靠，才是更有利、更高效的。

26.1.1　说明

测试是一个巨大的话题。关于应该如何进行测试有几种思想流派，不同的行业和应用领域有不同的测试传统和规范。这很正常，对于视频游戏软件和航空电子软件来说，确实不需要同样的可靠性规范，但这导致了术语和工具上的差异令人困惑。可以把本章介绍的内容作为个人项目测试的灵感来源，如果在测试大型系统时遇到了问题，那么也可以借鉴本章中的手段。大型系统的测试涉及各种测试工具和组织结构的组合，在本章描述这些几乎没有意义。

26.2　证明

且慢！为什么我们不直接去证明程序是正确的，而是忙于测试？正如艾兹格·迪科斯彻所说的，"测试只能揭示错误的存在，却无法证明不存在错误。"这导致了一种显而易见的需求，即证明程序是正确的，"就像数学家证明数学定理那样"。

不幸的是，证明一个复杂程序的正确性超出了现有技术水平（一些非常特殊的应用领域除外），而且证明本身可能包含错误（就像数学家也可能出错一样），整个程序证明领域都属于前沿课题。因此，我们需要尽可能使得程序拥有良好的结构，以便能够对它们进行分析、找出理由，并说服自己它们是正确的。然而，我们还是需要进行测试（参见 26.3 节），并更好地组织代码，以便当剩余的错误发生时，程序能迅速恢复正常运行（参见 26.4 节）。

26.3　测试相关技术

在 5.11 节中，将测试描述为"一种全面且系统的查找错误的方法"。下面，让我们来看看实现这一点的相关技术。

一般来说，人们将测试分为单元测试和系统测试。"单元"是指类似于函数或类，是完整程序的一部分。如果孤立地测试这些单元，那么当发现错误时，我们就能知道问题的源头在哪。任何错误都将出现在正在测试的单元中（或用于执行测试的代码中）。这与系统测试形成了反差，在系统测试中，对一个完整的系统进行测试，所知道的只是"系统中的某个地方"存在错误。一般来说，在完成单元测试之后，系统测试中发现的错误往往都与单元之间的不良交互有关。它们比单个单元中的错误更难查找，而且修复成本往往更高。

显然，一个单元（如一个类）可以包含多个小单元（如函数和其他类），而一个系统（如电子商务系统）也可以由多个子系统（如数据库、GUI、网络系统和订单验证系统）组成，所以单元测试和系统测试之间的区别并不像你想象的那样清晰。但基本思路是，对单元进行良好的测试，可以节省开发者自己的时间，也减少了最终用户的痛苦。

看待测试的一种方式是，任何重要的系统都是由单元构成的，而这些单元又是由更小的单元构成的。因此，先测试最小的单元，然后测试由这些最小单元组成的单元，以此类推，一直测试到整个系统。也就是说，"系统"只是最大的单元（直到将其用作某个更大系统的一个组成单元）。

因此，我们首先考虑如何进行单元测试（如函数、类、类层次结构或模板）。测试人员将测试分为白盒测试（可以查看正在测试内容的详细实现）和黑盒测试（只能查看正在测试内容的接口）。这个区别对我们来说并不重要，我们必须查看被测试单元的详细实现。但要注意的是，稍后可能有人会重写该实现，所以尽量不要依赖接口中不固定的内容。实际上，在做所有的测试时，基本的手段是，向接口发送各种各样的输入，看看它是否有合理的响应。

需要注意的是，如果有人（可能是你自己）在测试完成后更改了代码，就需要进行回归测试。基本上，每当做出改变时，就必须重新测试，以确保没有破坏任何东西。因此，当改进了一个单元后，需要重新进行单元测试，并且在把完整的系统交给其他人（或者自己用它做一些实际的工作）之前，需要进行完整的系统测试。

对系统的完整测试通常被称为回归测试（regression testing），因为通常会对之前发现错误的测试进行再次运行，以查看错误是不是被修复。如果错误仍然存在，系统就"回归"了，并且需要再次被修复。

26.3.1　回归测试

构建一个有效的系统测试套件的主要工作是，构建一个大型的测试集合，这些测试在过去曾经对查找错误有很大的帮助。假设你有用户，他们会给你发送错误报告。永远不要扔掉这些错误报告！专业人员使用错误跟踪系统来确保这一点。无论如何，错误报告显示了系统中的错误或用户对系统理解上的错误。不管怎样，它都是有用的。

通常，一个错误报告包含了太多的无关信息，处理它的第一步是生成一个最小的程序，用于展现报告中的问题。这通常需要移除提交的大部分代码，特别是需要尽量避免使用与错误无关的库和不会导致错误的应用程序代码。生成最小的测试程序的过程通常可以帮助我们定位系统代码中的错误，并且应该将完成的最小测试程序添加到回归测试套件中。生成最小测试程序的方法是不断移除代码，直到错误消失，然后重新插入最后删除的代码。需要一直这样做，直到没有可以删除的代码为止。

仅仅是运行数百（或数万）个由错误报告生成的测试程序，可能看起来不太系统，但真正要做的是系统地利用用户和开发人员的经验。回归测试套件是开发团队记录开发过程的主要内容。对于大型系统来说，不可能依赖最初的开发人员，来解释系统设计和实现的所有细节。回归测试套件可以防止系统变更时会偏离开发人员和用户已认可的正确行为。

26.3.2　单元测试

好吧，已经说得够多了！让我们来尝试一个具体的示例：测试一个二分查找程序。以下是 ISO 标准（参见 25.3.3 节）中的描述：

```
template<class ForwardIterator, class T>
bool binary_search(ForwardIterator first, ForwardIterator last,
                   const T& value);

template<class ForwardIterator, class T, class Compare>
bool binary_search(ForwardIterator first, ForwardIterator last,
const T& value, Compare comp);
```

要求：[first,last) 中的元素 e，根据表达式 e<value 和 !(value<e) 或 comp(e,value) 和 !comp(value,e)

进行划分。并且，对 [first,last) 的所有元素 e 来说，e<value 表示 !(value<e)，comp(e,value) 表示 !comp(value,e)。

返回：如果在 [first,last) 范围内有一个迭代器 i 满足相应条件，则函数返回 true。需要满足的相应条件为：!(*i<value)&&!(value<*i) 或 comp(*i,value)==false && comp(value, *i)==false。

复杂度：不大于 log(last － first)+2 次比较。

没有人说正式的说明（好吧，只是半正式的）对于外行来说是容易阅读的。然而，如果你确实完成了在本章开头强烈建议的练习（设计和实现二分查找法），那么你对二分查找的功能，以及如何测试它应该有了很好的了解。这个（标准）版本采用一对正向迭代器（参见 20.10.1 节）和一个数值作为参数，如果数值在迭代器定义的范围内，则函数返回 **true**。两个迭代器必须定义在一个有序序列。比较（排序）标准为 <。第二个版本的 binary_search 需要一个比较条件作为额外的参数，我们将此作为练习留给大家。

在这里，我们将只处理编译器不会捕获的错误，所以像下面这样的示例不属于测试考虑的范围：

```
binary_search(1,4,5);                    // 错误：整数不能作为迭代器
vector<int> v(10);
binary_search(v.begin(),v.end(),"7");    // 错误：不能在 int 的 vecotr 中
// 搜索字符串
binary_search(v.begin(),v.end());        // 错误：忘记了查找的值
```

我们应该如何系统地测试 binary_search( ) 呢？显然，我们不可能尝试所有参数的可能性，因为这将导致无限次数的测试！必须对参数进行筛选，因此，需要一些筛选的原则：

- 很可能导致错误的测试（找出最多的错误）。
- 很可能导致严重错误的测试（找出潜在后果最严重的错误）。

所谓"严重错误"，指的是会产生最严重后果的错误。一般来说，这是一个模糊的概念，但对特定程序来说，它会变得明确。例如，当单独考虑二分查找时，几乎所有错误都同样糟糕。但如果在一个十分严谨的程序中使用 binary_search( )，这个严谨的程序会对所有的返回进行严格检查，那么从 binary_search( ) 得到一个错误答案可能会比将程序带入死循环更容易接受。在这种情况下进行测试，"哄骗" binary_search( ) 进入无限（或非常长的）循环所花费的精力，要比"哄骗"它给出错误结果所花费的精力大得多。注意，我们使用了"哄骗"一词。测试是使用创造性思维，想方设法地让代码出错的一种实践。最好的测试人员不仅具有系统性思维，而且是相当狡猾的（当然，在这里是褒义词）。

1. 测试策略

我们应该如何破坏 binary_search( ) 的正常运行呢？首先，我们看一下 binary_search( ) 的要求，即它对输入的假设是什么。不幸的是，从测试人员的角度来看，[first,last) 必须是一个有序序列。也就是说，这是调用者的责任，所以不应该给 binary_search( ) 输入未排序的序列，或者输入的序列在 [first,last) 范围内有 last<first 的情况，不应该用这些来破坏 binary_search( ) 的正常运行。注意，在 binary_search( ) 的要求中并没有说明，如果输入的数据不符合要求它会怎么处理。在 ISO 标准的其他地方指出，在这种情况下可以抛出异常，但不是必须的。当测试 binary_search( ) 的使用时，最好记住这些事实。因为调用者对函数（如 binary_search( )）需求的不明确，很可能是错误的来源。

我们可以想象 binary_search( ) 会遇到以下几种错误：

- 不返回（例如，无限循环）。
- 崩溃（例如，错误的解引用、无限递归）。
- 值在序列中，但找不到。

- 值不在序列中，却找到了。

此外，我们还需要记住，用户输入如果是以下情况，将会引发错误：

- 序列未排序（例如，{2,1,5，–7,2,10}）。
- 序列不是有效序列（例如，**binary_search(&a[100], &a[50],77)**）。

对于一个简单的 binary_search(p1,p2,v) 调用，实现者会犯什么（需要测试人员去发现的）错误呢？一般来说，错误经常发生在"特殊情况"中。特别地，在考虑（任何类型的）序列时，总是特别关心初始值和结束值。另外，空序列必须进行测试。思考几个按照要求正确排序的整数型数组：

```
{1,2,3,5,8,13,21}                      // 一个 " 普通序列 "
{}                                     // 空序列
{1}                                    // 只有一个元素
{1,2,3,4}                              // 偶数个元素
{1,2,3,4,5}                            // 奇数个元素
{1,1,1,1,1,1,1}                        // 所有元素相等
{0,1,1,1,1,1,1,1,1,1,1,1}             // 开始时不同的元素
{0,0,0,0,0,0,0,0,0,0,0,0,0, 0,0,0,1}  // 结束时不同的元素
```

某些测试序列最好由程序生成：

- **vector<int> v;**
  ```
  for (int i=0; i<100000000; ++i) v.push_back(i);    // 一个很大的序列
  ```
- 元素个数随机的序列。
- 具有随机元素的序列（但仍然有序）。

这并不像期望的那种系统测试。毕竟，这里只是"选择"了一些序列。但是，这里使用了一些相当通用的经验法则，这些法则在处理集合时通常很有用。思考下面的情况：

- 空集。
- 小规模数据集。
- 大规模数据集。
- 具有极限分布的数据集。
- 特殊情况发生在序列的末端的数据集。
- 具有重复元素的数据集。
- 具有偶数和奇数个元素的数据集。
- 由随机数组成的数据集。

使用随机数序列的目的只是为了看看是否能幸运地发现一些没有想到的错误。这是一种蛮力技术，但花不了多少时间。

为什么要关心"奇数还是偶数"个元素的序列呢？许多算法将输入序列划分为前半部分和后半部分，程序员可能只考虑了奇数或偶数的情况。更一般的情况是，当划分一个序列时，划分点成为了子序列的末端，正如我们知道的那样，错误往往就发生在序列的末端附近。

一般来说，在设计测试用例时，我们会特别注意下面的问题：

- 极端情况（特别大、特别小、奇怪的输入分布等）。
- 边界条件（任何接近极限的条件）。

这些到底意味着什么，取决于正在测试的特定程序。

2. 一个简单的测试

有两类测试：应该查找成功的测试（例如，查找序列中的值）和应该查找失败的测试（例如，

查找空序列中的某个值）。对于每个序列，我们都会构建一些应该成功和应该失败的测试用例。从最简单、最明显的部分开始，然后继续改进，直到可以满足 binary_search 的测试用例：

```
vector<int> v { 1,2,3,5,8,13,21 };
if (binary_search(v.begin(),v.end(),1) == false) cout << "failed";
if (binary_search(v.begin(),v.end(),5) == false) cout << "failed";
if (binary_search(v.begin(),v.end(),8) == false) cout << "failed";
if (binary_search(v.begin(),v.end(),21) == false) cout << "failed";
if (binary_search(v.begin(),v.end(),-7) == true) cout << "failed";
if (binary_search(v.begin(),v.end(),4) == true) cout << "failed";
if (binary_search(v.begin(),v.end(),22) == true) cout << "failed";
```

这样测试的确很啰嗦、很乏味，但它可以作为一个好的开始。实际上，许多简单的测试只是一长串这样的调用集合。这种简朴的方法具有一大优点，就是极其简单。即使是测试团队的最新成员，也可以向集合中添加新的测试用例。然而，通常可以做得更好。例如，当某个测试失败时，不会告诉我们哪个测试失败了，这是不可接受的。此外，编写测试并不是倒退到"剪切粘贴"式程序设计的借口。需要考虑测试代码的设计，就像任何其他代码一样。因此，需要进行如下改进：

```
vector<int> v { 1,2,3,5,8,13,21 };
for (int x : {1,5,8,21,-7,2,44})
    if (binary_search(v.begin(),v.end(),x) == false) cout << x << " failed";
```

假设最终会有几十个测试，这将会有很大的不同。为了测试真实世界的系统，我们通常需要成千上万个测试，所以准确地知道哪些测试失败了是至关重要的。

在进一步完善之前，注意（半系统化）测试技术的另一个示例：我们使用正确的值进行测试，从序列的末尾选择一些，从"中间"选择一些。对于上面这个特定的序列，的确可以尝试所有的值，但通常这不是一个现实的选择。对于失败的值，从两端和中间各选择一个。同样，这并不是完美的系统化测试，但开始看到了一个模式，当处理一个序列或一个范围内的值时，它是有用且常见的。

这些初步的测试有什么不妥吗？

- 反复编写同样的代码。
- 手动的为测试编号。
- 输出信息非常少（帮助并不大）。

在研究了一段时间后，我们决定将测试用例保存在一个文件中。每个测试都包含一个唯一的标识标签、一个要查找的值、一个数值序列和一个预期的结果。例如：

```
{ 27 7 { 1 2 3 5 8 13 21} 0 }
```

这是第 27 号测试。它在序列 {1,2,3,5,8,13,21} 中查找 7，期望结果为 0（即意味着 false）。为什么要把测试用例放在一个文件中，而不是直接放在测试程序的代码文本中？对于这个例子来说，可以直接在程序文本中输入测试用例，但在源代码文件中有大量数据可能会很混乱，而且通常会使用程序来生成测试用例，而机器生成的测试用例通常输出在数据文件中。现在，我们可以编写一个测试程序，运行并加载执行各种测试用例文件：

```
struct Test {
        string label;
        int val;
        vector<int> seq;
        bool res;
```

```cpp
};

istream& operator>>(istream& is, Test& t); // 使用所描述的格式

int test_all(istream& is)
{
    int error_count = 0;
    for (Test t;  is>>t; )  {
        bool r = binary_search(t.seq.begin(), t.seq.end(), t.val);
        if (r !=t.res) {
            cout << "failure: test " << t.label
                << " binary_search: "
                << t.seq.size() << " elements, val==" << t.val
                << " -> " << t.res << '\n';
            ++error_count;
        }
    }
    return error_count;
}

int main()
{
    int errors = test_all(ifstream("my_tests.txt"));
    cout << "number of errors: " << errors << "\n";
}
```

以下是上面程序的一些输入序列：

```
{ 1.1 1 { 1 2 3 5 8 13 21 } 1 }
{ 1.2 5 { 1 2 3 5 8 13 21 } 1 }
{ 1.3 8 { 1 2 3 5 8 13 21 } 1 }
{ 1.4 21 { 1 2 3 5 8 13 21 } 1 }
{ 1.5 -7 { 1 2 3 5 8 13 21 } 0 }
{ 1.6 4 { 1 2 3 5 8 13 21 } 0 }
{ 1.7 22 { 1 2 3 5 8 13 21 } 0 }

{ 2 1 { } 0 }

{ 3.1 1 { 1 } 1 }
{ 3.2 0 { 1 } 0 }
{ 3.3 2 { 1 } 0 }
```

在这里，可以看到为什么使用字符串类型作为标签，而不是数值类型：这样，可以更灵活地为测试进行"编号"，本例中使用十进制带小数的标签来表示对同一序列的不同测试。我们还可以使用更复杂的格式，用于消除测试数据文件中需要重复序列的需求。

3. 随机序列

当选择要在测试中使用的值时，我们试图战胜程序的实现者（通常就是我们自己），并专注于错误可能隐藏的区域（例如，复杂的条件序列、序列的末端、循环序列等）。然而，我们在编写和

调试代码时就已经是这么做的。因此，当设计测试时，可能会重复设计中的逻辑错误，并完全错过一些问题。这也是需要非该程序的开发人员参与测试设计的重要原因之一。有一种技术，有时候可以帮助解决这个问题：简单地生成（大量）随机值。例如，下面是一个函数，它使用 24.7 节和 **std_lib_facilities.h** 中的 **randint( )** 将测试描述输出到 **cout**：

```cpp
void make_test(const string& lab, int n, int base, int spread)
    // 向 cout 输出一段测试描述，使用 lab 作为标签
    // 从 base 开始生成 n 个元素的序列
    // 元素之间的平均距离在 [0:spread) 范围内均匀分布
{
    cout << "{ " << lab << " " << n << " { ";
    vector<int> v;
    int elem = base;
    for (int i = 0; i<n; ++i) {              // 生成元素
        elem+= randint(spread);
        v.push_back(elem);
    }

    int val = base+ randint(elem-base);   // 生成搜索的值
    bool found = false;
    for (int i = 0; i<n; ++i) {              // 打印元素，并且查看是否找到了 val
        if (v[i]==val) found = true;
        cout << v[i] << " ";
    }
    cout << "} " << found << " }\n";
}
```

注意，我们没有使用 **binary_search** 来检查随机值是否在随机序列中。我们不能使用正在测试的内容来确定测试的正确性。

实际上，**binary_search** 并不是使用蛮力随机数序列方法进行测试的合适例子。虽然我们怀疑这样做是否真的能找到"手工"测试无法发现的错误，但通常这种技术是有用的。不管怎样，让我们做一些基于随机数的测试：

```cpp
int no_of_tests = randint(100);          // 做大概 50 次测试
for (int i = 0; i<no_of_tests; ++i) {
    string lab = "rand_test_";
    make_test(lab+to_string(i),          // to_string 的使用参见 23.2 节
        randint(500),                    // 元素的个数
        0,                               // 起始值：base
        randint(50));                    // 步长：spread
}
```

当我们需要测试许多操作的累积效果时，基于随机数生成的测试特别有用，因为某个操作的结果取决于之前操作的处理方式，即当系统具有状态时（参见 5.2 节）。

随机数对 **binary_search** 不太有用的原因是，对各个序列的每次查找都是相互独立的。当然，这假设 **binary_search** 的实现并没有做一些极其愚蠢的事情，比如，修改其序列。对此，我们可以设计一个更好的测试用例（参见练习 5）。

26.3.3　算法和非算法

上文以 **binary_search( )** 为例进行了介绍。该算法有以下特点：

- 对其输入数据的要求是明确的。
- 运算对其输入的影响是明确的（在本例中，没有影响）。
- 不依赖于显式输入之外的数据。
- 没有严重依赖运行环境（例如，没有特定的时间、空间或资源共享要求）。

它有明确的前置和后置条件（参见 5.10 节）。换句话说，这简直就是测试人员梦寐以求的。但是，通常情况下并没有这么幸运，总是必须测试混乱的代码，这些代码（顶多）是用一段有点混乱的文字和一些图表来描述的。

等一下！我们是不是沉浸在混乱的程序逻辑中了？如果无法准确描述代码要做什么，如何谈论其正确性和测试呢？但问题是，软件中的很多内容都很难用非常清晰的数学形式来描述。而且在许多情况下，虽然理论上可以描述清楚，但所需的数学知识超出了编写和测试代码的程序员的能力。因此，完美的精确描述太过理想化，我们只能面对现实。在现有条件和时间压力下，将一切控制在可掌控的范围之内。

因此，假设有一个需要测试的"混乱"函数代码。这里的"混乱"是指：

- 输入：它对其（显式或隐式）输入的要求不够明确。
- 输出：它对其（显式或隐式）输出的要求不够明确。
- 资源：它对资源（时间、内存、文件等）的使用的要求不够明确。

所谓"显式或隐式"，这里的意思是不仅要查看形参和返回值，还要查看对全局变量、**iostream** 对象、文件、自由存储区内存分配等的影响。那么，我们能做什么呢？首先，这样的函数几乎可以肯定代码量很大，否则可以更清楚地说明它的要求和效果。也许函数足足有 5 页那么长，或者它以复杂、隐晦的方式调用了"辅助函数"。你可能认为 5 页对一个函数来说太长了。是的，这的确很长，但我们见过比这长得多的函数。而且不幸的是，这种情况并不少见。

如果这是我们自己的代码，并且有足够的时间，会首先尝试将这样一个"混乱的函数"分解为更小的函数，这些函数更接近理想中定义良好的函数，并首先测试它们。然而，这里假设目标是测试软件——也就是说，系统地发现尽可能多的错误——而不是在发现错误时修复错误。

那么，我们要找什么呢？作为测试人员的工作是发现错误。错误可能藏在哪里呢？可能包含错误的代码有哪些特征呢？

- 与"其他代码"具有微妙的关联：查看全局变量、非常量引用参数、指针等的使用。
- 资源管理：查找内存管理（**new** 和 **delete** 操作）、文件使用、锁等。
- 查找循环：检查结束条件（如 **binary_search( )**）。
- **if** 语句和其他分支语句：查找其程序中的逻辑错误。

下面将逐个举例说明。

1. 相关性

考虑下面这个毫无意义的函数：

```cpp
int do_dependent(int a, int& b) // 糟糕的函数，混乱的依赖关系
{
    int val;
    cin>>val;
    vec[val] += 10;
    cout << a;
```

```
        b++;
        return b;
    }
```

要测试 **do_ dependent( )**，我们不能只是准备好参数，然后看看该函数对这些参数做了什么运算。我们必须考虑到它使用了全局变量 **cin**、**cout** 和 **vec**。在这混乱的小函数中，这非常明显，但在实际代码中，这可能隐藏在大量代码中。幸运的是，存在这样的软件可以帮助查找这种依赖关系。不幸的是，它不容易获得，也没有被广泛使用。假设没有分析软件的帮助，我们只能对函数进行逐行检查，列出它的所有依赖项。

要测试 **do_ dependent( )**，必须考虑：

（1）它的输入：

● **a** 的值。

● **b** 的值和 **b** 所引用的 **int** 值。

● **cin** 的输入值（存入 **val**）和 **cin** 的状态。

● **cout** 的状态。

● **vec** 的值，特别是 **vec[val]** 的值。

（2）它的输出：

● 返回值。

● **b** 所引用的 **int** 值（将其进行了递增操作）。

● **cin** 的状态（包括流状态和格式状态）。

● **cout** 的状态（包括流状态和格式状态）。

● **vec** 的状态（对 **vec[val]** 进行了赋值操作）。

● **vec** 可能抛出的任何异常（**vec[val]** 可能超出范围）。

这是一个很长的列表。实际上，该列表比函数本身还要长。这有助于说明对全局变量的厌恶，以及对非常量引用（和指针）的担忧。一个函数如果只读取其参数并将结果作为返回值，那就太好了，我们可以很容易地理解和测试它。

一旦确定了输入和输出，基本上回到和 **binary_search( )** 一样的情况。只需使用输入值（对于显式和隐式输入）进行测试，以查看它们是否得到期望的输出（同时考虑隐式和显式输出）。测试 **do_ dependent( )**，可以从一个非常大的 val 值和一个负的 val 值开始，看看会输出什么。**vec** 最好是一个具备范围检查的 **vector**（否则很容易造成非常糟糕的错误）。当然，我们还需要检查文档中关于所有这些输入和输出的内容，但对于这样一个混乱的函数来说，对其规范的完整性和准确性几乎不抱希望，因此，我们将分解函数（即查找错误），并开始讨论什么是正确的。通常情况下，这样的测试和讨论会导致代码的重新设计。

2. 资源管理

思考下面这个糟糕的函数：

```
 void do_resources1(int a, int b, const char* s)      // 混乱的函数
    // 随意的资源使用
 {
        FILE* f = fopen(s,"r");                       // 打开文件（C 风格）
        int* p = new int[a];                          // 分配一些内存
        if (b<=0) throw Bad_arg();                    // 可能会抛出异常
        int* q = new int[b];                          // 再分配一些内存
        delete[] p;                                   // 释放 p 指向的内存
```

```
    }
```

为了测试 **do_resources1( )**，我们必须考虑是否已正确地处理了获取的每个资源，也就是说，每个资源是否已被释放或传递给其他函数。

在本例中，存在以下几个很明显的问题：

● 文件 **s** 没有关闭。

● 如果 **b<=0**，或者第二个 **new** 出现异常，那么为指针 **p** 分配的内存就会泄漏。

● 如果 **0<b**，那么为指针 **q** 分配的内存就会泄漏。

此外，我们还应该考虑到打开文件的尝试存在失败的可能性。为了得到这个糟糕的结果，我们故意使用了一种非常老式的程序设计风格（**fopen( )** 是标准的 C 风格的打开文件）。可以将代码编写成下面的样子，以使测试人员更容易理解：

```
    void do_resources2(int a, int b, const char* s) // 没那么混乱的函数
    {
        ifstream is(s);                    // 打开文件
        vector<int> v1(a);                 // 创建 vector（拥有内存）
        if (b<=0) throw Bad_arg();         // 可能会抛出异常
        vector<int> v2(b);                 // 再创建另一个 vector（拥有内存）
    }
```

现在，每个资源都由一个具有析构函数的对象所拥有，析构函数将释放它。考虑如何更简洁（更清晰）地编写函数有时是获得测试想法的很好途径。19.5.2 节中的"资源获取即初始化"（RAII）技术为此类资源管理问题提供了一种通用策略。

注意，资源管理不仅是检查分配的每一块内存是否被释放。有时从其他地方接收资源（例如，作为参数），有时从函数传递资源（例如，作为返回值）。很难确定在这些情况下什么是正确的。思考下面的函数：

```
    FILE* do_resources3(int a, int* p, const char* s) // 混乱的函数
     // 随意的资源传递
    {
        FILE* f = fopen(s,"r");
        delete p;
        delete var;
        var = new int[27];
        return f;
    }
```

do_resources3( ) 将打开的文件作为返回值，这样是否正确呢？ **do_resources3( )** 删除参数 **p** 传递给它的内存，这样是否正确呢？此外，我们还偷偷地使用了全局变量 **var**（显然它是一个指针）。基本上，在函数内部和外部传递资源很常见，也很有用。但要想知道它是否正确，需要了解资源管理策略。谁拥有这些资源？谁应该删除/释放这些资源？文档应该简单、清晰地回答这些问题（通常只是我们的美好愿望）。总之，资源传递是错误滋生的温床，也是测试的重点目标之一。

注意，在上面的示例中，我们是如何（故意）使用全局变量使得资源管理示例变得复杂的。当我们把各种可能的错误来源混合到一起时，程序会变得非常混乱。作为程序员，我们应该尽量避免这种情况。作为测试人员，我们应该格外留意类似的情况。

3. 循环

当我们讨论 **binary_search( )** 时，已经介绍了循环。基本上，大多数错误都发生在末端，下面

是关于循环的两个关键问题：

- 当开始循环时，一切都正确初始化了吗？
- 循环是否正确地以最后一种情况（通常是最后一个元素）结尾呢？

下面是一个循环结构错误的例子：

```
int do_loop(const vector<int>& v)  // 混乱的函数
// 随意的循环
{
    int i;
    int sum;
    while(i<=vec.size()) sum+=v[i];
    return sum;
}
```

上面的示例有三处明显的错误。它们是什么？此外，一个好的测试人员会立即发现 **sum** 存在溢出的风险。

很多循环都涉及数据处理，当输入数据很大时，可能会导致某种溢出。

有一种臭名昭著的循环错误——缓冲区溢出。我们可以通过系统地询问有关循环的两个关键问题，来捕获这类错误：

```
char buf[MAX];                       // 固定大小的缓冲区

char* read_line()                    // 危险的、随意的
{
    int i = 0;
    char ch;
    while(cin.get(ch) && ch!='\n') buf[i++] = ch;
    buf[i+1] = 0;
    return buf;
}
```

当然，你不应该写出这样的东西！（为什么不？ **read_line( )** 有什么问题？）然而，令人遗憾的是，这种代码编写方式很常见，并且出现的形式多种多样，例如：

```
// 危险的、随意的：
gets(buf);                        // 向 buf 中读入一行
scanf("%s",buf);                  // 向 buf 中读入一行
```

在文档中查阅 **gets( )** 和 **scanf( )**，要像躲避瘟疫一样避开它们。代码注释中"危险的"是指，这种缓冲区溢出是"破解"（即侵入）计算机的主要手段。正是出于这个原因，现在许多编译器对 **gets( )** 及其类似的使用会提示警告。

4. 分支

显然，当不得不做出选择时，我们可能会做出错误的选择。这使得 **if** 语句和 **switch** 语句成为测试人员的重点照看对象。这里有两个主要问题需要注意：

- 是否涵盖了所有可能性？
- 各种可能性（即分支）是否会触发相应的行为？

考虑下面这个糟糕的函数：

```
void do_branch1(int x, int y)// 混乱的函数
```

```cpp
            // 随意的使用 if 语句
{
    if (x<0) {
        if (y<0)
            cout << "very negative\n";
        else
            cout << "somewhat negative\n";
    }
    else if (x>0) {
        if (y<0)
            cout << "very positive\n";
        else
            cout << "somewhat positive\n";
    }
}
```

其中，最明显的错误是我们"忘记"了 x 为 0 的情况。当对非 0 值（或正值和负值）进行测试时，通常会忘记 0，或者错误地将其与其他情况（例如，认为是负值）混在一起。此外，这个程序中还隐藏着一个更微妙（但并不罕见）的错误：（**x>0&&y<0**）和（**x>0&&y>=0**）的触发的行为"以某种方式"被颠倒了。这在复制粘贴代码时经常发生。

if 语句的使用越复杂，出现这种错误的可能性就越大。从测试人员的角度来看，我们查看这样的代码时会尝试确保每个分支都经过测试。对于 **do_branch1( )** 来说，很明显可以进行下面这些测试：

```cpp
do_branch1(-1,-1);
do_branch1(-1, 1);
do_branch1(1,-1);
do_branch1(1,1);
do_branch1(-1,0);
do_branch1(0,-1);
do_branch1(1,0);
do_branch1(0,1);
do_branch1(0,0);
```

基本上，这就是一种蛮力测试方法。注意，在 **do_branch1( )** 使用 < 和 > 对 0 进行测试后，就"尝试所有可能性"。为了捕捉 x 为正值时发生的错误，必须将每个调用与期望的输出结合起来。

处理 **switch** 语句和处理 **if** 语句基本上是相似的。

```cpp
void do_branch1(int x, int y) // 混乱的函数
        // 随意的 switch 语句使用
{
    if (y<0 && y<=3)
    switch (x) {
        case 1:
            cout << "one\n";
            break;
        case 2:
            cout << "two\n";
```

```
                case 3:
                    cout << "three\n";
        }
    }
```

这里，我们犯了 4 个典型的错误：

- 检查了错误的变量（应该是 **y** 而不是 **x**）。
- 忘记了一个 **break** 语句，它导致了 **x==2** 时会发生错误的操作。
- 忘记了处理默认情况（以为已经在 **if** 语句中处理过了）。
- 错误地将 **0<y** 写成了 **y<0**。

作为测试人员，总是仔细查找未处理的情况。注意，"仅修复找到的某个错误"是不够的。在没注意到的地方，错误可能会再次出现。作为测试人员，我们希望系统地捕捉错误。如果只是修复这段简单的代码，则在修复过程中可能会犯错，这样不但不能解决问题，还可能引入新的错误。所以仔细查看代码的真正目的并不是找到错误的具体位置（尽管这总是有用的），而是设计一组合适的测试，以捕捉所有错误（或者现实一点，捕捉尽可能多的错误）。

注意，循环有一个隐含的"**if**"：它用于测试循环是否达到了终止条件。因此，循环也是分支语句。当研究包含分支的程序时，首要问题总是"覆盖（测试）了每个分支吗？"令人惊讶的是，这在实际代码中并不总是可行的（因为在实际代码里，一个函数是根据其他函数的需要被调用的，而不一定是以所有可能的被调用方式）。因此，测试人员需要回答问题一般是，"代码覆盖率是多少？"答案最好是，"我们测试了大多数分支"，然后解释为什么剩余的分支很难测试。100% 的覆盖率只是理想状态。

26.3.4　系统测试

测试任何重要的系统都是一项技术性很强的工作。例如，对电话控制系统的计算机的测试是在专门建造的房间里进行的，这些房间里摆满了模拟数万人通信的计算机。这样的系统是专业的工程师团队耗资数百万美元的工作成果。在部署后，主要的电话交换机应连续工作 20 年，停机时间不能超过 20min（包括所有原因，如停电、洪水、地震等）。在这里我们不做详细介绍（这太困难了，比教物理新生计算火星探测器的航向修正还要难），但我们会尝试给出一些概念，这些概念可能对一个较小的系统或对理解一个较大系统的测试有所帮助。

首先，请记住，测试的目的是发现错误，特别是那些潜在的频繁发生和严重的错误。这不是简单地大量编写和运行测试。这意味着，需要了解被测试系统，这非常重要。与单元测试相比，有效的系统测试更依赖于应用程序的相关知识（业务领域知识）。开发一个系统需要的不仅是程序设计语言和计算机科学知识，还需要了解应用领域及用户。我们发现，这是激励人们使用代码工作的重要因素之一：我们可以因此看到这么多有趣的应用程序，认识很多有趣的人。

要测试一个完整的系统，必须准备好所有部件（单元）。这可能需要很长时间，所以在完成所有单元测试之后，许多系统测试每天只运行一次（通常是在晚上开发人员睡觉的时候）。在这个过程中，回归测试在这里是一个关键环节。程序中最有可能发现错误的区域，通常是新代码和以前发现过错误的代码区域。因此，重新运行旧测试的集合（回归测试）是必不可少的。没有这些，一个大型系统永远不会变得稳定。因为我们在排除旧错误的同时，可能引入新的错误。

注意，我们认为，当修复一些错误时，会意外地引入一些新错误。我们希望新错误的数量低于排除的旧错误的数量，并且新错误的后果也没那么严重。然而，至少在重新运行回归测试，并为新代码添加新测试之前，我们必须假设因为修复了一些错误，系统已经损坏。

26.3.5 查找不成立的假设

binary_search 的规范中明确规定，输入的序列必须是有序的。这让我们失去了很多进行单元测试的机会。但这显然给编写糟糕的代码提供了机会，我们已经设计好的测试（系统测试除外）不能发现其中的错误。我们能否利用对系统"单元"（函数、类等）的理解来设计更好的测试呢？

不幸的是，最直接的答案是否定的。作为纯粹的测试人员，我们不能更改代码，但为了检测违反接口要求（前提条件）的情况，使用者必须在每次调用前进行检查，或者在每次调用的实现中进行检查（参见 5.5 节）。然而，如果正在测试自己的代码，我们才可以插入所需的测试代码。如果我们是测试人员，并且编写代码的人会听从我们的建议（情况并非总是如此），我们可以告诉他们有输入条件未检查的情况，并让他们确保已检查。

再次回到 binary_search 的示例：我们无法（通过测试用例来）测试输入序列 [first:last) 是否真的是一个合法序列，并且它是否已排序（参见 26.3.2 节）。然而，我们可以编写一个函数来检查：

```
template<class Iter, class T>
bool b2(Iter first, Iter last, const T& value)
{
    // 检查 [first:last) 是否是一个序列:
    if (last<first) throw Bad_sequence();

    // 检查序列是否有序:
    if (2<=last-first)
        for (Iter p = first+1; p<last; ++p)
            if (*p<*(p-1)) throw Not_ordered();

    // 一切正常, 调用 binary_search:
    return binary_search(first,last,value);
}
```

目前，binary_search 没有编写这样的测试代码，原因如下：

● 不能对向前迭代器进行 **last<first** 的检查。例如，**std::list** 的迭代器不支持 < （参见附录 B.3.2）。通常，没有一个好方法来测试一对迭代器是否定义了一个合法的序列（从 **first** 开始迭代，希望能碰到 **last**，但这并不是一个好方法）。

● 通过扫描序列以检查其值是否有序的代价，这要比执行 **binary_search** 算法本身的代价还要昂贵得多（**binary_sesearch** 的真正目的是不必像 **std::find** 那样盲目地遍历序列以查找值）。

那么我们还能做什么呢？当进行测试时，可以用 **b2** 替换 **binary_search**（不过，只适用于使用随机访问迭代器调用 **binary_search**）。或者，可以让 **binary_search** 的实现者插入测试人员可能会使用的代码：

```
template<class Iter, class T> // 警告:包含伪码
bool binary_search (Iter first, Iter last, const T& value)
{
    if (test enabled) {
        if (Iter is a random access iterator) {
            // 检查 [first:last) 是否为序列:
            if (last<first) throw Bad_sequence();
        }
```

```
        // 检查序列是否有序：
        if (first!=last) {
            Iter prev = first;
            for (Iter p = ++first; p!=last; ++p, ++ prev)
                if (*p<*prev) throw Not_ordered();
        }
    }
    // 现在执行 binary_search
}
```

由于 **test enabled** 的含义取决于如何安排测试代码（针对特定组织中的特定系统），因此，我们将其保留为伪代码，在测试自己的代码时，可以只使用一个 test_enabled 变量来代替。我们还使用了伪码"**Iter is a random access iterator**"来表示随机访问迭代器的检查，因为我们没有介绍"迭代器萃取"。如果你真的需要这样的测试，请查阅更高阶的 C++ 书籍。

26.4　测试方案设计

当开始编写程序时，我们都希望它最终是完整和正确的。我们也知道，要实现这一目标，必须进行测试。因此，试图从编写程序第一天开始就为正确性和测试而设计。实际上，许多优秀的程序员都有这样的口号："尽早测试、经常测试"，在对如何进行测试有所了解之前，他们不会编写任何代码。尽早考虑测试有助于避免发生在早期的错误（以及帮助以后发现错误）。我们赞同这种程序设计哲学。一些程序员甚至在实现程序设计单元之前，就编写好了单元测试。

26.3.2 节和 26.3.3 节中的示例说明了以下这些关键手段：

- 使用定义良好的接口，以方便为这些接口的使用编写测试。
- 使用将操作表示为文本的方法，这样它们就可以被存储、分析和回放。这也适用于输出操作。
- 在调用代码中，嵌入未经检查的假设（断言）测试，以便在系统测试之前捕获错误的参数。
- 保持最小化依赖关系，并保持显式的依赖关系。
- 有一个清晰的资源管理策略。

从哲学上讲，这可以看作是为子系统和完整系统启用单元测试技术。

如果不考虑性能，我们可以将未经检查假设（需求、前置条件等）测试一直处于启用状态。然而，通常会有一些原因导致程序没有包含系统性检查的代码。就像前面已经介绍过的，检查一个序列是否有序不但复杂，而且比使用 **binary_sort** 开销还大得多。因此，在设计一个系统时，允许有选择地启用和禁用此类检查，是一个好主意。对于大多数系统来说，即使在最终（发布的）版本中，也可以启用大量低开销的检查，是一个好主意。当"不可能"的事情发生时，我们需要从特定的错误信息中得到有用的信息，而不只是简单的系统崩溃。

26.5　调试

调试是一门技术，也是一种态度。其中，态度更为重要。请回顾一下第 5 章，注意调试和测试的不同之处。这两种方法都能捕获错误，但调试更专注，通常它关注的是移除已知的错误和完善功能的实现。我们应该尽一切努力使调试更像测试。说测试让人喜欢有点夸张，但调试绝对令人讨厌。良好的早期单元测试和测试设计有助于减少调试的需求。

26.6　性能

一个程序仅满足正确性是不够的。即使它有足够多有用的功能，它也必须提供适当的性能。一个好的程序必须"足够高效"。也就是说，在给定可用资源的情况下，它将在可接受的时间内完成运行。注意，绝对的效率是没有意义的，执着于让程序快速运行可能会使代码复杂化（导致更多的错误和更多的调试），并使维护（包括移植和性能调优）更加困难和昂贵，从而给开发过程带来严重的麻烦。

那么，我们如何才能知道一个程序（或程序的一个单元）"足够高效"呢？理论上讲，如果没有给定具体的应用，是没有办法去判断的。而且对于许多程序来说，硬件是如此之快，以至于问题不会出现。我们见过调试模式下编译的产品（即运行速度比需要的慢 25 倍），以便更好地诊断部署后发生的错误（即使是最好的代码，当它必须与其他代码共存时，也可能发生这种情况）。

因此，对问题"它是否足够高效"的答案是："测量相关的测试用例需要多长时间"。要做到这一点，显然必须充分了解最终用户，以了解他们会认为什么是"相关的"，以及相关的使用要求在多长时间内完成。从逻辑上讲，我们只需要对测试进行计时，并检查有没有个别测试用例会占用过长的时间。我们可以使用 **system_clock**（参见 26.6.1 节）等工具进行计时，可以将测试所花费的时间与合理的估计值进行比较。或者（或除此之外）可以记录测试所用的时间，并将它们与之前的测试运行进行比较。这样就得到了一种性能的回归测试。

一些性能最差的错误是由糟糕算法导致的，这些错误可以通过测试找到。使用大数据集进行测试的原因之一就是要暴露低效的算法。例如，假设应用程序必须对矩阵中某一行的元素求和（使用第 24 章中的 **Matrix** 库），为此某人提供了一个适当的函数：

```
double row_sum(Matrix<double,2> m, int n); // m[n]（这一行）中的元素值之和
```

现在，有人用它来生成一个和 **vector**，其中 **v[n]** 是前 *n* 行元素的和：

```
double row_accum(Matrix<double,2> m, int n) // m[0:n] 中所有行的元素值之和
{
    double s = 0;
    for (int i=0; i<n; ++i) s+=row_sum(m,i);
    return s;
}

// 计算矩阵 m 中前 i 行的累计和:
vector<double> v;
for (int i = 0; i<m.dim1(); ++i) v.push_back(row_accum(m,i+1));
```

可以将其想象为单元测试的一部分，或者作为系统测试中应用程序的一部分。在这两种情况下，如果矩阵足够大，你会观察到一些奇怪的现象：基本上，程序所需的时间与 **m** 的平方成正比。这是为什么呢？我们所做的是，添加第一行中的所有元素，然后添加第二行中的所有元素（重新访问第一行的全部元素），然后再添加第三行中的全部元素（重新查看第一行和第二行的所有元素），以此类推。

如果你认为这个例子只是不太好，请想一想如果 **row_sum( )** 必须访问数据库才能获取数据会发生什么。从磁盘中读取数据比从主内存中读取数据慢几千倍。

现在，可能会有人抱怨："没人会写这么愚蠢的代码！"但是很抱歉，我们见过更糟糕的情况，

而且在通常情况下（从性能角度来看），一个糟糕的算法在嵌入应用程序代码后并不容易被发现。你能一眼就察觉到代码中的性能问题吗？除非你特意去寻找这类问题，否则这类问题可能很难被发现。下面是服务器中的一个简单、真实的示例：

```
for (int i=0; i<strlen(s); ++i) {
        // ……使用 s[i] 执行某些任务…
}
```

通常，**s** 是一个包含大约 2 万个字符的字符串。

并不是所有的性能问题都与糟糕的算法有关。实际上（如 26.3.3 节所述），我们编写的很多代码都不能归类为特定的算法。这种"非算法"的性能问题通常被归为"糟糕设计"的广义分类。它们包括：

- 反复重新计算信息（例如，上面的矩阵行求和问题）。
- 反复检查相同的事实（例如，每次在循环中使用索引时检查索引是否在范围内，或者在函数之间传递参数时重复检查保持不变的参数）。
- 反复访问硬盘（或网络）。

注意，这里反复出现了"反复"这个词。显然，它意思是"不必要的重复"，但重点是，除非你做了很多次，否则这类操作不会对性能产生影响。的确需要对函数参数和循环变量进行彻底的检查，但如果对相同的值进行一百万次相同的检查，则这些冗余的检查可能会损害性能。如果通过测试发现性能受到影响，则可以尝试将重复的操作删除。除非确定性能确实是一个问题，否则不要这样做。过早的优化是许多错误的根源，并且这样做很浪费时间。

26.6.1　计时

我们如何知道某一段代码运行的是否足够快呢？如何知道它需要执行多长时间？在很多情况下，我们可以简单地看一看时钟（秒表、挂钟或手表）。这既不科学也不准确，但当时钟不够精确时，通常可以得出这样的结论：程序已经足够快了。记住，沉迷于性能并不是一件好事。

如果需要测量较小的时间增量，或者如果身旁找不到计时器，则可以求助于计算机。它是懂时间的，并且会给出精确的数值。例如，在 UNIX 系统上，只需在命令前面加上 **time** 前缀，系统就会输出所用的时间。你可以用 **time** 来计算编译 C++ 源文件 **x.cpp** 所需的时间。一般情况下，可以像下面这样进行编译：

```
g++ x.cpp
```

如果需要得到编译所花费的时间，只需添加 **time**：

```
time g++ x.cpp
```

这将编译 **x.cpp** 并在屏幕上输出所花费的时间。这是为小程序计时的一种简单有效的方法。记住，一定要多次计时，因为计算机上的"其他执行"可能会干扰计时结果。如果连续得到了三次大致相同的结果，通常可以相信它是正确的。

但是，如果想要测量一些内容是毫秒级的，应该怎么办呢？如果想对程序的某个部分进行更精准的测量，应该怎么办呢？可以使用 **<chrono>** 中的标准库功能。例如，要测量函数 **do_something( )** 所使用的时间，可以编写如下代码：

```
#include <chrono>
#include <iostream>
using namespace std;
```

```
int main()
{
    int n = 10000000;                          // 重复执行do_something() 函数 n 次

    auto t1 = system_clock::now();             // 开始时间

    for (int i = 0; i<n; i++) do_something();// 循环计时

    auto t2 = system_clock::now();             // 结束时间

    cout << "do_something() " << n << " times took "
        << duration_cast<milliseconds>(t2-t1).count() << "milliseconds\n";
}
```

system_clock 是标准库提供的计时器之一，**system_clock::now( )** 返回调用它的时间点（**time_point**）。两个时间点相减（此处为 **t2–t1**），将得到一个时长（持续时间）。可以使用 **auto** 来避免查看 **duration** 和 **time_point** 类型的细节，如果你对时间的了解仅是在钟表上看到的，那么时间类型细节的复杂度会令你感到震惊。实际上，标准库的计时功能最初是为高级物理应用程序设计的，它的灵活性和通用性远远超过了大多数用户的需要。

为了获得特定时间单位（如秒、毫秒、纳秒）的 **duration** 值，使用转换函数 **duration_cast** 进行强制转换。之所以需要 **duration_cast** 这样的功能，是因为不同的系统和不同的时钟以不同的单位计量时间。不要忘记 **.count( )**，它可以从 **duration** 中获取时钟周期数，**duration** 包含时钟周期数及单位信息。

system_clock 设计用于测量小于一秒或几秒的时间间隔。不要试图用它来测量以小时为单位的工作时间。

同样地，如果无法重复获得三次大致相同的结果，那么测量结果是无效的。"大致相同"是什么意思呢？"这个比例在 10% 以内"是一个合理的答案。要知道，现代计算机速度很快，每秒执行 10 亿条指令是很正常的。这意味着，除非可以重复数万次，否则无法测量任何东西，或者它做了一些非常慢的事情，如写入硬盘或访问网络。在后一种情况下，你只需要让它重复几百次，但如果发生的事情太多，可能导致无法理解其结果。

✓ 操作题

运行 **binary_search** 的下列测试程序：

1. 实现 26.3.2. 节中 **Test** 的输入运算符。

2. 下面是 26.3 节中使用的测试文件，请将序列的注释补充完整（b）和 c）项）：

```
a){1,2,3,5,8,13,21}                           // 一个 " 普通序列 "
b){}
c){1}
d){1,2,3,4}                                    // 偶数个元素
e){1,2,3,4,5}                                  // 奇数个元素
f){1,1,1,1,1,1,1}                              // 所有元素相等
g){0,1,1,1,1,1,1,1,1,1,1,1,1}                  // 开始时不同的元素
```

h){0,0,0,0,0,0,0,0,0,0,0,0,0, 0,0,0,1}   // 结束时不同的元素

3. 根据 26.3.1 节，完成一个程序生成以下内容：

a）一个非常大的序列（你认为怎样才算是非常大的，为什么？）。

b）10 个序列，分别具有随机数量的元素。

c）10 个序列，分别具有 0、1、2、…、9 个随机数作为元素（但仍然有序）。

4. 对字符串序列重复第 3 题，例如，{ Bohr Darwin Einstein Lavoisier Newton Turing }。

回顾

1. 列出一个应用程序列表，每个应用程序都简要说明如果出现错误可能会发生的最坏情况。例如，飞机控制——坠机：231 人死亡；5 亿美元设备受损。

2. 为什么不直接证明程序是正确的呢？

3. 单元测试和系统测试有什么区别？

4. 什么是回归测试，为什么它很重要？

5. 测试的目的是什么？

6. 为什么 **binary_search** 不检查输入是否满足算法的要求？

7. 如果不能检查所有可能的错误，那么需要重点查找哪些类型的错误？

8. 在操作一组元素序列的代码中，哪里最可能出现错误？

9. 为什么测试大的数值是个好主意？

10. 为什么经常将测试用例表示为数据而不是代码的形式？

11. 为什么及何时需要使用大量基于随机数的测试？

12. 为什么使用 GUI 测试程序很难？

13. 如何独立地测试一个"单元"？

14. 可测试性和可移植性之间的联系是什么？

15. 为什么测试一个类比测试一个函数更难？

16. 为什么测试的可重复性很重要？

17. 当测试人员发现"单元"依赖于未经检查的假设（前提条件）时，能做什么？

18. 程序设计者 / 实施者可以做什么来改进测试？

19. 测试与调试有何不同？

20. 什么时候性能是重要的？

21. 举两个（或更多）例子说明如何（轻易地）产生糟糕的性能问题。

术语

assumptions（假设）	pre-condition（前置条件）	test coverage（测试覆盖率）
black-box testing（黑盒测试）	proof（证明）	test harness（测试工具）
branching（分支）	regression（回归）	testing（测试）
design for testing（测试设计）	resource usage（资源使用）	timing（计时）
inputs（输入）	state（状态）	unit test（单元测试）
outputs（输出）	**system_clock**	white-box testing（白盒测试）

post-condition（后置条件）　　　　system test（系统测试）

练习题

1. 使用 26.3.2 节中的测试用例，测试 26.1 节中的二分查找法（binary_search）。

2. 修改 binary_search 的测试程序，使其能够处理任意元素类型。然后，用 string 序列和浮点序列测试它。

3. 使用能接受比较标准（比较操作）的 binary_search 版本，重做练习题 1。列出额外参数可能引入哪些新的错误。

4. 为测试数据设计一种格式，以便可以定义一次序列并对其运行多个测试。

5. 在 binary_search 测试集中添加一个测试，以尝试捕捉类似 binary_search 修改数据序列这样的（不太可能发生的）错误。

6. 对第 7 章中的计算器程序进行最低限度的修改，使其能够从文件中获取输入并将输出存入文件（或使用操作系统的 I/O 重定向功能）。然后设计一套合理的综合测试。

7. 测试 20.6 节中的"简单文本编辑器"程序。

8. 在第 12~ 第 15 章的图形界面库中添加一个基于文本的界面。例如，字符串 Circle{Point{0,1}，15} 会导致调用 Circle{Point{0,1}，15}。使用这个文本界面来制作有一幅儿童图画，包括一个带屋顶的二维房子、两扇窗户和一扇门。

9. 为图形界面库添加基于文本的输出格式。例如，当执行调用 Circle{Point{0,1}，15} 时，应该在输出流上生成 Circle{Point{0,1}，15} 这样的字符串。

10. 使用练习题 9 中基于文本的界面为图形界面库编写一个更好的测试。

11. 对 26.6 节中的矩阵求和示例进行计时，其中，m 是维数为 100、1 万、100 万和 1000 万的方阵。使用范围 [–10:10）内的随机数值作为元素。改进 v 的计算，采用更高效的算法（优于），并比较所花费的时间。

12. 编写一个生成随机浮点数的程序，并使用 std::sort( ) 对它们进行排序。测量用于排序 50 万个双精度数和 500 万个双精度数的时间。

13. 重复练习题 12，但是使用长度在 [0:100) 范围内的随机字符串。

14. 重复练习题 12，使用 map 替代 vector，这样就不需要进行排序了。

附言

作为程序员，我们梦想着第一次尝试就能编写出可以正常工作的优秀程序。但现实很残酷，很难保证程序的正确性。而且当我们（以及我们的同事）努力改进程序时，也很难让它们保持正确性。测试（包括设计时考虑到测试）是确保我们交付的系统能够正常工作的主要方式。无论何时，在这个高科技的世界里，当结束一天的工作时，我们真的应该好好感谢那些（经常被遗忘的）测试人员。

第 27 章

C 语言

"C 是一种强类型、弱检查的程序设计语言。"

——Dennis Ritchie

本章从 C++ 知识的角度对 C 语言及其标准库进行了简单介绍。本章列出了 C 语言中缺少的 C++ 特性，并给出了示例，展示 C 语言程序员是如何在没有这些特性的情况下工作的。本章还介绍了 C/C++ 不兼容的地方，并讨论了 C/C++ 的互操作方式。其中，包括 I/O、列表操作、内存管理和字符串操作的示例。

27.1　C 和 C++：兄弟

　　C 语言是由贝尔实验室的丹尼斯·里奇设计和实现的，布莱恩·克尼汉和丹尼斯·里奇的《*The C Programming Language*》一书（又称"K&R"）使其得到了很好的推广，这本书可以说迄今为止仍然是对 C 语言的最好描述，也是关于程序设计的伟大著作之一（参见 22.2.5 节）。C++ 最初的定义文本，是基于丹尼斯·里奇 1980 年版的 C 定义文本的基础上进行编辑的。从此以后，这两种语言都有了进一步的发展。与 C++ 一样，C 语言现在也是由 ISO 标准组织负责定义的。

　　我们认为 C 主要是 C++ 的子集。因此，从 C++ 的角度来看，描述 C 的问题可以归结为两点：

- 描述 C 不是 C++ 子集的部分。
- 描述 C 语言中缺少的、C++ 才有的特性，以及可以使用哪些 C 特性和技术来弥补。

　　从历史的角度看，现代 C 语言和现代 C++ 语言是兄弟关系。这两种语言都是"经典 C"的直接后代。"经典 C"是一个得到普及的 C 语言版本，它在布奥恩·克尼汉和丹尼斯·里奇的《*The C Programming Language*》第 1 版描述的 C 语言之上添加了结构赋值和枚举类型两个特性，如图 27-1 所示。

　　今天使用的 C 版本仍然主要是 C89（如 K&R 第 2 版

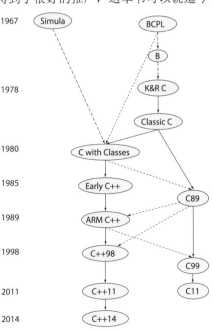

图 27-1　C 与 C++ 发展史

所述），本章也将采用这个版本进行描述。目前，仍然有一些经典 C 和一些 C99 正在被使用，但当你了解了 C++ 和 C89，使用这些不同的"方言"都不是问题。

C 和 C++ 都"诞生"于新泽西州茉莉山贝尔实验室的计算机科学研究中心（有一段时间，我的办公室和布莱恩·克尼汉和丹尼斯·里奇的办公室就隔着一个走廊和几扇门），如图 27-2 所示。

图 27-2　新泽西州茉莉山贝尔实验室

C 和 C++ 两种语言现在都由 ISO 标准委员会负责定义和管理。两种语言都有一些版本正在使用中。通常，编译器可以同时支持这两种语言，通过编译器选项或源文件后缀的方式选择按哪种语言进行编译。就平台的支持而言，这两种语言比任何其他语言都要流行。两种语言当初的设计方向与现在的用法基本一致，主要大量应用于系统级的程序设计中，例如：

● 操作系统内核。
● 设备驱动程序。
● 嵌入式系统。
● 编译器。
● 通信系统。

在等价的 C 和 C++ 程序之间没有性能差异。

与 C++ 一样，C 也被广泛使用。总的来说，C/C++ 社区是地球上最大的软件开发社区。[①]

27.1.1　C/C++ 兼容性

我们经常会听到有人提到"C/C++"。然而，并不存在这样的语言，使用"C/C++"通常是无知的表现。我们只在讨论 C/C++ 兼容性问题，以及谈论大型 C/C++ 共享技术社区时使用。

C++ 在很大程度上（但不完全）是 C 的一个超集。除了极少数情况例外，这些 C 和 C++ 都有的特性，在两种语言中都具有相同的含义（语义）。C++ 被设计为"尽可能接近 C，直到不能更接近"，目的在于：

● 便于两种语言的转换。
● 两种语言的共存。

两者的不兼容之处大多都与 C++ 更严格的类型检查有关。

下面是一个正确的 C 语言程序，但在 C++ 程序中却是非法的。其原因在于使用了 C++ 关键字

① 译者注：作者保存这段文字的时间为 2015 年 8 月。

（不是 C 的关键字）作为标识符（参见 27.3.2 节）：

```
int class(int new, int bool); /* 正确的 C 程序，但是非法的 C++ 程序 */
```

在两种语言中都正确，但语义不同的例子很难找到，下面是其中的一个：

```
int s = sizeof('a'); /* 在 C 中 sizeof(int) 通常是 4，但在 C++ 中通常是 1 */
```

字符常量的类型，如 "**a**"，在 C 中是 **int** 类型，在 C++ 中是 **char** 类型。然而，对于一个 **char** 类型变量 ch，在两种语言中都有 **sizeof(ch)==1**。

与兼容性和语言差异相关的话题并不令人兴奋，因为里面没有新的程序设计技术需要学习。你可能会喜欢 printf( )（参见 27.6 节），但除此以外（以及一些极客幽默的尝试）本章是枯燥的。本章的目的很简单，使你在需要的时候有能力读写 C 代码。这包括指出那些对有经验的 C 程序员来说显而易见，但对 C++ 程序员来说通常意想不到的危险。我们希望你需要学会以最小的代价来避免这些危险。

大多数 C++ 程序员迟早都会遇到不得不处理 C 代码的情况，就像大多数 C 程序员将不得不处理 C++ 代码一样。在本章中描述的大部分内容对 C 程序员来说应该是很熟悉的，但也有一些被认为是"专家级"的内容。当然，对于什么是"专家级"很难统一意见，我们在此只是描述了现实世界代码中常见的问题。也许了解兼容性问题是获得"C 专家"美誉的一种捷径。但请记住，真正的专业水平的高低指的是使用语言（在本例中为 C 语言）的能力，而不在于理解一些深奥的语言规则（如兼容性问题背后的原理）。

27.1.2　C 语言中不支持的 C++ 特性

从 C++ 的角度来看，C（即 C89）缺少很多特性，例如：

● 类和成员函数。

C 的替代方案：使用 **struct** 和全局函数。

● 派生类和虚函数。

C 的替代方案：使用 **struct**、全局函数和指向函数的指针（参见 27.2.3 节）。

● 模板和内联函数。

C 的替代方案：使用宏（参见 27.8 节）。

● 异常。

C 的替代方案：使用错误代码、错误返回值等。

● 函数重载。

C 的替代方案：为不同函数指定不同的名字。

● **new/delete**。

C 的替代方案：使用 **malloc( )/free( )**，并且分离初始化 / 清理代码。

● 引用。

C 的替代方案：使用指针。

● **const**、**constexpr** 或常量表达式函数。

C 的替代方案：使用宏。

● **bool**。

C 的替代方案：使用 **int**。

● **static_cast**、**reinterpret_cast** 和 **const_cast**。

C 的替代方案：使用 C 风格的类型转换，例如，**(int)a** 而不是 **static_cast<int>(a)**。

很多实用的代码都是用 C 编写的，所以上面这个列表提醒我们，没有什么语言特性是绝对不可缺少的。大多数语言特性（甚至大多数 C 语言特性）都是为了程序员程序设计的方便而设计的。毕竟，只要有足够的时间、智慧和耐心，每个程序都可以用汇编完成。注意，因为 C 和 C++ 共用一个非常接近实际计算机的机器模型，所以它们非常适合模拟各种程序设计风格。

本章的其余部分将解释如何在没有这些特性的情况下编写实用的程序。对如何使用 C 语言，我们的基本建议如下：

- 用 C 语言特性模拟 C++ 特性所支持的程序设计技术。
- 在编写 C 语言代码时，使用 C++ 的 C 子集进行编写。
- 设置编译器的警告级别，确保进行函数参数检查。
- 对于大型程序，使用 lint（参见 27.2.2 节）。

C/C++ 不兼容问题的许多细节都相当晦涩难懂。然而，在只是使用 C 语言时，大多数细节实际上你都不需要记住，这是因为：

- 当你使用 C 语言不支持的 C++ 特性时，编译器会给出提示。
- 如果遵循上面的建议，你不太可能会遇到相同语句在 C 语言和 C++ 语言中含义不同的情况。

由于没有上面提到的那些 C++ 的特性，许多特性在 C 中变得非常重要：

- 数组和指针。
- 宏。
- **typedef**（在 C 和 C++ 98 中，相当于简单的 **using** 声明，参见 20.5 节、附录 A.16）。
- **sizeof**。
- 强制类型转换。

在本章中，给出了这些特性相关用途的示例。

我真的厌倦了输入 /* ⋯ */ 方式的注释，于是我从 C 的祖先 BCPL 那里将 // 注释引入了 C++。// 注释被大多数 C 语言版本所接受，包括 C99 和 C11，所以使用它在很多情况下是安全的。在本章中，对于 C 语言的示例，我们将使用 /*⋯*/ 注释。C99 和 C11 引入了更多的 C++ 特性（以及一些与 C++ 不兼容的特性），但在本章中将坚持使用 C89，因为 C89 的使用更广泛。

27.1.3　C 标准库

显然，依赖于类和模板的 C++ 特性在 C 中是不支持的，包括：

- **vector**。
- **map**。
- **set**。
- **string**。
- STL 算法：如 **sort( )**、**find( )** 和 **copy( )**。
- **iostream**。
- **regex**。

对于这些特性，我们通常可以使用基于数组、指针和函数的 C 标准库特性来实现。C 标准库主要包括如下部分：

- **<stdlib.h>**：常用的实用工具（如 **malloc( )** 和 **free( )**；参见 27.4 节）。
- **<stdio.h>**：标准 I/O，参见 27.6 节。
- **<string.h>**：C 风格的字符串操作和内存操作，参见 27.5 节。

- **<math.h>**：标准浮点数学函数，参见 24.8 节。
- **<errno.h>**：<math.h> 中涉及的错误代码，参见 24.8 节。
- **<limits.h>**：整数类型的大小，参见 24.2 节。
- **<time.h>**：日期和时间，参见 26.6.1 节。
- **<assert.h>**：调试用的断言，参见 27.9 节。
- **<ctype.h>**：字符分类，参见 11.6 节。
- **<stdbool.h>**：布尔宏。

要获得这些标准库特性完整的描述，请参阅相关的 C 语言书籍，比如，K&R 就很不错。所有这些库（和头文件）在 C++ 中都是可用的。

27.2　函数

在 C 中：

- 函数不能重名。
- 函数参数类型检查是可选项。
- 没有引用类型（因此，没有引用传递）。
- 没有成员函数。
- 没有内联函数（C99 除外）。
- 还存在另外一种函数定义的语法。

除此之外，C 的函数一切都和你在 C++ 中所习惯的差不多。让我们来探究一下这些意味着什么。

27.2.1　不支持函数名重载

思考下面的代码：

```
void print(int);                    /* 输出一个 int */
void print(const char*);            /* 输出一个 string */ /* 错误！ */
```

第二个声明是错误的，因为不能有两个同名的函数。因此，必须设计两个合适的名称：

```
void print(int);                    /* 输出一个 int */
void print_string(const char*);     /* 输出一个 string */
```

不支持函数名重载有时被认为是一种优良的特性：现在不用担心会不小心使用错误的函数来输出 **int** 了！显然，我们不接受这种说法，而且缺乏函数名重载使得泛型程序设计的思想难以实现，因为泛型程序设计依赖于具有相同名称表示语义相似的函数。

27.2.2　函数参数类型检查

思考下面的代码：

```
int main()
{
    f(2);
}
```

在 C 编译器中能顺利编译：在调用函数之前可以不必声明函数（尽管应该提前声明）。可能在程序的某处有 **f( )** 的定义，这个 **f( )** 可能在另一个编译单元中，但如果不是，则在连接程序时将会产生错误。

不幸的是，另一个源文件中的定义可能如下所示：

```
/* other_file.c: */
int f(char* p)
{
    int r = 0;
    while (*p++) r++;
    return r;
}
```

连接程序将不会报告错误。你将得到一个运行时错误或一个随机的运行结果。

我们应该如何处理这样的问题呢？保持头文件的一致使用是一个有效的解决方案。如果你调用或定义的每个函数都在一个特定的头文件中声明，并且在需要时都使用 #include 包含它，将可以获得类型检查。然而，在大型项目中，这很难实现。因此，大多数 C 编译器都有这样一个选项，可以对调用未声明的函数发出警告，我们的建议是：开启该选项。此外，从 C 语言出现的早期开始，就有了可以用来检查各种一致性问题的程序，它们通常称为 lint。每个重要的 C 程序都应该使用 lint 来进行检查。你会发现，lint 将你推向一种 C 的使用风格，这与使用 C++ 的子集非常相似。因为 C++ 最初的设计目标之一就是，使得编译器可以很容易地发现 lint 能检查出来的大部分（但不是全部）问题。

如果你需要在 C 中检查函数参数，则只需声明一个指定了参数类型的函数即可（就像在 C++ 中一样）。这样的声明称为函数原型。但是请注意，没有指定参数的函数声明不是函数原型，并不会对函数参数进行检查：

```
int g(double);  /* 原型 — 类似 C++ 函数声明 */
int h();         /* 不是原型 — 参数类型未指定 */

void my_fct()
{
    g();         /* 错误：缺少参数 */
    g("asdf");   /* 错误：错误的参数类型 */
    g(2);        /* 正确：2 被转换为 2.0 */
    g(2,3);      /* 错误：参数过多 */

    h();         /* 通过编译器！可能会产生意想不到的结果 */
    h("asdf")    /* 通过编译器！可能会产生意想不到的结果 */
    h(2);        /* 通过编译器！可能会产生意想不到的结果 */
    h(2,3);      /* 通过编译器！可能会产生意想不到的结果 */
}
```

其中，**h( )** 的声明没有指定参数类型。这并不意味着 **h( )** 不接受实参，它的意思是"接受任何参数，并希望它们与所调用的函数是匹配的"。同样，好的编译器会对这类问题发出警告，并且 lint 会检查发现这类问题。

在作用域中没有函数原型的情况下，C 定义了一组特殊的规则用于参数转换，如表 27-1 所示。例如，**char** 和 **short** 类型转换为 **int** 类型，**float** 类型转换为 **double** 类型。如果你需要知道相关内容，比如，**long** 类型会如何处理，请查阅相关的 C 语言教材。我们的建议很简单：不要调用没有原型的函数。

表 27-1　C++ 与 C 的等效代码

C++	C 的等效代码
void f( ); // 首先的方法	void f(void);
void f(void);	void f(void);
void f(...); // 接受任何参数	void f( ); /* 接受任何参数 */

注意，即使编译器允许传递错误类型的实参，例如，将 **char*** 传递给 **int** 类型的形参，使用这种错误类型的实参也是错误的。正如丹尼斯·里奇所说："C 是一种强类型、弱检查的程序设计语言。"

27.2.3　函数定义

你可以像在 C++ 中一样定义函数，这样的定义本身就是函数原型：

```
double square(double d)
{
    return d*d;
}

void ff()
{
    double x = square(2);        /* 正确：将 2 转换为 2.0 然后调用 */
    double y = square();         /* 错误：缺少参数 */
    double y = square("Hello");  /* 错误：参数类型不匹配 */
    double y = square(2,3);      /* 错误：参数过多 */
}
```

不带参数的函数定义不是函数原型：

```
void f() { /* 执行某些任务 */ }

void g()
{
    f(2); /* 在 C 中是正确的；在 C++ 中是错误的 */
}
```

其中：

```
void f(); /* 没有指定参数类型 */
```

意思是 "**f( )** 可以接受任意数量的、任何类型的参数"，这看起来真的很奇怪。为此，我发明了一种新的表示法，使用关键字 **void** 显式地表示 "什么都没有"（void 是一个英文单词，意思是 "什么都没有"）：

```
void f(void); /* 不接受任何参数 */
```

不过，我很快就后悔了，因为这看起来很奇怪，而且如果参数类型检查被严格执行的话，这完全是多余的。更糟糕的是，丹尼斯·里奇（C 语言之父）和道格拉斯·麦克罗伊（贝尔实验室计算机科学研究中心中最有品味的人，参见 22.2.5 节）都称 void 参数为 "可憎之物"。不幸的是，这个可憎之物在 C 社区已经变得非常流行。不过，不要在 C++ 中使用它，因为在 C++ 中它不仅难看，而且在逻辑上是多余的。

C 还提供了一种 Algol60 风格的函数定义，其中，参数类型（可选的）与它们的名称分开指定：

```
int old_style(p,b,x) char* p; char b;
{
    /* ... */
}
```

这种"老式定义"出现在 C++ 之前，它并不是函数原型。默认情况下，没有指定类型的参数会被认定为 **int** 型。因此，**x** 是函数 **old_style( )** 的一个 **int** 形参。我们可以像下面这样调用 **old_style( )**：

```
old_style();                  /* 正确：缺少所有参数 */
old_style("hello", 'a', 17);  /* 正确：所有参数的类型都是正确的 */
old_style(12, 13, 14);        /* 正确：12 的类型与形参不匹配，*/
                              /* 但是有可能 old_style() 并不会使用到 p */
```

编译器应该会接受所有这些调用（但我们希望它会对第一个和第三个调用能发出警告）。

对函数参数检查，我们的建议是：

- 坚持使用函数原型（使用头文件）。
- 设置编译器的警告级别，以便它能捕获参数类型错误。
- 使用（一些）lint。

遵守这些原则写出来的 C 代码，将是同样正确的 C++ 代码。

27.2.4　C++ 调用 C 和 C 调用 C++

只要编译器支持，你可以将 C 编译器编译的文件与 C++ 编译器编译的文件连接在一起。例如，你可以使用 GNU C/C++ 编译器（GCC）将 C 和 C++ 生成的对象文件连接在一起。还可以使用微软的 C/C++ 编译器（MSC++）将 C 和 C++ 生成的对象文件连接在一起。这种开发方式很常见、也很有用，因为它允许使用更大的库集合（与单独使用其中一种相比）。

C++ 提供了比 C 更严格的类型检查。特别地，C++ 编译器和连接器会检查两个函数 **f(int)** 和 **f(double)** 的定义和使用是否一致（即使是在不同的源文件中）。而 C 语言的连接器不会做这种检查。要在 C++ 中调用 C 中定义的函数，或者是在 C 中调用 C++ 中定义的函数，需要告诉编译器我们的意图：

```
// 在 C++ 中调用 C 函数：

extern "C" double sqrt(double); // 连接为 C 函数

void my_c_plus_plus_fct()
{
    double sr = sqrt(2);
}
```

本质上，**extern "C"** 的意思就是告诉编译器使用 C 连接器的约定。除此之外，从 C++ 的角度来看，一切都很普通。实际上，C++ 标准库的 **sqrt(double)** 通常就是 C 标准库的 **sqrt(double)**。采用这种方法，C 函数不需要做任何特殊处理，就可以用这种方式被 C++ 调用。C++ 完全适应 C 连接的约定。

还可以使用 **extern "C"** 使 C++ 函数在 C 程序中被调用：

```
// 可以被 C 程序调用的 C++ 函数：

extern "C" int call_f(S* p, int i)
```

```
{
    return p->f(i);
}
```

在 C 程序中，现在可以间接调用成员函数 **f()**，如下所示：

```
/* 从 C 程序调用 C++ 函数:*/

int call_f(S* p, int i);
struct S* make_S(int,const char*);

void my_c_fct(int i)
{
    /* . . . */
    struct S* p = make_S(x, "foo");
    int x = call_f(p,i);
    /* . . . */
}
```

没有说在 C 中必须使用 C++ 才（有可能）能完成这项工作。

这种互操作性的好处是显而易见的，代码可以使用 C 和 C++ 混合编写程序。特别地，C++ 程序可以使用 C 编写的库，C 程序也可以使用 C++ 编写的库。此外，大多数语言（特别是 Fortran）都有一个可调用 C 的接口。

在上面的示例中，我们假设 C 和 C++ 可以共享 **p** 指向的类对象。这对于大多数类对象来说，这都是正确的。特别地，如果类看上去像是下面这样：

```
// 在 C++ 中:
class complex {
    double re, im;
public:
    // 所有常规操作
};
```

你可以在 C++ 和 C 程序之间传递指向对象的指针，甚至可以在 C 程序中使用下面的声明来访问 **re** 和 **im**：

```
/* 在 C 中:*/
struct complex {
    double re, im;
    /* 没有操作 */
};
```

任何程序设计语言的布局规则都可能很复杂，语言之间的布局规则甚至更难讲清楚。然而，可以在 C 和 C++ 之间传递内置类型，也可以在没有虚函数的情况下传递类（**struct**）。如果一个类有虚函数，则只能使用指针传递它的对象，并将实际操作留给 C++ 代码。**call_f( )** 就是一个示例：如果 **f( )** 是虚函数，则这个示例将可用于展示如何从 C 程序中调用虚函数。

除了坚持内置类型之外，最简单、最安全的类型共享方式是在通用 C/C++ 头文件中定义 struct。然而，这种策略严重限制了 C++ 的使用方式，因此，我们并不会局限于这种方式。

27.2.5　指向函数的指针

如果希望在 C 中使用面向对象技术（参见 14.2 ～ 14.4 节），应该怎么做呢？实际上，需要的是找到虚函数的替代方案。对于大多数人来说，脑海中浮现的第一个想法是，使用带有"类型字段"的 **struct** 来描述给定的对象是来自基类还是某个派生类。例如：

```
struct Shape1 {
    enum Kind { circle, rectangle } kind;
    /*...*/
};

void draw(struct Shape1* p)
{
    switch (p->kind) {
    case circle:
        /* 绘制一个圆形 */
        break;
    case rectangle:
        /* 绘制一个矩形 */
        break;
    }
}

int f(struct Shape1* pp)
{
    draw(pp);
    /*...*/
}
```

这段程序是可行的，但存在两个问题：

- 对于每个冒牌的（C 版本的）"虚函数"（如 **draw( )**），我们必须编写一个新的 **switch** 语句。
- 每次添加一个新形状，都必须通过向 **switch** 语句添加 **case** 分支来修改每个"虚函数"（如 **draw( )**）。

其中，第二个问题非常棘手，因为这意味着我们不能将"虚函数"作为库的一部分，因为用户必须经常修改这些函数。虚函数最有效的替代方法之一是使用函数指针（指向函数的指针）：

```
typedef void (*Pfct0)(struct Shape2*);
typedef void (*Pfct1int)(struct Shape2*,int);

struct Shape2 {
    Pfct0 draw;
    Pfct1int rotate;
    /* ... */
};

void draw(struct Shape2* p)
{
    (p->draw)(p);
```

```
    }

    void rotate(struct Shape2* p, int d)
    {
        (p->rotate)(p,d);
    }
```

这里的 **Shape2** 可以像 **Shape1** 一样使用：

```
    int f(struct Shape2* pp)
    {
        draw(pp);
        /*...*/
    }
```

通过一些修改，对象不需要为每个"虚函数"保留一个指向函数的指针。相反，它可以保存一个指向函数指针数组的指针（就像在 C++ 中实现虚函数一样）。在实际程序设计中，使用此类方案的主要问题是正确初始化所有指向函数的指针。

27.3   微小的语言差异

本节将举例说明 C/C++ 之间的细微差别，如果你从未听说过它们，则可能会因此而犯错。这些差异很少会严重影响程序设计，因为解决这些差异的方法很简单。

27.3.1   struct 标签命名空间

在 C 语言中，**struct** 的名称（C 中没有 **class** 关键字）与其他标识符位于不同的命名空间中。因此，每个 **struct** 的名称（称为结构标签）都必须以关键字 **struct** 作为前缀，例如：

```
    struct pair { int x,y; };
    pair p1;                  /* 错误：作用域中没有标识符 pair */
    struct pair p2;           /* 正确 */
    int pair = 7;             /* 正确：struct 标签 pair 不在当前范围内 */
    struct pair p3;           /* 正确：struct 标签 pair 未被 int 隐藏 */
    pair = 8;                 /* 正确：这里的 pair 是 int 类型 */
```

令人惊讶的是，多亏了一个狡猾的兼容性漏洞，这段代码在 C++ 中也适用。使用与某个 **struct** 同名的变量（或函数）是一种相当常见的 C 语言用法，但我们不推荐这样做。

如果你不想在每个结构名前面写 **struct** 前缀，可以使用 **typedef**（参见 20.5 节）。下面这样的用法很常见：

```
    typedef struct { int x,y; } pair;
    pair p1 = { 1, 2 };
```

一般来说，**typedef** 在 C 语言中更常见、也更有用，因为在 C 语言中无法通过相关操作定义新类型。在 C 语言中，嵌套的 **struct** 的名称与它的 **struct** 的作用域相同，例如：

```
    struct S {
        struct T { /*...*/ };
        / *...*/
    };
```

```
struct T x; /* 在 C 中正确（在 C++ 中不正确）*/
```

在 C++ 中，你需要写成下面这样：

```
S::T x; // 在 C++ 中正确（在 C 中不正确）
```

尽量不要在 C 中使用 **struct** 嵌套，因为它们的作用域规则与大多数人的直觉（并且应该是合理的）不同。

27.3.2　关键字

C++ 中的许多关键字并不是 C 中的关键字（C 中没有这些功能），因此，可以用作 C 中的标识符，如表 27-2 所示。

表 27-2　C++ 相对 C 特有的关键字

是 C++ 的关键字，但不是 C 的关键字				
alignas	class	inline	private	true
alignof	compl	mutable	protected	try
and	concept	namespace	public	typeid
and_eq	const_cast	new	reinterpret_cast	typename
asm	constexpr	not	static_assert	virtual
bitor	dynamic_cast	not_eq	static_cast	wchar_t
bool	explicit	nullptr	template	xor
catch	export	operator	this	xor_eq
char16_t	false	or	thread_local	
char32_t	friend	or_eq	throw	

不要在 C 中使用这些名称作为标识符，否则代码将无法移植到 C++ 程序中。如果你在头文件中使用了这些名称，则该文件在 C++ 中将无法被使用。

一些 C++ 关键字是 C 中的宏，如表 27-3 所示。

表 27-3　C++ 中是关键字，在 C 中是宏

在 C++ 中是关键字，在 C 中是宏				
and	bitor	false	or	wchar_t
and_eq	bool	not	or_eq	xor
bitand	compl	not_eq	true	xor_eq

在 C 语言中，这些宏定义在 **<iso646.h>** 和 **<stdbool.h>**（**bool**、**true**、**false**）中。使用 C 语言时，不要利用它们是宏这一特性。

27.3.3　定义

与 C89 相比，C++ 允许在程序更多的地方进行定义，例如：

```
for (int i = 0; i<max; ++i) x[i] = y[i];   // C 中不允许这样定义 i
```

```
while (struct S* p = next(q)) {              // C 中不允许这样定义 p
  /* ... */
}


void f(int i)
{
    if (i< 0 || max<=i) error("range error");
    int a[max];        // 错误：C 中不允许在语句后进行声明
    /* ... */
}
```

C（C89）不允许将声明作为 **for** 语句中的初始化部分、条件判断，也不运行在语句之后进行声明。这段代码在 C 中必须写成下面这样：

```
int i;
for (i = 0; i<max; ++i) x[i] = y[i];

struct S* p;
while (p = next(q)) {
    /* ... */
}


void f(int i)
{
    if (i< 0 || max<=i) error("range error");
    {
        int a[max];
        /* ... */
    }
}
```

在 C++ 中，未初始化的声明是一个定义。而在 C 中，它只是一个声明，因此，可能出现两个：

```
int x;
int x; /* 在 C 中定义或声明一个名为 x 的整数；这在 C++ 中是错误的 */
```

在 C++ 中，每个对象只能定义一次。如果两个同名的 **int** 存在于两个不同的编译单元中，这会变得更有趣：

```
/* 在文件 x.c 中: */
int x;

/* 在文件 y.c 中: */
int x;
```

任何 C 或 C++ 编译器都不会发现 **x.c** 或 **y.c** 有任何错误。但是，如果将 **x.c** 和 **y.c** 编译为 C++ 程序，则连接程序将给出 "重复定义" 的错误。如果将 **x.c** 和 **y.c** 编译为 C 程序，则连接程序会接受该程序，并（根据 C 的规则这是正确的）认为在 **x.c** 和 **y.c** 的代码中共享了同一个 **x**。但不建议这样使用，如果你希望程序共享一个全局变量 **x**，最好显式地表示出来：

```
/* 在文件 x.c 中:*/
int x = 0; /* 定义 */
```

```
/* 在文件 y.c 中: */
extern int x; /* 声明，而不是定义 */
```

更好的方式是使用头文件：

```
/* 在文件 x.h 中: */
extern int x; /* 声明，而不是定义 */

/* 在文件 x.c 中: */
#include "x.h"
int x = 0; /* 定义 */

/* 在文件 y.c 中: */
#include "x.h"
/* x 的声明在头文件中 */
```

当然，最好还是避免使用全局变量。

27.3.4　C 风格的强制类型转换

在 C（和 C++）中，你可以通过下面这种简单的方式，将值 **v** 显式转换为类型 **T**：

```
(T)v
```

这种 "C 风格的强制类型转换" 或 "老式强制类型转换" 深受不擅长打字或不喜欢思考的程序员的喜爱，因为它很简洁，不需要知道如何把 **v** 转换为类型 **T**。但另一方面，这却是程序维护人员的噩梦，因为它几乎是透明的，而且没有留下任何关于作者意图的线索。C++ 风格的强制类型转换（或称为新式强制类型转换或模板风格的强制转换，参见附录 A.5.7），使得显式类型转换更容易被发现、意图更明确。但在 C 语言中，我们别无选择：

```
int* p = (int*)7; /* 重新解释位模式:
                          对应 C++ 中的 reinterpret_cast<int*>(7)*/
int x = (int)7.5; /* 截断 double: 对应 C++ 中的 static_cast<int>(7.5) */

typedef struct S1 { /* ... */ } S1;
typedef struct S2 { /* ... */ } S2;
S2 a;
const S2 b; /* C 中允许未初始化的常量 */

S1* p = (S1*)&a; /* 重新解释位模式: 对应 C++ 中的 reinterpret_cast<S1*>(&a) */
S2* q = (S2*)&b; /* 去掉 const 限制: 对应 C++ 中的 const_cast<S2*>(&b) */
S1* r = (S1*)&b; /* 去掉 const 限制并更改类型; 可能存在错误 */
```

即使在 C 语言中，对宏（参见 27.8 节）的使用也需要很谨慎，但可以这样用它表达某些意图：

```
#define REINTERPRET_CAST(T,v) ((T)(v))
#define CONST_CAST(T,v) ((T)(v))

S1* p = REINTERPRET_CAST (S1*,&a);
S2* q = CONST_CAST(S2*,&b);
```

这种方法并不会提供 **reinterpret_cast** 和 **const_cast** 所具备的类型检查功能，但它确实使这些丑陋的操作变得显而易见，并明确了程序员的意图。

27.3.5　void* 的转换

在 C 语言中，**void*** 可以用作任何指针类型的右值变量，进行赋值或初始化，但在 C++ 中并不是这样。例如：

```
void* alloc(size_t x); /* 分配 x 个字节 */


void f (int n)
{
    int* p = alloc(n*sizeof(int)); /* 在 C 中是正确的；在 C++ 中是错误的 */
    /* ... */
}
```

在这段代码中，**alloc( )** 的 **void*** 返回值被隐式地转换为 **int*** 类型。在 C++ 中，我们必须将这行代码重写为：

```
int* p = (int*)alloc(n*sizeof(int)); /* 在 C 和 C++ 中都是正确的 */
```

这行代码使用了 C 风格的强制类型转换（参见 27.3.4 节），这样它在 C 和 C++ 中都是合法的。

为什么 **void*** 到 **T*** 的隐式类型转换在 C++ 中是非法的呢？因为这样的转换并不安全：

```
void f()
{
    char i = 0;
    char j = 0;
    char* p = &i;
    void* q = p;
    int* pp = q;        /* 不安全的；在 C 中是合法的，在 C++ 中是错误的 */
    *pp = -1;           /* 覆盖从 &i 开始的内存 */
}
```

在这段代码中，我们甚至不能确定哪些内存被覆盖了。也许是 **j** 和 **p** 的一部分？也许一些内存正用于管理 **f( )** 的调用（**f** 的栈帧）？无论是哪种情况，对 **f( )** 的调用都不是什么好事。

注意，（相反）将 **T*** 转换为 **void*** 是完全安全的。这样的转换不会出现上面这样的糟糕情况，而且这在 C 和 C++ 中都是允许的。

不幸的是，**void*** 到 **T*** 的隐式类型转换在 C 中很常见，并且可能是实际代码中最主要的 C/C++ 兼容性问题（参见 27.4 节）。

27.3.6　枚举

在 C 语言中，我们可以将一个 **int** 类型赋值给一个 **enum** 变量，而不需要强制类型转换。例如：

```
enum color { red, blue, green };
int x = green;          /* 在 C 和 C++ 中都正确 */
enum color col = 7;     /* 在 C 中正确，在 C++ 中是错误的 */
```

这样做的一个后果是，可以在 C 中对枚举类型的变量使用自增（++）和自减（--）运算。这可能很方便，但也意味着风险：

```
enum color x = blue;
++x; /* x 变为 green；C++ 中是错误的 */
++x; /* x 变为 3；C++ 中是错误的 */
```

在这段代码中，枚举数"脱离尾部"的结果可能是我们想要的，也可能不是。

注意，与结构标签类似，枚举类型的名称位于自己的命名空间中，因此，每次使用它们时都必须在它们前面加上关键字 **enum** 作为前缀：

```
color c2 = blue;        /* C 中是错误的：color 不在作用域内；C++ 中是正确的 */
enum color c3 = red;    /* 正确 */
```

27.3.7　命名空间

在 C 语言中不支持（与 C++ 中相同意义的）命名空间。那么，当需要避免大型 C 程序中的命名冲突时，应该怎么做呢？通常，人们使用前缀和后缀，例如：

```
/* 在 bs.h 中：*/
typedef struct bs_string {/* ... */} bs_string; /* Bjarne 的 string 类型 */
typedef int bs_bool ; /* Bjarne 的 Boolean 类型 */

/* 在 pete.h 中：*/
typedef char* pete_string;    /* Pete 的 string 类型 */
typedef char pete_bool ;      /* Pete 的 Boolean 类型 */
```

这种方法非常流行，以至于仅使用一个或两个字母作为前缀通常是一个坏主意。

27.4　自由存储区

C 语言没有提供 **new** 和 **delete** 运算符来进行对象分配与释放。为了使用自由存储区，需要使用处理内存的函数。相关的最重要的一些函数定义在标准库头文件 **<stdlib.h>** 中：

```
void* malloc(size_t sz);              /* 分配 sz 个字节 */
void free(void* p);                   /* 释放 p 所指向的内存 */
void* calloc(size_t n, size_t sz);    /* 分配 n*sz 个字节，并初始化为 0 */
void* realloc(void* p, size_t sz);    /* 将 p 指向的内存重新分配到
大小为 sz 的空间 */
```

size_t 也定义在 **<stdlib.h>** 中，是一个使用 **typedef** 定义的无符号整数类型。

为什么 **malloc( )** 的返回类型为 **void***？这是因为 **malloc( )** 不知道调用者想把哪种类型的对象放在内存中。初始化是调用者负责的问题，例如：

```
struct Pair {
    const char* p;
    int val;
};

struct Pair p2 = {"apple",78};
struct Pair* pp = (struct Pair*) malloc(sizeof(Pair)); /* 分配 */
pp->p = "pear"; /* 初始化 */
pp->val = 42;
```

注意，无论是在 C 还是在 C++ 中，都不能像下面这样写：

```
*pp = {"pear", 42}; /* 在 C 或 C++98 中都是错误的 */
```

然而，在 C++ 中，可以为 **Pair** 定义一个构造函数，然后这样写：

```
Pair* pp = new Pair("pear", 42);
```

在 C（但不是 C++，参见 27.3.4 节）中，可以省略 **malloc( )** 之前的强制类型转换，但我们不建议这样做：

```
int* p = malloc(sizeof(int)*n);        /* 避免这样做 */
```

省略强制类型转换的写法非常流行，因为这样比较便捷，并且还能捕获一种罕见的错误，即在使用 **malloc( )** 之前忘记包含 **<stdlib.h>**[①]。然而，这种方法也会隐藏内存大小计算错误的线索：

```
p = malloc(sizeof(char)*m);              /* 可能是个错误，并不是 m 个 int 那么大 */
```

不要在 C++ 程序中使用 **malloc( )/free( )**，因为 **new/delete** 不需要强制类型转换，而且可以处理初始化（构造函数）及清理工作（析构函数），还能报告内存分配错误（通过抛出异常），重要的是它的速度同样快。不要使用 **delete** 来释放 **malloc( )** 分配的对象，或者使用 **free( )** 来释放 **new** 分配的对象，例如：

```
int* p = new int[200];
// ...
free(p); // 错误

X* q = (X*)malloc(n*sizeof(X));
// ...
delete q; // 错误
```

这段代码也许是可行的，但它不是可移植的代码。此外，对于具有构造函数或析构函数的对象，管理使用 C 和 C++ 混合风格的自由存储区是一场灾难。

函数 realloc( ) 通常用于扩展缓冲区：

```
int max = 1000;
int count = 0;
int c;
char* p = (char*)malloc(max);
while ((c=getchar())!=EOF) {              /* 读取：忽略 eof 行上的字符 */
    if (count==max-1) {                   /* 需要扩展缓冲区 */
        max += max;                       /* 缓冲区大小加倍 */
        p = (char*)realloc(p,max);
        if (p==0) quit();
    }
    p[count++] = c;
}
```

有关 C 语言输入操作的说明，可参见 27.6.2 节和附录 B.11.2。

函数 **realloc( )** 可能会、也可能不会将旧的（已分配）内存中内容移动到新分配的内存中。绝对不要在 **new** 分配的内存空间上使用 **realloc( )**。

使用 C++ 标准库，大致等价的代码如下所示：

```
vector buf;
char c;
while (cin.get(c)) buf.push_back(c);
```

· 　对于输入和分配策略更深入的讨论，请参阅论文 *Learning Standard C++ as a New Language*（参

见 27.1 节中的参考文献）。

27.5　C 风格的字符串

在 C 语言中，字符串（在 C++ 文献中通常称为 C 字符串或 C 风格的字符串）是一个以 0 结尾的字符数组，如图 27-3 所示，例如：

```
char* p = "asdf";
char s[] = "asdf";
```

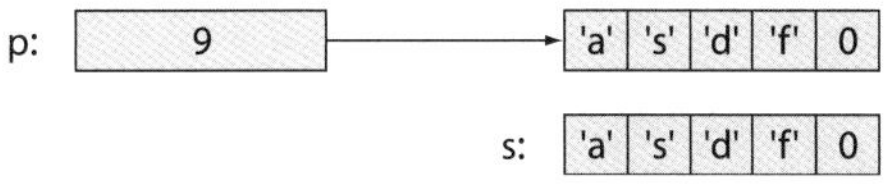

图 27-3　C 风格的字符串

在 C 语言中，没有成员函数，不能重载函数，也不能为 **struct** 定义运算符（如 ==）。因此，我们需要一组（非成员）函数来处理 C 风格的字符串。C 和 C++ 标准库在 **<string.h>** 中提供了如下函数：

```
size_t strlen(const char* s);              /* 计算字符数 */
char* strcat(char* s1, const char* s2);    /* 将 s2 拷贝到 s1 的末尾 */
int strcmp(const char* s1, const char* s2); /* 按字典顺序比较 */
char* strcpy(char* s1,const char* s2);     /* 拷贝 s2 到 s1 中 */

char* strchr(const char *s, int c);        /* 在 s 中查找 c */
char* strstr(const char *s1, const char *s2); /* 在 s1 中查找 s2 */

char* strncpy(char*, const char*, size_t n); /* strcpy，最多 n 个字符 */
char* strncat(char*, const char, size_t n); /* strcat，最多 n 个字符 */
int strncmp(const char*,const char*, size_t n); /* strcmp，最多 n 个字符 */
```

这里并没有列出全部的相关函数，但这些是最实用且最常用的函数。我们将简要说明它们的使用。

C 支持比较字符串。相等运算符（==）比较的是指针的值；标准库函数 **strcmp( )** 比较的是 C 风格字符串的值：

```
const char* s1 = "asdf";
const char* s2 = "asdf";

if (s1==s2) {             /* s1 和 s2 是否指向同一个字符数组？ */
                          /*（这通常不是我们真正的目的）*/
}

if (strcmp(s1,s2)==0) { /* s1 和 s2 是否包含相同的字符？ */

}
```

函数 **strcmp( )** 会对字符串进行三路比较。给定上述 **s1** 和 **s2** 的值，**strcmp(s1,s2)** 将返回 0，这意味着完全匹配。如果按在字典中出现的顺序，**s1** 在 **s2** 之前，则它将返回一个负数；如果 **s1** 在 **s2** 之后，则它将返回一个正数。例如：

```
strcmp("dog","dog")==0
strcmp("ape","dodo")<0          /* 在字典中，"ape" 排在 "dodo" 之前 */
strcmp("pig","cow")>0           /* 在字典里，"pig" 排在 "cow" 后面 */
```

字符串指针比较 **s1==s2** 的值不能保证为 **0**（**false**）。因为在具体实现时，可能会使用相同的内存来表示一个字符串常量的所有副本，因此，将得到返回值 **1**（**true**）。通常，比较 C 风格的字符串应该选择使用 **strcmp( )**。

我们可以使用 strlen( ) 函数得到一个 C 风格字符串的长度：

```
int lgt = strlen(s1);
```

注意，**strlen( )** 计算的字符数，不包括结尾处的终止符 0。在本例中，**strlen(s1)==4**，而存储 "asdf" 需要 5 个字节。这种微小的差异是许多"差一位错误"（off-by-one errors）的来源。

我们可以将一个 C 风格的字符串（包含结尾处的 0）拷贝到另一个 C 风格的字符串：

```
strcpy(s1,s2); /* 将字符从 s2 拷贝到 s1 */
```

调用者有义务确保目标字符串（数组）有足够的空间容纳来自源字符串的所有字符。

函数 **strncpy( )**、**strncat( )** 和 **strncmp( )** 是函数 **strcpy( )**、**strcat( )** 和 **strcmp( )** 的另一种版本，它们限制了最多只能处理 **n** 个字符，其中，**n** 来自它们的第三个参数。需要特别注意的是，如果源字符串中有超过 **n** 个字符，**strncpy( )** 将不会复制终止符 0，因此，得到的结果将不再是有效的 C 风格的字符串。

strchr( ) 和 **strstr( )** 与 **find( )** 类似，它们在字符串中从左到右搜索。函数在它们的第一个参数字符串中搜索它们的第二个参数，并返回一个指针，指向匹配项的第一个字符。

这些简单的函数可以完成的功能之多令人惊讶。然而，使用它们时可能带来的小错误之多同样让人吃惊。考虑一个简单的问题：连接用户名和地址，在两者之间放置 @ 字符。使用 **std::string** 可以这样做：

```
string s = id + '@' + addr;
```

使用标准的 C 风格的字符串函数，可以将其写为：

```
char* cat(const char* id, const char* addr)
{
    int sz = strlen(id)+strlen(addr)+2;
    char* res = (char*) malloc(sz);
    strcpy(res,id);
    res[strlen(id)+1] = '@';
    strcpy(res+strlen(id)+2,addr);
    res[sz-1]=0;
    return res;
}
```

这段代码是正确的吗？谁来为 **cat( )** 返回的字符串调用 **free( )**？

试一试

　　测试 cat( )。为什么在计算新字符串长度时要加 2？我们在函数 cat( ) 中留下了初学者容易犯的错误，找到它并修复它。我们"忘记"了给代码写注释，请添加注释（假定读者是那些了解标准 C 字符串函数的人）。

27.5.1　C 风格的字符串和 const

考虑下面的代码：

```
char* p = "asdf";
p[2] = 'x';
```

这段代码在 C 语言中是合法的，但在 C++ 中却不合法。在 C++ 中，一个字符串字面值是一个常量，一个不可变的值，因此，**p[2]**= '**x**'（改变 "**asxf**" 的值）是非法的。不幸的是，很少有编译器会捕捉到导致该问题的错误（通过 **p** 赋值）。如果幸运的话，将发生运行时错误，但不要依赖于此。你应该这样写：

```
const char* p = "asdf";              // 现在不能通过 p 写入 "asdf" 了
```

我们推荐的这行代码对 C 和 C++ 都适用。

C 的函数 **strchr( )** 也有类似的问题，而且更难被发现。思考下面的代码：

```
char* strchr(const char* s, int c); /* 在常量 s 中查找 c */（不是 C++）

const char aa[] = "asdf";            /* aa 是常量数组 */
char* q = strchr(aa, 'd');           /* 查找 'd' */
*q = 'x';                            /* 将 aa 中的 'd' 改为 'x' */
```

同样，这在 C 和 C++ 中都是非法的，但 C 编译器无法捕捉到这个错误。有时这种错误称为"变形（transmutation）"：它将 **const** 类型转换为非 **const** 类型，违反了对代码的合理假设。

在 C++ 中，可以使用标准库声明另一个不同版本的 **strchr( )** 来解决这个问题：

```
char const* strchr(const char* s, int c);  // 在常量 s 中查找 c
char* strchr(char* s, int c);              // 在 s 中查找 c
```

函数 **strstr( )** 也存在同样的问题。

27.5.2　字节操作

在遥远的黑暗时代（20 世纪 80 年代初），在 **void*** 发明之前，C（和 C++）程序员只能使用字符串操作来处理字节。现在，标准库已经有了基本的内存处理函数，可以使用 **void*** 作为参数类型和返回类型，以提醒用户：它们本质上是对无类型内存的直接处理：

```
/* 从 s2 拷贝 n 个字节到 s1（类似于 strcpy）:*/
void* memcpy(void* s1, const void* s2, size_t n);

/* 从 s2 拷贝 n 个字节到 s1（[s1:s1+n) 可能与 [s2:s2+n) 有重叠 ): */
void* memmove(void* s1, const void* s2, size_t n);

/* 比较 s2 和 s1 的 n 个字节（类似于 strcmp): */
int memcmp(const void* s1, const void* s2, size_t n);

/* 在 s 的前 n 个字节中找到 c（需要转换为 unsigned char 类型 ): */
void* memchr(const void* s, int c, size_t n);

/* 将 c（需要转换为 unsigned char 类型）复制到 s 指向的前 n 个字节中：*/
void* memset(void* s, int c, size_t n);
```

不要在 C++ 中使用这些函数。特别地，**memset( )** 通常会干扰构造函数的正确性。

27.5.3　示例：strcpy()

strcpy( ) 的定义是 C（和 C++）简洁风格的一个著名示例，同时，它也有臭名昭著的一面：

```
char* strcpy(char* p, const char* q)
{
    while (*p++ = *q++);
    return p;
}
```

解释这段代码如何复制 C 风格的字符串（由 q 到 p），留作练习。后递增的描述在附录 A.5 中可以找到：p++ 的返回值是递增之前的值。

试一试

strcpy( ) 的实现正确吗？解释为什么。

如果你不能解释为什么，那么你肯定不是一个合格的 C 程序员（不管你在其他语言程序设计方面有多强）。每种语言都有自己的风格特色，这是 C 语言中的一种。

27.5.4　一个风格问题

在一个长期存在、激烈争论、基本上无关紧要的风格问题上，我们已经悄悄选择了立场。我们像这样声明一个指针类型：

```
char* p; // p 是一个指向 char 类型的指针
```

而不是像这样：

```
char *p; /* p 可以通过解引用得到 char 值 */
```

空格的位置对于编译器来说完全无关紧要，但程序员会关心这个问题。我们选择的风格（在 C++ 中很常见）强调声明中变量的类型，而另一种风格（在 C 中更常见）则强调指针变量的使用。注意，我们不建议在一个声明中声明多个变量：

```
char c, *p, a[177], *f(); /* 合法，但令人困惑 */
```

这样的声明在过去的代码中并不罕见。我们推荐使用多行代码来声明这些变量，并利用边上的空白区域添加注释和完成初始化：

```
char c = 'a';    /* 使用 f() 时用于输入的终止符 */
char* p = 0;     /* f() 读取的最后一个字符 */
char a[177];     /* 输入缓冲区 */
char* f();       /* 读入缓冲区 a；返回指针，指向读取的第一个字符 */
```

此外，应该选择使用更有意义的名称。

27.6　输入 / 输出：stdio

C 语言中没有 iostream，因此，我们使用定义在 <stdio.h> 中的 C 标准 I/O，这组特性通常称为 stdio。它具有与 cin 和 cout 等价的 stdin 和 stdout。可以在同一个程序中（对于同一个 I/O 流），混合使用 stdio 和 iostream，但我们不建议这样做。如果需要混合使用 stdio 和 iostream（特别是 ios_base::sync_with_stdio( )），请查阅专家级别的相关书籍，参见附录 B.11。

27.6.1　输出

stdio 最流行和最实用的函数是 **printf( )**，它的最基本用法只是输出一个（C 风格）字符串：

```
#include<stdio.h>

void f(const char* p)
{
    printf("Hello, World!\n");
    printf(p);
}
```

这个示例看上去很普通。有趣的是 **printf( )** 可以接受任意数量的参数，初始字符串用于控制是否及如何输出这些额外的参数。**printf( )** 在 C 语言中的声明如下所示：

```
int printf(const char* format, ... );
```

其中，"..." 表示 "可选的更多参数"。我们可以像这样调用 **printf( )**：

```
void f1(double d, char* s, int i, char ch)
{
    printf("double %g string %s int %d char %c\n", d, s, i, ch);
}
```

其中，**%g** 表示 "使用常规格式打印浮点数"，**%s** 表示 "打印 C 风格的字符串"，**%d** 表示 "使用十进制数字格式打印整数"，**%c** 表示 "打印字符"。 每个这样的格式说明符都会应用于下一个（到目前为止未使用的）参数，因此，**%g** 打印 **d**，**%s** 打印 **s**，**%d** 打印 **i**，**%c** 打印 **ch**。可以在附录 B.11.2 中找到 **printf( )** 格式的完整列表。

不幸的是，**printf( )** 并不是类型安全的，例如：

```
char a[] = { 'a', 'b' };          /* 没有终止符 0 */

void f2(char* s, int i)
{
    printf("goof %s\n", i);       /* 未捕获错误 */
    printf("goof %d: %s\n", i);   /* 未捕获错误 */
    printf("goof %s\n", a);       /* 未捕获错误 */
}
```

最后一个 **printf( )** 的效果有点出乎意料：它打印内存中 **a[1]** 之后的每个字节，直到遇到 0 为止，这里可能包含很多字符。

这种类型安全性的缺乏是我们更喜欢 **iostream** 而不是 **stdio** 的原因之一，尽管 **stdio** 在 C 和 C++ 中的工作方式相同。另一个原因是函数 **stdio** 不可扩展：不能像使用 **iostream** 那样扩展 **printf( )** 来打印自定义类型的值。例如，你无法定义自己的 **%Y** 来打印自定义类型 **struct Y**。

printf( ) 有一个很实用的版本，它的第一个参数是文件的描述：

```
int fprintf(FILE* stream, const char* format, . . . );
```

例如：

```
fprintf(stdout,"Hello, World!\n");  // 与 printf("Hello, World!\n") 完全一样；
FILE* ff = fopen("My_file","w");    // 打开 My_file 进行写入
fprintf(ff,"Hello, World!\n");      // 将 "Hello, World!\n" 写入 My_file
```

文件句柄的描述参见 27.6.3 节。

27.6.2　输入

下面是 stdio 中使用最广泛的输入函数：

```
int scanf(const char* format, ... );   /* 指定一种格式，并从 stdin 读取 */
int getchar(void);                      /* 从 stdin 获取字符 */
int getc(FILE* stream);                 /* 从 stream 中获取字符 */
char* gets(char* s);                    /* 从 stdin 获取字符串 */
```

读取字符串的最简单方法是使用 **gets( )**，例如：

```
char a[12];
gets(a);  /* 读入 a 指向的字符数组，直到遇到 '\n' */
```

但是，千万不要那样做！要考虑到 **gets( )** 会损害程序。**gets( )** 和它的近亲 **scanf(" %s ")** 曾经成就了大约 1/4 的黑客攻击。到现在为止，这仍然是一个主要的安全问题。在上面这个简单的示例中，你如何知道换行符前最多输入 11 个字符呢？不可能提前知道。因此，**gets( )** 几乎肯定会导致内存错误（缓冲区之后的字节），而内存错误是黑客的主要工具之一。不要想着去猜测缓冲区的最大需求，以满足"对所有用途来说都足够大"。也许在输入流另一端的并不是一个人，而是一个程序，它并不会遵循你所制定的合理性标准。

函数 **scanf()** 使用格式进行读取，正如 **printf( )** 使用格式进行写入一样。与 **printf( )** 一样，它的使用非常方便：

```
void f()
{
    int i;
    char c;
    double d;
    char* s = (char*)malloc(100);
    /* 读取作为指针传递的变量: */
    scanf("%i %c %g %s", &i, &c, &d, s);
    /* %s 跳过前面的空白符，并以遇到空白符结束 */
}
```

与 **printf( )** 类似，**scanf( )** 也不是类型安全的。格式字符和参数（所有指针）必须完全匹配，否则在运行时会发生奇怪的事情。而且，使用 **%s** 将字符串读取到 s 的过程可能会导致溢出。因此，永远不要使用 **gets( )** 或 **scanf(" %s ")**！

那么如何才能安全地读取字符串呢？可以使用 **%s** 的形式来限制可读字符的数量，例如：

```
char buf[20];
scanf("%19s",buf);
```

我们需要为结束符 0 提供存储空间（由 **scanf( )** 指定），因此，19 是可以读入 **buf** 的最大字符数。然而，这留下了一个问题：如果用户输入的字符数超过 19 个，应该怎么办呢？"额外"的字符将留在输入流中，将会被以后的输入操作"找到"。

scanf( ) 存在的缺陷意味着使用 **getchar( )** 通常是更谨慎且更容易的。使用 **getchar( )** 读取字符的典型方式是：

```
while((x=getchar())!=EOF) {
  /* ... */
}
```

EOF 是一个 stdio 宏，意思是 "end of file：文件结尾"，参见 27.4 节。

scanf(“%s”) 和 gets( )，它们在 C++ 标准库中的替代方案没有这些问题：

```
string s;
cin >> s;                    // 读一个单词
getline(cin,s);              // 读一行
```

27.6.3　文件

在 C（或 C++）中，可以使用 **fopen( )** 打开文件，使用 **fclose( )** 关闭文件。这些函数，以及文件句柄的表示、**FILE** 和 **EOF**（文件结尾）宏，都可以在 **<stdio.h>** 中找到：

```
FILE *fopen(const char* filename, const char* mode);
int fclose(FILE *stream);
```

基本上，文件的使用方式是这样的：

```
void f(const char* fn, const char* fn2)
{
    FILE* fi = fopen(fn, "r");            /* 以读方式打开 fn */
    FILE* fo = fopen(fn2, "w");           /* 以写方式打开 fn */
    if (fi == 0) error("failed to open input file");
    if (fo == 0) error("failed to open output file");

    /* 使用 stdio 输入函数读取文件，如 getc ( )*/
    /* 使用 stdio 输出函数写入文件，如 fprintf ( )*/

    fclose(fo);
    fclose(fi);
}
```

思考这样一个问题：在 C 语言中没有异常，那么如果发生什么错误，我们如何确保文件被关闭了？

27.7　常量和宏

在 C 语言中，**const** 不是编译时常量：

```
const int max = 30;
const int x; /*常量未初始化：在 C 中合法（在 C++ 中错误）*/

void f(int v)
{
    int a1[max];         /* 错误：数组大小没有绑定到常量（在 C++ 中合法）*/
                         /*（在 C 语言中，这里的 max 不能用作常量表达式！）*/
    int a2[x];           /* 错误：数组大小没有绑定到常量 */
    switch (v) {
    case 1:
        /* ... */
        break;
    case max: /* 错误：case 标签不是常量（在 C++ 中正确）*/
        /* ... */
        break;
```

```
        }
    }
```

从 C 语言（与 C++ 语言不同）的技术角度来看，这是因为 **const** 可以被其他编译单元隐式访问，例如：

```
/* 文件 x.c: */
const int x;                /* 在其他地方初始化 */

/* 文件 xx.c: */
const int x = 7;            /* 这是真正的定义 */
```

在 C++ 中，这将是两个不同的对象，每个对象都只在自己的文件中称为 **x**。C 程序员倾向于使用宏，而不是使用 const 来表示符号常量，例如：

```
#define MAX 30

void f(int v)
{
    int a1[MAX]; /* 正确 */

    switch (v) {
    case 1:
        /* ... */
        break;
    case MAX: /* 正确 */
        /* ... */
        break;
    }
}
```

程序中宏 **MAX** 的名称被字符 **30** 取代，这是宏的值。也就是说，**a1** 的元素个数为 **30**，第二个 **case** 标签中的值也是 **30**。使用全部大写的字符串 **MAX** 作为宏的名称，这是 C 语言一种约定。这种命名约定有助于最大限度地减少由宏引起的错误。

27.8 宏

宏的使用必须格外小心：在 C 语言中，没有真正有效的方法来避免宏的使用，但它们的使用有严重的副作用，因为宏不遵守常规的 C（或 C++）作用域和类型规则。宏只是文本替换的一种形式。参见附录 A.17.2。

除了尽量减少宏的使用（依赖 C++ 中的替代方案）之外，我们应该如何避免宏所带来的副作用呢？

- 所有宏的名称全部大写，例如，**ALL_CAPS**。
- 不要给任何不是宏的东西使用全部大写的名称。
- 不要给宏起简短或"可爱"的名称，比如，**max** 或 **min**。
- 期望其他人也都能够遵循这些简单而普遍的约定。

宏的主要用途有：

- 定义"常量"。

- 定义类似函数的结构。
- 语法的"改进"。
- 控制条件编译。

此外，还有多种不太常见的用途。

我们认为宏被严重滥用了，但是在 C 程序中，还没有合理和完整的替代宏的方法。甚至在 C++ 程序中也很难避免使用它们（特别地，当你需要编写的程序可移植到老旧的编译器或具有异常约束的平台上时）。

有些人认为下面描述的技巧是"肮脏的把戏"，认为在体面的场合最好不要提及这些，我在这里向他们表示抱歉。然而，我们相信程序设计是在现实世界中完成的，这些（非常温和的）宏使用和宏滥用的示例可以为新手程序员免去很长的痛苦时间。对宏的无知并不会带来快乐。

27.8.1　类函数宏

下面是一个相当典型的类函数宏：

```
#define MAX(x, y)  ((x)>=(y)?(x):(y))
```

我们使用大写的 **MAX** 来命名宏，来区分它与许多称为 **max** 的函数（在各种程序中）。显然，它与函数有很大不同：没有参数类型、没有代码块、没有 **return** 语句等，那么这些括号又是做什么用的呢？思考下面的代码：

```
int aa = MAX(1,2);
double dd = MAX(aa++,2);
char cc = MAX(dd,aa)+2;
```

宏替换后，程序可以展开为：

```
int aa = ((1)>=( 2)?(1):(2));
double dd = ((aa++)>=(2)?( aa++):(2));
char cc = ((dd)>=(aa)?(dd):(aa))+2;
```

如果在宏定义中"所有的括号"不存在，则最后一个的展开式将会是：

```
char cc = dd>=aa?dd:aa+2;
```

也就是说，从 **cc** 的定义中可以看到，**cc** 得到的值会和所期望的不一样。因此，在定义宏时，记得每次使用参数时都将其作为表达式放在括号中。

另一方面，再多括号也无法拯救第二个扩展。宏参数 **x** 的值被替换为 **aa++**，因为 **x** 在 **MAX** 中使用了两次，所以 **a** 将递增两次。不要将带有副作用的参数传递给宏。

碰巧，一些天才确实定义了一个这样的宏，并将其插入到一个被广泛使用的头文件中。更不幸的是，他还将宏命名为 **max**，而不是 **MAX**，所以当 C++ 标准头文件定义

```
template<class T> inline T max(T a,T b) { return a<b?b:a; }
```

时，**max** 将使用参数 **T a** 和 **T b** 进行展开，编译器会得到：

```
template<class T> inline T ((T a)>=(T b)?(T a):(T b)){ return a<b?b:a; }
```

编译器给出的错误消息很"有趣"，但对程序员修正错误来说没有多大帮助。在紧急情况下，你可以"取消定义"宏：

```
#undef max
```

幸运的是，这个宏并不那么重要。然而，在那些被广泛应用的头文件中有成千上万个宏，不可能在不造成破坏的情况下全部取消它们的定义。

并非所有宏参数都用作表达式。思考下面的代码：

```
#define ALLOC(T,n)  ((T*)malloc(sizeof(T)*n))
```

这是一个实际程序的示例，如果分配的预期类型与其在 **sizeof** 中使用的类型不匹配，则可能导致错误，上面的宏的写法对于避免此类错误非常有用：

```
double* p = malloc(sizeof(int)*10);  /* 可能出现错误 */
```

不幸的是，编写一个能够捕获内存耗尽的宏，这不是一件简单的事情。如果在某个地方适当地定义了 **error_var** 和 **error( )**，那么这可能会奏效：

```
#define ALLOC(T,n)  (error_var = (T*)malloc(sizeof(T)*n), \
                        (error_var==0) \
                        ?(error("memory allocation failure"),0)\
                        :error_var)
```

以 \ 结尾是跨行定义宏的方式。在编写 C++ 程序时，我们更喜欢使用 **new**。

27.8.2　宏语法

你可以通过定义宏，使源代码看起来更符合个人偏好。例如：

```
#define forever for(;;)
#define CASE break; case
#define begin {
#define end }
```

我们强烈建议不要使用这种宏。很多人都尝试过这个想法。他们（或维护代码的人员）发现：

- 什么是更好的语法，很难达成共识。
- "改进的"语法是不标准的、有点古怪的，其他人会感到困惑。
- 使用"改进的"语法会导致晦涩的编译错误。
- 开发者看到的和编译器看到的不同，编译器使用它知道的（以及在源代码中看到的）词汇报告错误，而不是根据开发者看到的词汇。

因此，不要编写宏语法来"改善"代码的外观。你和你最好的朋友可能会觉得这真的很好，但经验表明，在更大的社区中，你们只是少数人，所以其他人必须重写你的代码（假设你的代码还有存在的价值）。

27.8.3　条件编译

假设一个头文件的两个版本，一个用于 Linux，一个用于 Windows。你如何在代码中进行选择使用哪个版本呢？下面是一种常见的方式：

```
#ifdef WINDOWS
    #include "my_windows_header.h"
#else
    #include "my_linux_header.h"
#endif
```

如果有人在编译之前定义了宏 **WINDOWS**，则效果等同于：

```
#include "my_windows_header.h"
```

否则，效果为：

```
#include "my_linux_header.h"
```

#ifdef WINDOWS 并不关心 **WINDOWS** 被定义为什么，只是测试它是否有被定义。

大多数主流系统（包括所有操作系统的变体）都定义了宏，以便进行测试。我们可以测试程序是按 C++ 编译还是按 C 编译：

```
#ifdef __cplusplus
    // in C++
#else
    /* in C */
#endif
```

还有一个类似的用法，通常称为包含保护（include guard），通常用于防止头文件被 #include 多次：

```
/* my_windows_header.h: */
#ifndef MY_WINDOWS_HEADER
#define MY_WINDOWS_HEADER
 /* 这是头文件的内容 */
#endif
```

#ifndef 测试后面的宏是否是未定义过的，即 #ifndef 是 #ifdef 的"反义词"。在逻辑上，这些用于源代码文件控制的宏与用于修改源代码的宏非常不同。它们只是碰巧使用了相同的底层语言机制来完成它们的工作而已。

27.9 示例：侵入式容器

C++ 标准库容器（如 vector 和 map）是非侵入式容器，也就是说，它们不要求元素的类型必须持有某些数据。这就是为什么它们可以很好地应用于几乎所有类型（内置或用户自定义），只要这些类型可以被复制。另外一种容器，即侵入式容器，在 C 和 C++ 中都很流行。下面我们将使用一个侵入式链表容器来说明 C 风格的 struct、指针和自由存储区的使用。

定义一个包含如下 9 种操作的双向链表：

```
void init(struct List* lst);          /* 初始化 lst 为空 */
struct List* create();                /* 在自由存储区上创建一个新的空链表 */
void clear(struct List* lst);         /* 释放 lst 的所有元素 */
void destroy(struct List* lst);       /* 释放 lst 的所有元素，然后释放 lst */

void push_back(struct List* lst, struct Link* p);  /* 在 lst 的末尾添加 p */
void push_front(struct List*, struct Link* p);     /* 在 lst 的开始添加 p */

/* 在 lst 中的 p 之前插入 q: */
void insert(struct List* lst, struct Link* p, struct Link* q);
struct Link* erase(struct List* lst, struct Link* p); /* 从 lst 中删除 p */

/* 返回指针，指向 p 之前或之后的第 n 个元素: */
struct Link* advance(struct Link* p, int n);
```

这里的基本思路是定义这些操作，以便其用户只需要使用 List* 和 Link* 指针就能完成这些操作。这意味着，可以在不影响用户的情况下对这些功能的实现进行根本性的改变。显然，我们的命名受到了标准库的影响。List 和 Link 可以用简单明了的方式定义：

```
struct List {
```

```
    struct Link* first;
    struct Link* last;
};

struct Link { /* 双向链表 */
    struct Link* pre;
    struct Link* suc;
};
```

图 27-4 是 **List** 的图形化表示。

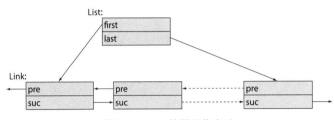

图 27-4   List 的图形化表示

我们的目的不是演示巧妙的描述技术或算法，因此，本节没有这些。但是请注意，程序中没有提到 **Link** 所持有的任何数据 (**List** 中的元素)。回顾所提供这些函数，所做的工作与定义一对抽象类 **Link** 和 **List** 非常相似。稍后将提供 **Link** 所持有的数据。**Link*** 和 **List*** 有时称为不透明类型的句柄。也就是说，将 **Link*** 和 **List*** 提供给我们的函数，可以使得我们在不了解 **Link** 或 **List** 的内部结构的情况下处理 **List** 中的元素。

为了实现 **List** 里的那些函数，我们需要首先包含（#include）一些标准库头文件：

```
#include<stdio.h>
#include<stdlib.h>
#include<assert.h>
```

C 语言里没有命名空间的概念，所以不需要担心 **using** 声明或 **using** 指令的问题。另一方面，需要留意的是，我们选择使用了一些非常常见的短名称（**Link**、**insert**、**init** 等），因此，这组函数不能在这个"玩具"程序之外直接使用。

初始化代码很简单，但要注意 **assert( )** 的使用：

```
void init(struct List* lst) /*将 lst 初始化为空链表 */
{
    assert(lst);
    lst->first = lst->last = 0;
}
```

对于指向非法链表的错误指针，我们决定不在运行时处理它。通过使用 **assert( )**，如果链表指针为空，则简单地给出一个（运行时）系统错误。"系统错误"会给出失败的 **assert( )** 所在的文件名和行号。**assert( )** 是一个定义在 **<assert.h>** 中的宏，该检查仅在调试期间启用。在不支持异常处理的情况下，要知道如何处理非法指针并不容易。

函数 **create( )** 只是在自由存储区创建一个 **List**。它在某种程度上可以看作是构造函数（使用 **init( )** 进行初始化）和 **new**（使用 **malloc( )** 完成内存分配）的一种组合：

```
struct List* create() /* 新建一个空链表 */
{
```

```
        struct List* lst = (struct List*)malloc(sizeof(struct List));
        init(lst);
        return lst;
    }
```

函数 **clear( )** 假设所有 **List** 都是在自由存储区中创建的，因此，会使用 **free( )** 方法对它们进行
处理：

```
void clear(struct List* lst)  /* 释放 lst 的所有元素 */
{
    assert(lst);
    {
        while(curr) {
            struct Link* next = curr->suc;
            free(curr);
            curr = next;
        }
        lst->first = lst->last = 0;
    }
}
```

注意，使用 **Link** 的成员 **suc** 进行遍历的方式。在 **struct** 对象被释放了之后，我们将无法安全
地访问该对象的成员了。因此，在释放 **Link** 时，在 **Link** 中引入了保存位置的变量 **next**。

如果没有在自由存储区中分配所有的 **Link**，那么最好不要调用 **clear( )**，否则 **clear( )** 会造成严重破坏。

destroy( ) 本质上与 **create( )** 是相对的，是析构函数和 delete 的结合。

```
void destroy(struct List* lst)  /* 释放 lst 的所有元素；然后释放 lst*/
{
    assert(lst);
    clear(lst);
    free(lst);
}
```

注意，我们没有为 **Link** 类型的元素调用清理函数（析构函数）。也就是说，这种设计并没有完
全模仿 C++ 的一般技术风格，实际上，我们不能也不必这样做。

函数 **push_back( )** 新增一个 **Link** 作为容器中的最后一个 **Link**，它的实现非常简单：

```
void push_back(struct List* lst, struct Link* p)  /*在 lst 末尾添加 p*/
{
    assert(lst);
    {
        struct Link* last = lst->last;
        if (last) {
            last->suc = p;     /* 在 last 之后添加 p */
            p->pre = last;
        }
        else {
            lst->first = p;     /* p 是第一个元素 */
            p->pre = 0;
        }
    }
}
```

```
        lst->last = p;          /* p 是新增的最后一个元素 */
        p->suc = 0;
    }
}
```

然而，如果我们没有在草稿纸上画一些方块（链表结点）和箭头（链表指针），来分析链表的操作方式，可能将永远不会得到正确的结果。注意，在上述代码中，我们"忘记"考虑参数 p 为空的情况。传递 0 而不是指向 **Link** 的指针，这段代码将会失败。这不是特别糟糕的代码，但不符合行业要求。其目的是说明常见和有用的技术（以及一个常见的缺点 / 漏洞）。

函数 **erase( )** 可以这样写：

```
struct Link* erase(struct List* lst, struct Link* p)
/*      从 lst 中删除 p；
        返回指向 p 之后 Link 的指针 */
{
    assert(lst);
    if (p==0) return 0;                     /* 可以调用 erase(0) */

    if (p == lst->first) {
        if (p->suc) {
            lst->first = p->suc;            /* p 的下一个变成链表的第一个 */
            p->suc->pre = 0;
            return p->suc;
        }
        else {
            lst->first = lst->last = 0;    /* 链表变为空 */
            return 0;
        }
    }
    else if (p == lst->last) {
        if (p->pre) {
            lst->last = p->pre;             /* p 的上一个变为链表的最后一个 */
            p->pre->suc = 0;
        }
        else {
            lst->first = lst->last = 0;    /* 链表变为空 */
            return 0;
        }
    }
    else {
        p->suc->pre = p->pre;
        p->pre->suc = p->suc;
        return p->suc;
    }
}
```

由于要进行的测试非常简单，不需要使用其他函数，因此，我们将剩下的其他函数留作练习。然而，现在我们必须面对设计的核心奥秘：链表元素中的数据在哪里？如何实现一个由 C 风格的字符串表示的简单名称列表呢？请思考下面的代码：

```
struct Name {
    struct Link lnk;                    /* 链表操作所需的 Link */
    char* p;                            /* name 字符串 */
};
```

到目前为止，一切都很好，不过如何使用这个 **Link** 成员还是个谜。但因为我们知道 **List** 期望在自由存储区里存放 **Link**，所以编写了一个函数在自由存储区中创建 Name：

```
struct Name* make_name(char* n)
{
    struct Name* p = (struct Name*)malloc(sizeof(struct Name));
    p->p = n;
    return p;
}
```

或以图形的方式表示，如图 27-5 所示。

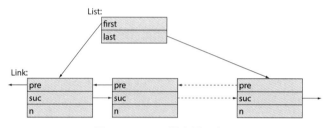

图 27-5　Name 链表图形表示

现在让我们使用它：

```
int main()
{
    int count = 0;
    struct List names; /* 创建链表 */
    struct List* curr;
    init(&names);

    /* 创建一些 Name 并将它们添加到链表中： */
    push_back(&names,(struct Link*)make_name("Norah"));
    push_back(&names,(struct Link*)make_name("Annemarie"));
    push_back(&names,(struct Link*)make_name("Kris"));

    /* 删除第二个（索引为 1）Name: */
    erase(&names,advance(names.first,1));

    curr = names.first; /* 输出所有的名字 */
    for (; curr!=0; curr=curr->suc) {
        count++;
        printf("element %d: %s\n", count, ((struct Name*)curr)->p);
    }
}
```

可以看出，我们"作弊了"。我们使用强制类型转换将 **Name*** 转换为 **Link***。通过这种方式，用户程序能够获取"库类型" **Link**。但是，"库"不知道"用户程序类型"的 **Name**。这种方法是允许的吗？是的，在 C（和 C++）中，你可以将指向一个 **struct** 的指针视为指向其第一个元素的指针来进行处理，反之亦然。

显然，这个 **List** 示例也是完全合法的 C++ 代码。

试一试

C++ 程序员经常对 C 程序员说的一句话是："你能做的一切，我都能做得更好！"所以，请用 C++ 语言重写这个侵入式的 **List** 程序示例，展示如何在不使代码变慢或对象变大的情况下，使它更简洁、更容易使用。

操作题

1. 用 C 语言写一个"Hello, World!"程序，编译后运行。

2. 定义两个变量，分别保存"Hello"和"World!"。用空格连接它们，并输出为 **Hello World!**。

3. 定义一个 C 函数，它接受一个 **char*** 型参数 **p** 和一个 **int** 型参数 **x**，并使用以下格式输出它们的值：**p is "foo" and x is 7**。用几组实参调用这个函数。

回顾

在下面的题目中，假设 C 指的是 ISO 标准 C89。

1. C++ 是 C 的子集吗？

2. 谁发明了 C 语言？

3. 说出一本备受推崇的 C 语言教科书。

4. C 和 C++ 是哪个机构组织发明的？

5. 为什么 C++ 与 C（几乎）兼容？

6. 为什么 C++ 只是与 C 几乎兼容？

7. 列出十几个 C 中不支持的 C++ 特性。

8. 现在，哪个机构组织"拥有"C 和 C++？

9. 列出 6 个不能在 C 中使用的 C++ 标准库功能。

10. 哪些 C 标准库功能可以在 C++ 中使用？

11. 如何在 C 中实现函数参数类型检查？

12. C 中缺少哪些与函数相关的 C++ 特性？至少列出三个，并举例说明。

13. 如何从 C++ 程序中调用 C 函数？

14. 如何从 C 程序中调用 C++ 函数？

15. 哪些类型的内存布局在 C 和 C++ 之间是兼容的？（只需）举例说明。

16. 什么是结构标签？

17. 列出 20 个 C++ 关键词，且它们不是 C 语言中的关键词。

18. **int x;** 在 C++ 中是一个定义吗？在 C 中呢？

19. 什么是 C 风格的强制类型转换？它为什么很危险？

20. 什么是 void*，它在 C 和 C++ 中有什么不同？

21. 枚举类型在 C 和 C++ 中有什么不同？

22. 在 C 语言中，如何来避免常用名称带来的连接问题？

23. 自由存储区使用相关的三个最常见的 C 函数是什么？

24. C 风格的字符串的定义是什么？

25. 对于 C 风格的字符串，== 和 strcmp( ) 有什么不同？

26. 如何复制 C 风格的字符串？

27. 如何计算 C 风格的字符串的长度？

28. 如何复制一个大型的 int 数组？

29. printf( ) 有什么优点？它的问题 / 局限性是什么？

30. 为什么不应该使用 gets( )？可以用什么替代它？

31. 如何用 C 语言以读的方式打开一个文件？

32. 在 C 中的 const 和在 C++ 中的 const 有什么区别？

33. 我们为什么不喜欢宏？

34. 宏的常见用途是什么？

35. 什么是包含保护？

术语

#define	Dennis Ritchie（丹尼斯·里奇）
#ifdef	FILE
#ifndef	fopen( )
Bell Labs（贝尔实验室）	format string（格式化字符串）
Brian Kernighan（布莱恩·克尼汉）	intrusive（侵入式）
C/C++	K&R（《C 程序设计语言》）
Compatibility（兼容性）	lexicographical（词典顺序）
conditional compilation（条件编译）	linkage（连接）
C-style cast（C 风格的强制类型转换）	macro（宏）
C-style string（C 风格的字符串）	malloc( )
non-intrusive（非侵入式）	structure tag（结构标签）
opaque type（不透明类型）	three-way comparison（三路比较）
overloading（重载）	void
printf( )	void*
strcpy( )	

练习题

对于下面这些练习题，最好对所有程序都同时在 C 和 C++ 两种编译器下进行编译。如果只使用 C++ 编译器，则可能会意外使用 C 不支持的特性；如果只使用 C 编译器，则类型错误可能不会被检测到。

1. 实现 strlen( )、strcmp( ) 和 strcpy( ) 的不同版本。

2. 完成 27.9 节中的侵入式 List 示例程序，并对所有函数进行测试。

3. 尽可能地"美化"27.9 节中的侵入式 List 示例程序，使其使用更方便，捕获 / 处理尽可能多的错误。改变 struct 定义的细节，可以使用宏等方式。

4. 如果你还没有这样做的话，请为 27.9 节中的侵入式 List 示例程序编写一个 C++ 的版本，并使用所有函数对其进行测试。

5. 比较练习题 3 和练习题 4 的结果。

6. 在不改变用户函数接口的情况下，改变 27.9 节中 Link 和 List 的实现。在一个数组中为 Link 元素分配空间，并将其成员 first、last、pre 和 suc 定义为 int 类型（数组下标）。

7. 与 C++ 标准库容器（非侵入式）相比，侵入式容器的优点和缺点是什么？列出优缺点。

8. 你的机器上的词典顺序是什么？输出你的键盘上的每个字符及其整数值。然后，按照整数值确定的顺序输出所有字符。

9. 只使用 C 工具（包括 C 标准库），从 stdin 读取一个单词序列，然后按字典顺序将它们输出到 stdout。提示：C 中的排序函数称为 qsort( )，查找它的定义，使用它完成题目。另一种方法是，在读取时将单词插入有序链表中。C 标准库中没有链表结构。

10. 列出从 C++ 语言或支持类的 C 语言版本中借鉴来的 C 语言特性（参见 27.1 节）。

11. 列出 C++ 没有被采用的 C 语言特性。

12. 使用 find(struct table*, const char*)、insert(struct table*, const char*, int) 和 remove(struct table*, const char*) 等操作实现一个（C 风格的 string, int 对）的查找表。查找表可以是一个 struct 的数组，也可以是数组对（const char*[ ] 和 int*），你可以选择其中一种方式。你还要为函数选择返回类型。编写文档，记录你的设计决策。

13. 使用 C 语言，写一个相当于 string s; cin>>s; 的程序。也就是说，定义一个输入操作，将任意长度的、以空格符结束的字符序列读入以 0 结束的 char 数组中。

14. 编写一个函数，该函数以 int 数组作为输入，并查找其中最小和最大的元素，并计算中值和平均值。使用一个 struct 保存结果，并作为返回值。

15. 在 C 中模拟单一继承。让每个"基类"包含一个指向函数指针数组的指针（以模拟将指向"基类"对象的指针作为第一个参数的独立函数），参见 27.2.3 节。将派生类的第一个成员的类型设置为"基类"，以此来实现"派生"。对于每个类，适当地初始化"虚函数"数组。为了测试这些想法，使用基类和派生类的 draw( ) 实现一个版本的"Shape 示例"，只需输出类的名称。只允许使用标准 C 中提供的语言特性和标准库功能。

16. 在练习题 15 中，使用宏来模糊（简化相关概念的）实现。

附言

我们的确提醒过你，兼容性问题并不是那么令人兴奋。然而，C 语言代码目前有很多"存在"（数十亿行代码），如果你必须阅读或编写这些代码，本章可以帮你做好准备。就我个人而言，我更喜欢使用 C++，而本章的内容也对此做出了一些解释。请不要低估"侵入式 List"示例——"侵入式 List"和不透明类型在 C 和 C++ 中都是非常重要且强大的技术。

第五部分
附　　录

"让鱼雷见鬼去吧，全速前进！"

——Admiral Farragut

附录 A

语言摘要

"慎重许愿，它有可能成真。"

——俗语

本附录对 C++ 语言的关键组成部分进行了总结。本附录的内容是精心挑选的，特别适合那些希望接触一些超出书中主题的初学者。本附录的目标是简洁扼要，而非完整性。

A.1 概述

本附录是参考资料，不需要像其他章节一样从头到尾仔细阅读。它（或多或少地）系统描述了 C++ 语言的重要特性。不过，本附录并不是完整的参考文献，而只是概述。它的重点是解决学生的一些困惑。通常需要查看相关章节以获得更完整的解释。本附录不追求与 C++ 标准相同的精确性和术语，而是追求易于查阅。更多相关内容可以查阅本贾尼·斯特劳斯特卢普的 *The C++ Programming Language*。ISO C++ 标准定义了 C++ 语言，但该文档不是为新手编写的，并不适合新手入门阅读学习。不要忘记使用在线文档。如果在阅读前几章的时候查阅这个附录，你会发现它很"神秘"，不必担心，这些内容的解释在后面的章节中会详细介绍的。

标准库的相关内容见附录 B。

C++ 标准由 ISO（国际标准组织）下届的一个委员会负责制订，标准制订过程中也与一些国家的标准组织进行了合作，如 INCITS（美国）、BSI（英国）和 AFNOR（法国）。

A.1.1　术语

C++ 标准定义了什么是 C++ 程序，及其语言特性的含义：

- 符合标准的（conforming）：一个遵循 C++ 标准的程序被称为是符合标准的（或者通俗地说，是合法的或有效的）。
- 实现定义的（implementation defined）：程序可以（通常也确实）依赖于给定编译器、操作系统、机器架构等才有明确定义的语言特性（如 **int** 占用的内存大小和 **'a'** 的数值）。这些需要在实现中定义的特性都可以在标准中找到，而在实现文档中应该明确说明，许多特性是在标准头文件中定义的，例如 **<limits>**（参见附录 B.1.1）。因此，符合标准并不等同于可移植到所有 C++ 实现之上。
- 未说明的（unspecified）：某些部分的含义是未说明的、未定义的，或不符合标准但无须检测的。显然，最好避免使用此类特性。这本书就避开了它们。要避免的未指定特性包括：
  - 在不同的源文件中定义不一致的（应该一致地使用头文件，参见 8.3 节）。
  - 在表达式中反复读写同一个变量的（主要的例子是 **a[i]=++i;**）。
  - 大量使用显式类型转换，尤其是 **reinterpret_cast**。

A.1.2　程序启动和终止

一个 C++ 程序必须包含一个名为 **main()** 的全局函数。程序通过执行 **main()** 启动。**main()** 的返回类型为 **int**（**void** 作为 **main()** 的返回类型并不符合标准）。**main()** 返回的值是程序对"系统"的返回值。有些系统会忽略该值，但成功终止是通过返回 0 来表示的，失败是通过返回非零值或抛出一个异常来表示的（但异常未被捕获被认为是糟糕的风格）。

main() 的参数可以是实现中定义的，但每个实现都必须接受两个方式（尽管每个程序只会使用其中一个）：

```
int main();                          // 无参数
int main(int argc, char* argv[]);    // argv[] 保存 argc 个 C 风格字符串
```

main() 不需要显式返回一个值。如果没有明确返回一个值，则意味着返回 0。下面是一个最简短的 C++ 程序：

```
int main() { }
```

如果你定义一个全局（名字空间）作用域对象，且它具有构造函数和析构函数，那么，构造函数将在逻辑上"先于 **main()**"执行，析构函数将在逻辑上"后于 **main()**"执行（但从技术上讲，执行这些构造函数实际上是调用 **main()** 的一部分，执行析构函数则是从 **main()** 返回一部分）。应尽可能避免使用全局对象，特别是那些构造和析构过程比较复杂的全局对象。

A.1.3　注释

可以用代码表达清楚的应尽量用代码表达。不过，C++ 提供了两种注释风格，帮助程序员在代码不方便表达的时更好地表达程序的意图：

```
// 这是一行注释
```

```
/*
        这是一个
        块注释
*/
```

显然，块注释主要用于多行注释，但有些人还是喜欢使用多个单行注释完成多行注释：

```
//  这是一个
//  多行注释
//  用三行注释表示

/*, 这是使用块注释表示的单行注释 */
```

注释对表达代码的意图至关重要，另请参见 7.6.4 节。

A.2　字面值常量

字面值常量（literal）用于表示各种类型的值。例如，字面值常量 **12** 表示整数值"12"，**"Morning"** 表示字符串值 Morning, **true** 表示布尔值"真"。

A.2.1　整数字面值常量

整数字面值常量有四种形式：

- 十进制：十进制数字序列

十进制数字：0、1、2、3、4、5、6、7、8 和 9

- 八进制：以 0 开头的八进制数字序列

八进制数字：0、1、2、3、4、5、6 和 7

- 十六进制：以 0x 或 0X 开头的十六进制数字序列

十六进制数字：0、1、2、3、4、5、6、7、8、9、a、b、c、d、e、f、A、B、C、D、E 和 F

- 二进制：以 0b 或 0B 开头的二进制数字序列（C++14）

二进制数字：0、1

后缀 **u** 或 **U** 表示字面值常量为无符号整数（**unsigned**）（见 25.5.3 节），后缀 **l** 或 **L** 表示长整型（**long**），例如 **10u** 和 **123456UL**。

C++14 还允许在字面值常量中使用单引号作为数字分隔符。例如，**0b0000'0001'0010'0011** 表示 **0b0000000100100011**，**1'000'000** 表示 **1000000**。

我们通常用十进制记数法书写数字。**123** 的意思是一个 100 加二个 10 加三个 1，即 **1*100+2*10+3*1**，或 **1*10^2+2*10^1+3*10^0**（用 ^ 表示"幂"）。十进制的另一个说法是以 10 为基数，这里的 10 并没有什么特别之处，可以表示为 **1* 基数 ^2+2* 基数 ^1+3* 基数 ^0**，只不过本例中基数 ==10。关于为什么使用 10 作为基数已经有很多理论试图解释了。一些自然语言已经"内置"了一种理论：我们有 10 根手指，每个符号，如 0、1 和 2，在位置数字系统中直接代表一个值，称为数字。而数字（digit）在拉丁语中是"手指"的意思。

人们偶尔也会使用其他基数。通常，计算机内存中的数值以 2 为基数（用 0 和 1 表示材料中的物理状态相对容易），处理低级硬件问题的时以 8 为基数，更常见的是以 16 为基数来表示内存的内容。

思考一下十六进制。我们需要命名从 0 到 15 的这 16 个值。通常使用 0、1、2、3、4、5、6、7、8、9、A、B、C、D、E、F 来表示，其中，A 为十进制值中的 10，B 为十进制值中的 11，依此类推：

A==10, B==11, C==12, D==13, E==14, F==15

现在可以使用十六进制表示法将十进制值 123 写为 7B 了。要了解这一点需要注意，在十六进制中，7B 表示 7*16+11，即（十进制的）123。相反，十六进制的 123 表示 1*16^2+2*16+3，即 1*256+2*16+3，其值等于（十进制的）291。如果你从未处理过非十进制整数表示，强烈建议你尝试将一些数字转换为十进制和十六进制。请注意，十六进制数字与二进制值数字之间存在非常简单的对应关系，如表 A-1 所示。

表 A-1   十六进制数字与二进制数字对照

十六进制和二进制							
十六进制	0	1	2	3	4	5	6	7
二进制	0000	0001	0010	0011	0100	0101	0110	0111
十六进制	8	9	A	B	C	D	E	F
二进制	1000	1001	1010	1011	1100	1101	1110	1111

两者的对应关系在很大程度上解释了十六进制表示法的流行原因。特别是一个字节的值可以简单地表示为两个十六进制数字。

在 C++ 中，（幸运的是）数字默认是十进制的。要转换成十六进制，需要加前缀 0X（"X 代表 hex"），所以 123==0X7B，0X123==291。可以等效地使用小写的 x，因此可以写成 123==0x7B，0x123==291。类似地，也可以使用小写的 a、b、c、d、e 和 f 表示十六进制数字。例如，123==0x7b。

八进制的基数为 8。只需要 8 个八进制数字：0、1、2、3、4、5、6、7。在 C++ 中，以 8 为基数的数字表示为以 0 开头，因此 0123 不是十进制数字 123，而是 1*8^2+2*8+3，即 1*64+2*8+3，等于（十进制的）83。相反地，八进制的 83，即 083，为 8*8+3，等于（十进制的）67。使用 C++ 语法表示，我们得到 0123==83 和 083==67。

二进制的基数为 2。只需要两个数字：0 和 1。在 C++14 中，加入了新特性，可以使用前缀 0b 来表示二进制文字。例如，（十进制的）123 是 0b1111011，早些时候就必须使用一些类似于 1*64+1*32+1*16+1*8+0*4+1*2+1 的形式来表示了。

一个数值常量有很多数字时可能很难阅读。在这种情况下，可以使用 C++14 的另一个特性——数字分隔符。例如：

0b1010'1111'0110   0xFF00'AAAA'77BB'00FF   1'000'000'345.75

数字分隔符不会改变数字的值，但会让人更容易阅读，从而避免错误。

A.2.2　浮点数字面值常量

浮点数字面值常量包含小数点（.）、指数（例如 e3）或浮点后缀（d 或 f）。例如：

```
123             // int（没有小数点、后缀和指数）
123.            // double: 123.0
123.0           // double
.123            // double: 0.123
0.123           // double
1.23e3          // double: 1230.0
1.23e-3         // double: 0.00123
1.23e+3         // double: 1230.0
```

浮点数字面量的类型默认为 **double**，可以通过后置指定为其他类型。例如：

```
1.23      // double
1.23f     // float
1.23L     // long double
```

A.2.3 布尔字面值常量

bool 类型的字面值常量有 **true** 和 **false**。**true** 的整数值为 **1**，**false** 的整数值为 **0**。

A.2.4 字符字面值常量

字符字面值常量是用单引号括起来的字符，例如 **'a'** 和 **'@'**。此外，还有一些"特殊字符"，如表 A-2 所示。

表 A-2　特殊字符

名称	ASCII 名	C++ 名
换行（newline）	NL	\n
水平制表符（horizontal tab）	HT	\t
垂直制表符（vertical tab）	VT	\v
退格（backspace）	BS	\b
回车（carriage return）	CR	\r
换页符（form feed）	FF	\f
警告（alert）	BEL	\a
反斜线（backslash）	\	\\
问号（question mark）	?	\?
单引号（single quote）	'	\'
双引号（double quote）	"	\"
八进制数（octal number）	ooo	\ooo
十六进制数（hexadecimal number）	hhh	\xhhh

特殊字符可以用单引号括起来的"C++ 名"来表示，如 '\n'（换行符）和 '\t'（制表符）。

字符集还包括以下可见字符：

```
abcdefghijklmnopqrstuvwxyz
ABCDEFGHIJKLMNOPQRSTUVWXYZ
0123456789
!@#$%^&*()_+| ~ `{}[]:";'<>?,./
```

如果你希望编写可移植的代码，就不能依赖于其他可见的字符。字符的整型值，如 a 的值 **'a'**，取决于具体实现（但很容易得到，例如通过 **cout<<int('a')**）。

A.2.5 字符串字面值常量

字符串字面值常量是用双引号括起来的字符序列，如 **"Knuth"** 和 **"King Canute"**。换行符不能直接作为字符串的一部分，可以使用特殊字符 **\n** 来代替字符串中的换行符：

```
"King
Canute "                      // 错误：字符串字面值中包含换行符
"King\nCanute"                // 正确：将换行符转换为字符串文字的正确方法
```

两个仅由空白符分隔的字符串字面值常量会被视为单个字符串。例如：

```
"King" "Canute"              // 等同于 "KingCanute"
```

请注意，特殊字符，如 \n，可以出现在字符串字面值常量中。

A.2.6　指针字面值常量

只有一个指针字面值常量文字：空指针（**nullptr，null pointer**）。方便起见，任何计算结果为 0 的常量表达式也可以用作空指针。例如：

```
t* p1 = 0;                   // 正确：空指针
int* p2 = 2-2;               // 正确：空指针
int* p3 = 1;                 // 错误：1 是 int 类型，不是指针
int z = 0;
int* p4 = z;                 // 错误：z 不是常量
```

数值 **0** 被隐式转换为空指针。

在 C++ 中（但不是在 C 中，所以要注意 C 头文件），**NULL** 被定义为 **0**，所以可以这样编写代码：

```
int* p4 = NULL;              // （如果正确地定义了 NULL）空指针
```

A.3　标识符

标识符（identifier）是以字母或下画线开头，后跟 0 个或多个（大写或小写）字母、数字或下画线的字符序列。

```
int foo_bar;                 // 正确
int FooBar;                  // 正确
int foo bar;                 // 错误：标识符不能包含空格
int foo$bar;                 // 错误：标识符不能包含 $
```

以下画线开头或包含两个连续下画线的标识符是保留给 C++ 实现使用的，所以不要使用它们。例如：

```
int _foo;                    // 不要这样做
int foo_bar;                 // 可以
int foo__bar;                // 不要这样做
int foo_;                    // 可以
```

关键字（keyword）是语言本身用来表达语言结构的特殊标识符，如表 A-3 所示。

表 A-3　C++ 关键字

关键字（保留的标识符）					
alignas	class	explicit	noexcept	signed	typename
alignof	compl	export	Not	sizeof	union

续表

关键字（保留的标识符）					
and	concept	extern	not_eq	static	unsigned
and_eq	const	false	nullptr	static_assert	using
asm	const_cast	float	operator	static_cast	virtual
auto	constexpr	for	Or	struct	void
bitand	continue	friend	or_eq	switch	volatile
bitor	decltype	goto	private	template	wchar_t
bool	default	if	protected	this	while
break	delete	inline	Public	thread_local	xor
case	do	int	register	throw	xor_eq
catch	double	long	reinterpret_cast	true	
char	dynamic_cast	mutable	requires	try	
char16_t	else	namespace	Return	typedef	
char32_t	enum	new	short	typeid	

A.4 作用域、存储类别和生命周期

C++ 中的每一个名称（预处理器名称除外，参见附录 A.17）都存在于某个作用域内。也就是说，名称属于可以使用它的代码区域。数据（对象）存储在内存中的某个地方，用于存储对象的内存种类称为存储类别（storage class）。对象的生命周期是从它被初始化开始到最终被销毁为止。

A.4.1 作用域

C++ 有五种作用域（参见章节 8.4）：

- 全局作用域：除非名称定义于某个语言构造（例如，类或函数）中，否则默认其作用域为全局作用域。
- 命名空间作用域：如果名称是在命名空间中定义的，而不是在某些语言结构（如类或函数）中定义的话，那么其作用域为命名空间作用域。从技术上讲，全局作用域是一个具有"空名称"的命名空间作用域。
- 局部作用域：如果名称声明在函数内部（包括函数参数），那么这个名称的作用域为局部作用域。
- 类作用域：如果名称是类的一个成员名称，那么它的作用域为类作用域。
- 语句作用域：如果名称是在 for、while、switch 或 if 语句的内部声明的，那么它的作用域为语句作用域。

变量的作用域（仅）延伸到定义它的语句的末尾。例如：

```
for (int i = 0; i<v.size(); ++i) {
    // i 可以在这里使用
}
if (i < 27)      // 来自 for 语句的 i 不在此处的范围内
```

类和命名空间作用域都有名称，因此可以在"其他地方"引用它们的成员。例如：

```
void f();                        // 在全局作用域

namespace N {
    void f()                     // 在命名空间作用域 N 中
    {
        int v;                   // 在局部作用域中
        ::f();                   // 调用全局作用域中的 f()
    }
}

void f()
{
    N::f();                      // 调用 N 中的 f()
}
```

如果调用 **N::f()** 或 **::f()**，会发生什么？参见附录 A.15。

A.4.2 存储类别

C++ 有三种存储类别（参见章节 17.4）：

● 自动存储：函数中定义的变量（包括函数参数）除非明确声明为静态，否则将被置在自动存储中（即"栈"）中。当调用函数时，将分配自动存储，当调用返回时解除分配；因此，如果函数本身（直接或间接）调用自己，其自动变量（参数）存在多个副本：每个副本对应一次调用（参见 8.5.8 节）。

● 静态存储：在全局作用域和命名空间作用域中声明的变量被存储在静态存储中，在函数和类中显式声明为静态的变量也是如此。链接器"在程序开始运行之前"分配静态存储空间。

● 自由存储区（堆）：用 **new** 创建的对象在自由存储区中分配。

例如：

```
vector<int> vg(10);                      // 在程序开始时（在 "main()" 之前"）构造一次

vector<int>* f(int x)
{
    static vector<int> vs(x);            // 仅在第一次调用 f() 时构造
    vector<int> vf(x+x);                 // 在每次调用 f() 时都会构造

    for (int i=1; i<10; ++i) {
        vector<int> v1(i);               // 在每次迭代中构造
        //...
    } // v1 在此处销毁（在每次迭代结束）

    return new vector<int>(vf);          // 在自由存储区上构建，作为 vf 的副本
} // vf 在此销毁


void ff()
```

```
    {
        vector<int>* p = f(10);              // 从 f() 中获取 vector
        // ...
        delete p;                            // 释放从 f() 中获取的 vector
    }
```

静态分配的变量 **vg** 和 **vs** 在程序终止时（"**main()** 之后"）被销毁，前提是它们已经被构造好。

类成员的内存不是这样分配的。当在某处分配对象时，它的非静态成员也被放置在那里（与它们所属的类对象使用相同的存储类别）。

代码和数据是分开存储的。例如，并不是每个类对象都保存着成员函数的代码，只会保存一份成员函数代码，与程序的其余代码存储在一起。

另请参见 14.3 节和 17.4 节。

A.4.3　生命周期

在可以（合法）使用对象之前，必须对其进行初始化。此初始化可以显式地使用初始化值进行，也可以通过构造函数或内置类型的默认初始化规则隐式地完成。对象生命周期的结束由其作用域和存储类别确定的位置决定（例如，参见 17.4 节和 B.4.2 节）：

- 局部（自动）对象在程序执行到它定义的位置时被创建，在执行到它作用域末尾时被销毁。
- 临时对象由特定的子表达式创建，并在它们的完整表达式结束时销毁。完整表达式指的是，不包含在其他表达式中的表达式（非子表达式）。
- 命名空间对象和静态类成员会在程序开始时被创建（"**main()** 之前"），并在程序结束时被销毁（"**main()** 之后"）。
- 局部静态对象在程序执行到它定义的位置时被创建，并且在程序结束时被销毁。
- 自由存储区对象由 **new** 构造，可以使用 **delete** 销毁。

绑定到局部或命名空间引用的临时变量，其生命周期与引用的生命周期一样长。例如：

```
const char* string_tbl[] = { "Mozart", "Grieg", "Haydn", "Chopin" };
const char* f(int i) { return string_tbl[i]; }
void g(string s){}

void h()
{
    const string& r = f(0);        // 将临时字符串绑定到 r
    g(f(1));                       // 创建一个临时字符串并传递它
    string s = f(2);               // 从临时字符串初始化 s
    cout << "f(3): " << f(3)       // 创建一个临时字符串并传递它
    <<" s: " << s
    << " r: " << r << '\n';
}
```

运行结果为：

```
 f(3): Chopin s: Haydn r: Mozart
```

为调用 **f(1)**、**f(2)** 和 **f(3)** 而生成的临时字符串，会在创建它们的表达式的末尾被销毁。然而，为 **f(0)** 生成的临时变量被绑定到 **r**，并且"存活"到 **h()** 结束。

A.5　表达式

本节总结 C++ 的运算符。下面将使用便于记忆的缩写，例如 **m** 表示成员名，**T** 表示类型名，**p** 表示结果为指针的表达式，**x** 表示表达式，**v** 表示左值表达式，**lst** 表示参数列表。算术运算的结果类型由"常用算术转换"决定（参见附录 A.5.2）。本节描述的是内置运算符，而不是自定义的任何运算符。当然当你自定义运算符时，我们鼓励遵循内置运算的语义规则（参见 9.6 节）。

注意，成员可以嵌套，因此可以使用 **N::C::m**；另请参见 8.7 节，如表 A-4 所示。

表 A-4　作用域运算符

作用域运算符	
N::m	m 在命名空间 N 中；N 是命名空间或类的名称
::m	m 在全局命名空间中

本书不会介绍 **typeid** 运算符及其用法。参见专家级别的参考书。注意，强制转换不会修改它们的实参。而是，根据实参的值产生一个所需类型的新值，参见附录 A.5.7，如表 A-5 所示。

表 A-5　后缀运算符

后缀运算符	
x.m	成员访问，**x** 必须是类对象
p–>m	成员访问，**p** 必须是指向类对象的指针；等价于 **(*p).m**
p[x]	下标访问，等价于 ***(p+x)**
f(lst)	函数调用：使用参数列表 **lst** 调用 **f**
T(lst)	构造函数：使用参数列表 **lst** 构造一个 **T**
v++	（后）增 1 运算，**v++** 的返回值是 **v** 在增 1 之前的值
v--	（后）减 1 运算，**v--** 的返回值是 **v** 在减 1 之前的值
typeid(x)	**x** 的运行时类型标识
typeid(T)	**T** 的运行时类型标识
dynamic_cast(x)	带类型检查的运行时类型转换，将 **x** 转换为类型 **T**
static_cast(x)	带类型检查的静态（编译时）类型转换，将 **x** 转换为类型 **T**
const_cast(x)	不带类型检查的（编译时）类型转换，从 **x** 的类型中添加或删除 **const**，以转为 **T**
reinterpret_cast(x)	不带类型检查的（编译时）类型转换，通过重新解释 **x** 的位模式将 **x** 转换为 **T**

如表 A-6 所示，请注意，在 **delete p** 和 **delete[] p** 中，**p** 指向的对象必须是由 **new** 分配的，参见附录 A.5.6。需要特别注意的是，比起其他特定的强制类型转换，**(T)x** 的意图非常不明确，因此更容易出错，参见附录 A.5.7。

表 A-6　单目运算

单目运算	
sizeof(T)	**T** 的大小，以字节为单位
sizeof(x)	对象 **x** 的类型的大小，以字节为单位

续表

单目运算	
++v	（前置）增 1 运算，等价于 **v**+=1
--v	（后置）减 1 运算，等价于 **v**-=1
~ x	**x** 的补；~ 是位操作
!x	**x** 的非；返回 **true** 或 **false**
&v	**v** 的地址
*p	**p** 指向的对象内容
new T	在自由存储区上构建一个 **T**
new T(lst)	在自由存储区上构建一个 **T**，并用 **lst** 对其进行初始化
new(lst) T	在 **lst** 指定的位置上构建一个 **T**
new(lst) T(lst2)	在 **lst** 指定的位置上构建一个 **T**，并用 **lst2** 对其进行初始化
delete p	释放 **p** 指向的对象
delete[ ] p	释放 **p** 所指向的数组
(T)x	C 风格的类型转换，将 **x** 转换为 **T** 类型

本书没有涉及成员选择运算符，请参阅专家级别的参考资料，如表 A-7 所示。

表 A-7 成员选择运算符

成员选择运算符	
x.*ptm	成员指针 **ptm** 所指向的 **x** 的成员
p–>*ptm	成员指针 **ptm** 所指向的 ***p** 的成员

如果 **y**==0，则 **x/y** 和 **x%y** 是未定义的。如果 **x**、**y** 为负数，则 **x%y** 由具体实现定义，如表 A-8 所示。

表 A-8 乘法运算符

乘法运算符	
x*y	**x** 乘以 **y**
x/y	**x** 除以 **y**
x%y	**x** 对 **y** 求模（余数），不适用于浮点类型

加减运算符如表 A-9 所示。

表 A-9 加减运算符

加减运算符	
x+y	**x** 加 **y**
x–y	**x** 减 **y**

关于 >> 和 << 用于位移（内置功能）的使用，请参见 25.5.4 节。当最左边的运算对象是 **iostream** 时，这些运算符表示 I/O 操作，参见第 10 章和第 11 章，如表 A-10 所示。

表 A-10　位移运算符

位移运算符	
x<<y	将 x 向左移动 y 位
x>>y	将 x 向右移动 y 位

关系运算符的运算结果是 **bool** 类型，如表 A-11 所示。

表 A-11　关系运算符

关系运算符	
x<y	x 小于 y，返回一个 **bool** 值
x<=y	x 小于等于 y，返回一个 **bool** 值
x>y	x 大于 y，返回一个 **bool** 值
x>=y	x 大于等于 y，返回一个 **bool** 值

请注意 **x!=y** 与 **!(x==y)** 等价，运算结果是 **bool** 类型，如表 A-12 所示。

表 A-12　相等运算符

相等运算符	
x==y	x 等于 y，返回一个 **bool** 值
x!=y	x 与 y 不相等，返回一个 **bool** 值

请注意，**&**（与 **^**、**|**、**~**、**>**、**>** 和 **<<** 类似）传递一组比特位。例如，如果 **a** 和 **b** 是 **unsigned char** 类型，那么 **a&b** 也是 **unsigned char** 类型，每个比特位都是对 **a** 和 **b** 对应的比特位应用 **&** 运算得到的结果，参见附录 A.5.5，如表 A-13、表 A-14、表 A-15、表 A-16、表 A-17 所示。

表 A-13　按位与运算符

按位与运算符	
x&y	x 和 y 的按位与运算

表 A-14　按位异或运算符

按位异或（xor）运算符	
x^y	x 和 y 的按位异或运算

表 A-15　按位异或运算符

按位或运算符	
x|y	x 和 y 的按位或运算

表 A-16　逻辑与运算符

逻辑与运算符	
x&&y	逻辑与，返回 **true** 或 **false**，仅当 x 为真时才对 y 求值

表 A-17　逻辑或运算符

逻辑或运算符	
x||y	逻辑或，返回 **true** 或 **false**，仅当 x 为假时才会对 y 求值

参见 5.5 节。

例如：

```
template T& max(T& a, T& b) { return (a>b)?a:b; }
```

"问号冒号运算符"在 8.4 节中有具体介绍，如表 A-18 所示。

表 A-18　条件运算符

条件运算符	
x?y:z	如果 x 为真，结果是 y，否则，结果就是 z

"大致等价于 v=v*(x)"的意思是：v*=x 与 v=v*(x)* 相同，但是前者 v 只被求值了一次。例如，v[++i]*=7+3 意味着 (++i, v[i]=v[i]*(7+3))，而不是 (v[++i]=v[++i]*(7+3))（这种行为在 C++ 标准中是未定义的。参见 8.6.1 节），如表 A-19 所示。

表 A-19　赋值运算符

赋值运算符	
v=x	将 x 赋值给 v，表达式的结果为 v 的结果
v*=x	大致等价于 v=v*(x)
v/=x	大致等价于 v=v/(x)
v%=x	大致等价于 v=v%(x)
v+=x	大致等价于 v=v+(x)
v−=x	大致等价于 v=v−(x)
v>>=x	大致等价于 v=v>>(x)
v<<=x	大致等价于 v=v<<(x)
v&=x	大致等价于 v=v&(x)
v^=x	大致等价于 v=v^(x)
v|=x	大致等价于 v=v|(x)

throw 表达式的类型是 **void**，如表 A-20 所示。

表 A-20　抛出运算符

抛出运算符	
throw x	抛出 x 的值

逗号运算符如表 A-21 所示。

表 A-21　逗号运算符

逗号运算符	
x,y	执行 x，再执行 y；返回结果是 y

同一表格中的运算符具有相同的优先级。靠前表格中运算符的优先级高于靠后表格中运算符的优先级。例如，**a+b*c** 意味着 **a+(b*c)** 而不是 **(a+b)*c**，因为 * 的优先级高于 +。类似地，***p++** 意味着 ***(p++)**，而不是 **(*p)++**。单目运算符和赋值运算符是右结合的；其他的都是左结合的。例如，**a=b=c** 意味着 **a=(b=c)**，**a+b+c** 意味着 **(a+b)+c**。

左值是一个表达式，用于标识原则上可以修改的对象（但显然，具有 **const** 类型的左值类型是不允许进行修改的），并可以获取对象的地址。与左值相对应的是右值，也就是说，右值表达式标识的是某个不能被修改或其地址不能被获取的对象，例如一个从函数返回的值（**&f(x)** 是一个错误，因为除非 **f** 返回一个引用，否则 **f(x)** 是一个右值）。

A.5.1　自定义运算符

目前为止本书定义的规则是针对内置类型的。如果使用的是用户自定义的运算符，表达式会被简单地转换为对适当的自定义运算符函数的调用，函数调用的规则决定了接下来会发生什么。例如：

```
class Mine { /* ... */ };
bool operator==(Mine, Mine);


void f(Mine a, Mine b)
{
    if (a==b) { // a==b 指定是 operator==(a,b)
    // ...
  }
}
```

用户自定义的类型可以是类（第 9 章、附录 A.12），可以是枚举（附录 A.11，9.5 节）。

A.5.2　隐式类型转换

整型和浮点型（附录 A.8）可以在赋值和表达式中自由混合。只要有可能，都会对值进行转换，以免丢失信息。不幸的是，破坏值（即信息丢失）的转换也是隐式执行的。

1. 提升

能保持值不变的隐式转换通常称为提升（promotion）。在执行算术运算之前，可以使用整数提升来用较短的整数类型创建 **int**。这反映了提升操作的最初目的：将操作数转换为用于算术运算的"自然"大小。此外，将 **float** 转换为 **double** 也被认为是一种提升。提升是常用算术转换的一部分（参见附录 A.5.2）。

2. 类型转换

基础数据类型可能会以多种令人困惑的方式相互转换。在编写代码时，你应该始终避免未定义的行为和悄悄丢弃信息的转换（参见 3.9 节和 25.5.3 节）。编译器会对许多存在风险的转换发出警告。

- 整数转换：整数可以转换为另一种整数类型。枚举值可以转换为整数类型。如果目标类型是无符号的，那么目标将尽可能多地保留源中的二进制位（如果无法容纳，高位会被丢弃）。如果目标类型是有符号的，而且值可以用目标类型表示的话，则值不变，否则，值的行为由具体实现定义。注意，**bool** 和 **char** 是整数类型。

- 浮点类型转换：浮点值可以转换为其他浮点类型。如果源值可以精确地用目标类型表示，那么结果就是源值。如果源值位于两个相邻的目标值之间，则结果为其中一个值。否则结果是未定义的。请注意，**float** 转换为 **double** 被认定为是提升。

- 指针和引用转换：指向任何类型对象的指针都可以隐式转换为 **void***（参见 17.8 节和

27.3.5 节）。指向派生类的指针（引用）可以隐式转化为指向可访问的、明确的基类的指针（引用）（见 14.3 节）。值为 0 的常量表达式（参见附录 A.5 和 4.3.1 节）可以隐式转换为任意指针类型。T* 可以隐式转换为 const T*。类似地，一个 T& 可以隐式转换为一个 const T&。

- 布尔类型转换：指针、整数和浮点数都可以隐式转换为布尔值。非零值转换为 true，零值转换为 false。

- 浮点到整数类型的转换：将浮点值转换为整数时，小数部分将被丢弃。换句话说，从浮点类型到整数类型的转换是截断转换。如果截断后的值不能在目标类型中表示，则结果是未定义的。在硬件允许的范围内，整数到浮点类型的转换在数学上是完全正确的。如果整型值不能精确表示为浮点类型的值，则会导致精度损失。

- 常用算术类型转换：对二元运算符的操作数进行转换，将它们转换为相同类型，然后使用该类型作为结果的类型：

（1）如果有一个操作数是 long double，另一个操作数会被转换为 long double；否则，如果有一个操作数是 double，另一个操作数也会被转换为 double；否则，如果有一个操作数是 float，另一个操作数也会被转换为 float；否则，两个操作数都会执行整数提升。

（2）然后，如果有一个操作数是 unsigned long，另一个操作数也会被转换为 unsigned long。否则，如果一个操作数是 long int，另一个操作数是 unsigned int，那么如果 long int 能表示 unsigned int 所有的值，则将 unsigned int 转换为 long int；否则，两个操作数都会转换为 unsigned long int；否则，如果有一个操作数是 long 类型，则将另一个操作数转换为 long 类型；否则，如果有一个操作数是 unsigned 的，则将另一个操作数转换为 unsigned。否则，两个操作数都是 int。

显然，最好不要过度依赖复杂的类型混用，以减少对隐式转换的需求。

3. 自定义转换

除了标准的提升和转换之外，程序员还可以为用户自定义类型定义新的转换规则。只有一个实参的构造函数定义了从实参类型到对应类型的转换。如果构造函数被限为显式的（explicit，参见 18.4.1 节），则只有当程序员显式要求转换时才会发生转换。否则，转换可以隐式发生。

A.5.3 常量表达式

常量表达式是指可以在编译时计算的表达式。例如：

```
const int a = 2.7*3;
const int b = a+3;


constexpr int a = 2.7*3;
constexpr int b = a+3;
```

const 可以用包含变量的表达式初始化。constexpr 必须用常量表达式初始化。某些程序结构需要使用常量表达式，比如数组大小、case 语句标号、枚举量初始化代码和 int 模板参数。例如：

```
int var = 7;
switch (x) {
case 77:              // 正确
case a+2:             // 正确
case var:             // 错误（var 不是常量表达式）
 // ...
};
```

声明为 constexpr 的函数可以在常量表达式中使用。

A.5.4   sizeof

在 **sizeof(x)** 中，**x** 可以是类型，也可以是表达式。如果 **x** 是一个表达式，**sizeof(x)** 的值就是结果对象的大小。如果 **x** 是一个类型，**sizeof(x)** 的值是类型 **x** 的对象的大小。大小以字节为单位。根据定义，**sizeof(char)==1**。

A.5.5   逻辑表达式

C++ 为整数类型提供了逻辑运算符，如表 A-22 和表 A-23 所示。

表 A-22   按位逻辑运算符

按位逻辑运算符	
x&y	**x** 和 **y** 的按位与运算
x|y	**x** 和 **y** 的按位或运算
x^y	**x** 和 **y** 的按位异或运算

表 A-23   逻辑运算符

逻辑运算符	
x&&y	逻辑与，返回 **true** 或 **false**。仅当 **x** 为真时才会对 **y** 求值
x||y	逻辑或，返回 **true** 或 **false**。仅当 **x** 为假时才会对 **y** 求值

按位运算符对操作数的每一位进行操作，而逻辑运算符（**&&** 和 **||**）将 **0** 视为 **false**，其他任何值都视为 **true**。按位运算符定义如表 A-24 所示。

表 A-24   按位运算符定义

&	0	1	|	0	1	^	0	1
0	0	0		0	1		0	1
1	0	1		1	1		1	0

A.5.6   new 和 delete

自由存储区（动态存储区，堆）内存使用 **new** 分配，并使用 **delete**（对于单个对象）或 **delete[]**（对于数组）释放内存。如果内存耗尽，**new** 抛出一个 **bad_alloc** 异常。成功的 **new** 操作为对象分配至少 1 个字节，并返回一个指向被分配对象的指针。分配的对象类型在 **new** 之后被指定。例如：

```
int* p1 = new int;        // 分为一个（未初始化的）int
int* p2 = new int(7);   // 分为一个 int，使用 7 对其进行初始化
int* p3 = new int[100]; // 分配 100 个（未初始化的）int
// ...
delete p1;                      // 释放单个对象
delete p2;
delete[] p3;                   // 释放数组
```

如果使用 **new** 分配内置类型的对象，除非指定了初始值，否则不会对其进行初始化。如果使用 **new** 分配具有构造函数的类的对象，则调用构造函数，除非你指定了初始值，否则会调用默认构造函数（参见 17.4.4 节）。

delete 会调用其操作对象的析构函数（如果有的话）。请注意，析构函数可能是虚函数（附录 A.12.3.）。

A.5.7　强制类型转换

C++ 有四种强制类型转换运算符，如表 A-25 所示。

表 A-25　强制类型转换运算符

强制类型转换运算符	
x=dynamic_cast<D*>(p)	尝试将 **p** 转换为 **D***（可能返回 **0**）
x=dynamic_cast<D&>(*p)	尝试将 ***p** 转换为 **D&**（可能抛出异常 **bad_cast**）
x=static_cast<T>(v)	如果 **T** 可以转换为 **v** 的，则将 **v** 转换为 **T**
x=reinterpret_cast<T>(v)	将 **v** 转换为由相同的位模式表示的 **T**
x=const_cast<T>(v)	通过增加或去除 **const** 将 **v** 转换成 **T**
x=(T)v	C 风格的转换：进行任意的老式类型转换
x=T(v)	函数式转换：进行任意的老式类型转换
X=T{v}	从 **v** 构造一个 **T**（不会进行窄化处理）

动态强制转换通常用于具有类层次的类型转换，其中 **p** 是指向基类的指针，**D** 是派生类。如果 **p** 不是 **D***，会返回 **0**。如果希望 **dynamic_cast** 抛出异常（**bad_cast**）而不是返回 **0**，请使用引用转换代替指针转换引用而不是指针。动态强制转换是唯一依赖于运行时检查的强制转换。

静态强制转换用于"行为良好的类型转换"，也就是说，**v** 可能本来就是从 **T** 通过隐式转换得到的结果，参见 17.8 节。

重新解释强制转换用于重新解释位模式。它不保证是可移植的。事实上，最好假设每次使用 **reinterpret_cast** 都是不可移植的。一个典型的例子是 **int** 到指针的转换，以便程序可以获得机器的地址。参见 17.8 节和 25.4.1 节。

C 风格强制转换和函数式强制转换可以实现 **static_cast** 或 **reinterpret_cast** 以及 **const_cast** 组合所能实现的任何转换。

最好避免使用强制类型转换。在大多数情况下，它们的使用被视为糟糕程序设计的标志。该规则的例外情况参见 17.8 节和 25.4.1 节。C 风格的强制转换和函数风格的强制转换有一个令人讨厌的属性，不必确切地理解强制转换在做什么（参见 27.3.4 节）。当无法避免强制类型转换时，应该首选具有命名的强制转换。

A.6　语句

下面是 C++ 语句的文法（*opt* 表示"可选的"）：

```
statement:
    declaration
    { statement-list_opt }
    try { statement-list_opt } handler-list
    expression_opt ;
    selection-statement
```

```
        iteration-statement
        labeled-statement
        control-statement

selection-statement:
    if ( condition ) statement
    if ( condition ) statement else statement
    switch ( condition ) statement

iteration-statement:
    while ( condition ) statement
    do statement while ( expression ) ;
    for ( for-init-statement condition_opt ; expression_opt ) statement
    for ( declaration : expression ) statement

labeled-statement:
    case constant-expression : statement
    default : statement
    identifier : statement

control-statement:
    break ;
    continue ;
    return expression_opt ;
    goto identifier ;

statement-list:
    statement statement-list_opt

condition:
    expression
    type-specifier declarator = expression

for-init-statement:
    expression_opt ;
    type-specifier declarator = expression ;

handler-list:
    catch ( exception-declaration ) { statement-list_opt }
    handler-list handler-list_opt
```

请注意，在 C++ 中声明是语句，并且没有赋值语句或过程调用语句——赋值和函数调用都是表达式。更多信息请参考：

- 迭代语句（for 和 while），参见 4.4.2 节。
- 选择语句（if、switch、case 和 break），参见 4.4.1 节。break"跳出"它所在的最内层的 switch 语句、while 语句、do 语句或 for 语句，也就是说，执行的下一个语句将是跟随在包含

break 的结构之后的语句。

- 表达式语句，参见附录 A.5，4.3 节。
- 声明语句，参见附录 A.6，8.2 节。
- 异常语句（**try** 和 **catch**），参见 5.6 节和 19.4 节。

下面是一个简单的例子，用来演示各种语句（这段程序实现了什么功能？）：

```
int* f(int p[], int n)
{
    if (p==0) throw Bad_p(n);
    vector v;
    int x;
    while (cin>>x) {
        if (x==terminator) break;   // 退出 while 循环
        v.push_back(x);
    }
    for (int i = 0;  i ++i) {
        if (v[i]==*p)
        return p;
        else
        ++p;
    }
    return 0;
}
```

A.7　声明

声明由三部分组成：

- 被声明实体的名称；
- 被声明实体的类型；
- 被声明实体的初始值（大多数情况下是可选的）。

可以声明以下实体：

- 内置类型和用户定义类型的对象（附录 A.8）；
- 用户定义的类型（类和枚举）（第 9 章、附录 A.10~A11）；
- 模板（类模板和函数模板）（附录 A.13）；
- 别名（附录 A.16）；
- 命名空间（附录 A.15，8.7 节）；
- 函数（包括成员函数和运算符）（第 8 章，附录 A.9）；
- 枚举量（枚举类型的值）（附录 A.11，9.5 节）；
- 宏（附录 A.17.2，27.8 节）。

初始值可以是一个 { } 包围的表达式列表，其中包含 0 个或多个元素（3.9.2 节、9.4.2 节、18.2 节）。例如：

```
vector<int> v {a,b,c,d};
int x {y*z};
```

如果定义中的对象类型为 **auto**，则必须初始化该对象，并且其类型为初始值的类型（13.3 节，

21.2 节）。例如：

```
auto x = 7;                  // x 的类型为 int
const auto pi = 3.14;        // pi 是 double 类型
for (const auto& x : v)      // x 是 v 元素类型的引用
```

A.7.1　定义

在程序中，为使用的名称进行初始化、预留内存，或以其他方式提供所有所需信息的声明称为定义。程序中的每个类型、对象和函数都必须只有一个定义。例如：

```
double f();                  // 一个声明
double f() { /* ... */ };    // 是一个声明，（也是）一个定义
extern const int x;          // 一个声明
int y;                       // 是一个声明，（也是）一个定义
int z = 10;                  // 带有显式初始值的定义
```

const 对象必须初始化。这是通过要求 **const** 对象必须有初始值来实现的，除非它的声明中有 **extern**（意味着初始值必须在其他地方定义），或者它是具有默认构造函数的类型（附录 A.12.3）。作为 **const** 的类成员必须在每个构造函数中使用初始值对其进行初始化（附录 A.12.3.）。

A.8　内置类型

C++ 中有许多基础类型，以及使用修饰符从基础类型构造出来的类型，如表 A-26 所示。

表 A-26　C++ 内置类型

C++ 内置类型	
bool x	x 是布尔值（值为 **true** 和 **false**）
char x	x 是一个字符（通常为 8 位）
short x	x 是一个短整型（通常为 16 位）
int x	x 是默认的整数类型
float x	x 是一个浮点数（"短双精度"）
double x	x 是一个（"双精度"）浮点数
void* p	p 是指向原始内存（未知类型的内存）的指针
T* p	p 是指向 **T** 的指针
T *const p	p 是指向 **T** 的常量（不可变）指针
T a[n]	a 是 **n** 个 **T** 的数组
T& r	r 是对 **T** 的引用
T f(arguments)	f 是一个接受参数并返回 **T** 的函数
const T x	x 是 **T** 的常量（不可变）
long T x	x 是一个 **long T**
unsigned T x	x 是一个 **unsigned T**
signed T x	x 是一个 **signed T**

这里的 **T** 表示"某种类型",因此可以有长型 **unsigned int**、**long double**、**unsigned char** 和 **const char ***(指向常量 **char** 的指针)。然而,这个系统并不是完全通用的。例如,没有 **short double** 类型(与 **float** 类型等效),没有 **signed bool** 类型(没有意义),没有 **short long int** 类型(**short long** 冗余的),也没有 **long long long int** 类型。**long long** 保证包含至少 64 位。

浮点类型有 **float**、**double** 和 **long double**。它们是 C++ 中实数的近似值。

整数类型,包括 **bool**、**char**、**short**、**int**、**long** 和 **long long** 以及它们的无符号变形。请注意,在需要整数类型或值的地方通常可以使用枚举类型或值。

内置类型的大小在 3.8 节、17.3.1 节和 25.5.1 节中进行了描述。指针和数组在第 17 章和第 18 章中进行了描述。参考文献在章节 8.5.4~8.5.6 中进行了描述。

A.8.1　指针

指针是一个对象或函数的地址。指针存储在指针类型的变量中。有效的对象指针保存着对象的地址:

```
int x = 7;
int* pi = &x;                    // pi 指向 x
int xx = *pi;                    //*pi 是 pi 指向的对象的值, 本例中为 7
```

无效指针是指不包含对象值的指针:

```
int* pi2;                        // 未初始化
*pi2 = 7;                        // 未定义的行为
pi2 = nullptr;                   // 空指针 (pi2 仍然无效 )
*pi2 = 7;                        // 未定义的行为

pi2 = new int(7);               // 现在 pi2 是有效的
int xxx = *pi2;                 // 正确:xxx 变成 7
```

我们尝试让无效指针的值为空指针(**nullptr**),以便测试:

```
if (p2 == nullptr) {            // " 如果是无效指针 "
     // 不要使用 *p2
}
```

或者简单的:

```
if (p2) {// " 如果有效 "
     // 使用 *p2
}
```

参见 17.4 节和 18.6.4 节。

对(非空)对象指针的操作如表 A-27 所示。

表 A-27　对(非空)对象指针的操作

对(非空)对象指针的操作	
*p	解引用 / 间接寻址
p[i]	解引用 / 下标访问
p=q	赋值和初始化
p==q	相等判断

续表

对（非空）对象指针的操作	
p!=q	不相等判断
p+i	加整数
p−i	减整数
p−q	距离：指针相减
++p	前增 1（向前移动）
p++	后增 1（向前移动）
−−p	前减 1（向后移动）
p−−	后减 1（向后移动）
p+=i	向前移动 i 个元素
p−=i	向后移动 i 个元素

请注意，任何形式的指针运算（例如 **++p** 和 **p+=7**）只允许用于指向数组的指针，并且对指向数组外部的指针进行解引用是未定义的行为（很可能未经编译器或语言运行时的系统检查）。如果它们指向同一个对象或数组，还可以用 **<**、**<=**、**>** 和 **>=** 比较运算同一类型的指针。

对 **void*** 指针的操作只包括拷贝（赋值或初始化）、强制转换（类型转换）和比较运算（==、！=、<、<=、> 和 >=）。

指向函数的指针（27.2.5 节）只能被拷贝和调用。例如：

```
using Handle_type = void (*)(int);
void my_handler(int);
Handle_type handle = my_handler;
handle(10);      // 等价于 my_handler(10)
```

A.8.2　数组

数组是一组连续存放且给定类型对象（元素）的序列，且具有固定长度：

```
int a[10];      // 10 个 int
```

如果数组是全局的，它的元素会被初始化为相应类型的默认值。例如，**a[7]** 的值将为 **0**。如果数组是局部的（在函数中声明的变量）或使用 **new** 分配，则内置类型的元素将是未初始化的，类（**class**）的元素将根据类的构造函数的要求初始化。

数组的名称会隐式转换为指向其第一个元素的指针。例如：

```
int* p = a;      // p 指向 a[0]
```

数组或指向数组元素的指针可以使用下标运算符 [ ]。例如：

```
a[7] = 9;
int xx = p[6];
```

数组元素的编号从 0 开始；参见 18.6 节。

数组不会进行范围检查，而且由于它们通常以指针的形式传递，因此用于范围检查的信息对用户来说也不可靠。如果希望进行类型检查，请使用 **vector**。

数组的大小等于其所有元素大小的总和。例如：

```
int a[max];                      // sizeof(a), 等价于 sizeof(int)*max
```

可以定义和使用数组的数组（二维数组）、数组的数组的数组（多维数组），等等。例如：

```
double da[100][200][300];      // 100 个元素，其类型为（每个元素包含）
                               // 200 个元素，其类型为（每个元素包含）
                               // 100 个 double

da[7][9][11] = 0;
```

多维数组的复杂运用有很多微妙的细节，比较容易出错，参见 24.4 节。如果可以选择，尽量使用 **Matrix** 库（比如第 24 章中介绍的）来实现多维数组。

A.8.3 引用

引用是对象的别名（替代名称）：

```
int a = 7;
int& r = a;
r = 8;    // a 变为 8
```

引用常被用于函数参数，为的是避免拷贝：

```
void f(const string& s);
// ...
f("this string could be somewhat costly to copy, so we use a reference" );
```

参见 8.5.4~8.5.6 节。

A.9 函数

函数是命名的代码片段，接收一组（可能为空的）参数，并有选择地返回一个值。声明函数时，需要给出返回值类型、函数名和参数列表：

```
char f(string, int);
```

f 是接收一个 **string** 和一个 **int**，返回一个 **char** 的函数。如果只是声明函数，则声明以分号结束。如果是函数定义，则参数列表后面还有函数体：

```
char f(string s, int i) { return s[i]; }
```

函数体必须是一个语句块（参见 8.2 节）或一个 **try** 块（参见 5.6.3 节）。

声明为有返回值的函数，必须返回一个值（使用 **return** 语句）：

```
char f(string s, int i) { char c = s[i]; }  // 错误：没有返回值
```

main() 函数是一个奇怪的例外（附录 A.1.2）。除了 **main()** 函数，如果不需要返回值，可以声明函数为 **void** 类型，即使用 **void** 作为"返回类型"：

```
void increment(int& x) { ++x; }                   // 正确：不需要返回值
```

可以使用调用运算符（应用程序运算符）"()"调用函数，并在括号中提供可接受的参数列表：

```
char x1 = f(1,2);                    // 错误：f() 的第一个参数必须是字符串
string s = "Battle of Hastings";
char x2 = f(s);                      // 错误：f() 需要两个参数
char x3 = f(s,2);                    // 正确
```

有关函数的更多相关内容，请参阅第 8 章。

函数定义可以加上前缀 **constexpr**。在这种情况下，它必须足够简单，以便编译器在使用常量表达式参数调用时进行计算。可以在常量表达式中使用 **constexpr** 函数（8.5.9 节）。

A.9.1　重载解析

重载解析是根据实参集合选择要调用的函数的过程。例如：

```
void print(int);
void print(double);
void print(const std::string&);

print(123);        // 使用 print(int)
print(1.23);       // 使用 print(double)
print("123");      // 使用 print(const string&)
```

根据语言规则选择正确的函数是编译器的工作。不幸的是，为了处理复杂的情况，相关语言规则相当复杂。这里展现的是一个简化版本。

从一组重载函数中找到正确的版本进行调用，是通过在参数表达式的类型和函数的参数（形参）之间寻找最佳匹配来完成的。按顺序应用如下解析规则就可以逐步接近最合理的结果：

1. 精确匹配，即不使用或仅使用最简单的转换（例如，数组名称到指针的转换，函数名称到函数指针的转换，及 **T** 到 **const T** 的转换）进行匹配。

2. 使用提升进行匹配，即整型提升（**bool** 转换为 **int**，**char** 转换为 **int**，**short** 转换为 **int**，以及它们对应的无符号转换；参见附录 A.8）和 **float** 到 **double**。

3. 使用标准转换进行匹配，例如，**int** 转换为 **double**、**double** 转换为 **int**、**double** 转换为 **long double**、**Derived*** 转换为 **Base***（参见 14.3 节）、**T*** 转换为 **void***（参见 17.8 节）、**int** 转换为 **unsigned int**（参见 25.5.3 节）。

4. 使用用户自定义的转换进行匹配（附录 A.5.2.3）。

5. 在函数声明中使用参数列表省略 "..." 达到匹配（附录 A.9.3）。

如果在最高级别上找到不止一个匹配，则该调用失败，因为它的意图不明确。解析规则如此详细，主要是为了适应内置数值类型的详细规则（附录 A.5.3）。

对于基于多个参数的重载解析，首先为每个参数找到最佳匹配。如果一个函数对于每个参数至少与所有其他函数一样匹配，并且对于某一个参数比所有其他函数匹配得更好，则选择该函数；否则认定为调用意图是不明确的。例如：

```
void f(int, const string&, double);
void f(int, const char*, int);
f(1,"hello",1);                 // 正确：调用 f(int, const char*, int)
f(1,string("hello"),1.0);       // 正确：调用 f(int, const string&, double)
f(1, "hello",1.0);              // 错误：意图不明确
```

在最后一个调用中，一方面，**"hello"** 匹配 **const char*** 无须进行转换，匹配 **const string&** 需要进行一次转换。另一方面，**1.0** 匹配 **double** 不需要转换类型，而匹配 **int** 时仅需一次转换，因此两个 **f()** 函数都不是更好的匹配。

如果这些简化的规则与你使用的编译器或与你的理解不一致，请首先考虑你的代码是否过于复杂。如果是，请简化代码；如果不是，请咨询专家级别的参考资料。

A.9.2　默认参数

通用函数需要使用比一般函数更多的参数。为了解决这个问题，程序员可以选择提供某些参数的默认值，如果函数的调用方没有指定参数的值，则使用所需参数的默认值。例如：

```
Void f(int, int=0, int=0);
f(1、2、3);
```

```
f(1、2);                              // 调用 f(1,2,0)
f (1);                               // 调用 f(1,0,0)
```

只有末尾的参数可以设置为默认值，并在调用中省略。例如：

```
void g(int, int =7, int);            // 错误：默认的参数不在尾部
f (1, 1);                            // 错误：缺少第二个参数
```

函数重载可以作为使用默认参数的替代方案（反之亦然）。

A.9.3　未指定参数

函数可以不指定参数的数量和类型。而使用省略符号（…) 表示，意思是"可能还有更多的参数数"。例如，下面是著名的 C 函数 **printf()** 的声明和一些调用（27.6.1 节，附录 B.11.2）：

```
void printf(const char* format ...);    // 接受一个格式字符串，
                                        // 以及可能更多的参数

int x = 'x';
printf("hello, world!");
printf("print a char '%c'\n",x);        // 将整数 x 输出为 char 类型
printf("print a string \"%s\"",x);      // 类型错误
```

格式字符串中的"格式说明符"，如 **%c** 和 **%s**，决定是否以及如何使用后面的参数。如上例所述，这可能会导致严重的类型错误。在 C++ 程序中，最好避免使用未指定参数。

A.9.4　链接规范

C++ 代码经常与 C 代码在程序中混合使用，即程序的一部分用 C++ 编写（由 C++ 编译器编译），其他部分用 C 编写（由 C 编译器编译）。为了简化这种开发方式，C++ 为程序员提供了连接规范特性，让函数遵循 C 的连接约定。C 的链接规范可以放在函数声明的最前面：

```
extern "C" void callable_from_C(int);
```

它还可以应用于块中的所有声明：

```
extern "C" {
    void callable_from_C(int);
    int and_this_one_also(double, int*);
    /* ... */
}
```

有关使用的详细信息，请参见 27.2.3 节。

C 语言没有提供函数重载，因此最多只能在一个版本的 C++ 函数上使用 C 连接规范。

A.10　用户自定义类型

C++ 中程序员有两种方法来定义新的（用户自定义的）类型：类（**class**、**struct** 或 **union**，参见附录 A.12）和枚举（**enum**，参见附录 A.11）。

A.10.1　运算符重载

程序员可以定义大多数运算符的意义，以获取一个或多个用户自定义类型的运算对象。程序员无法更改内置类型运算符的标准含义或引入新运算符。用户自定义运算符（"重载运算符"）的名称是以关键字 **operator** 为前缀的运算符；例如，定义的函数名称 **+operator+**：

```
    Matrix operator+(const Matrix&, const Matrix&);
```

如果需要示例，请参见 **std::ostream**（第 10、第 11 章）、**std::vector**（第 17~19 章，附录 B.4）、**std::complex**（附录 B.9.3）和 **Matrix**（第 24 章）。

除以下运算符外，所有运算符都可以进行用户自定义：

```
    ?:    .    .*    ::    sizeof    typeid    alignas    noexcept
```

定义下列运算符的函数必须是类的成员函数：

```
    =        [ ]            ( )            ->
```

所有其他运算符都可以定义为成员函数或独立函数。

注意，每个用户自定义类型都有默认定义的"**=**"（赋值和初始化）、"**&**"（地址）和"**,**"（逗号）。使用运算符重载特性时，一定要谨慎并遵循惯例。

A.11　枚举

枚举使用一组命名值（枚举量）定义类型：

```
    enum Color { green, yellow, red };                          // "普通" 枚举
    enum class Traffic_light { yellow, red, green };   // 域内枚举
```

enum class 的枚举量在枚举类型的作用域中，而"普通" **enum** 的枚举量暴露在 **enum** 所处的作用域中，例如：

```
    Color col = red;                  // 正确
    Traffic_light tl = red;           // 错误：无法转换整数值
                                      //（即 Color::red) 为 Traffic_light 类型
```

默认情况下，第一个枚举量的值为 0，因此 **Color::green==0**，并且随后的每个枚举量值比前一个枚举量值增加 1，因此 **yellow==1**，**red==2**。也可以显式定义枚举量的值：

```
    enum Day { Monday=1, Tuesday, Wednesday };
```

在这里，将会得到 **Monday ==1**，**Tuesday ==2**，**Wednesday ==3**。

"普通" **enum** 的枚举量和枚举值会隐式转换为整数，但整数不会隐式转换为枚举类型：

```
    int x = green;                    // 正确：Color 到 int 的隐式转换
    Color c = green;                  // 正确
    c = 2;                            // 错误：不存在整型到 Color 的隐式转换
    c = Color(2);                     // 正确：（未经检查的）显式转换
    int y = c;                        // 正确：Color 到 int 的隐式转换
```

enum class 的枚举量和枚举值不会转换为整数，整数也不会隐式转换为枚举类型：

```
    int x = Traffic_light::green;   // 错误：没有 traffic_light 到 int 的隐含转换
    Traffic_light c = green;        // 错误：没有 int 到 traffic_light 的隐式转换
```

有关枚举类型用法的描述，请参见 9.5 节。

A.12　类

类是一种类型，是用户定义其对象的表示形式，以及这些对象允许的操作：

```
    class X {
    public:
```

```
    // 用户接口
private:
    // 具体实现
};
```

在类声明中定义的变量、函数或类型称为类的成员。有关类的技术细节请参阅第 9 章。

A.12.1 成员访问

公有（**public**）成员可以被用户访问，私有（**private**）成员只能由类自己的成员访问：

```
class Date {
public:
    // ...
    int next_day();
private:
    int y, m, d;
};

void Date::next_day() { return d+1; }// 正确

void f(Date d)
{
    int nd = d.d+1;                    // 错误：Date::d 是私有成员
    // ...
}
```

有关成员访问的更多细节，包括 **protected** 的有关内容，请参见 14.3.4 节。

对象成员的访问可以通过变量或其引用使用 .（点）运算符。指针的成员的访问可以使用 "->"（箭头）运算符：

```
struct Date {
    int d, m, y;
    int day() const { return d; }     // 在类中定义
    int month() const;                // 只是声明，在其他地方定义
    int year() const;                 // 只是声明，在其他地方定义
};

Date x;
x.d = 15;                             // 通过变量访问
int y = x.day();                      // 通过变量调用
Date* p = &x;
p->m = 7;                             // 通过指针访问
int z = p->month();                   // 通过指针调用
```

可以使用 ::（作用域解析）运算符引用类的成员：

```
int Date::year() const { return y; } // 在类的外部进行定义
```

在成员函数中，可以通过未限定的名称访问其他成员：

```
struct Date {
    int d, m, y;
```

```
    int day() const { return d; }
    // ...
};
```

这样的未限定名称，引用的是调用成员函数的对象的成员：

```
void f(Date d1, Date d2)
{
    d1.day(); // 将访问 d1.d
    d2.day(); // 将访问 d2.d
    // ...
}
```

1. this 指针

如果想显式地引用调用成员函数的对象，可以使用预定义的指针 this：

```
struct Date {
    int d, m, y;
    int month() const { return this->m; }
    // ...
};
```

声明为 **const** 的成员函数（**const** 成员函数）不能修改被调用对象的成员的值：

```
struct Date {
    int d, m, y;
    int month() const { ++m; } // 错误：month() 是 const 成员函数
    // ...
};
```

有关 **const** 成员函数的更多信息，请参见 9.7.4 节。

2. 友元

独立函数可以通过 **friend** 声明授予访问所有成员的权限。例如：

```
// 需要访问 Matrix 和 Vector 成员：
Vector operator*(const Matrix&, const Vector&);

class Vector {
    friend
    Vector operator*(const Matrix&, const Vector&); // 授予访问权限
    // ...
};

class Matrix {
    friend
    Vector operator*(const Matrix&, const Vector&); // 授予访问权限
    // ...
};
```

如这段代码所示，friend 通常用于那些需要访问两个类的函数。**friend** 的另一个用途是，提供一种不使用成员访问语法调用的函数。例如：

```
    class Iter {
```

```
public:
    int distance_to(const iter& a) const;
    friend int difference(const Iter& a, const Iter& b);
 // ...
};

void f(Iter& p, Iter& q)
{
    int x = p.distance_to(q);        // 使用成员语法调用
    int y = difference(p,q);         // 使用 " 数学语法 " 调用
    // ...
}
```

注意，友元函数不能是虚函数。

A.12.2　类成员定义

类中的整数常量、函数或类型，可以在类内（9.7.3 节）或类外（9.4.4 节）定义 / 初始化：

```
struct S {
    int c = 1;
    int c2;
    void f() { }
    void f2();
    struct SS { int a; };
    struct SS2;
};
```

未在类内定义的成员必须在"其他地方"定义：

```
int S::c2 = 7;

void S::f2() { }

struct S::SS2 { int m; };
```

如果想用对象创建者指定的值来初始化数据成员，则应在构造函数中执行。

函数成员不会占用对象的空间：

```
struct S {
    int m;
    void f();
};
```

在这段代码中，**sizeof(S)==sizeof(int)**。C++ 标准并不能保证这一点，但我们所知道的所有 C++ 编译器都是如此。但是请注意，具有虚函数的类有一个"隐藏"的成员，允许虚函数调用（参见 14.3.1 节）。

A.12.3　构造函数、析构函数和拷贝

通过定义一个或多个构造函数，可以定义类对象初始化的意义。构造函数是与类同名但没有返回类型的成员函数：

```
class Date {
```

```
public:
    Date(int yy, int mm, int dd) :y{yy}, m{mm}, d{dd} { }
    // ...
private:
    int y,m,d;
};
Date d1 {2006,11,15};                    // 正确：在构造函数中完成初始化
Date d2;                                 // 错误：没有初始值
Date d3 {11,15};                         // 错误：初始值不符（需要三个初始值）
```

请注意，数据成员可以通过使用构造函数中的初始化值列表（基类和成员初始化值列表）进行初始化。成员将按照它们在类中声明的顺序进行初始化。

构造函数通常用于建立类的不变式和分配所需资源（参见 9.4.2 和 9.4.3 节）。

类对象是"自下而上"构造的，首先按声明顺序从构造基类对象（参见 14.3.1 节）开始，然后是按声明顺序构造成员，最后执行构造函数自身的代码。除非程序员做了一些非常奇怪的事情，否则这可以确保每个对象在使用之前都被构造好。

除非显示声明，否则只有一个参数的构造函数定义了从其参数类型到其类类型的转换：

```
class Date {
public:
    Date(const char*);
    explicit Date(long);            // 使用整数编码的 Date
    // ...
};


void f(Date);
Date d1 = "June 5, 1848";             // 正确
f("June 5, 1848");                    // 正确
Date d2 = 2007*12*31+6*31+5;          // 错误：Date(long) 是显式的
f(2007*12*31+6*31+5);                 // 错误：Date(long) 是显式的
Date d3{2007*12*31+6*31+5};           // 正确
Date d4 = Date{2007*12*31+6*31+5};    // 正确
f(Date{2007*12*31+6*31+5});           // 正确
```

除非类包含需要显式参数的基类或成员，或者除非该类具有其他构造函数，否则将自动生成默认构造函数。此默认构造函数会初始化每个具有默认构造函数的基类和成员（忽略没有默认构造函数的成员）。例如：

```
struct S {
    string name, address;
    int x;
};
```

这个 **S** 有一个隐式构造函数 **S** { }，它会初始化 **name** 和 **address**，但不会初始化 **x**。此外，没有构造函数的类可以使用初始值列表进行初始化：

```
S s1 {"Hello!"};                    // s1 变为 { "Hello!",0}
S s2 {"Howdy!", 3};
S* p = new S{"G'day!"};             // *p 变为 {"G'day",0};
```

如上面代码所示，末尾未指定的值将变为默认值（这里 **int** 值为 **0**）。

1. 析构函数

可以通过定义析构函数来定义对象销毁操作（例如，超出范围）。析构函数的名称由～（补运算符）后跟类名构成：

```
class Vector {                          // double 的 vector
public:
    explicit Vector(int s) : sz{s}, p{new double[s]} { } // 构造函数
    ~Vector() { delete[] p; }       // 析构函数
    // ...
private:
    int sz;
    double* p;
};

void f(int ss)
{
    Vector v(s);
    // ...
} // v 会在退出 f() 时被销毁；会对 v 调用 Vector 的析构函数
```

编译器可以自动生成析构函数，该析构函数会调用每个类成员的析构函数。如果要将类用作基类，通常需要提供一个虚析构函数，参见 17.5.2 节。

析构函数通常用于"清理"和释放资源。

类对象是"自上而下"析构的，首先是析构函数本身的代码，然后与析构类成员，最后是析构基类对象，也就是按与构造顺序相反的顺序析构对象。

2. 拷贝

你可以为类对象定义拷贝操作：

```
class Vector { // double 的 vector
public:
    explicit Vector(int s) : sz{s}, p{new double[s]} { } // 构造函数
    ~Vector() { delete[] p; }                           // 析构函数
    Vector(const Vector&);                              // 拷贝构造函数
    Vector& operator=(const Vector&);                   // 拷贝赋值运算
    // ...
private:
    int sz;
    double* p;
};

void f(int ss)
{
    Vector v(ss);
    Vector v2 = v;                              // 使用拷贝构造函数
    // ...
    v = v2;                                     // 使用拷贝赋值运算
```

```
        // ...
    }
```

默认情况下（即你没有定义拷贝构造函数和拷贝赋值），编译器将会生成默认的拷贝操作。默认拷贝的含义是逐成员拷贝（memberwise copy），参见 14.2.4 节和 18.3 节。

3. 移动

你可以定义类对象移动的含义：

```
class Vector { // double 的 vector
public:
        explicit Vector(int s) : sz{s}, p{new double[s]} { }  // 构造函数
        ~Vector() { delete[] p; }                            // 析构函数
        Vector(Vector&&);                                    // 移动构造函数
        Vector& operator=(Vector&&);                         // 移动赋值
        // ...
private:
    int sz;
    double* p;
};


Vector f(int ss)
{
    Vector v(ss);
    // ...
    return v;                                                // 使用移动构造函数
}
```

默认情况下（即你没有定义了移动构造函数和移动赋值），编译器将会生成默认的移动操作。默认移动的含义是逐成员移动（memberwise move），参见 18.3.4 节。

A.12.4 派生类

一个类可以被定义为派生自其他类，在这种情况下它会继承基类的成员：

```
struct B {
    int mb;
    void fb() { };
};

class D : B {
    int md;
    void fd();
};
```

这里 **B** 有两个成员，**mb** 和 **fb()**，而 **D** 有四个成员，**mb**、**fb()**、**md** 和 **fd()**。

和成员一样，基类也可以定义为 **public** 或 **private**：

```
class DD : public B1, private B2 {
    // ...
};
```

因此，**B1** 的公有成员将成为 **DD** 的公有成员，而 **B2** 的公有成员成为 **DD** 的私有成员。派生类

对基类的成员没有特殊的访问权限，因此 **DD** 不能访问 **B1** 或 **B2** 的私有成员。

具有多个直接基类的类（如 **DD**）被称为使用了多重继承。

指向派生类 **D** 的指针可以隐式转换为指向其基类 **B** 的指针，前提是 **B** 在 **D** 中是可访问且没有二义性的。

```
struct B {};
struct B1: B {};                    // B 是 B1 的公有基类
struct B2: B {};                    // B 是 B2 的公有基类
struct C {};
struct DD: B1, B2, private C {};
DD* p =new DD;
B1* pb1 = p;                        // 正确
B* pb = p;                          // 错误：二义性，B1::B 还是 B2::B？
C* pc = p;                          // 错误 :DD::C 是私有的
```

类似地，派生类的引用可以隐式转换为无歧义且可访问的基类。

有关派生类的更多信息请参见 14.3 节。有关 **protected** 的更多信息请参阅专家级教科书或参考资料。

1. 虚函数

虚拟函数是一种成员函数，它定义了派生类中接受相同参数的同名函数的调用接口。当调用虚函数时，调用的将是对应派生类中的函数。在派生类中定义与基数中虚函数名字和参数相同的函数，被称为虚函数覆盖（override）。

```
class Shape {
public:
    virtual void draw();     // virtual 意味着 " 可以覆盖 "
    virtual ～ Shape() { }    // 虚析构函数
    // ...
};


class Circle : public Shape {
public:
    void draw();                   // 覆盖 Shape::draw
    ～ Circle();                    // 覆盖 Shape:: ～ Shape()
    // ...
};
```

从根本上来说，基类（这里是 **Shape**）的虚函数，为派生类（这里是 **Circle**）定义了调用接口：

```
void f(Shape& s)
{
   // ...
 s.draw();
}


void g()
{
   Circle c{Point{0,0}, 4};
   f(c); // 将会调用 Circle 的 draw
```

```
    }
```

请注意，**f()** 不知道 **Circle**，只知道 **Shape**。具有虚拟函数的类的对象包含一个额外的指针，通过这个指针可以找到覆盖函数，参见 14.3 节。

请注意，具有虚拟函数的类通常需要一个虚析构函数（如 **Shape**），参见 17.5.2 节。

重写基类的虚函数的意图可以使用 **override** 后缀显式表示。例如：

```cpp
class Square : public Shape {
public:
    void draw() override;            // 覆盖 Shape::draw
    ～Circle() override;             // 覆盖 Shape::～Shape()
    void silly() override;           // 错误：Shape 没有虚函数 Shape::silly()
    // ...
};
```

2. 抽象类

抽象类是一个只能用作基类的类。C++ 不能创建抽象类的对象：

```cpp
Shape s;                            // 错误：Shape 是抽象类

class Circle : public Shape {
public:
 void draw();                       // 覆盖 Shape::draw
 // ...
};

Circle c{p,20};                    // 正确：Circle 不是抽象类
```

使类抽象化的最常见方法是定义至少一个纯虚拟函数。纯虚拟函数是一种需要被覆盖的虚拟函数：

```cpp
class Shape {
public:
    virtual void draw() = 0;        // =0 的意思是 " 纯 "
    // ...
};
```

参见 14.3.5 节。

定义抽象类的一种罕见但同样有效的方法是，将所有构造函数都声明为保护的（14.2.1 节）。

3. 默认操作

定义类时，默认情况下会为类对象定义几个操作：

- 默认构造函数；
- 拷贝操作（拷贝赋值和拷贝初始化）；
- 移动操作（移动赋值和移动初始化）；
- 析构函数。

这些都（默认）被定义为递归地应用于它的每个基类和成员。构造过程是"自下而上"进行的，即先基类后成员。析构过程是"自上而下"进行的，成员先于基类。成员和基类部分是按声明中的顺序建造，按相反顺序销毁。这样，构造函数和析构函数代码总是依赖于定义良好的基类和成员对象。例如：

```
struct D : B1, B2 {
    M1 m1;
    M2 m2;
};
```

假设定义了 **B1**、**B2**、**M1** 和 **M2**，现在可以这样写：

```
D f()
{
    D d;                // 默认初始化
    D d2 = d;           // 拷贝初始化
    d = D{};            // 默认初始化，然后拷贝赋值
    return d;           // 将 d 移出 f()
} // d 和 d2 在这里被销毁
```

例如，**d** 的默认初始化调用四个默认构造函数（按顺序）:**B1::B1()**、**B2::B2()**、**M1::M1()** 和 **M2::M2()**。如果其中一个不存在或不能调用，则 **d** 的构造将会失败。**return** 时，会依次调用四个移动构造函数：**B1::B1()**，**B2::B2()**，**M1::M1()** 和 **M2::M2()**。如果其中有不存在或无法调用的情况，则 **return** 失败。**d** 的析构会依次调用四个析构函数：**M2:: ～ M2()**、**M1:: ～ M1()**、**B2:: ～ B2()** 和 **B1:: ～ B1()**。如果其中有不存在或者不能调用的情况，**d** 的析构操作就会失败。这些构造函数和析构函数可以是用户定义的，也可以是自动生成的。

如果类已经具有用户定义的构造函数，则不会定义（生成）隐式的（编译器生成的）默认构造函数。

A.12.5　位域

位域（bitfield）是这样一种机制，它将许多较小的值打包存储到一个字中，或用来匹配外部的位布局格式（如设备寄存器）。例如：

```
struct PPN {                            // R6000 物理页编号
    unsigned int PFN : 22 ;             // 页帧编号
    int : 3 ;                           // 未使用
    unsigned int CCA : 3 ;              // 协同缓存算法
    bool nonreachable : 1 ;
    bool dirty : 1 ;
    bool valid : 1 ;
    bool global : 1 ;
};
```

将位域从左到右打包到一个字中，会使字的位布局像这样（参见 25.5.5 节），如图 A-1 所示。

图 A-1　打包后字的位布局

位域并不是必须有名称，但如果没有，则无法访问它。

令人惊讶的是，将许多较小的值打包到一个字中并不一定会节省空间。事实上，与使用 **char** 或 **int** 表示单个比特位相比，使用这些值往往会浪费空间。原因是它需要几个指令（必须存储在内存中的某个地方）来从一个字中提取一个比特位，并在不修改字中其他比特位的情况下写入一个字

的单个比特位。不要尝试使用位域来节省空间，除非需要大量具有微小数据字段的对象。

A.12.6 联合

联合（union）是一个类，其中所有成员都从相同的地址开始分配。联合一次只能保存一种元素，并读取成员时，读取的成员必须是最后写入的那个成员。例如：

```
union U {
    int x;
    double d;
}

U a;
a.x = 7;
int x1 = a.x;  // 正确
a.d = 7.7;
int x2 = a.x;  // 糟糕
```

编译器不会检查读写的一致性。使用时必须谨慎。

A.13 模板

模板是由一组类或函数，其类型、使用的整数可以是参数化的：

```
template<typename T>
class vector {
public:
    // ...
    int size() const;
private:
    int sz;
    T* p;
};

template<class T>
int vector::size() const
{
    return sz;
}
```

在模板参数列表中，**class** 表示类型，**typename** 也表示类型。模板类的成员函数是隐式的模板函数，具有与模板类相同的模板参数。

整数模板参数必须使用常量表达式：

```
template<typename T, int sz>
class Fixed_array {
public:
    T a[sz];
    // ...
```

```
        int size() const { return sz; };
    };

    Fixed_array<char,256> x1;              // 正确
    int var = 226;
    Fixed_array<char,var> x2;              // 错误：模板参数为非常量
```

A.13.1 模板参数

当使用模板类的名称时，要指定该类的参数：

```
    vector<int> v1;                        // 正确
    vector v2;                             // 错误：缺少模板参数
    vector<int,2> v3;                      // 错误：模板参数太多
    vector<2> v4;                          // 错误：模板参数需要的是类型
```

模板函数的参数通常是从函数参数中推导出来的：

```
    template<class T>
    T find(vector<T>& v, int i)
    {
        return v[i];
    }
    vector<int> v1;
    vector<double> v2;
    // ...
    int x1 = find(v1,2);                   // find() 的 T 为 int
    int x2 = find(v2,2);                   // find() 的 T 为 double
```

有时候定义的模板函数，无法从其函数参数推导出其模板参数。在这种情况下，必须显式指定缺少的模板参数（像类模板那样）。例如：

```
    template<class T, class U> T* make(const U& u) { return new T{u}; }
    int* pi = make<int>(2);
    Node* pn = make<Node>(make_pair("hello",17));
```

如果一个 **Node** 可以通过 **pair<const char*，int>**（附录 B.6.3）初始化，这段代码就可以正常运行。只有显式给定参数后面的模板参数才可以省略（由函数实参推断出来）。

A.13.2 模板实例化

为模板指定一组模板参数称为特化。由模板和一组参数生成实例的过程称为模板实例化。通常，编译器根据模板和一组模板参数生成特化实例，程序员也可以定义特殊实例，但只有当一个通用模板不适合一组特定的参数时，才会这样做。例如：

```
    template<class T> struct Compare {  // 通用比较
        bool operator()(const T& a, const T& b) const
        {
            return a<b;
        }
    };


    template< > struct Compare<const char*> { // 比较 C 风格字符串的
```

```
    bool operator()(const char* a, const char* b) const
    {
        return strcmp(a,b)<0;
    }
};
```

```
Compare<int> c2;                        // 通用比较
Compare<const char*> c;                 // C 风格字符串的比较
bool b1 = c2(1,2);                       // 使用通用比较
bool b2 = c("asd","dfg");                // 使用 C 风格字符串比较
```

对于函数，通过重载可以实现大致一样的效果：

```
template<class T> bool compare(const T& a, const T& b)
{
    return a<b;
}

bool compare (const char* a, const char* b) // C 风格字符串的比较
{
    return strcmp(a,b)==0;
}

bool b3 = compare(2,3);                 // 使用通用比较
bool b4 = compare("asd","dfg");         // 使用 C 风格字符串比较
```

模板的单独编译（即，只在头文件中保存声明，在 .cpp 文件中保持唯一定义）是不可移植的，因此，如果一个模板需要在多个 .cpp 文件内使用，请将其完整定义放在同一个头文件内。

A.13.3　模板成员类型

模板可以具有类型成员和非类型成员（例如数据成员和成员函数）。这意味着，通常很难判断成员名称是指类型还是指非类型。出于语言技术上的需要，编译器必须知道，所以偶尔必须告诉编译器。为此，可以使用关键字 **typename**。例如：

```
template<class T> struct Vec {
    typedef T value_type;              // 成员类型
    static int count;                   // 数据成员
    // ...
};

template<class T> void my_fct(Vec<T>& v)
{
    int x = Vec<T>::count;              // 默认情况下认为是成员名称，而不是类型
    v.count = 7;                        // 引用非类型成员的更简单方法
    typename Vec<T>::value_type xx = x;// 此处需要表明是 typename
 // ...
}
```

有关模板的更多信息，请参阅第 19 章。

A.14 异常

使用异常（通过 **throw** 语句）向调用方告知无法在局部处理的错误。例如，**Vector** 抛出 **Bad_size** 异常：

```
struct Bad_size {
    int sz;
    Bad_size(int s) : ss{s} { }
};

class Vector {
    Vector(int s) { if (s<0 || maxsize<s) throw Bad_size{s}; }
    // ...
};
```

通常，我们用一个专门定义的类型来表示特定的错误。调用方可以捕获该异常：

```
void f(int x)
{
    try {
        Vector v(x); // 可能抛出异常
        // ...
    }
    catch (Bad_size bs) {
        cerr << "Vector with bad size (" << bs.sz << ")\n";
        // ...
    }
}
```

"catch" 子语句可用于捕获所有异常：

```
try {
    // ...
} catch (...) { // 捕获所有异常
    // ...
}
```

通常，采用 RAII（"Resource Acquisition Is Initialization 资源获取即初始化"）技术比大量显式调用 **try** 和 **catch** 更好（更简单、更容易、更可靠）；参见 19.5 节。

没有参数的 **throw**（即 **throw;**）会重新抛出当前异常。例如：

```
try {
    // . . .
} catch (Some_exception& e) {
    // 进行局部清理
    throw; // 剩下的交给调用者处理
}
```

可以定义自己的异常类。标准库定义了一些可以使用的异常类型；参见附录 B.2.1。永远不要使用内置类型作为异常类（其他人可能已经这样做了，程序中的异常处理可能因此变得非常混乱）。

当抛出异常后，C++ 运行时支持系统在"调用栈中向上"搜索与抛出对象类型匹配的 **catch** 子句；也就是说，它查看抛出的函数中的 **try** 语句，然后查看调用抛出函数的函数，再查看调用函数的函数等，直到找到匹配的 catch 子句。如果没有找到匹配项，程序将终止。在搜索匹配的 **catch** 子句时遇到的每个函数中，以及在搜索过程中遇到的每个作用域中，都会调用析构函数进行清理。这个过程被称为堆栈解退（stack unwinding）。

　　一旦一个对象的构造函数执行完毕，那么该对象就被认定为构造完成。然后将在堆栈解退过程中或退出对象作用域时被销毁。这意味着部分未构造完成的对象（有些成员或基类部分已构造，还存在一些未构造完成的部分）、数组、作用域中的变量都能够得到正确处理。仅当子对象已被构造完成时才会被销毁。

　　不要让析构函数在抛出异常后退出，这意味着析构函数不能失败。例如：

```
X::～X() { if (in_a_real_mess()) throw Mess{}; } // 永远不要这样做！
```

　　给出这条严厉的建议的主要原因是，如果析构函数在堆栈解退过程中抛出（并且本身没有捕捉到），将会导致我们不知道该处理哪个异常。我们应避免析构函数在抛出异常后退出，因为在可能发生这种情况的地方没有什么好办法可以编写正确的代码。特别是，如果发生这种情况，任何标准库的功能都无法保证正常工作。

A.15　命名空间

命名空间将相关声明分组在一起，并且可以防止命名冲突：

```
int a;
namespace Foo {
    int a;
    void f(int i)
    {
        a+= i;          // 这是 Foo 里的 a(Foo::a)
    }
}
void f(int);
int main()
{
    a = 7;              // 这是全局的 a(::a)
    f(2);               // 这是全局的 f(::f)
    Foo::f(3);          // 这是 Foo 里的 f
    ::f(4);             // 这是全局的 f(::f)
}
```

名称可以通过其命名空间名称显式限定（如 **Foo::f(3)**），或通过 **::**（如 **::f(2)**）来表示是全局作用域。

命名空间（这里是标准库命名空间，std）中的所有名称都可以通过一个命名空间指令访问：

```
using namespace std;
```

使用 **using** 指令要谨慎，它提供的便利是以潜在的命名冲突为代价的。尤其要避免在头文件中使用 **using** 指令。可以通过命名空间声明，使命名空间中的单个名称可以被直接访问：

```
using Foo::g;
g(2); // 这是 Foo 里的 g (Foo::g)
```

有关命名空间的更多信息，请参见 8.7 节。

A.16 别名

可以为一个名称定义一个别名，即可以定义一个符号名称，其含义与它所指向的名称完全相同（对于名称的大多数使用场景）：

```
using Pint = int*;                      // Pint 表示指向 int 的指针

namespace Long_library_name { /* ... */ }
namespace Lib = Long_library_name;  // Lib 表示 Long_library_name

int x = 7;
int& r = x;                             //r 表示 x
```

引用（8.5.5 节，附录 A.8.3）是一种运行时机制，引用的是对象。**using**（20.5 节）和 **namespace** 别名是编译时机制，引用的是名称。特别是，**using** 不会引入新类型，只是为类型定义一个新名称。例如：

```
using Pchar = char*;                    // Pchar 是 char* 的一个别名
Pchar p = "Idefix";                     // 正确: p 是一个 char*
char* q = p;                            // 正确: p 和 q 都是 char*
int x = strlen(p);                      // 正确: p 是一个 char*
```

过去的代码使用关键字 **typedef**（27.3.1 节）而不是（C++ 的）**using** 语法来定义类型别名。例如：

```
typedef char* Pchar; // Pchar 是 char* 的一个别名
```

A.17 预处理指令

每个 C++ 实现版本都包括一个预处理器。原则上，预处理器在编译器之前运行，并将编写的源代码转换为编译器需要的形式。事实上，这个动作通常被集成在编译器中，除非它引发了错误，否则对我们来说没什么意义。以 # 开头的每一行代码都是预处理器指令。

A.17.1 #include

前面已经广泛使用了预处理器来包含头文件了。例如：

```
#include "file.h"
```

这条指令告诉预处理器应在出现该指令的源文本处包含 **file.h** 的内容。对于标准头文件，使用 <…> 而不是 "..."。例如：

```
#include<vector>
```

这是包含标准头文件的推荐表示法。

A.17.2 #define

预处理器实现了一种称为宏替换的字符处理机制，这种机制被称为宏代换。例如，可以为字符串定义一个名称：

```
#define FOO bar
```

现在，每当看到 **FOO** 时，都可以用 **bar** 将其替换：

```
int FOO = 7;
```

```
int FOOL = 9;
```

这样，编译器看到的是：

```
int bar = 7;
int FOOL = 9;
```

请注意，预处理器对 C++ 名称有足够的了解，不会替换 **FOOL** 中的 **FOO** 部分。

还可以定义带参数的宏：

```
#define MAX(x,y)  (((x)>(y))?(x) : (y))
```

可以这样使用它：

```
int xx = MAX(FOO+1,7);
int yy = MAX(++xx,9);
```

以上代码将展开为：

```
int xx = (((bar+1)>( 7))?(bar+1) : (7));
int yy = (((++xx)>( 9))?(++xx) : (9));
```

注意，括号对于获得 **FOO+1** 的正确结果是很重要的。还要注意，**xx** 以一种非常不明显的方式递增了两次。宏非常受欢迎，主要是因为 C 程序员除了使用它们几乎没有其他选择。通用头文件定义了数千个宏。警告，使用宏必须非常谨慎！

如果必须使用宏，则惯例是全部使用大写字母对它们进行命名（例如：ALL_CAPITAL_LETTERS）。任何其他普通的名字都不应全部是大写字母。不要指望别人会听从这个合理的建议。例如，在一个颇有影响力的头文件中，我们发现了一个名为 max 的宏。

有关宏的更多内容请参见 27.8 节。

标准库概要

"可能的话，所有复杂的事情都应该隐藏起来。"

——David J. Wheeler

本附录总结了关键的 C++ 标准库特性。本附录的内容都是经过精心挑选的，适合那些想要快速了解标准库特性并希望探索本书主题之外内容的初学者。

B.1　概述

本附录是参考资料，不需要像其他章节一样从头到尾仔细阅读，它（或多或少地）系统描述了 C++ 标准库的重要特性。不过，本附录并不是一个完整的参考资料，只是一个总结，外加几个关键的例子。通常情况下，你需要阅读相关章节以获得更完整的说明。还要注意的是，这个附录并不追求与 C++ 标准库相同的精确性和术语。有关更多信息，请参阅本贾尼·斯特劳斯特卢普的 *The C++ Programming Language*。ISO C++ 标准中包含完整的标准库定义，但该文档不适合新手。此外，在线文档也是获取相关内容的有效手段。

经过筛选（因此是不完整的）的概要有什么用呢？你可以从中快速查找已知的功能，或快速浏览部分内容以了解有哪些实用的常见特性。你可能不得不去其他地方继续寻找更详细的解释，但这没有关系，重要的是，本附录能使你对于需要寻找什么有一些头绪。而且，本概要包含了教程章节的交叉引用。本附录对标准库的功能进行了简单的描述，请不要试图牢记这里的内容，因为这不是它的目的。相反，这个附录只是一个工具，请务必避免死记硬背。

这个附录是一个查找有用功能的地方，请不要试图自己发明这些功能。因为标准库中的所有内容（尤其是本附录中的所有功能）对许多人都很有用。几乎可以肯定，标准库的设计、实现、文档和可移植性都比你自己匆忙设计和实现的要好。因此，如果可能的话，请优先选择标准库而不是"自制"，这样做还可以让别人更容易理解你的代码。

如果你是一个理智的人，会觉得这里的内容太多，令人生畏。但不用担心，你可以忽略掉你不需要的部分。但如果你是一个"注重细节的人"，反而会觉得这个附录忽略了很多内容。然而，完整的内容可以在专家级别的指南和在线文档中找到。无论哪种情况，你都会从中发现很多看起来很神秘，甚至可能很有趣的内容。仔细阅读，必有收获！

B.1.1　头文件

标准库功能的接口都定义在头文件中。阅读本节可以获得可用功能的概述，并有助于今后找到所需功能的定义和描述，如表 B-1、表 B-2、表 B-3、表 B-4、表 B-5、表 B-6、表 B-7 所示。

表 B-1　STL(容器、迭代器和算法) 头文件

STL(容器、迭代器和算法)	
<algorithm>	sort()、find() 等（参见附录 B. 5, 21.1 节）
<array>	固定大小的数组（参见 20.9 节）
<bitset>	bool 数组（参见 25.5.2 节）
<deque>	双向队列
<functional>	函数对象（参见附录 B.6.2）
<iterator>	迭代器（参见附录 B.4.4）
<list>	双向链表（参见附录 B.4 和 20.4 节）
<forward_list>	单向链表
<map>	（键，值）map 和 multimap（参见附录 B.4 和 21.6.1~21.6.3 节）
<memory>	容器用的分配器
<queue>	queue 和 priority_queue
<set>	set 和 multiset（参见附录 B. 4 和 21.6.5 节）
<stack>	stack
<unordered_map>	哈希映射（参见 21.6.4 节）
<unordered_set>	哈希集合
<utility>	运算符和 pair（参见附录 B.6.3）
<vector>	vector （可动态扩展的）（参见附录 B. 4 和 20.8 节）

表 B-2   I/O 流头文件

I/O 流	
<iostream>	I/O 流对象（参见附录 B.7）
<fstream>	文件流（参见附录 B.7.1）
<sstream>	string 流（参见附录 B.7.1）
<iosfwd>	声明（但不定义）I/O 流功能
<ios>	I/O 流基类
<streambuf>	流缓冲区
<istream>	输入流（参见附录 B.7）
<ostream>	输出流（参见附录 B.7）
<iomanip>	格式化和操纵符（参见附录 B.7.6）

表 B-3   字符串操作头文件

字符串操作	
<string>	字符串（参见附录 B.8.2）
<regex>	正则表达式（第 23 章）

表 B-4   数值计算头文件

数值计算	
<complex>	复数及其算术（参见附录 B.9.3）
<random>	随机数生成（参见附录 B.9.6）
<valarray>	数值数组
<numeric>	通用数值算法，如 accumulate()（参见附录 B.9.5）
<limits>	数值限制（参见附录 B.9.1）

表 B-5   工具程序和语言支持头文件

工具程序和语言支持	
<exception>	异常类型（参见附录 B.2.1）
<stdexcept>	异常层次结构（参见附录 B.2.1）
<locale>	本地化格式
<typeinfo>	标准类型信息（来自 typeid）
<new>	内存分配和释放函数
<memory>	资源管理指针，例如 unique_ptr（参见附录 B.6.5）

表 B-6   并发支持头文件

并发支持	
<thread>	线程（超出了本书范围）
<future>	线程间通信（超出了本书范围）
<mutex>	互斥机制（超出了本书范围）

表 B-7　C 标准库头文件

C 标准库	
<cstring>	C 风格字符串操作（参见附录 B.11.3）
<cstdio>	C 风格 I/O（参见附录 B.11.2）
<ctime>	clock()、time() 等（参见附录 B.11.5）
<cmath>	标准浮点数学函数（参见附录 B.9.2）
<cstdlib>	其他函数：abort()，abs()，malloc()，qsort() 等（见第 27 章）
<cerrno>	C 风格错误处理（参见 24.8 节）
<cassert>	断言宏（参见 27.9 节）
<clocale>	本地化格式
<climits>	C 风格数值限制（参见附录 B.9.1）
<cfloat>	C 风格浮点限制（参见附录 B.9.1）
<cstddef>	C 语言支持；size_t 等
<cstdarg>	用于不定参数处理的宏
<csetjmp>	setjmp() 和 longjmp()（绝对不要使用它们）
<csignal>	信号处理
<cwchar>	宽字符
<cctype>	字符分类（参见附录 B.8.1）
<cwctype>	宽字符分类

对于每一个 C 标准库头文件，都还有另一个不用 c 开头，以 .h 结尾的版本。例如，<time.h>
是 <ctime> 的另一个版本。.h 版本的名称是定义在全局作用域中，而不是在命名空间 std 中。

这些头文件中定义的部分（但不是全部）特性将在下面和正文的各章中描述。如果需要更多信息，可以查看联机文档或专家级别的 C++ 书籍。

B.1.2　命名空间 std

标准库的功能是在命名空间 std 中定义的，因此使用它们时需要显式地使用限定符，如 using
声明或 using 指令指定命名空间：

```
std::string s;          // 显式指定命名空间
using std::vector;      // using 声明
vector<int>v(7);
using namespace std;    // using 指令
map<string,double> m;
```

在本书中，我们使用了 using 指令。对于 using 指令的使用需要非常谨慎，参见附录 A.15。

B.1.3　描述风格

即使是简单的标准库操作（如构造函数或算法），它的完整描述也可能需要好几页。因此，我们使用了极其简短的表示方式，如表 B-8 所示。

表 B-8   表示方式的例子

表示方式的例子	
p=op(b,e,x)	对 [b:e）区间和 x 执行操作 op，返回值赋予 p
foo(x)	对 x 执行操作 foo，但没有返回结果值
bar(b,e,x)	x 与 [b:e）区间存在某种关系吗？

在选择标识符时，尽量做到便于记忆。因此 b、e 是用于指定范围的迭代器，p 是指针或迭代器，x 是某个值，这些都取决于上下文。在这种表示法中，只有通过注释才能区分是无返回值，还是布尔类型的返回值，所以可能会混淆它们。对于返回 bool 值的操作，注释通常以问号结尾。

如果一个算法遵循常规的模式，即返回输入序列的结尾以表示"失败""未找到"等含义（参见附录 B.3.1），我们将不再做重复说明。

B.2   错误处理

标准库的研发经历了 40 多年，其中不同组件的开发时间不同。因此，它们处理错误的风格和方法并不一致。

- C 风格库由函数组成，其中许多函数会将 errno 设置为错误的状态；参见 24.8 节。
- 许多操作元素序列的算法会返回一个迭代器，指向最后一个元素的下一个位置，以指示"未找到"或"失败"。
- I/O 流库依赖每个流中的状态来反映错误，并且可以根据用户的要求抛出异常以指示错误；参见 10.6 节和附录 B.7.2。
- 一些标准库组件，如 vector、string 和 bitset，会抛出异常以指示错误。

标准库的一个设计原则是，所有的功能都遵守"基本保证"（参见 19.5.3 节）。也就是说，即使抛出了异常，也不会泄漏任何资源（例如内存），或是破坏标准库类的任何不变式。

B.2.1   异常

一些标准库工具通过抛出异常来报告错误，如表 B-9 所示。

表 B-9   标准库异常

标准库异常	
bitset	抛出 invalid_argument, out_of_range, overflow_error
dynamic_cast	如果不能执行转换，则抛出 bad_cast
iostream	如果开启了异常，错误时会抛出 ios_base::failure
new	如果不能分配内存，则抛出 bad_alloc
regex	可以抛出 regex_error
string	可以抛出 length_error, out_of_range
typeid	如果无法获得 type_info，则抛出 bad_typeid
vector	可以抛出 out_of_range

这些异常可能会出现在任何直接或间接使用了这些特性的代码中。除非确定没有任何功能的使

用会抛出异常，否则最好总是在最基础的层次捕获标准库异常，例如在 **main()** 中捕获 **exception** 类型错误。

我们强烈建议不要抛出内置类型作为异常，如整数和 C 风格字符串。而是抛出专门定义用作异常的类型的对象。可以使用标准库类 **exception** 的派生类来实现：

```
class exception {
public:
    exception();
    exception(const exception&);
    exception& operator=(const exception&);
    virtual  ~ exception();
    virtual const char* what() const;
};
```

what() 函数可用于获取一个字符串，该字符串用于描述导致异常发生的原因。

使用分类的方式，将有利于标准库异常类型层次的使用，如图 B-1 所示。

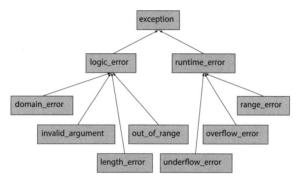

图 B-1　标准库异常类型层次图

可以通过派生一个标准库异常来自定义一个异常类型，就像这样：

```
struct My_error : runtime_error {
    My_error(int x) : interesting_value{x} { }
    int interesting_value;
    const char* what() const override { return "My_error"; }
};
```

B.3　迭代器

迭代器是将标准库算法绑定到其数据的粘合剂。或是从相反的角度来看，迭代器是一种机制，用于最小化算法对其操作的数据结构的依赖（参见章节 20.3），如图 B-2 所示。

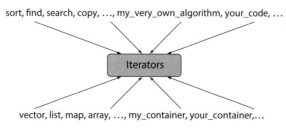

图 B-2　迭代器用途

B.3.1 迭代器模型

迭代器类似于指针，提供了间接访问（例如，* 用于解引用）和移动到新元素（例如，++ 用于移动到下一个元素）的操作。可以通过一对迭代器定义的半开区间 **[begin:end)** 定义一个元素序列，如图 B-3 所示。

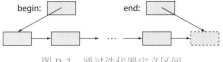

图 B-3 通过迭代器定义区间

也就是说，**begin** 指向序列的第一个元素，**end** 指向序列的最后一个元素的下一个元素。绝对不要使用 *end 读取或写入。注意，**begin==end** 表示空序列，即对于任何迭代器 **p**，**[p:p)** 都表示空序列。

要读取一个序列，算法通常接受一对迭代器 **(b,e)**，并使用 ++ 进行遍历，直到到达终点：

```
while (b!=e) {                    // 使用 !=，而不是 <
    // 执行一些操作
    ++b;                         // 移动到下一个元素
}
```

在序列中查找内容的算法，通常用返回序列的尾后位置以表示"未找到"。例如：

```
p = find(v.begin(),v.end(),x);// 在 v 中查找 x
if (p!=v.end()) {
    // 在 p 处找到 x
}
else {
    // 在 [v.begin():v.end()) 中找不到 x
}
```

参见 20.3 节。

写序列的算法通常只会得到一个指向序列第一个元素的迭代器。在这种情况下，不要编写超出序列末尾的程序是程序员的责任。例如：

```
template<typename Iter> void f(Iter p, int n)
{
    while (n>0) *p++ = --n;
}

vector<int> v(10);
f(v.begin(),v.size());        // 正确
f(v.begin(),1000);            // 很糟糕
```

一些标准库实现会进行范围检查，即对于上面最后的 **f()** 调用会抛出异常。但不能依赖它来编写可移植的代码，因为许多版本的实现并不会进行范围检查。

迭代器所支持的运算如表 B-10 所示。

表 B-10 迭代器运算

迭代器运算	
++p	前递增：使 **p** 指向序列中的下一个元素或最后一个元素之后的一个元素（"前进一个元素"），返回结果值是 **p+1**
p++	后递增：使 **p** 指向序列中的下一个元素或最后一个元素之后的一个元素（"前进一个元素"），返回结果值为 **p**（递增之前的值）

续表

迭代器运算	
$--p$	前递减：使 p 指向前一个元素（"后退一个元素"），返回结果值为 $p-1$
$p--$	后递减：使 p 指向前一个元素（"后退一个元素"），返回结果值为 p（递减之前的值）
$*p$	（解引用）访问：$*p$ 表示的是 p 所指向的元素
$p[n]$	（下标）访问：$p[n]$ 表示的是 $p+n$ 所指向的元素，等价于 $*(p+n)$
$p\text{->}m$	（成员）访问：等价于 $(*p).m$
$p==q$	相等：如果 p 和 q 指向序列中的同一个元素，或者两者都指向同一个序列最后一个元素的下一个位置，则为真
$p!=q$	不相等：$!(p==)$
$p<q$	p 指向 q 之前的元素吗？
$p<=q$	$p<q \parallel p==q$
$p>q$	p 指向 q 之后的元素吗？
$p>=q$	$p>q \parallel p==q$
$p+=n$	前进 n：使 p 指向它所指向的元素之后的第 n 个元素
$p-=n$	后退 n：使 p 指向它所指向的元素之前的第 n 个元素
$q=p+n$	q 指向 p 指向的元素之后的第 n 个元素
$q=p-n$	q 指向 p 指向的元素之前的第 n 个元素；操作之后，得到 $q+n==p$
advance(p, n)	类似于 $p+=n$，但即使 p 不是随机访问迭代器，也可以使用 advance()；它可能需要（在链表中移动）n 步
x=distance(p, q)	类似于 $q-p$，但即使 p 不是随机访问迭代器，也可以使用 distance()；它可能需要（在链表中移动）n 步

请注意，并不是每种迭代器（参见附录 B.3.2）都支持所有的迭代器运算。

B.3.2　迭代器类别

标准库提供了五种迭代器（五种"迭代器类别"），如表 B-11 所示。

表 B-11　迭代器类别

迭代器类别	
输入迭代器	可以使用 ++ 向前迭代，只能使用 * 对每个元素进行一次读取。可以使用 == 和 != 来比较迭代器。istream 提供的就是这种迭代器；参见 21.7.2 节
输出迭代器	可以使用 ++ 向前迭代，只能使用 * 对每个元素进行一次写入。ostream 提供的就是这种迭代器；参见 21.7.2 节
向前迭代器	可以使用 ++ 反复地向前迭代，并使用 * 来读写元素（除非元素是 const）。如果它指向类对象，则可以使用 -> 来访问其成员
双向迭代器	可以向前（使用 ++）和向后（使用 --）迭代，也可以使用 * 读写元素（除非元素是 const）。list、map 和 set 提供的就是这种迭代器

续表

迭代器类别	
随机访问迭代器	可以向前迭代（使用 ++ 或 +=），也可以向后迭代（使用 - 或 -=），并可以使用 * 或 [] 来读写元素（const 只能读）。下标可以使用 + 加上一个整数，或是使用 −，减去一个整数。可以用一个迭代器减去另一个迭代器来计算同一个序列的两个随机访问迭代器之间的距离。可以使用 <、<=、> 和 >= 来比较迭代器。vector 提供的就是这种迭代器

逻辑上，这些迭代器是按下面的层次结构组织的（参见 20.8 节），如图 B-4 所示。

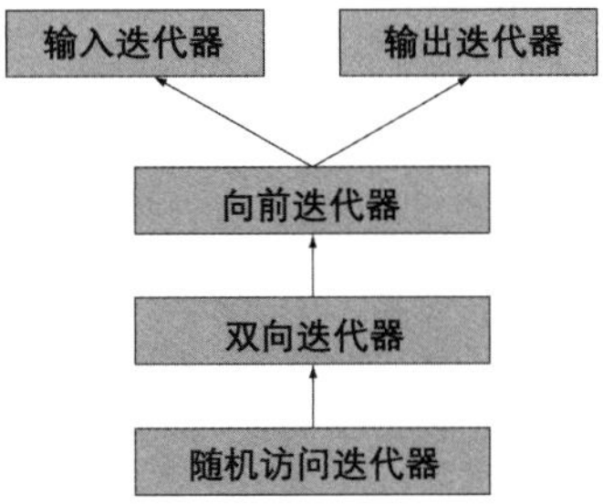

注意，因为迭代器类别不是类，所以这个层次结构并不是通过派生关系实现的类层次结构。如果需要深入了解迭代器类别，请在相关参考资料中查找 **iterator_traits** 相关内容。

每个容器提供特定类别的迭代器：

- **vector** — 随机访问迭代器。
- **list** — 双向迭代器。
- **forward_list** — 向前迭代器。
- **deque** — 随机访问迭代器。
- **bitset** — 无。
- **set** — 双向迭代器。
- **multiset** — 双向迭代器。
- **map** — 双向迭代器。
- **multimap** — 双向迭代器。
- **unordered_set** — 向前迭代器。
- **unordered_multiset** — 向前迭代器。
- **unordered_map** — 向前迭代器。
- **unordered_multimap** — 向前迭代器。

图 B-4　迭代器逻辑层次结构

B.4　容器

容器包含一个对象序列。序列的元素类型为 **value_type**。最常用的容器如表 B-12 所示。

表 B-12　顺序容器

顺序容器	
array<T,N>	包含 N 个 T 类型元素的固定长度数组
deque<T>	双向队列
list<T>	双向链表
forward_list<T>	单向链表
vector<T>	元素类型为 T 的动态数组

有序关联容器（**map**、**set** 等）有一个额外的可选模板参数，该参数指定用于比较方法的类型。

例如，**set<K,C>** 使用 **C** 来比较 **K** 值，如表 B-13 所示。

表 B-13 关联容器

关联容器	
map<K,V>	从 **K** 映射到 **V**;(**K,V**) 对的序列
multimap<K, V>	从 **K** 映射到 **V**；允许键值重复
set<K>	**K** 的集合
multiset<K>	**K** 的集合（允许键值重复）
unordered_map<K,V>	使用哈希函数将 **K** 映射到 **V**
unordered_multimap<K,V>	使用哈希函数将 **K** 映射到 **V**（允许键值重复）
unordered_set<K>	使用哈希函数的 **K** 的集合
unordered_multiset<K>	使用哈希函数的 **K** 的集合（允许键值重复）

这些容器定义在 **<vector>**、**<list>** 等头文件中（参见附录 B.1.1）。顺序容器空间是连续分布的，或是链表，元素类型为 **value_type**（表 B-14 中的 **T**）。关联容器是由 **value_type**（表格中的 **pair(K,V)**）节点组成的链接结构（树）。**set**、**map** 或 **multimap** 的序列是按键值（**K**）排序的。**unordered_*** 的序列不能保证顺序。**multimap** 与 **map** 的不同之处在于，一个键值可能出现多次。容器适配器是基于其他容器构造的容器，并具有专门的操作，如表 B-14 所示。

表 B-14 容器适配器

容器适配器	
priority_queue<T>	优先队列
queue<T>	支持 **push()** 和 **pop()** 的队列
stack<T>	支持 **push()** 和 **pop()** 的栈

如果不知道该用哪个容器，请选用 **vector**。除非有充分的理由不使用 **vector**。

容器使用"分配器"来分配和释放内存（参见 19.3.7 节）。这里不介绍分配器。如有必要，请参阅专家级别的参考资料。默认情况下，分配器会在需要为其元素分配或释放内存时使用 **new** 和 **delete**。

一个访问操作一般会有两个版本：一个用于 **const** 对象，另一个用于非 **const** 对象（参见 18.5 节）。

本节列出了标准容器共有或几乎共有的成员，更多细节请参见第 20 章。特定容器特有的成员（如 **list** 的 **splice()**）没有被列出。如果需要使用，请参阅专家级别的相关资料。

有些数据类型提供了标准容器所需的大部分功能，但不是全部。有时它们被称为"拟容器"（almost container）。其中一些最常用的如表 B-15 所示。

表 B-15 拟容器

拟容器	
T[n]（内置数组）	没有 **size()** 或其他成员函数；如果可以选择，最好选择使用 **vector**、**string** 和 **array** 等容器，而不是内置数组
string	只保存字符，但提供了对文本的操作，例如拼接（**+** 和 **+=**）；优先选择标准库 **string** 而不是其他字符串

续表

拟容器
valarray	一个带有向量运算的数值容器，但为了实现高性能，有很多限制；仅在需要进行大量向量运算时使用

B.4.1　容器概述

标准库容器提供的操作可以总结如图 B-5 所示。

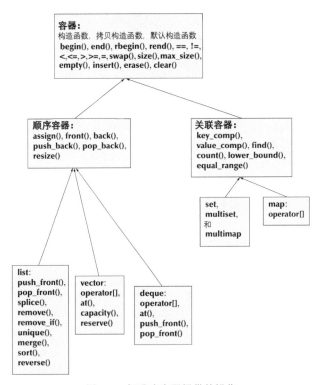

图 B-5　标准库容器提供的操作

这里省略了 array 和 forward_list，因为它们并不完全符合标准库理念中的互换性：

- array 不是句柄，在初始化后不能再更改其元素数量，并且必须由初始化列表而不是构造函数初始化。
- forward_list 不支持向后操作。特别地，它不支持 size()。最好将其视为针对空的和近似空的序列而专门进行优化的容器。

B.4.2　成员类型

容器定义了一组成员类型，如表 B-16 所示。

表 B-16　容器的成员类型

成员类型	
value_type	元素类型
size_type	下标类型、元素计数等的类型

续表

成员类型	
difference_type	迭代器之间的距离的类型
iterator	行为类似 value_type*
const_iterator	行为类似 const value_type*
reverse_iterator	行为类似 value_type*
const_reverse_iterator	行为类似 const value_type*
reference	value_type&
const_reference	const value_type&
pointer	行为类似 value_type*
const_pointer	行为类似 const value_type*
key_type	键的类型（仅适用于关联容器）
mapped_type	映射值的类型（仅适用于关联容器）
key_compare	比较标准的类型（仅适用于关联容器）
allocator_type	内存管理器的类型

B.4.3 构造函数、析构函数和赋值

容器提供了各种构造函数和赋值运算。对于名为 C 的容器（例如，vector<double> 或 map<string,int>），有如表 B-17 所示的操作。

表 B-17 构造函数、析构函数和赋值

构造函数、析构函数和赋值	
C c;	c 是一个空容器
C{}	创建一个空容器
C c(n);	c 被初始化为包含 n 个默认值元素的容器（不适用于关联容器）
C c(n, x);	c 被初始化为包含 n 个 x 元素的容器（不适用于关联容器）
C c{b,e};	用 [b:e) 中的元素初始化容器 c
C c{elems};	用 initializer_list 里的元素初始化容器 c
C c{c2};	c 被初始化为 c2 的副本
~ C()	销毁容器 c 及其所有元素（通常被隐式调用）
c1=c2	拷贝赋值，将 c2 中的所有元素拷贝到 c1 中，赋值后 c1==c2
c.assign(n, x)	将 n 个 x 赋予容器 c（不适用于关联容器）
c.assign(b, e)	将 [b:e) 中的元素赋予容器 c

注意，对于某些容器和某些元素类型，构造函数或元素拷贝可能会抛出异常。

B.4.4　迭代器

容器可以被视为序列，其顺序为容器迭代器定义的顺序或相反的顺序。对于关联容器，顺序由容器的比较操作（默认比较操作是运算符 <）决定，如表 B-18 所示。

表 B-18　容器中的迭代器

迭代器	
p=c.begin()	p 指向 c 的第一个元素
p=c.end()	p 指向 c 最后一个元素的下一个位置
p=c.rbegin()	p 指向 c 的逆序中的第一个元素
p=c.rend()	p 指向 c 的逆序中最后一个元素的下一个位置

B.4.5　元素访问

有些元素可以直接访问，如表 B-19 所示。

表 B-19　容器元素访问

容器元素访问	
c.front()	引用 c 的第一个元素
c.back()	引用 c 的最后一个元素
c[i]	引用 c 的第 i 个元素，不做范围检查（不适用于 list）
c.at(i)	引用 c 的第 i 个元素，会做范围检查（仅适用于 Vector 和 deque）

有些实现（尤其是调试版本）总是会执行范围检查，但是不能依赖它来确保正确性，也不能假设为了提高性能而没有进行检查。如果这类问题很重要，请检查具体的实现。

B.4.6　栈和队列操作

标准库 vector 和 deque 在其元素序列的尾部提供了高效的操作。此外，list 和 deque 对序列的首部提供了高效的操作，如表 B-20 所示。

表 B-20　栈和队列操作

栈和队列操作	
c.push_back(x)	在 c 的末尾加上 x
c.pop_back()	从 c 中删除最后一个元素
c.emplace_back(args)	将 T{args} 添加到 c 的末尾；T 是 c 中元素的类型
c.push_front(x)	将 x 添加到 c 的第一个元素之前（仅适用于 list 和 deque）
c.pop_front()	删除 c 的第一个元素（仅适用于 list 和 deque）
c.emplace_front(args)	将 T{args} 添加到 c 的第一个元素之前；T 是 c 的值的类型

注意，push_front() 和 push_back() 将元素拷贝到容器中。这意味着容器的大小增加一个元素。如果元素类型的拷贝构造函数会抛出异常，添加操作可能会失败。

push_front() 和 push_back() 操作将它们的参数对象拷贝到容器中。例如：

```
vector<pair<string,int>> v;
v.push_back(make_pair("Cambridge",1209));
```

如果先创建对象然后再拷贝它，会显得笨拙或（可能会）低效，可以直接在序列中新分配的元素位置构造对象：

```
v.emplace_back("Cambridge",1209);
```

单词 emplace 在英文含义是"放置到此位置"。

注意，弹出栈操作没有返回值。如果存在返回值，且为了支持可能会抛出异常的拷贝构造函数，实现会变得非常复杂。使用 **front()** 和 **back()**（参见附录 B.4.5）来访问栈和队列中的元素。这里我们并没有列出操作的所有要求。可以尽情地尝试（如果猜错了，编译器通常会给出提示），并查阅更详细的文档。

B.4.7　链表操作

容器还提供了列表操作，如表 B-21 所示。

表 B-21　容器的链表操作

链表操作	
q=c.insert(p, x)	在 **p** 前面加上 **x**
q=c.insert(p, n, x)	在 **p** 前面加上 **n** 个 **x**
q=c.insert(p, first, last)	在 **p** 之前添加 **[first:last)** 范围内的元素
q=c.emplace(p, args)	在 **p** 之前添加 **T{args}**;**T** 是 **c** 中元素的类型
q=c.erase(p)	从 **c** 中移除 **p** 处的元素
q=c.erase(first, last)	从 **c** 中移除 **[first:last)** 范围内的元素
c.clear()	移除 **c** 中的所有元素

对于 **insert()** 函数，结果 **q** 指向最后插入的元素。对于 **erase()** 函数，**q** 指向最后被移除的元素之后的元素。

B.4.8　大小和容量

容器大小指的是容器中元素的数量，容器容量指的是容器在分配更多内存之前可以容纳的元素数量，如表 B-22 所示。

表 B-22　容器的大小和容量

大小和容量	
x=c.size()	**x** 是 **c** 的元素个数
c.empty()	**c** 是空的吗？
x=c.max_size()	**x** 是 **c** 的最大元素数
x=c.capacity()	**x** 是为 **c** 分配的空间（仅适用于 **vector** 和 **string**）
c.reserve(n)	为 **c** 保留 **n** 个元素的空间（仅适用于 **vector** 和 **string**）
c.resize(n)	将 **c** 的大小更改为 **n**（仅适用于 **vector** 和 **string**，**list** 和 **deque**）

当改变大小或容量时，元素可能被移动到新的存储位置。这意味着指向元素的迭代器（以及指针和引用）将变为无效（如指向旧的元素位置）。

B.4.9　其他操作

容器可以被拷贝（参见附录 B.4.3）、比较和交换，如表 B-23 所示。

表 B-23　比较和交换

比较和交换	
c1==c2	c1 和 c2 中对应的元素是否都相等？
c1!=c2	c1 和 c2 中有对应的元素不相等吗？
c1<c2	c1 在字典顺序上在 c2 之前吗？
c1<=c2	c1 在字典顺序上在 c2 之前，还是与 c2 相同吗？
c1>c2	c1 在字典顺序上在 c2 之后吗？
c1>=c2	c1 在字典顺序上在 c2 之后，还是与 c2 相同吗？
swap(c1, c2)	交换 c1 和 c2 的元素
c1.swap(c2)	交换 c1 和 c2 的元素

当用一个运算符（如<）比较两个容器时，实际是用等价的元素运算符（即<）来比较对应元素。

B.4.10　关联容器操作

关联容器提供基于关键字的查找，如表 B-24 所示。

表 B-24　关联容器操作

关联容器操作	
c[k]	引用键为 k 的元素（适用于具有唯一的容器）
p=c.find(k)	p 指向第一个关键字为 k 的元素
p=c.lower_bound(k)	p 指向第一个关键字大于等于 k 的元素
p=c.upper_bound(k)	p 指向第一个关键字大于 k 的元素
pair(p1,p2)=c.equal_range(k)	[p1:p2) 是关键字为 k 的元素
r=c.key_comp()	r 是关键字比较对象（比较函数）的副本
r=c.value_comp()	r 是映射值比较对象（比较函数）的一个副本，如果没有找到关键字，则返回 c.end()

equal_range 返回 pair 中的第一个迭代器是 lower_bound，第二个迭代器是 upper_bound。在 multimap 中，可以输出所有以 "Marian" 为键值的元素，就像这样：

```
string k = "Marian";
auto pp = m.equal_range(k);
if (pp.first!=pp.second)
    cout << "elements with value '" << k << "':\n";
else
```

```
        cout << "no element with value '" << k << "'\n";
    for (auto p = pp.first; p!=pp.second; ++p)
        cout << p->second << '\n';
```

下面是 equal_range 的等价调用：

```
    auto pp = make_pair(m.lower_bound(k),m.upper_bound(k));
```

然而，这将花费比使用 equal_range 大约两倍的时间来执行。equal_range、lower_bound 和 upper_bound 算法也可用于有序序列（参见附录 B.5.4）。pair 的定义参见附录 B.6.3。

B.5　算法

<algorithm> 定义了大约 60 个标准算法。它们都用于操作由一对迭代器（用于输入）或单个迭代器（用于输出）定义的序列。

当对两个序列进行拷贝、比较等操作时，第一个序列由一对迭代器 [b:e] 表示。而第二个序列由一个迭代器 b2 表示，b2 是第二个序列的开始位置，该序列包含算法所需的足够多的元素数量，例如，[b2:b2+(e - b)) 包含与第一个序列相同数量的元素。

一些算法，比如 sort，需要使用随机访问迭代器，而另一些算法，比如 find，只按顺序读取的元素，因此只需要使用前向迭代器。

许多算法都遵循这样一个约定，即返回序列的列尾以表示"未找到"。此后我们将不会对每个算法都重复提及这一点。

B.5.1　不可变序列算法

不可变算法只读取序列中的元素，不会重新排列序列，也不会改变元素的值，如表 B-25 所示。

表 B-25　不可变序列算法

不可变序列算法	
f=for_each(b, e, f)	对 [b:e] 中的每个元素执行 f，返回 f
p=find(b, e, v)	p 指向 v 在 [b:e] 中的第一次出现的位置
p=find_if(b, e, f)	p 指向 [b:e] 中的第一个满足 f(*p) 的元素
p=find_first_of(b, e, b2, e2)	p 指向 [b:e] 中的第一个对于 [b2:e2) 中的某个 q，满足 *p==*q 的元素
p=find_first_of(b, e, b2, e2, f)	p 指向 [b:e] 中的第一个对于 [b2:e2) 中的某个 q，满足 f(*p, *q) 为真的元素
p=adjacent_find(b, e)	p 指向 [b:e] 中的第一个满足 *p==*(p+1) 的元素
p=adjacent_find(b, e, f)	p 指向 [b:e] 中的第一个满足 f(*p, *(p+1)) 为真的元素
equal(b, e, b2)	[b:e] 与 [b2:b2+(e-b)) 中的所有元素是否都相等？
equal(b, e, b2, f)	使用 f(*p, *q) 作为比较标准，[b:e] 与 [b2:b2+(e − b)) 的所有元素是否都相等？
pair(p1, p2)=mismatch(b, e, b2)	(p1, p2) 指向 [b:e] 和 [b2:b2+(e-b)) 中的第一对满足 !(*p1==*p2) 的元素
pair(p1, p2)=mismatch(b, e, b2, f)	(p1, p2) 指向 [b:e] 和 [b2:b2+(e-b)) 中的第一对满足 !f(*p1, *p2) 的对位元素

续表

不可变序列算法	
p=search(b, e, b2, e2)	p 指向 [b:e) 中的第一个在 [b2:e2) 中有相等元素
p=search(b, e, b2, e2, f)	p 指向 [b:e) 中的第一个对于 [b2:e2) 中的元素 *q，满足 f(*p,*q)
p=find_end(b, e, b2, e2)	p 指向 [b:e) 中的最后一个在 [b2:e2) 中有相等元素的元素
p=find_end(b, e, b2, e2, f)	p 指向 [b:e) 中的最后一个对于 [b2:e2) 中的元素 *q，满足 f(*p, *q)
p=search_n(b, e, n, v)	p 指向 [b:e) 中的第一个满足 [p: p+n) 中的每个元素的值都为 v 的元素
p=search_n(b, e, n, v, f)	p 指向 [b:e) 中的第一个满足 [p: p+n) 中的每个元素 *q 都满足 f(*q, v) 的元素
x=count(b, e, v)	x 是 v 在 [b:e) 中的出现次数。
x=count_if(b, e, v, f)	x 是 [b:e) 中的满足 f(*p, v) 的元素个数

　　请注意，传递给 for_each 的操作可以修改元素，对此并没有任何限制，这是可以接受的。但对于其他算法（例如 count 或 ==），这是不可接受的。

　　下面是一个正确使用的例子：

```cpp
bool odd(int x) { return x&1; }

int n_even(const vector<int>& v)  // 计算 v 中偶数的个数
{
    return v.size()-count_if(v.begin(),v.end(),odd);
}
```

B.5.2　可变序列算法

　　可变序列算法可以（通常也的确会）修改参数序列中的元素，如表 B-26 所示。

表 B-26　可变序列算法

可变序列算法	
p=transform(b, e, out, f)	对 [b:e) 中的每个元素 *p1，执行 *p2=f(*p1)，并将 *p2 写入 [out:out+(e–b)) 中对应位置；p=out+(e–b)
p=transform(b, e, b2, out, f)	对 [b:e) 中的每个元素 *p1 和 [b2:b2+(e–b)) 中对应的元素 *p2，执行 *p3=f(*p1,*p2)，并将 *p3 写入 [out:out+(e–b)) 中对应位置；p=out+(e–b)
p=copy(b, e, out)	将 [b:e) 拷贝到 [out:p)
p=copy_backward(b, e, out)	从最后一个元素开始，将 [b:e) 拷贝到 [p:out)
p=unique(b, e)	移动 [b:e) 中的元素，使 [b:p) 中的相邻重复项被删除（使用 == 判定什么是"重复项"）
p=unique(b, e, f)	移动 [b:e) 中的元素，使 [b:p) 中的相邻重复项被删除（使用 f 判定什么是"重复项"）
p=unique_copy(b, e, out)	将 [b:e) 拷贝到 [out:p)；不拷贝相邻重复项

续表

可变序列算法	
p=unique_copy(b,e,out,f)	将 [b:e] 拷贝到 [out:p]；不拷贝相邻重复项（使用 f 判定什么是"重复项"）
replace(b,e,v,v2)	将 [b:e] 中满足 *q==v 的元素 *q 替换为 v2
replace(b,e,f,v2)	将 [b:e] 中满足 f(*q) 的元素 *q 替换为 v2
p=replace_copy(b,e,out,v,v2)	拷贝 [b:e] 到 [out:p]，将 [b:e] 中满足 *q==v 的元素 *q 替换为 v2
p=replace_copy(b,e,out,f,v2)	拷贝 [b:e] 到 [out:p]，将 [b:e] 中满足 f(*q) 的元素 *q 替换为 v2
p=remove(b,e,v)	移动 [b:e] 中的元素 *q，使得 [b:p] 中的元素满足 !(*q==v)
p=remove(b,e,v,f)	移动 [b:e] 中的元素 *q，使得 [b:p] 中的元素满足 !f(*q)
p=remove_copy(b,e,out,v)	将满足 !(*q==v) 的元素从 [b:e] 拷贝到 [out:p]
p=remove_copy_if(b,e,out,f)	将满足 !f(*q) 的元素从 [b:e] 拷贝到 [out:p]
reverse(b,e)	颠倒 [b:e] 中元素的顺序
p=reverse_copy(b,e,out)	以相反的顺序将 [b:e] 拷贝到 [out:p]
rotate(b,m,e)	循环移动元素：将 [b:e] 视为一个环，其中第一个元素紧跟在最后一个元素之后。移动 *b 到 *m，其他元素依此类推，即移动 *(b+i) 到 *((b+(i+(e-m))%(e-b))
p=rotate_copy(b,m,e,out)	将 [b:e] 拷贝到旋转序列 [out:p]
random_shuffle(b,e)	使用默认的均匀随机数生成器将 [b:e] 中的元素打乱（进行"洗牌"）到一个分布中
random_shuffle(b,e,f)	使用 f 作为随机数生成器将 [b:e] 中的元素打乱（进行"洗牌"）到一个分布中

对序列的元素进行打乱的算法类似于洗牌。也就是说，在"洗牌"之后，元素以随机顺序排列，其中的"随机"由随机数生成器产生的分布决定。

请注意，这些算法并不知道它们的序列参数是否为容器，因此它们没有添加或删除元素的能力。因此，像 remove 这样的算法不能通过删除元素来缩短其输入序列；它只是移动保留的元素到序列的前端：

```cpp
template<typename Iter>
void print_digits(const string& s, Iter b, Iter e)
{
    cout << s;
    while (b!=e) { cout << *b; ++b; }
    cout << '\n';
}


void ff()
{
    vector<int> v {1,1,1, 2,2, 3, 4,4,4, 3,3,3, 5,5,5,5, 1,1,1};
    print_digits("all: ",v.begin(), v.end());
    auto pp = unique(v.begin(),v.end());
```

```
        print_digits("head: ",v.begin(),pp);
        print_digits("tail: ",pp,v.end());
        pp=remove(v.begin(),pp,4);
        print_digits("head: ",v.begin(),pp);
        print_digits("tail: ",pp,v.end());
    }
```

结果输出为：

```
all: 1112234443335555111
head: 1234351
tail: 443335555111
head: 123351
tail: 1443335555111
```

B.5.3　工具算法

从技术上讲，这些工具算法也属于可变序列算法，但我们还是认为应该把它们独立出来，以免被忽视，如表 B-27 所示。

表 B-27　工具算法

工具算法	
swap(x, y)	交换 x 和 y
iter_swap(p, q)	交换 *p 和 *q
swap_ranges(b, e, b2)	交换 [b:e) 和 [b2:b2+(e-b)) 中的元素
fill(b, e, v)	将 v 赋值给 [b:e) 中的每个元素
fill_n(b, n, v)	将 v 赋值给 [b:b+n) 的每个元素
generate(b, e, f)	将 f() 赋值给 [b:e) 的每个元素
generate_n(b, n, f)	将 f() 赋值给 [b:b+n) 的每个元素
uninitialized_fill(b, e, v)	用 v 初始化 [b:e) 中的所有元素
uninitialized_copy(b, e, out)	用 [b:e) 中对应的元素初始化 [out:out+(e-b)) 中的元素

请注意，未初始化的序列应该只出现在最底层的程序设计中，通常是在容器的实现中。作为 uninitialized_fill 或 uninitialized_copy 目标的元素必须是内置类型或未初始化的。

B.5.4　排序和查找

排序和查找是最基本的操作，程序员的需求也各不相同。默认情况下，比较操作使用 < 运算符来完成。一对值 a 和 b 是否相等通过 !(a<b)&&!(b<a) 来判定，而不是使用 == 运算符，如表 B-28 所示。

表 B-28　排序和查找操作

排序和查找	
sort(b, e)	排序 [b:e)
sort(b, e, f)	排序 [b:e)，使用 f(*p, *q) 作为排序标准
stable_sort(b, e)	排序 [b:e)，保持相等元素的顺序

续表

排序和查找	
stable_sort(b, e, f)	排序 [b:e)，使用 f(*p , *q) 作为排序标准，保持相等元素的顺序
partial_sort(b, m, e)	排序 [b:e)，使 [b:m) 有序，[m:e) 不需要有序
partial_sort(b, m, e, f)	排序 [b:e)，使用 f(*p , *q) 作为排序标准，使 [b:m) 有序，[m:e) 不需要有序
partial_sort_copy(b, e, b2, e2)	排序 [b:e) 中足够多的元素，以确保拷贝其前端的 e2-b2 个有序元素到 [b2:e2) 中
partial_sort_copy(b, e, b2, e2, f)	排序 [b:e) 中足够多的元素，以确保拷贝其前端的 e2-b2 个有序元素到 [b2:e2) 中；使用 f 作为比较标准
nth_element(b, p, e)	将 [b:e) 的第 n 个元素放在适当的位置；[b:p) 是有序的
nth_element(b, p, e, f)	将 [b:e) 的第 n 个元素放在适当的位置，使用 f 作为比较标准；[b:p) 是有序的
p=lower_bound(b, e, v)	p 指向 v 在 [b:e) 中的第一次出现的位置
p=lower_bound(b, e, v, f)	p 指向 v 在 [b:e) 中的第一次出现的位置，使用 f 作为比较标准
p=upper_bound(b, e, v)	p 指向 [b:e) 中第一个比 v 大的值
p=upper_bound(b, e, v, f)	p 指向 [b:e) 中第一个比 v 大的值，使用 f 作为比较标准
binary_search(b, e, v)	v 是否在有序序列 [b:e) 中？
binary_search(b, e, v, f)	使用 f 作为比较标准，v 是否在有序序列 [b:e) 中？
pair(p1,p2)=equal_range(b, e, v)	[p1,p2) 是 [b:e) 范围内值为 v 的子序列；基本上就是对 v 进行二分查找
pair(p1,p2)=equal_range(b, e, v, f)	使用 f 作为比较标准，[p1,p2) 是 [b:e) 范围内值为 v 的子序列；基本上就是对 v 进行二分查找
p=merge(b, e, b2, e2, out)	将两个有序序列 [b2:e2) 和 [b:e) 合并为一个有序序列 [out:p)
p=merge(b, e, b2, e2, out, f)	使用 f 作为比较标准，将两个有序序列 [b2:e2) 和 [b:e) 合并为 [out:+p)
inplace_merge(b, m, e)	将两个有序子序列 [b:m) 和 [m:e) 合并为一个有序序列 [b:e)
inplace_merge(b, m, e, f)	使用 f 作为比较标准，将两个有序子序列 [b:m) 和 [m:e) 合并为一个有序序列 [b:e)
p=partition(b, e, f)	将满足 f(*p1) 的元素放在 [b:p) 中，其他元素放在 [p:e) 中
p=stable_partition(b, e, f)	将满足 f(*p1) 的元素放在 [b:p) 中，其他元素放在 [p:e) 中，保持相对秩序

例如：

```
vector<int> v{3,1,4,2};
list<double> lst {0.5,1.5,3,2.5};   // lst 是有序的
sort(v.begin(),v.end());                   // 对 v 进行排序
vector<double> v2;
merge(v.begin(),v.end(),lst.begin(),lst.end(),back_inserter(v2));
```

```
for (auto x : v2) cout << x << ", ";
```

插入器的相关介绍参见附录 B.6.1。输出为：

```
0.5, 1, 1.5, 2, 2, 2.5, 3, 4,
```

equal_range、**lower_bound** 和 **upper_bound** 算法的使用方式与关联容器类似，参见附录 B.4.10。

B.5.5　集合算法

这些算法将序列视为元素的集合，并提供基本的集合操作。输入序列应该是有序的，输出序列也应该是有序的，如表 B-29 所示。

表 B-29　集合算法

集合算法	
includes(b, e, b2, e2)	[b2:e2) 的所有元素是否也在 [b:e) 中？
includes(b, e, b2, e2, f)	使用 f 作为比较标准，[b2:e2) 的所有元素是否也在 [b:e) 中？
p=set_union(b, e, b2, e2, out)	构造一个有序序列 [out:p)，包含在 [b:e) 和 [b2:e2) 中的所有元素
p=set_union(b, e, b2, e2, out, f)	使用 f 作为比较标准，构造一个有序序列 [out:p)，包含在 [b:e) 和 [b2:e2) 中的所有元素
p=set_intersection(b, e, b2, e2, out)	构造一个有序序列 [out:p)，包含在 [b:e) 和 [b2:e2) 中共有的元素
p=set_intersection(b, e, b2, e2, out, f)	使用 f 作为比较标准，构造一个有序序列 [out:p)，包含在 [b:e) 和 [b2:e2) 中共有的元素
p=set_difference(b, e, b2, e2, out)	构造一个有序序列 [out:p)，包含在 [b:e) 中但不在 [b2:e2) 中的元素
p=set_difference(b, e, b2, e2, out, f)	使用 f 作为比较标准，构造一个有序序列 [out:p)，包含在 [b:e) 中但不在 [b2:e2) 中的元素
p=set_symmetric_difference(b, e, b2, e2, out)	构造一个有序序列 [out:p)，包含在 [b:e) 或 [b2:e2) 中，但不同时在二者中出现的元素
p=set_symmetric_difference(b, e, b2, e2, out, f)	使用 f 作为比较标准，构造一个有序序列 [out:p)，包含在 [b:e) 或 [b2:e2) 中，但不同时在二者中出现的元素

B.5.6　堆

堆是这样一种数据结构，它将值最大的元素放置在最前面。堆算法允许程序员将随机访问序列视为堆来处理，如表 B-30 所示。

表 B-30　堆算法

堆算法	
make_heap(b, e)	将序列准备好作为堆使用
make_heap(b, e, f)	使用 f 作为比较标准，将序列准备好作为堆使用
make_heap(b, e, f)	在堆中（适当的位置）添加一个元素

续表

堆算法	
push_heap(b, e, f)	使用 f 作为比较标准，在堆中添加一个元素
pop_heap(b, e)	从堆中移除最大的（第一个）元素
pop_heap(b, e, f)	使用 f 作为比较标准，从堆中移除最大的（第一个）元素
sort_heap(b, e)	对堆排序
sort_heap(b, e, f)	使用 f 作为比较标准，对堆排序

堆的意义在于能够快速添加元素和快速访问其值最大的元素。堆的主要用途是实现优先队列。

B.5.7 排列

排列用于生成序列元素的组合。例如，**abc** 的排列包括：**abc, acb, bac, bca, cab, cba**，如表 B-31 所示。

表 B-31 排列

排列	
x=next_permutation(b, e)	按字典顺序生成 [b:e) 的下一个排列
x=next_permutation(b, e, f)	使用 f 作为比较标准，按字典顺序生成 [b:e) 的下一个排列
x=prev_permutation(b, e)	按字典顺序生成 [b:e) 的上一个排列
x=prev_permutation(b, e, f)	使用 f 作为比较标准，按字典顺序生成 [b:e) 的上一个排列

如果已经生成过 [b:e) 的最后一个排列（本例中为 **cba**），next_permutation 的返回值（**x**）将为 **false**。在这种情况下，它返回第一个排列（在本例中为 **abc**）。如果已经生成过 [b:e) 的第一个排列（本例中为 **abc**），prev_permutation 的返回值为 **false**；在这种情况下，它返回最后一个排列（本例中为 **cba**）。

B.5.8 min 和 max

值比较在很多情况下都很有用，如表 B-32 所示。

表 B-32 min 和 max

min 和 max	
x=max(a, b)	x 是 a 和 b 中较大的那个
x=max(a, b, f)	使用 f 作为比较标准，x 是 a 和 b 中较大的那个
x=max({elems})	x 是 {elems} 中的最大的元素
x=max({elems}, f)	使用 f 作为比较标准，x 是 {elems} 中的最大的元素
x=min(a, b)	x 是 a 和 b 中较小的那个
x=min(a, b, f)	使用 f 作为比较标准，x 是 a 和 b 中较小的那个
x=min({elems})	x 是 {elems} 中的最小的元素
x=min({elems}, f)	使用 f 作为比较标准，x 是 {elems} 中的最小的元素
pair(x, y)=minmax(a, b)	x 是 max(a, b)；y 是 min(a, b)

min 和 max	
pair(x, y)=minmax(a, b, f)	使用 f 作为比较标准，x 是 max(a, b)；y 是 min(a, b)
pair(x, y)=minmax({elems})	x 是 max({elems})；y 是 min({elems})
pair(x, y)=minmax({elems}, f)	使用 f 作为比较标准，x 是 max({elems})；y 是 min({elems})
p= max_element(b, e)	p 指向 [b:e) 的最大元素
p=max_element(b, e, f)	使用 f 作为比较标准，p 指向 [b:e) 的最大元素
p=min_element(b, e)	p 指向 [b:e) 的最小元素
p=min_element(b, e, f)	使用 f 作为比较标准，p 指向 [b:e) 的最小元素
lexicographical_compare(b, e, b2, e2)	[b, e) < [b2: e2) 是否成立？
lexicographical_compare(b, e, b2, e2, f)	使用 f 作为比较标准，[b, e) < [b2: e2) 是否成立？

B.6　STL 工具

标准库提供了一些工具，用于方便标准库算法的使用。

B.6.1　插入器

通过迭代器将内容输出到容器中，意味着迭代器指向的以及它后面的元素可以被覆盖。这也意味着存在溢出和随之而来的内存错误的可能性。例如：

```
void f(vector<int>& vi)
{
    fill_n(vi.begin(),200,7 );              // vi[0]..[199] 都赋值为 7
}
```

如果 vi 的元素少于 200，就有麻烦了。

在 <iterator> 中，标准库提供了三种迭代器来处理这个问题，即向容器中添加（插入）元素，而不是覆盖旧元素，并提供了 3 个函数来生成插入迭代器，如表 B-33 所示。

表 B-33　插入器

插入器	
r=back_inserter(c)	*r=x，引发一次 c.push_back(x)
r=front_inserter(c)	*r=x，引发一次 c.push_front(x)
r=inserter(c, p)	*r=x，引发一次 c.insert(p, x)

对于 inserter(c,p)，p 必须是容器 c 的一个合法迭代器。当然，每次通过插入迭代器向容器写入一个值时，容器就会增长一个元素。当被写入时，插入者使用 c.pusp_back(x)、c.pusp_front() 或 c.push_insert() 将一个新元素插入序列中，而不是覆盖现有的元素。例如：

```
void g(vector<int>& vi)
{
    fill_n(back_inserter(vi),200,7 );       // 在 vi 末尾添加 200 个 7
}
```

B.6.2 函数对象

许多标准库算法以函数对象（或函数）作为参数来控制它们的工作方式。常用的有比较标准、断言（返回 **bool** 值的函数）和算术运算。在 <functional> 中，标准库还提供了一些常用的函数对象，如表 B-34、表 B-35、表 B-36 所示。

表 B-34 断言

断言	
p=equal_to<T>{}	当 x 和 y 的类型为 T 时，p(x,y) 表示 x==y
p=not_equal_to<T>{}	当 x 和 y 的类型为 T 时，p(x,y) 表示 x!=y
p=greater<T>{}	当 x 和 y 的类型为 T 时，p(x,y) 表示 x>y
p=less<T>{}	当 x 和 y 的类型为 T 时，p(x,y) 表示 x<y
p=greater_equal<T>{}	当 x 和 y 的类型为 T 时，p(x,y) 表示 x>=y
p=less_equal<T>{}	当 x 和 y 的类型为 T 时，p(x,y) 表示 x<=y
p=logical_and<T>{}	当 x 和 y 的类型为 T 时，p(x,y) 表示 x&&y
p=logical_or<T>{}	当 x 和 y 的类型为 T 时，p(x,y) 表示 x||y
p=logical_not<T>{}	当 x 类型为 T 时，p(x) 表示 !x

例如：

```
vector<int> v;
// ...
sort(v.begin(),v.end(),greater<int>{} );          // 将 v 按降序排序
```

注意，**logical_and** 和 **logical_or** 总是会计算它们的两个参数（而 **&&** 和 **||** 则不一定）。

此外，lambda 表达式（参见 15.3.3 节）通常可以当作简单的函数对象：

```
sort(v.begin(),v.end(),[](int x, int y) { return x>y;});  // 将 v 按降序排序
```

表 B-35 算术运算

算术运算	
f=plus<T>{}	当 x 和 y 的类型为 T 时，f(x,y) 表示 x+y
f=minus<T>{}	当 x 和 y 的类型为 T 时，f(x,y) 表示 x − y
f=multiplies<T>{}	当 x 和 y 的类型为 T 时，f(x,y) 表示 x*y
f=divides<T>{}	当 x 和 y 的类型为 T 时，f(x,y) 表示 x/y
f=modulus<T>{}	当 x 和 y 的类型为 T 时，f(x,y) 表示 x%y
f=negate<T>{}	当 x 是类型 T 时，f(x) 表示 − x

表 B-36 适配器

适配器	
f=bind(g,args)	f(x) 表示 g(x,args)，其中 args 可以是一个或多个参数
f=mem_fn(mf)	f(p,args) 表示 p->mf(args)，其中 args 可以是一个或多个参数
function<F> f{g}	f(args) 表示 g(args)，其中 args 可以是一个或多个参数。F 是 g 的类型

续表

适配器	
f=not1(g)	f(x) 表示 !g(x)
f=not2(g)	f(x,y) 表示 !g(x,y)

请注意，**function** 是一个模板，因此可以定义类型为 **function\<T\>** 的变量，并将可调用对象赋值给这些变量。例如：

```
int f1(double);
function<int(double)> fct{f1};        // 初始化为 f1
int x = fct(2.3);                     // 调用 f1(2.3)
function<int(double)> fun;            // fun 可以容纳任何 int(double)
fun = f1;
```

B.6.3 对（pair）和组元（tuple）

在 \<utility\> 中，标准库提供了一些"工具组件"，**pair** 就是其中之一：

```
template <typename T1, typename T2>
struct pair {
    using first_type = T1;
    using second_type = T2;
    T1 first;
    T2 second;
    // ... 拷贝和移动操作 ...
};


template <typename T1, typename T2>
constexpr pair<T1,T2> make_pair(T1 x, T2 y) { return pair<T1,T2>{x,y}; }
```

make_pair() 函数简化了 **pair** 的使用。例如，下面函数返回一个值和一个错误指示符：

```
pair my_fct(double d)
{
    errno = 0;  // 清除 C 风格的全局错误指示符
    // ...  大量的计算，涉及通过 d 计算 x ...
    error_indicator ee = errno;
    errno = 0;  // 清除 C 风格的全局错误指示符
    return make_pair(x,ee);
}
```

下面是一个常见用法的示例：

```
pair<int,error_indicator> res = my_fct(123.456);
if (res.second==0) {
    // ... 使用 res.first ...
}
else {
    // 糟糕：错误
}
```

当正好只需要两个元素，并且不需要定义一个特定的类型时，就应该使用 **pair**。如果需要零个或多个元素，可以使用 **<tuple>** 中的 **tuple**：

```
template <typename... Types>
struct tuple {
    explicit constexpr tuple(const Types& …);   // 由 N 个值构造
    template<typename… Atypes>
    explicit constexpr tuple(const Atypes&& …);  // 由 N 个值构造
    // … 拷贝和移动操作 …
};
template <class… Types>
constexpr tuple<Types…> make_tuple(Types&& …);  // 由 N 个值构造 tuple
```

元组实现使用了一个超出本书范围的特性——可变模板，这就是那些省略号（...）的意思。没有关系，我们可以像使用 **pair** 一样使用元组。例如：

```
auto t0 = make_tuple();                          // 无元素
auto t1 = make_tuple(123.456);                   // 一个 double 类型的元素
auto t2 = make_tuple(123.456, 'a'); // 类型为 double 和 char 的两个元素
auto t3 = make_tuple(12,'a',string{"How?"});     // 类型为 int、char 和 string
                                                 // 的三个元素
```

元组可以包含许多元素，因此不能只使用 **first** 和 **second** 来访问它们。而是要使用函数 **get**：

```
auto d = get<0>(t1);          // double
auto n = get<0>(t3);          // int
auto c = get<1>(t3);          // char
auto s = get<2>(t3);          // string
```

get 的下标是一个模板参数。从这个例子可以看出，元组下标是从 0 开始的。

元组主要用于泛型程序设计。

B.6.4　initializer_list

在 **<initializer_list>** 中可以找到 **initializer_list** 的定义：

```
Template<typename T>
class initializer_list {
public:
    initializer_list() noexcept;
    size_t size() const noexcept;    // 元素个数
    const T* begin() const noexcept; // 第一个元素
    const T* end() const noexcept;   // 最后一个元素的下一个位置

    // ...
};
```

当编译器看到一个元素类型为 **X** 的 **{}** 初始值列表时，会用它来构造一个 **initializer_list<X>**（参见 14.2.1 节和 18.2 节）。不幸的是，**initializer_list** 不支持下标运算符（**[ ]**）。

B.6.5　资源管理指针

内置指针并不表明它是否拥有所指向对象的所有权。这会使程序设计严重复杂化（参见 19.5

节）。用在 `<memory>` 中定义的资源管理指针 unique_ptr 和 shared_ptr 来解决这个问题：

- unique_ptr（参见 19.5.4 节）代表排他所有权；一个对象只能有一个 unique_ptr 指向它，当它的 unique_ptr 被销毁时，该对象将会被删除，如表 B-37 所示。
- shared_ptr 表示共享所有权；一个对象可以有多个 shared_ptr 指向，当最后一个 shared_ptr 被销毁时，该对象将会被删除，如表 B-38 所示。

表 B-37　unique_ptr

unique_ptr<p>（经过简化的）	
unique_ptr up{};	默认构造函数：up 拥有空指针
unique_ptr up{p};	up 持有 p
unique_ptr up{up2};	移动构造函数：up 拥有 up2 的 p；up2 持有空指针
up. ~ unique_ptr()	释放 up 拥有的指针
p=up.get()	p 是由 up 拥有的指针
p=up.release()	p 是由 up 拥有的指针；up 拥有空指针
up.reset(p)	释放 up 拥有的指针；up 拥有 p
up=make_unique<X>(args)	up 拥有 new<X>(args)（C++ 14）

　　unique_ptr 可以使用常用的指针操作，例如 *、->、== 和 <。此外，可以定义 unique_ptr 使用不同于普通 delete 的释放操作。

表 B-38　shared_ptr

shared_ptr（经过简化的）	
shared_ptr sp {};	默认构造函数：sp 拥有空指针
shared_ptr sp {p};	sp 拥有 p
shared_ptr sp {sp2};	拷贝构造函数：sp 和 sp2 都拥有 sp2 的 p
shared_ptr sp{move(sp2)};	移动构造函数：sp 拥有 sp2 的 p；sp2 拥有空指针
sp. ~ shared_ptr()	如果 sp 是该指针的最后一个 shared_ptr，则释放 sp 拥有的指针
sp = sp2	拷贝赋值：如果 sp 是最后一个拥有其指针的共享指针，则释放其指针；sp 和 sp2 都拥有 sp2 的指针
sp = move(sp2)	移动赋值：如果 sp 是最后一个指向其旧指针的共享指针，则释放其指针；sp 拥有 sp2 的 p；sp2 拥有空指针
p=sp.get()	p 是 sp 拥有的指针
n=sp.use_count()	有多少 shared_ptr 指向 sp 拥有的指针？
sp.reset(p)	如果 sp 是最后一个拥有其指针的共享指针，则释放其指针；sp 拥有 p
sp=make_shared<X> (args)	sp 拥有 new<X>(args)

　　shared_ptr 可以使用常用的指针操作，如 *、->、== 和 <。此外，可以定义 shared_ptr 来使用不同于普通 delete 的释放操作。

　　标准库还提供了一个 weak_ptr 函数，用于打破 shared_ptr 的循环。

B.7　I/O 流

I/O 流库提供了文本和数值的格式化和非格式化缓冲 I/O。I/O 流功能的定义可以在 \<istream>，\<ostream> 等头文件中找到，参见附录 B.1.1。

ostream 将具有类型的对象转换为字符（字节）流，如图 B-6 所示。

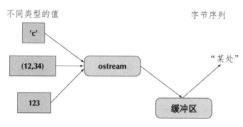

图 B-6　输出流转换

istream 将字符（字节）流转换为具有类型的对象，如图 B-7 所示。

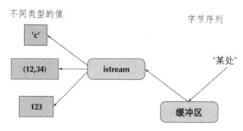

图 B-7　输入流转换

iostream 是既可以作为 istream 又可以作为 ostream 的流。图 B-6 和 B-7 中的缓冲区是"流缓冲区"（streambuf）。如果需要定义从 iostream 到一种新的设备、文件或内存的映射，请在专家级书籍中查找相关内容。

STL 提供了三个标准流，如表 B-39 所示。

表 B-39　标准 I/O 流

标准 I/O 流	
cout	标准字符输出，通常默认为屏幕
cin	标准字符输入，通常默认使用键盘
cerr	标准字符错误输出（未缓冲的）

B.7.1　I/O 流层次结构

istream 可以连接到输入设备（如键盘）、文件或字符串。类似地，ostream 可以连接到输出设备（如文本窗口）、文件或字符串。I/O 流功能组织为如图 B-8 所示的类层次结构。

图 B-8　I/O 流层次结构

可以通过构造函数或调用 **open()** 打开流，如表 B-40 所示。

表 B-40　流类型

流类型	
stringstream(m)	创建一个模式为 **m** 的空字符串流
stringstream(s,m)	创建一个字符串流，其中包含模式为 **m** 的字符串 **s**
fstream()	创建一个文件流，以便稍后打开
fstream(s,m)	以 **m** 模式打开一个名为 **s** 的文件，并创建一个文件流来指向它
fs.open(s,m)	以 **m** 模式打开一个名为 **s** 的文件，并让 **fs** 指向它
fs.is_open()	**fs** 是打开的吗？

对于文件流，文件名是一个 C 风格的字符串。

打开文件有以下几种模式，如表 B-41 所示。

表 B-41　流模式

流模式	
ios_base::app	追加（即添加到文件末尾）
ios_base::ate	文件尾（打开文件并定位到文件末尾）
ios_base::binary	二进制模式——需要留意系统相关的行为
ios_base::in	读模式
ios_base::out	写模式
ios_base::trunc	将文件截断，使其长度为 0

对于每一种模式，打开文件的确切效果依赖于操作系统，如果操作系统不允许以某种方式打开文件的请求，那么结果将会是非 **good()** 状态的流。

下面是一个例子：

```
void my_code(ostream& os);      // 可以使用任意 ostream

ostringstream os;               // o 代表 "output"
ofstream of("my_file");
if (!of) error("couldn't open 'my_file' for writing");
my_code(os);                    // 使用一个字符串
my_code(of);                    // 使用一个文件
```

参见 11.3 节。

B.7.2　错误处理

iostream 可以处于以下四种状态之一，如表 B-42 所示。

表 B-42　流状态

流状态	
good()	操作成功
eof()	到达了输入的终点（"文件尾"）

流状态	
fail()	发生了意外（例如，寻找一个数字却获得了'x'）
bad()	发生了严重的意外（例如，磁盘读取错误）

通过使用 **s.exceptions()**，程序员可以要求 iostream 在从 **good()** 状态变为其他状态时抛出异常（参见 10.6 节）。

如果流的状态不是 **good()**，对其执行任何操作都不会有效果，即"无操作"。

iostream 可以用作条件。如果 **iostream** 的状态是 **good()**，则条件为真（成功）。下面是读取流中的值的常用方法：

```
for (X buf; cin>>buf; ) { // buf 是一个"输入缓冲区"，用于保存 X 类型的值
 // ... 使用 buf 进行一些操作 ...
}
// 当 >> 无法从 cin 中读取另一个 X 时，就会执行到这里
```

B.7.3 输入操作

除了输入字符串的操作定义在 **<string>** 中，其他的输入操作都可以在 **<istream>** 中找到，如表 B-43、表 B-44 所示。

表 B-43 格式化输入

格式化输入	
in >> x	根据 **x** 的类型从 **in** 读入 **x**
getline(in,s)	从 **in** 中读取一行，存入字符串 **s**

除非特别说明，否则 istream 操作将返回对其 istream 的引用，因此可以将操作"串联"起来，如 **cin>>x>>y;**。

表 B-44 非格式化输入

非格式化输入	
x=in.get()	从 **in** 中读取一个字符并返回它的整数值
in.get(c)	从 **in** 读入一个字符到 **c**
in.get(p,n)	从 **in** 中最多读取 **n** 个字符，并存入 **p** 开始的数组
in.get(p,n,t)	从 **in** 中最多读取 **n** 个字符，并存入 **p** 开始的数组将 **t** 作为终止符
in.getline(p,n)	从 **in** 中最多读取 **n** 个字符，并存入 **p** 开始的数组从 **in** 中删除终止符
in.getline(p,n,t)	从 **in** 中最多读取 **n** 个字符，并存入 **p** 开始的数组将 **t** 作为终止符，从 **in** 中删除终止符
in.read(p,n)	从 **in** 中最多读取 **n** 个字符，并存入 **p** 开始的数组
x=in.gcount()	**x** 为 **in** 的最近一次未格式化输入操作读取的字符数
in.unget()	回退流，使下一个读取的字符与前一个读取的字符相同
in.putback(x)	将 **x** "放回"流中，让它成为下一个读取的字符

函数 **get()** 和 **getline()** 会在写入的 **p[0]**… 字符串（如果有的话）的末尾放置一个 **0**。**getline()** 会

从输入中删除终止符（**t**），而 **get()** 不会。**read(p,n)** 不会在读取字符后将 **0** 写入数组。显然，与非格式化的输入操作相比，格式化的输入操作使用起来更简单，也更不容易出错。

B.7.4　输出操作

除了写字符串的操作定义在 **<string>** 中，其他输出操作可以在 **<ostream>** 中找到，如表 B-45 所示。

表 B-45　输出操作

输出操作	
out << x	根据 **x** 的类型将 **x** 写入 **out**
out.put(c)	将字符 **c** 写入 **out**
out.write(p,n)	将字符串 **p[0]..p[n–1]** 写入 **out**

除非特别说明，否则 **ostream** 操作将返回对其 **ostream** 的引用，因此可以将操作"串联"起来，如 **cout<<x<<y;**。

B.7.5　格式化

I/O 流的格式由对象类型、流状态、本地化信息（参见 **<locale>**）和显式操作共同控制。在第 10 章和第 11 章中，对此进行了更详细的描述。这里只列出标准操纵符（改变流状态的操作），因为它们提供了最直接的改变格式的方法。

本地化的相关内容超出了本书的范围。

B.7.6　标准操纵符

标准库提供了对应于各种格式状态和状态改变的操纵符。标准操纵符定义在 **<ios>**、**<istream>**、**<ostream>**、**<iostream>** 和 **<iomanip>** 中（接受参数的运算符），如表 B-46 所示。

表 B-46　I/O 操纵符

I/O 操纵符	
s<<boolalpha	使用 **true** 和 **false** 的符号表示（输入和输出）
s<<noboolalpha	**s.unsetf(ios_base::boolalpha)**
s<<showbase	八进制输出前缀为 **0**，十六进制输出前缀为 **0x**
s<<noshowbase	**s.unsetf(ios_base::showbase)**
s<<showpoint	总是显示小数点
s<<noshowpoint	**s.unsetf(ios_base::showpoint)**
s<<showpos	对于正数显示 **+**
s<<noshowpos	**s.unsetf(ios_base::showpos)**
s>>skipws	跳过空白符
s>>noskipws	**s.unsetf(ios_base::skipws)**
s<<uppercase	在数值输出中使用大写字母，例如 **1.2E10** 和 **0X1A2**，而不是 **1.2e10** 和 **0x1a2**
s<<nouppercase	使用 **x** 和 **e** 而不是 **X** 和 **E**

续表

I/O 操纵符	
s<<internal	填充格式模式中记的指定位置
s<<left	在值之后填充
s<<right	在值之前填充
s<<dec	整数基数为 10
s<<hex	整数基数为 16
s<<oct	整数基数为 8
s<<fixed	采用浮点数格式 dddd.dd
s<<scientific	采用科学计数法格式 d.ddddEdd
s<<defaultfloat	所有格式，给出最精确的浮点输出
s<<endl	放入 '\n' 并清空缓冲
s<<ends	放入 '\0'
s<<flush	清空流
s>>ws	去掉空白符
s<<resetiosflags(f)	清除标志 f
s<<setiosflags(f)	设置标志为 f
s<<setbase(b)	以 b 为基数输出整数
s<<setfill(c)	使用 c 作为填充字符
s<<setprecision(n)	精度是 n 位数字
s<<setw(n)	下一个字段宽度是 n 个字符

每一个操作都返回对其第一个操作对象 s（stream）的引用。例如：

```
cout << 1234 << ',' << hex << 1234 << ',' << oct << 1234 << endl;
```

输出结果为：

```
1234,4d2,2322
```

而

```
cout << '(' << setw(4) << setfill('#') << 12 << ") (" << 12 << ")\n";
```

输出结果为：

```
(##12) (12)
```

为了显式设置浮点数的一般输出格式，可以使用下面的方式：

```
b.setf(ios_base::fmtflags(0), ios_base::floatfield)
```

参见第 11 章。

B.8　字符串操作

标准库在 <cctype> 中提供了字符分类操作，在 <string> 中提供了字符串的相关操作，在
<regex> 中提供了正则表达式操作，在 <cstring> 中提供了对 C 风格字符串的支持。

B.8.1　字符分类

基本字符集中的字符可分类如下，如表 B-47 所示。

表 B-47　字符分类

字符分类	
isspace(c)	c 是空白符（' '、'\t'、'\n' 等）吗？
isalpha(c)	c 是一个字母（'a' ... 'z'，'A'...'Z'）吗？（注意：不包括 '_'。）
isdigit(c)	c 是十进制数字（'0' ...'9'）吗？
isxdigit(c)	c 是十六进制数字（十进制数字或 'a' ...'f' 或 'A' ...'F'）吗？
isupper(c)	c 是大写字母吗？
islower(c)	c 是小写字母吗？
isalnum(c)	c 是字母或十进制数字吗？
iscntrl(c)	c 是控制字符（ASCII 0...31 和 127）吗？
ispunct(c)	c 不是字母、数字、空白符或不可见的控制字符吗？
isprint(c)	c 是否是可输出的（ASCII ' '... ' ~ '）？
isgraph(c)	是否属于 **isalpha(c)** 或 **isdigit(c)** 或 **ispunct(c)**？（注意：不包括空格）

此外，标准库还提供了两个用于消除大小写差异的实用函数，如表 B-48 所示。

表 B-48　消除大小写差异函数

消除大小写差异函数	
toupper(c)	返回 c 或 c 的对应大写形式
tolower(c)	返回 c 或 c 的对应小写形式

标准库还支持扩展字符集，如 Unicode，但相关内容超出了本书的范围。

B.8.2　字符串

标准库字符串类 **string**，是通用模板 **basic_string** 的 **char** 类型的特化版本。也就是说，**string** 是一个字符序列，如表 B-49 所示。

表 B-49　字符串运算

字符串运算	
s=s2	将 s2 赋值给 s，s2 可以是一个字符串或 C 风格的字符串
s+=x	将 x 添加到 s 的末尾，x 可以是字符、字符串或 C 风格的字符串
s[i]	下标访问
s+s2	连接，结果是一个新字符串，内容为 s 的字符后跟 s2 的字符
s==s2	字符串值比较，s 或 s2 可以是 C 风格的字符串，但不能两者都是
s!=s2	字符串值比较，s 或 s2 可以是 C 风格的字符串，但不能两者都是
s<s2	字符串值的字典序比较，s 或 s2 可以是 C 风格的字符串，但不能两者都是

续表

字符串运算	
s<=s2	字符串值的字典序比较，s 或 s2 可以是 C 风格的字符串，但不能两者都是
s>s2	字符串值的字典序比较，s 或 s2 可以是 C 风格的字符串，但不能两者都是
s>=s2	字符串值的字典序比较，s 或 s2 可以是 C 风格的字符串，但不能两者都是
s.size()	s 中的字符数
s.length()	s 中的字符数
s.c_str()	s 中字符的 C 风格的字符串版本（以 0 结尾）
s.begin()	指向首字符的迭代器
s.end()	指向 s 尾后位置的迭代器
s.insert(pos,x)	在 x[pos] 之前插入 x；x 可以是字符串是 C 风格的字符串
s.append(x)	将 x 插入到 s 的最后一个字符之后；x 可以是字符串是 C 风格的字符串
s.erase(pos)	删除 s 中以 s[pos] 开头的后续字符。s 的大小变成了 pos
s.erase(pos,n)	删除 s 中以 s[pos] 开头的 n 个字符。s 的大小变为 max(pos,size-n)
s.push_back(c)	追加字符 c
pos=s.find(x)	在 s 中查找 x，x 可以是字符、字符串或 C 风格字符串；pos 是找到的第一个字符的索引，或 string::npos（s 的尾后位置）
in>>s	从 in 读入一个单词，存入 s

B.8.3　正则表达式匹配

正则表达式功能可以在 **<regex>** 中找到。主要功能有：

- **regex_search()**：在（任意长度的）数据流中搜索与正则表达式匹配的字符串。
- **regex_match()**：将一个正则表达式与一个（已知大小的）字符串进行匹配。
- **regex_replace()**：替换匹配项，这本书中没有描述，请参阅专家级书籍或手册。

regex_search() 或 **regex_match()** 的结果是匹配的集合，通常表示为 **smatch**：

```
regex row("^[\\w ]+( \\d+)( \\d+)( \\d+)$");     // 数据行

while (getline(in,line)) {                      // 检查数据行
    smatch matches;
    if (!regex_match(line, matches, row))
        error("bad line", lineno);

    // 检查行:
    int field1 = from_string<int>(matches[1]);
    int field2 = from_string<int>(matches[2]);
    int field3 = from_string<int>(matches[3]);
    // ...
}
```

正则表达式的语法基于具有特殊含义的字符（参见第 23 章），如表 B-50、表 B-51、表 B-52 所示。

表 B-50   正则表达式特殊字符

正则表达式特殊字符	
.	任何单个字符（一个"通配符"）
[	字符分类
{	计数
(	分组开始
)	分组结束
\	转义字符，下一个字符有特殊的含义
*	0 或更多次
+	1 或更多次
?	可选（0 次或 1 次）
|	备选（或）
^	行开始；非
$	行结束

表 B-51   重复字符

重复字符	
{ n }	重复正好 n 次
{ n, }	重复 n 次或更多次
{n,m}	重复至少 n 次，最多 m 次
*	重复 0 次或多次，即 {0,}
+	重复 1 次或多次，即 {1,}
?	可选（0 次或 1 次），即 {0,1}

表 B-52   字符分类

字符分类	
alnum	任何字母数字字符或下画线
alpha	任何字母字符
blank	任何空白符，行分隔符除外
cntrl	任意控制字符
d	任意十进制数字
digit	任意十进制数字
graph	任意图形字符
lower	任意小写字母
print	任何可打印字符
punct	任意标点符号

续表

字符分类	
s	任意空白符
space	任意空白符
upper	任意大写字符
w	任何单词字符（字母数字字符）
xdigit	任何十六进制数字字符

以下是几种字符分类支持简写表示法，如表 B-53 所示。

表 B-53　字符分类缩写

字符分类缩写		
\d	一个十进制数字	[[:digit:]]
\l	一个小写字符	[[:lower:]]
\s	一个空白符（空格、制表符等）	[[:space:]]
\u	一个大写字符	[[:upper:]]
\w	一个字母、十进制数字或下画线（_）	[[:alnum:]]
\D	非 \d	[^[:digit:]]
\L	非 \l	[^[:lower:]]
\S	非 \s	[^[:space:]]
\U	非 \u	[^[:upper:]]
\W	非 \w	[^[:alnum:]]

B.9　数值

C++ 标准库为数学（科学、工程等）计算提供了最基本的功能支持。

B.9.1　数值限制

所有版本的 C++ 实现都指定了内置类型的属性，这样程序员就可以使用这些属性来检查限制、设置"哨兵"等。

可以从 <limits> 中得到每个内置类型或库类型 **T** 的 **numeric_limits<T>**。此外，还可以为用户自定义的数值类型 **X** 定义 **numeric_limits<T>**。例如：

```
class numeric_limits<float> {
public:
 static const bool is_specialized = true;

    static constexpr int radix = 2;        // 指数基数（在本例中为二进制）
    static constexpr int digits = 24;      // 尾数中的基数位数
    static constexpr int digits10 = 6;     // 尾数的十进制位数
```

```
    static constexpr bool is_signed = true;
    static constexpr bool is_integer = false;
    static constexpr bool is_exact = false;

    static constexpr float min() { return 1.17549435E-38F; }    // 示例值
    static constexpr float max() { return 3.40282347E+38F; }    // 示例值
    static constexpr float lowest() { return -3.40282347E+38F;} // 示例值

    static constexpr float epsilon() { return 1.19209290E-07F;} // 示例值
    static constexpr float round_error() { return 0.5F; }       // 示例值

    static constexpr float infinity() { return /* 某个值 */; }
    static constexpr float quiet_NaN() { return/* 某个值 */; }
    static constexpr float signaling_NaN() { return /* 某个值 */; }
    static constexpr float denorm_min() { return min(); }

    static constexpr int min_exponent = -125;                   // 示例值
    static constexpr int min_exponent10 = -37;                  // 示例值
    static constexpr int max_exponent = +128;                   // 示例值
    static constexpr int max_exponent10 = +38;                  // 示例值

    static constexpr bool has_infinity = true;
    static constexpr bool has_quiet_NaN = true;
    static constexpr bool has_signaling_NaN = true;
    static constexpr float_denorm_style has_denorm = denorm_absent;
    static constexpr bool has_denorm_loss = false;

    static constexpr bool is_iec559 = true;        // 符合 IEC-559 标准
    static constexpr bool is_bounded = true;
    static constexpr bool is_modulo = false;
    static constexpr bool traps = true;
    static constexpr bool tinyness_before = true;

    static constexpr float_round_style round_style = round_to_nearest;
};
```

我们可以从 <limits.h> 和 <float.h> 中得到指定整数和浮点数关键属性的宏，如表 B-54 所示。

表 B-54   限制宏

限制宏	
CHAR_BIT	char 的位数（通常为 8）
CHAR_MIN	char 的最小值
CHAR_MAX	char 的最大值（如果 **char** 是有符号的，通常为 127，如果 **char** 是无符号的，则为 255）

B.9.2   标准数学函数

标准库提供了最常见的数学函数（定义在 <cmath> 和 <complex> 中），如表 B-55 所示。

表 B-55　标准数学函数

标准数学函数	
abs(x)	绝对值
ceil(x)	>= x 的最小整数
floor(x)	<= x 的最大整数
round(x)	取整到最接近的整数（0.5 被认为离 0 更远）
sqrt(x)	平方根，x 必须是非负的
cos(x)	余弦
sin(x)	正弦
tan(x)	正切
acos(x)	反余弦，结果是非负数
asin(x)	反正弦，返回最接近 0 的结果
atan(x)	反正切
sinh(x)	双曲正弦
cosh(x)	双曲余弦
tanh(x)	双曲正切
exp(x)	以 e 为底的指数
log(x)	自然对数，底数为 e，x 必须是正数
log10(x)	以 10 为基底的对数

这些函数还有接受 **float**、**double**、**long double** 和 **complex** 参数的版本。对于每个函数，返回值类型与参数类型相同。

如果标准数学函数不能产生数学上有效的结果，将会设置变量 **errno**。

B.9.3　复数

标准库提供了复数类型 **complex<float>**、**complex<double>** 和 **complex<long double>**。如果 **Scalar** 是支持常见算术运算的其他类型，**complex<Scalar>** 通常可以工作，但不保证可以移植。

```
template<class Scalar> class complex {
    // 复数是一对标量值，基本上可以理解为一对坐标
    Scalar re, im;
public:
    constexpr complex(const Scalar & r, const Scalar & i) :re{r},im{i}{ }
    constexpr complex(const Scalar & r) :re{r}, im(Scalar{}) { }
    constexpr complex() :re{Scalar{}}, im{Scalar{}} { }
    Scalar real() { return re; } // 实部
    Scalar imag() { return im; } // 虚部
    // 运算符: = += -= *= /=
};
```

除复数的成员外，**<complex>** 提供了大量有用的操作，如表 B-56 所示。

表 B-56　复数运算符

复数运算符	
z1+z2	加
z1–z2	减
z1*z2	乘
z1/z2	除
z1==z2	相等
z1!=z2	不相等
norm(z)	**abs(z)** 的平方
conj(z)	共轭：如果 z 是 {re,im}，那么 **conj(z)** 是 {re,-im}
polar(x,y)	通过极坐标（rho,theta）生成一个复数
real(z)	实部
imag(z)	虚部
abs(z)	也被称为 rho
arg(z)	也被称为 theta
out << z	复数的输出
in >> z	复数的输入

标准数学函数（参见附录 B.9.2）也可用于复数。注意，**complex** 不提供 < 或 %；参见 24.9 节。

B.9.4　valarray

标准库的 **valarray** 是一维数值数组。也就是说，它提供了数组类型的算术运算（类似第 24 章中的 **Matrix**），还支持切片和跨步。

B.9.5　泛型数值算法

这些来自 <numeric> 的算法提供了数值序列上常见操作的通用版本，如表 B-57 所示。

表 B-57　数值运算

数值运算	
x = accumulate(b,e,i)	累加，**x** 是 **i** 和 [b:e) 中的元素之和
x = accumulate(b,e,i,f)	累加，但用 **f** 代替 +
x = inner_product(b,e,b2,i)	x 是 [b:e) 与 [b2:b2+(e-b)) 的内积，即 **i** 与所有 (*p1)*(*p2) 之和，其中 p1 为 [b:e) 中的元素，p2 为 [b2:b2+(e-b)) 中对应的元素
x = inner_product(b,e,b2,i,f,f2)	内积，但分别用 **f** 和 **f2** 代替 + 和 *
p=partial_sum(b,e,out)	[out:p) 的第 **i** 个元素是 [b:e) 中第 **0** 个到第 **i** 个元素之和
p=partial_sum(b,e,out,f)	部分和，用 **f** 代替 +
p=adjacent_difference(b,e,out)	对于 i>0，[out:p) 的第 **i** 个元素是 *(b+i)–*(b+i–1)；如果 e–b>0，则 *out 为 *b

续表

数值运算	
p=adjacent_difference(b,e,out,f)	相邻差, 用 **f** 代替 -
iota(b,e,v)	将 [b:e] 中的每个元素都赋值为 ++v

例如:

```
vector<int> v(100);
iota(v.begin(),v.end(),0); // v=={1,2,3,4,5 ... 100}
```

B.9.6 随机数

在 <random> 中, 标准库提供了随机数发生器和各种分布 (参见 24.7 节)。默认使用 default_random_engine, 因为其适用范围广并且代价低。

支持的分布如表 B-58 所示。

表 B-58 标准库支持的概率分布

分布	
uniform_int_distribution<int>{low, high}	[low:high] 中的值
uniform_real_distribution<int>{low, high}	[low:high] 中的值
exponential_distribution<int>{lambda}	[0: ∞) 中的值
bernoulli_distribution{p}	[true:false] 中的值
normal_distribution<int>{median, spread}	(- ∞ : ∞) 中的值

调用分布时可以传入一个发生器作为参数。例如:

```
uniform_real_distribution<> dist;
default_random_engine engn;
for (int i = 0; i<10; ++i)
    cout << dist(engn) << ' ';
```

B.10 时间

在 <chrono> 中, 标准库提供了计时功能。以时钟周期为单位来计算时间, 并通过调用 now() 方法报告当前时间。标准库定义了三种时钟:

- **system_clock**: 系统默认时钟。
- **steady_clock**: 对于一个时钟 **c**, 连续调用 **now()** 将满足 **c.now()<=c.now()**, 并且时钟的时钟周期是固定的。
- **high_resolution_clock**: 系统中精度最高的时钟。

可以通过函数 **duration_cast<>()** 将时钟周期数转换为传统的时间单位, 如秒、毫秒和纳秒。例如:

```
auto t = steady_clock::now();
// ... 执行某些操作 ...
auto d = steady_clock::now()-t;  // 某些操作花费了 d 个时间单位
```

```
cout << "something took "
    << duration_cast<milliseconds>(d).count() << "ms";
```

这将以毫秒为单位输出"某些操作"所花费的时间，参见 26.6.1 节。

B.11　C 标准库函数

C 语言的标准库在集成进 C++ 标准库时进行了很小的修改。C 标准库提供了相当多实用的函数，这些函数多年来在各种各样的应用中发挥着作用——特别是对于相对底层的程序设计。这里将它们分为几个传统的类别：

- C 风格 I/O。
- C 风格字符串。
- 内存。
- 日期和时间。
- 其他。

C 标准库函数比这里介绍的要多得多。如果你想要了解更多，可以参考优秀的 C 语言教程，比如克尼汉和里奇的 *The C++ Programming Language* (K&R)。

B.11.1　文件

<stdio>I/O 系统基于"文件"。一个文件（**FILE***）可以指向一个文件，也可以指向一个标准输入输出流，即 **stdin**、**stdout** 和 **stderr**。默认情况下这些标准流是可直接使用的，其他文件需要先被打开，如表 B-59 所示。

表 B-59　文件打开和关闭

文件打开和关闭	
f=fopen(s, m)	用 **m** 模式打开一个名为 **s** 的文件
x=fclose(f)	关闭文件 **f**；如果成功，返回 **0**

" 模式"是一个包含一个或多个指令的字符串，这些指令指明如何打开文件，如表 B-60 所示。

表 B-60　文件模式

文件模式	
"r"	读
"w"	写（丢弃已有内容）
"a"	追加（在结尾处添加）
"r+"	读和写
"w+"	读和写（丢弃已有内容）
"b"	二进制模式，与一个或多个其他模式一起使用

在特定的系统上可能（通常也确实）有更多的模式。有些模式可以组合，例如，**fopen ("foo","rb")** 试图打开一个名为 **foo** 的文件，并以进行二进制读取。**stdio** 和 **iostream**（参见附录 B.7.1）的 I/O 模式应该是相同的。

B.11.2　printf() 函数族

　　C 标准库函数中，最常用的是一些 I/O 相关函数。然而，我们推荐使用 **iostream**，因为它类型安全且可扩展。格式化输出函数 **printf()** 被广泛使用（也包括在 C++ 程序中），并在其他程序设计语言中被广泛模仿，如表 B-61 所示。

表 B-61　printf() 函数族

printf	
n=printf(fmt, args)	输出 "格式字符串" **fmt** 到 **stdout**，并适当地插入参数 **args**
n=fprintf(f,fmt, args)	输出 "格式字符串" **fmt** 到文件 **f**，并适当地插入参数 **args**
n=sprintf(s,fmt, args)	输出 "格式字符串" **fmt** 到 C 风格字符串 **s**，并适当地插入参数 **args**

　　对于每个版本，**n** 都是写入的字符数，如果输出失败则为负数。**printf()** 的返回值几乎总是被忽略。

　　printf() 的声明如下：

```
int printf(const char* format ...);
```

　　也就是说，它采用 C 风格字符串（通常是字符串常量），后跟任意数量、任意类型的参数。这些 "额外参数" 的含义由字符串中的转换说明符控制，例如格式字符串中的 **%c**（输出为字符）和 **%d**（输出为十进制整数）。例如：

```
int x = 5;
const char* p = "asdf";
printf("the value of x is '%d' and the value of p is '%s'\n",x,p);
```

　　处理参数通过 **%** 后面的字符进行控制。第一个 **%** 应用于第一个 "额外参数"（这里 **%d** 应用于 **x**），第二个 **%** 应用到第二个 "额外的参数"（这里，**%s** 应用于 **p**），依此类推。本例中，**printf()** 的输出为：

```
the value of x is '5' and the value of p is 'asdf'
```

　　后面跟着换行符。

　　一般来说，无法检查 **%** 转换指令和它所应用的类型之间的对应关系，即使可以，通常也不会检查。例如：

```
printf("the value of x is '%s' and the value of p is '%d'\n",x,p); // 糟糕
```

　　转换说明符非常多，提供了很大的灵活性（同时也提供了混淆的可能性）。在 **%** 之后，可以使用：

　–　可选的减号，字段中对转换后的值向左对齐。

　+　可选的加号，有符号类型的值总是以 + 或 – 开头。

　0　可选的零，前导零用于填充数值。如果指定了 - 或精度，则忽略该 **0**。

　#　可选的 #，浮点值即使后面没有非零数字也必须输出小数点，以及小数点后面的 **0**。八进制值将以 **0** 为前缀，十六进制值将以 **0x** 或 **0X** 为前缀。

　d　可选的数字串，指定域宽。如果转换后的值的字符数少于域宽，则会在其左侧（如果设置为左对齐，则会在右侧）填充空格，以填补字段宽度。如果域宽以零开始，则将用零填充而不是空格填充。

　.　可选的句号，用于将域宽与下一个数字字符串分开。

dd 可选的数字串，指定精度。该精度用于 **e** 和 **f** 转换时指定小数点后出现的位数，或字符串中能输出的最大字符数。

* 域宽或精度可以用 * 而不是数字字符串指定。在这种情况下，域宽或精度由整数参数提供。

h 可选字符 **h**，指定后面的 **d**、**o**、**x** 或 **u** 对应短整数型参数。

l 可选字符 **l**（字母 **l**），指定后面的 **d**、**o**、**x** 或 **u** 对应长整数型参数。

L 可选字符 **L**，指定后面的 **e, E, g, G**, 或 **f** 对应一个 **long double** 参数。

% 表示要输出字符 **%**；没有使用任何参数。

c 指示要应用的转换类型的字符。转换字符及其含义如下：

　　d 将整数参数转换为十进制。

　　i 将整数参数转换为十进制。

　　o 将整数参数转换为八进制。

　　x 将整数参数转换为十六进制。

　　X 将整型参数转换为十六进制。

　　f 将 **float** 或 **double** 参数以 [-]*ddd.ddd* 格式转换为十进制。小数点后数字的个数等于参数的精度。必要时，对数值进行舍入。如果没有给定精度，则采用 6 位数字；如果精度给定为 0，并且没有指定 **#**，则不输出小数点。

　　e **float** 或 **double** 参数被转换为 C 风格的十进制科学计数法，格式为 [-]*d.ddde+dd* 或 [-]*d.ddde-dd*。其中，小数点前只有一位数字，小数点后数字的个数等于参数的精度。如果没有给定精度，则采用 6 位数字；如果精度给定为 0，并且没有指定 **#**，则不输出小数点。

　　E 和 **e** 一样，但是用大写的 **E** 来表示指数。

　　g **float** 或 **double** 参数在最小空间中获得最大精度的方式输出，可以是样式 **d**、**f** 或 **e**。

　　G 和 **g** 一样，但是用大写的 **E** 来表示指数。

　　c 输出字符参数。空字符将被忽略。

　　s 参数被视为字符串（字符指针），字符串中的字符将被输出，直到出现空字符或达到精度指定所指示的字符数；但是，如果精度为 0 或未指定精度，则输出空字符之前的所有字符。

　　p 参数被视为一个指针。输出的方式是依赖于具体实现的。

　　u 将无符号整数参数转换为十进制。

　　n 将调用 **printf()**、**fprintf()** 或 **sprintf()** 所输出的字符数写入由整型指针参数指向的地址。

　　任何情况下都不会因为较小的字段宽度设置导致字段的截断。仅当指定的字段宽度超过实际宽度时，才会发生填充。

因为 C 没有像 C++ 那样的用户自定义类型，所以没有提供用户自定义类型（比如 **complex**、**vector** 或 **string**）格式化输出的支持。

C 标准输出 **stdout** 对应于 **cout**。C 标准输入 **stdin** 对应于 **cin**。C 标准错误输出 **stderr** 对应于 **cerr**。C 标准 I/O 和 C++ I/O 流之间的对应关系非常紧密，以至于 C 风格 I/O 和 C++ I/O 流可以共享一个缓冲区。例如，可以使用 **cout** 和 **stdout** 混合操作来生成单个输出流（这在 C 和 C++ 混合代码中并不罕见）。这种灵活性是有代价的。为了更好的性能，不要在一个流中混合使用 **stdio** 和 **iostream** 操作，并在第一次 I/O 操作之前调用 **ios_base::sync_with_stdio(false)**。

stdio 库提供了一个函数 **scanf()**，它是一个输入操作，风格类似于 **printf()**。例如：

```
int x;
char s[buf_size];
int i = scanf("the value of x is '%d' and the value of s is '%s'\n",&x,s);
```

这段代码中，**scanf()** 试图将一个整数读入 **x**，并将一个非空白字符序列读入 **s**。非格式化的字符串将会包含输入的字符。例如：

```
the value of x is '123' and the value of s is 'string '\n"
```

上面的例子将 **123** 读入 **x**，将一个 **string** 后面跟一个 **0** 读入 **s**。如果 **scanf()** 调用成功，结果值（在上面的调用中是 **i**）将是赋值给参数指针的数量（在示例中期望值是 2），否则为 **EOF**（表示失败）。这种指定输入的方式很容易出错（例如，如果忘记了输入行中 **string** 后面的空格，会发生什么呢？）。**scanf()** 的所有参数必须是指针。强烈建议不要使用 **scanf()**。

那么，如果必须使用 **stdio**，如何进行输入呢？一个普遍的答案是"使用标准库函数 **gets()**"：

```
// 十分危险的代码：
char s[buf_size];
char* p = gets(s); // 读取一行存入 s
```

调用 **p=gets(s)** 将字符存入 **s**，直到遇到换行符或文件结束符，并在写入 **s** 的最后一个字符之后放置一个 **0**。如果开始就遇到了文件尾或发生了错误，则将 **p** 设置为 NULL（即 **0**）；否则将其设置为 **s**。永远不要使用 **gets(s)** 或与它大致等价的函数（**scanf("%s",s)**）！多年来，它们是病毒编写者的最爱：通过溢出输入缓冲区的输入（在例子中是 **s**），程序将被破坏，计算机将被攻击者接管。**sprintf()** 函数也存在类似的缓冲区溢出问题。

stdio 库还提供了简单而有用的字符输入输出函数，如表 B-62 所示。

表 B-62　stdio 字符函数

stdio 字符函数	
x=getc(st)	从输入流 **st** 中读取一个字符，返回字符的整数值；**x==EOF** 表示文件结束或发生错误
x=putc(c, st)	将字符 **c** 写入输出流 **st**，返回 **c** 的整数值；**x==EOF** 表示发生错误
x=getchar()	从 **stdin** 中读取一个字符，返回字符的整数值；**x==EOF** 表示发生错误
x=putchar(c)	将字符 **c** 写入 **stdout**，返回写入字符的整数值；**x==EOF** 表示发生错误
x=ungetc(c, st)	将 **c** 退回输入流 **st**，返回放入字符的整数值；**x==EOF** 表示发生错误

请注意，这些函数的返回结果都是一个 **int**（不是 **char**，否则就无法返回 **EOF**）。下例是一个典型的 C 风格输入循环：

```
int ch; /* 不是 char ch; */
while ((ch=getchar())!=EOF) { /* 执行一些操作 */ }
```

不要对一个流连续执行两次 **ungetc()**。这种操作方式的结果是未定义的，因此这种代码也是不可移植的。

如果想了解更多的 **stdio** 函数，可以查阅 K&R 这类优秀的 C 语言教材。

B.11.3　C 风格字符串

C 风格字符串是一个以 0 结尾的字符数组。字符串的这种表示法由一组函数支持，这组函数定义在 **<cstring>**（或 **<string.h>**；注意：不是 **<string>**）和 **<cstdlib>** 中。这些函数通过 C 风格字符串操作 **char*** 指针指向的字符串（如果是 **const char***，则是只读的 ），如表 B-63 所示。

表 B-63　C 风格字符串操作

C 风格字符串操作	
x=strlen(s)	计算字符数（不包括终止符 0）
p=strcpy(s, s2)	将 **s2** 拷贝到 **s**；**[s:s+n)** 和 **[s2:s2+n)** 不能有重叠部分；将 **s** 返回给 **p**；终止符 0 也被拷贝

续表

C 风格字符串操作	
p=strcat(s, s2)	将 s2 拷贝到 s 的末尾；将 s 返回给 p；终止符 0 也被拷贝
x=strcmp(s, s2)	按字典顺序进行比较：如果 s<s2，则 x 为负；如果 s==s2，则 x==0；如果 s>s2，那么 x 为正
p=strncpy(s, s2, n)	类似 strcpy；最多拷贝 n 个字符；可能无法拷贝终止符 0；返回 s
p=strncat(s, s2, n)	类似 strcat；最多连接 n 个字符；可能无法拷贝终止符 0；返回 s
x=strncmp(s, s2, n)	类似 strcmp；最多比较 n 个字符
p=strchr(s, c)	p 指向 s 中的第一个 c
p=strrchr(s, c)	p 指向 s 的最后一个 c
p=strstr(s, s2)	p 指向 s 中第一个与 s2 相等的子字符串开头的字符
p=strpbrk(s, s2)	p 指向在 s2 中存在，也在 s 中存在的第一个字符
x=atof(s)	从 s 中提取一个 double
x=atoi(s)	从 s 中提取一个 int
x=atol(s)	从 s 中提取一个 long int
x=strtod(s, p)	从 s 中提取一个 double，p 指向该 double 之后的第一个字符
x=strtol(s, p)	从 s 中提取一个 long int，p 指向该 long int 之后的第一个字符
x=strtoul(s, p)	从 s 中提取一个 unsigned long int，p 指向该 unsigned long int 之后的第一个字符

注意，在 C++ 中，strchr() 和 strstr() 都有两个版本，用于实现类型安全（它们不能像在 C 中一样，将 const char* 转换为 char*），参见 27.5 节。

提取函数查看其 C 风格的字符串参数时，会查找数字的常规格式表示，如"124"和"1.4"。如果没有找到这样的表示，则提取函数返回 0。例如：

```
int x = atoi("fortytwo"); /* x 变为 0 */
```

B.11.4　内存

内存操作函数通过 void* 指针对"原始内存"（未知类型）进行操作（常量 void* 指针用于只读内存），如表 B-64 所示。

表 B-64　C 风格内存操作

C 风格内存操作	
q=memcpy(p, p2, n)	从 p2 拷贝 n 个字节到 p 类似 strcpy；[p:p+n) 和 [p2:p2+n) 不能有重叠部分；将 p 返回给 q
q=memmove(p, p2, n)	从 p2 拷贝 n 个字节到 p；将 p 返回给 q
x=memcmp(p, p2, n)	比较来自 p2 的几个字节和 p 中的等价的 n 个字节（类似 strcmp）
q=memchr(p, c, n)	在 p[0]..p[n-1] 中查找 c（转换为 unsigned char），q 指向该元素；如果 c 不存在，则 q=0
q=memset(p, c, n)	将 c（转换为 unsigned char）拷贝到 p[0]..[n-1]；返回 p
p=calloc(n, s)	在自由存储区上分配 n*s 个字节，都初始化为 0；如果无法分配，则返回 0

续表

C 风格内存操作	
p=malloc(s)	在自由存储区上分配 **s** 个未初始化的字节；如果不能分配，则返回 **0**
q=realloc(p,s)	在自由存储区分配 **s** 个字节；**p** 必须是由 **malloc()** 或 **calloc()** 返回的指针；尽量重用由 **p** 指向的空间；如果不可能，则将 **p** 指向的区域中的所有字节拷贝到一个新的区域；如果不能分配，则返回 **0**
free(p)	释放 **p** 指向的内存；**p** 必须是由 **malloc()**、**calloc()** 或 **realloc()** 返回的指针

注意，**malloc()** 等不调用构造函数，**free()** 不调用析构函数。不要将这些函数用于具有构造函数或析构函数的类型。同样，**memset()** 绝不能用在任何带有构造函数的类型上。

mem* 相关函数定义在 <cstring> 中，内存分配相关函数定义在 <cstdlib> 中。

另请参见 27.5.2 节。

B.11.5 日期和时间

在 <ctime> 中可以找到与日期和时间相关的几种类型和函数，如表 B-65 所示。

表 B-65 日期和时间类型

日期和时间类型	
clock_t	用于记录短期间隔（可能只有几分钟）的算术类型
time_t	用于记录长期间隔（可能是几个世纪）的算术类型
tm	用于记录（自 1900 年以来的）日期和时间的结构类型

struct tm 的定义如下：

```
struct tm {
    int tm_sec;      // 秒 [0:61]；60 和 61 表示闰秒
    int tm_min;      // 分钟 [0,59]
    int tm_hour;     // 小时 [0,23]
    int tm_mday;     // 天 [1,31]
    int tm_mon;      // 月 [0,11]；0 表示一月（注：不是 [1:12]）
    int tm_year;     // 1900 年以来的年份；0 表示 1900 年，102 表示 2002 年
    int tm_wday;     // 自星期日起的天数 [0,6]；0 表示星期天
    int tm_yday;     // 自 1 月 1 日起的天数 [0,365]；0 表示 1 月 1 日
    int tm_isdst;    // 夏令时小时
};
```

日期和时间函数：

```
clock_t clock();                          // 自程序启动以来的时钟周期数
time_t time(time_t* pt);                  // 当前日历时间
double difftime(time_t t2, time_t t1);    // t2-t1，单位为秒
tm* localtime(const time_t* pt);          // *pt 对应的本地时间
tm* gmtime(const time_t* pt);             // *pt 对应的格林尼治标准时间 (GMT)，或 0
time_t mktime(tm* ptm);                   // *ptm 对应的 time_t，或 time_t(-1)
char* asctime(const tm* ptm);             // *ptm 对应的 C 风格字符串
char* ctime(const time_t* t) { return asctime(localtime(t)); }
```

调用 **asctime()** 返回的结果可能是："**Sun Sep 16 01:03:52 1973\n**" 这样的字符串。

一个名为 **strftime()** 的函数为 **tm** 提供了丰富的格式化选项。如需使用，请查阅查相关资料。

B.11.6　其他函数

<cstdlib> 中还定义了如下函数，如表 B-66 所示。

表 B-66　其他 stdlib 函数

其他 stdlib 函数	
abort()	"非正常"终止程序
exit(n)	终止程序，n==0 表示程序运行成功
system(s)	将 C 风格字符串作为命令执行（具体行为依赖于系统）
qsort(b, n, s, cmp)	在数组中使用比较函数 cmp 对从 b 开始的 n 个元素进行排序，元素大小为 s
bsearch(k, b, n, s, cmp)	在有序数组中使用比较函数 cmp，在 b 开始的 n 元素中查找 k，元素大小为 s

qsort() 和 **bsearch()** 使用的比较函数（**cmp**）必须是以下类型：

```
int (*cmp)(const void* p, const void* q);
```

也就是说，排序函数不知道元素的类型信息，只是将数组视为字节序列。返回整数值的含义为：

- 负值，表示 *p 小于 *q。
- 0，表示 *p 等于 *q。
- 正值，表示 *p 大于 *q。

注意，**exit()** 和 **abort()** 不会调用析构函数。如果期望构造的自动对象和静态对象调用析构函数（参见附录 A.4.2），应该抛出一个异常。

有关更多 C 标准库函数，请参阅 K&R 或其他权威的 C 语言参考资料。

B.12　其他库

毫无疑问，即便你找遍整个标准库，可能也找不到你需要的某些功能。与程序员面临的挑战和世界现有的众多库相比，C++ 标准库只是冰山一角。还有很多其他用途的库：

- 图形用户界面库；
- 高等数学库；
- 数据库访问库；
- 网络库；
- XML 库；
- 日期和时间库；
- 文件系统处理库；
- 3D 图形库；
- 动画库；
- 其他用途的库。

然而，这些并不是标准的一部分，可以通过网络搜索或询问朋友、同事的方式来找到它们。请不要认为所有实用的库都是标准库的一部分。

Visual Studio 快速入门

"宇宙不仅比我们想象的更奇妙，而且其奇妙程度超乎我们的想象。"

——J. B. S. Haldane

本附录介绍使用微软 Visual Studio 输入程序、编译并运行程序的步骤。

C.1　让程序"跑"起来

要让程序运行，你需要以某种方式将这些文件组织在一起，这样当一个文件引用另一个文件时（如源文件引用头文件），程序就能找到它。然后需要调用编译器和连接器（如果没有其他程序或库，则连接到 C++ 标准库），最后运行程序。有几种方法可以做到这一过程，不同的系统（如Windows 和 Linux）有不同的习惯和工具集。然而，在所有主流系统上都可以运行的主流工具集本书都有示例。本附录将介绍如何使用微软的 Visual Studio 来运行程序。

就我个人而言，在一个陌生系统上运行第一个练习程序的过程，总是令人沮丧。在完成这个任务的过程中，寻求帮助是必要的。然而，如果真的需要帮助，你要确保帮你的人能够教会你怎么做，而不是替你完成。

C.2　安装 Visual Studio

Visual Studio 是一个用于 Windows 的交互式开发环境（IDE，interactive development environment）。如果你的计算机上没有安装 Visual Studio，可以购买一份拷贝文件并按照它附带的说明进行安装，或者从 www.microsoft.com/express/download 下载并安装免费的 Visual C++ Express 版。本附录的描述是基于 Visual Studio 2005 版的。其他版本可能略有不同。

C.3　创建和运行程序

创建和运行程序的步骤如下：

（1）创建一个新项目。

（2）向项目中添加一个 C++ 源文件。

（3）输入源代码。

（4）生成一个可执行文件。

（5）执行程序。

（6）保存程序。

C.3.1　创建一个新的项目

在 Visual Studio 中，"项目"是一组文件的集合，这些文件提供了在 Windows 系统上创建和运行程序（也被称为应用程序）所需的内容。

（1）通过单击 Microsoft Visual Studio 2005 图标打开 Visual C++ IDE，或通过"开始 > 程序 >

Microsoft Visual Studio 2005 > Microsoft Visual Studio 2005"这一方式选择它。

（2）打开"文件"菜单，指向"新建"，然后单击"项目"。

（3）在"项目类型"中选择"Visual C++"。

（4）在"模板"部分，选择"Win32 控制台应用程序"。

（5）在"名称"文本框中输入项目的名称，如"Hello,World!"。

（6）为项目选择一个目录。默认目录是"C:\Documents andSettings\Your Name\My Documents\Visual Studio 2005\Projects"，通常这是一个不错的选择。

（7）点击"确定"。

（8）进入 Win32 应用程序向导。

（9）在对话框左侧选择"应用程序设置"。

（10）在"附加选项"项目下选择"空项目"。

（11）单击"完成"。控制台项目的所有编译器设置现在应该都设定好了。

C.3.2　使用 std_lib_utilities.h 头文件

对于你的第一个程序，我们强烈建议你使用自定义头文件 **std_lib_utilities.h**（下载地址为 www.stroustrup.com/Programming/std_lib_facilities.h）。在附录 C.3.1 第 6 步选择的目录中放置它的副本。（注意，将其保存为文本格式，而不是 HTML 格式。）要使用这个头文件，只需要将下面这行代码写入程序：

```
#include "../../std_lib_facilities.h"
```

"../../"告诉编译器将头文件放在了 C:\Documents and Settings\Your Name\My Documents\Visual Studio 2005\Projects 中，这样其他的项目也可以使用这个头文件。如果和源文件放在一起，那就必须为每个项目复制一个副本。

C.3.3　向项目中添加 C++ 源文件

程序中需要至少有一个源文件（通常需要多个）：

（1）单击菜单栏上的"添加新项目"图标（通常是左起第二个图标）。这将打开"添加新项目"对话框。选择"Visual C++"类别下的"代码"。

（2）在模板窗口中选择"C++ 文件（.cpp）"图标。在"名称"文本框中输入程序文件的名称"Hello,World!"，然后单击"添加"。

C.3.4　输入源代码

此时你可以直接在 IDE 中输入源代码，也可以从其他源代码中复制粘贴过来。

C.3.5　构建可执行程序

正确地输入了程序的源代码之后，转到"生成"菜单，选择"生成解决方案"，或者点击 IDE 窗口顶部图标列表中指向右边的三角形图标。IDE 会尝试编译和连接程序。如果成功，将会在输出窗口中显示：

```
Build: 1 succeeded, 0 failed, 0 up-to-date, 0 skipped
```

失败的话，将出现许多提示错误的消息。调试程序以纠正错误并再次构建解决方案。

当点击的是三角形图标，如果程序没有错误，程序将自动开始运行。如果使用"生成解决方案"菜单项，就必须显式启动程序，如附录 C.3.6 所述。

C.3.6　执行程序

在消除所有错误后，执行程序，打开"调试"菜单，选择"运行不调试"选项以执行程序。

C.3.7　保存程序

在"文件"菜单下，单击"全部保存"。如果关闭 IDE 时忘记点击"保存"，IDE 会给出提示信息。

C.4　后续学习

IDE 具有无数的功能和选项。初学时不要过早尝试，否则会完全迷失其中。如果把一个项目搞得"行为怪异"，求助有经验的朋友吧，或者从头开始创建一个新项目。随着时间的推移再慢慢尝试新的功能和选项吧。

安装 FLTK

"如果代码和注释不一致，那么可能两者都是错误的。"

——Norm Schryer

本附录介绍了如何下载、安装链接、FLTK 图形和 GUI 工具包。

D.1   介绍

我们选择 FLTK（fast light took kit，发音为"full tick"）作为介绍图形和 GUI 的内容，因为它是可移植的，比较简单、实用，并且容易安装。我们将介绍如何在 Microsoft Visual Studio 下安装 FLTK，因为这是我们大多数学生的选择，也因为它是最难配置的。如果想选择使用其他系统（像我们一些学生那样），只需在下载文件的主文件夹（目录）（参见附录 D.3）中查找需要的系统说明即可。

当使用的库不是 ISO C++ 标准的一部分时，你（或其他人）必须下载它，安装它，并在自己的代码中正确地使用它。这常常很麻烦，安装 FLTK 应该是一个很好的练习，因为如果以前没有尝试过的话，即使是下载、安装最简单的库也可能令人沮丧。向尝试过的人请教经验，但不要只是让他们替你完成，要让他们教会你。

注意，实际情况可能与本附录描述的略有不同。例如，你使用的可能是新的 FLTK 版本，或者你使用的 Visual Studio 可能与附录 D.4 中所描述的是不同的版本，或 C++ 实现是一个完全不同的版本。

D.2   下载 FLTK

在开始之前，首先查看 FLTK 是否已经安装在你的机器上了，参见附录 D.5。如果没有，你首先要做的是把安装文件下载到你的计算机上：

（1）登录网站 http://fltk.org 进行下载。（紧急情况可从本书的官方服务网站 www.stroustrup.com/Programming/FLTK 下载）。

（2）单击导航菜单中的"Download"。

（3）在下拉菜单中选择 FLTK 1.1.x，单击"Show Download Locations"。

（4）选择下载位置并下载 .zip 文件。

得到的文件将是 .zip 格式。这是一种适合在网络上传输大型文件的压缩格式。你需要在你的计算机上安装一个解压缩软件将其解压。在 Windows 上可以使用 WinZip、7-Zip 或其他类似软件。

D.3   安装 FLTK

在遵循下面的说明进行安装时，可能会遇到这两个问题：自我们编写并测试它们之后，有些情况可能发生了变化（这的确会发生）；或者你看不懂里面的术语（我们对此无能为力，抱歉）。如果是后一种情况，找个朋友解释一下吧。

（1）解压下载的文件，打开主文件夹 **fltk-1.1.?**。在 Visual C++ 文件夹（如 vc2005 或 vcnet）中，打开 fltk.dsw。如果被问及是否更新旧项目文件，请选择"Yes to All"。

（2）从"生成"菜单中选择"生成解决方案"。这可能会持续几分钟。源代码被编译成静态链接库，这样在创建新项目时就不必重新编译 FLTK 源代码了。然后就可以关闭 Visual Studio 了。

（3）从 FLTK 主目录打开 lib 文件夹。将除 README.lib 外的所有 .lib 文件（应该有七个）复制到 C:\Program files\Microsoft Visual Studio\Vc\lib 中。

（4）返回 FLTK 主目录，将 FL 文件夹复制到 C:\Program Files\Microsoft Visual Studio\Vc\include 中。

专家可能会告诉你，有比将 FL 文件夹复制到 C:\Program Files\Microsoft Visual Studio\Vc\lib 和 C:\Program Files\ Microsoft Visual Studio\Vc\include 更好的安装方法。他们是对的，但这一步的目的并不是让你成为 VS 专家。如果专家们坚持，让他们负责展示更好的替代方法。

D.4　在 Visual Studio 中使用 FLTK

（1）在 Visual Studio 中创建新项目的做法和以往不同，在选择项目类型时创建一个"Win32 项目"而不是"控制台应用程序"。确保创建了一个"空项目"，否则一些"软件向导"会向项目中添加许多你不需要或不理解的代码。

（2）在 Visual Studio 中，从主（顶部）菜单中选择"项目"菜单，然后从下拉菜单中选择"属性"。

（3）在"属性"对话框的左侧菜单中，单击"链接器"。这里会展开一个子菜单。在这个子菜单中，单击"输入"。在右侧的"附加依赖项"文本框中，输入以下文本：

```
fltkd.lib wsock32.lib comctl32.lib fltkjpegd.lib fltkimagesd.lib
```

（下面的步骤可能是不必要的，因为它现在是默认步骤。）

在"忽略特定库"文本框中，输入：

```
libcd.lib
```

（4）在同一个属性窗口的左侧菜单中单击"C/C++"以展开不同的子菜单。单击"代码生成"子菜单项。在右边的菜单中将"运行时库"下拉菜单改为"多线程调试 DLL (/MDd)"。单击"确定"关闭属性窗口。（这个步骤可能是不必要的，因为 /MDd 现在是默认选项。）

D.5　测试是否正常工作

在新创建的项目中创建一个新的 .cpp 文件，并输入以下代码，正常情况下它应该会顺利编译通过。

```cpp
#include <FL/Fl.h>
#include <FL/Fl_Box.h>
#include <FL/Fl_Window.h>
int main()
{
    Fl_Window window(200, 200, "Window title");
    Fl_Box box(0,0,200,200, "Hey, I mean, Hello, World!");
    window.show();
    return Fl::run();
}
```

如果这段代码无法正常运行：

- "找不到某个 .lib 文件"的编译器错误：问题很可能出现在安装过程。请注意附录 D.3 的步骤 3，这涉及将链接库（.lib）放入编译器可以找到的地方。
- "编译器报错，某个 .h 文件无法打开"：问题很可能出现在安装过程。请注意附录 D.3 中的步骤 4，这涉及将头文件（.h）放入编译器可以找到的地方。
- "涉及未解决外部符号的链接器错误"：问题很可能出现在项目创建环节。

如果还是不行，请寻求朋友的帮助。

GUI 实现

"当你最终明白自己在做什么的时候，
事情就会顺利进行。"

——Bill Fairbank

本附录将介绍回调函数、**Window**、**Widget** 和 **Vector_ref** 的实现细节。在第 16 章中，由于我们还没有学习指针和类型转换的相关知识，因此无法做更详细的介绍，所以我们将这部分内容放入了附录中。

E.1   回调实现

回调函数的实现如下所示：

```
void Simple_window::cb_next(Address, Address addr)
 // 对位于 addr 的窗口调用 Simple_window::next()
{
    reference_to<Simple_window>(addr).next();
}
```

一旦理解了第 17 章介绍的内容，就知道 **Address** 显然是 **void***。当然，**reference_to<Simple_window>(addr)** 必须以某种方式从名为 **addr** 的 **void*** 中创建一个对 **Simple_window** 的引用。然而，除非有足够的程序设计经验，否则在阅读第 17 章之前，没有什么是"显然"或"当然"的东西，所以让我们详细看看地址的使用细节。

如附录 A 所述。C++ 提供了一种给类型命名的功能。例如：

```
typedef void* Address; // Address 是 void* 的别名
```

这意味着名称 **Address** 现在可以用来代替 **void***。在这里，使用 **Address** 来强调传递的是一个地址，同时也隐藏了一个事实，即我们不知道 **void*** 所指向对象的类型。

因此 **cb_next()** 接收了一个名为 **addr** 的 **void*** 参数，并以某种方式立即将其转换为 **Simple_window&**：

```
reference_to<Simple_window>(addr)
```

reference_to 是一个模板函数（参见附录 A.13）：

```
template<class W> W& reference_to(Address pw)
 // 将地址视为对 W 的引用
{
    return *static_cast<W*>(pw);
}
```

这里使用模板函数编写了一个操作，将 **void*** 转换为 **Simple_window&**。类型转换 **static_cast** 在 17.8 节中有详细的描述。

编译器无法验证 **addr** 是否指向 **Simple_window**，但语言规则要求编译器在这里信任程序员。幸运的是，我们的确是对的，因为 FLTK 把我们给它的指针传递回来了。由于我们在将指针给 FLTK 时知道指针的类型，所以可以使用 **reference_to** 来"取回它"。这种方法有些混乱，并且未经检查，但这种方法在系统的底层操作中并不罕见。

一旦有了对 **Simple_window** 的引用，就可以用它来调用 **Simple_window** 的成员函数。例如（参见 16.3 节）：

```
void Simple_window::cb_next(Address, Address pw)
 // 对位于 pw 的窗口调用 Simple_window::next()
```

```
    {
        reference_to<Simple_window>(pw).next();
    }
```

这里使用回调函数 **cb_next()** 根据需要来调整类型，以调用普通成员函数 **next()**。

E.2 Widget 实现

我们的 **Widget** 接口类如下所示：

```
class Widget {
    // Widget 是 Fl_widget 的句柄——它 * 不是 * Fl_widget
    // 我们试图让接口类与 FLTK 保持一点点距离
public:
    Widget(Point xy, int w, int h, const string& s, Callback cb)
            :loc(xy), width(w), height(h), label(s), do_it(cb)
    { }

    virtual ~Widget() { }               // 析构函数

    virtual void move(int dx,int dy)
    {
        hide();
        pw->position(loc.x+=dx, loc.y+=dy);
        show();
    }
    virtual void hide() { pw->hide(); }
    virtual void show() { pw->show(); }
    virtual void attach(Window&) = 0;   // 每个 Widget 至少为窗口定义一个动作
    Point loc;
    int width;
    int height;
    string label;
    Callback do_it;
protected:
    Window* own;                        // 每个 Widget 都属于一个 Window
    Fl_Widget* pw;                      // Widget "知道" 它的 Fl_Widget
};
```

注意，我们的 **Widget** 会跟踪它的 FLTK Widge 窗口及其关联的 **Window** 对象。这里我们需要指针，因为 **Widget** 在其生命周期内可以与不同的 **Window** 对象关联。使用引用或对象名称是不够的。（为什么呢？）

每个 Widget 都有一个位置（**loc**）、一个矩形（**width** 和 **height**）和一个（**label**）。有趣的是，它还有一个回调函数（**do_it**）——它将屏幕上的 **Widget** 图像连接到我们的一段代码。其他一些操作（**move()**、**show()**、**hide()** 和 **attach()**）的含义应该是显而易见的。

Widget 看起来是个"半成品"，它的目的是：作为一个实现类，用户不必经常查看其细节。这是一个很好的基础，可以基于它重新设计。我们对所有这些公开数据成员都持怀疑态度，"显而易见"的操作通常需要重新检查，以防出现微妙的意外。

　　Widget 具有虚函数，可以作为基类使用，因此它有一个虚析构函数（参见 17.5.2 节）。

E.3　Window 实现

　　什么时候使用指针，什么时候使用引用？在章节 8.5.6 中探讨了这方面的一般性问题。在这里，我们只需知道一些程序员喜欢使用指针，当需要在程序中的不同时间指向不同的对象时，就需要用指针即可。

　　目前为止还没有展示图形和 GUI 库中的一个核心类——**Window**。最重要的原因是它使用了指针，并且它的实现使用了 FLTK，需要用到自由存储区。可以在 **Window.h** 中找到 **Window** 类定义：

```
class Window : public Fl_Window {
public:
    // 让系统选择位置:
    Window(int w, int h, const string& title);
    // 左上角在 xy:
    Window(Point xy, int w, int h, const string& title);

    virtual ~Window() { }

    int x_max() const { return w; }
    int y_max() const { return h; }

    void resize(int ww, int hh) { w=ww, h=hh; size(ww,hh); }

    void set_label(const string& s) { label(s.c_str()); }

    void attach(Shape& s) { shapes.push_back(&s); }
    void attach(Widget&);

    void detach(Shape& s);          // 从形状中删除 w
    void detach(Widget& w);         // 从窗口中删除 w（停用回调函数）

    void put_on_top(Shape& p);      // 把 p 放在其他形状上面
protected:
    void draw();
private:
    vector<Shape*> shapes;          // 附属于窗口的形状
    int w,h;                        // 窗口大小

    void init();
};
```

　　因此，当 **attach()** 一个 **Shape** 时，将一个指针存储在变量 **shapes** 中，以便 **Window** 可以利用它绘制图形。因为以后允许 **detach()** 该形状，所以需要一个指针。基本上，**attach()** 后的形状的控制权仍然属于我们的代码，只是给了 **Window** 一个引用。**Window::attach()** 将其参数转换为指针，

以便存储。如上所示，**attach()** 相对简单，**detach()** 稍微复杂一点。查看 **Window.cpp** 可以发现：

```
void Window::detach(Shape& s)
 // 猜测最后一个添加的将首先被释放
{
     for (vector<Shape*>::size_type i = shapes.size(); 0<i; --i)
         if (shapes[i-1]==&s)
             shapes.erase(shapes.begin()+(i-1));
}
```

erase() 成员函数的作用是从 **vector** 对象中删除一个值，将 **vector** 对象的规模减少 1（参见 20.7.1 节）。

Window 可以被用作基类，因此它有一个虚析构函数（参见 17.5.2 节）。

E.4　Vector_ref

基本上，**Vector_ref** 模拟了一个 **vector** 引用。可以用引用或指针初始化它：

- 如果将对象作为引用传递给 **Vector_ref**，则假定该对象的生命周期由调用者负责（例如，该对象是作用域内的变量）。
- 如果将对象作为指针传递给 **Vector_ref**，则假定它是由 **new** 分配的，由 **Vector_ref** 负责释放空间。

元素作为指针（而不是对象的副本）存储到 **Vector_ref** 中，并具有引用语义。例如，可以将一个 **Circle** 放入 **Vector_ref<Shape>** 中，而不会遭受截断。

```
template<class T> class Vector_ref {
    vector<T*> v;
    vector<T*> owned;
public:
    Vector_ref() {}
    Vector_ref(T* a, T* b = 0, T* c = 0, T* d = 0);

    ~Vector_ref() { for (int i=0; i<owned.size(); ++i) delete owned[i]; }

    void push_back(T& s) { v.push_back(&s); }
    void push_back(T* p) { v.push_back(p); owned.push_back(p); }

    T& operator[](int i) { return *v[i]; }
    const T& operator[](int i) const { return *v[i]; }

    int size() const { return v.size(); }
};
```

Vector_ref 的析构函数释放每个以指针传递来的对象。

E.5　一个示例：操作 Widget

这是一个完整的程序。它运用了 **Widget/Window** 的许多特性，里面只有少量的注释。不幸的是，这种注释不足的情况并不少见。作为一个练习，请运行这个程序并添加更多的注释。

当运行这个程序时，它将定义四个按钮：

```cpp
#include "../GUI.h"
using namespace Graph_lib;
class W7 : public Window {
    // 有四种方法可以令按钮向四处移动
    // 显示 / 隐藏、更改位置、创建新按钮和附着 / 分离
public:
    W7(int w, int h, const string& t);

    Button* p1;                                 // 显示 / 隐藏
    Button* p2;
    bool sh_left;

    Button* mvp;                                // 移动
    bool mv_left;
    Button* cdp;                                // 创建 / 销毁
    bool cd_left;
    Button* adp1;                               // 激活 / 吊销
    Button* adp2;
    bool ad_left;

    void sh();                                  // 动作
    void mv();
    void cd();
    void ad();
    static void cb_sh(Address, Address addr)    // 回调
    { reference_to<W7>(addr).sh(); }
    static void cb_mv(Address, Address addr)
    { reference_to<W7>(addr).mv(); }
    static void cb_cd(Address, Address addr)
    { reference_to<W7>(addr).cd(); }
    static void cb_ad(Address, Address addr)
    { reference_to<W7>(addr).ad(); }
};
```

然而，**W7**（7 号 **Window** 实验）实际上有六个按钮，它隐藏了两个：

```cpp
W7::W7(int w, int h, const string& t)
 :Window{w,h,t},
  sh_left{true}, mv_left{true}, cd_left{true}, ad_left{true}
{
    p1 = new Button{Point{100,100},50,20,"show",cb_sh};
    p2 = new Button{Point{200,100},50,20, "hide",cb_sh};
    mvp = new Button{Point{100,200},50,20,"move",cb_mv};
    cdp = new Button{Point{100,300},50,20,"create",cb_cd};
    adp1 = new Button{Point{100,400},50,20,"activate",cb_ad};
```

```
    adp2 = new Button{Point{200,400},80,20,"deactivate",cb_ad};
    attach(*p1);
    attach(*p2);
    attach(*mvp);
    attach(*cdp);
    p2->hide();
    attach(*adp1);
}
```

有 4 个回调函数。每一个都使得按下的按钮消失，出现一个新的按钮。然而，这一效果是经过通过 4 个步骤实现的：

```
void W7::sh() // 隐藏一个按钮，显示另一个
{
    if (sh_left) {
        p1->hide();
        p2->show();
    }
    else {
        p1->show();
        p2->hide();
    }
    sh_left = !sh_left;
}


void W7::mv() // 移动按钮
{
    if (mv_left) {
        mvp->move(100,0);
    }
    else {
        mvp->move(-100,0);
    }
    mv_left = !mv_left;
}


void W7::cd() // 删除该按钮并创建一个新按钮
{
    cdp->hide();
    delete cdp;
    string lab = "create";
    int x = 100;
    if (cd_left) {
        lab = "delete";
        x = 200;
    }
    cdp = new Button{Point{x,300}, 50, 20, lab, cb_cd};
```

```
        attach(*cdp);
        cd_left = !cd_left;
}

void W7::ad()  // 从窗口分离按钮，然后附上替换的按钮
{
        if (ad_left) {
            detach(*adp1);
            attach(*adp2);
        }
        else {
            detach(*adp2);
        attach(*adp1);
        }
        ad_left = !ad_left;
}
int main()
{
        W7 w{400,500,"move"};
        return gui_main();
}
```

这个程序演示了在窗口中添加和从窗口中删除或仅仅是在窗口中显示 **Widget** 的基本方法。

术语表

"通常，精心挑选的几个词语胜过上千幅图片。"

——匿名

术语表是对书中使用词汇的简要解释。这是一个相当简短的术语表，我们认为这些是最重要的，特别是在学习程序设计的早期阶段。每章的"术语"部分也能帮你查找术语。可以在 www.stroutrup.com/glossary.html 上找到更广泛的 C++ 相关的术语表，并且网络上有各种各样的专业术语表（质量参差不齐）。请注意，一个术语可以有多个相关的含义（所以我们偶尔也会列出一些其他含义），并且我们列出的大多数术语在其他场景都有（通常是弱相关的）其他含义。例如，我们没有定义抽象（abstract）与现代绘画、法律实践或哲学有关的含义。

抽象类（**abstract class**）：不能直接用于创建对象的类；通常用于定义派生类的接口。如果一个类纯虚函数或受保护的构造函数，则该类为抽象类。

抽象（**abstraction**）：对某事物的描述，有选择地故意忽略（隐藏）细节（例如，实现细节）；选择性地忽略。

地址（**address**）：一个值，通过它可以在计算机内存中找到某个对象。

算法（**algorithm**）：解决问题的步骤或公式；能产生结果的一系列有限的计算步骤。

别名（**alias**）：引用对象的另一种方式；通常是名称、指针或引用。

应用程序（**application**）：一个程序，或可以被用户当作一个整体的一组程序。

近似（**approximation**）：接近完美或理想（值或设计）的东西（例如，一个值或设计）。通常近似值是理想结果的折中。

参数（**argument**）：传递给函数或模板的值，通过参数访问该值。

数组（**array**）：元素的同构序列，通常是经过编号的，例如 [0:max)。

断言（**assertion**）：插入到程序中的语句，以声明（断言）程序中的某事必须始终为真。

基类（**base class**）：作为类层次结构基础的类。一个基类通常有一个或多个虚函数。

位（**bit**）：计算机中信息的基本单元。位的值可以是 0 或 1。

程序漏洞（**bug**）：程序中的错误。

字节（**byte**）：大多数计算机中寻址的基本单位。通常，一个字节包含 8 位。

类（**class**）：用户自定义的类型，可以包含数据成员、函数成员和成员类型。

代码（**code**）：程序或程序的一部分；源代码和目标代码都可以称为代码。

编译器（**compiler**）：把源代码转换成目标代码的程序。

复杂度（**complexity**）：用来衡量构建问题的解决方案或解决方案本身的困难程度，是难以精确定义的概念。有时复杂度用于（简单地）表示执行算法所需的大致操作数量。

计算（**computation**）：一些代码的执行，通常接受一些输入并产生一些输出。

概念（**concept**）：(1) 一种概念，一种思想；(2) 一组要求，通常用于模板参数。

具体类（**concrete class**）：可以用来创建对象的类。

常量（**constant**）：（在给定作用域中）不能更改的值；是不可变的。

构造函数（**constructor**）：初始化（构造）对象的操作。通常，构造函数建立一个不变量，并经常需要获取使用对象所需的资源（通常由析构函数释放这些资源）。

容器（**container**）：保存元素（其他对象）的对象。

拷贝（**copy**）：一个操作，使两个对象的值相等。另请参见移动（**move**）。

正确性（**correctness**）：如果一个程序或一个程序的一部分符合规范，那么它就是正确的。不幸的是，规范可能是不完整的或不一致的，或者无法满足用户的合理期望。因此，为了生成合格的代码，我们有时不得不做更多的事情，而不仅仅是遵循正式的规范。

成本（**cost**）：产生或执行一个程序的花费（如程序设计时间、运行时间或空间）。理想情况下，成本应该是复杂性的函数。

数据（**data**）：用于计算的值。

调试（**debugging**）：从程序中寻找和消除错误的行为；通常远没有测试那么系统。

声明（**declaration**）：在程序中指定名称及其类型。

定义（**definition**）：对一个实体的声明，它提供使用该实体完成一个程序所需的所有信息。或说得更简单点：分配内存的声明。

派生类（**derived class**）：从一个或多个基类派生的类。

设计（**design**）：一个软件应该如何运行以满足其规范的总体描述。

析构函数（**destructor**）：当对象被销毁时（例如，在作用域的末尾）被隐式调用的操作。通常会释放资源。

封装（**encapsulation**）：防止未经授权的访问。

错误（**error**）：程序的合理预期（通常为需求或用户指南）与程序实际执行之间的不匹配。

可执行程序（**executable**）：可以在计算机上运行的程序。

表达式（**expression**）：通常产生一个值，或将其结果存储在对象中的计算。

特征蠕动（**feature creep**）：为"以防万一"，而在程序中添加额外功能的倾向。

文件（**file**）：计算机中永久存储信息的容器。

浮点数（**floating-point number**）：计算机对实数的近似值，如 7.93 和 10.78e–3。

函数（**function**）：可以从程序的不同部分调用的命名代码单元；计算的逻辑单元。

泛型程序设计（**generic programming**）：一种专注于算法的设计与高效实现的程序设计风格。泛型算法适用于满足其要求的所有参数类型。在 C++ 中，泛型程序设计通常使用模板。

句柄（**handle**）：允许通过成员指针或引用访问另一个类的类。另请参见拷贝、移动和资源。

头文件（**header**）：一种包含声明的文件，用于在程序的各个部分之间共享接口。

隐藏（**hiding**）：防止信息被直接看到或访问的行为。例如，来自嵌套（内部）范围的名称可以防止直接使用来自外部范围的相同名称。

理想（**ideal**）：追求的完美版本。通常情况下，必须做出权衡，并确定一个折中的近似版本。

实现（**implementation**）：（1）编写和测试代码的行为；（2）实现程序的代码。

无限循环（**infinite loop**）：终止条件永远不为真的循环。请参见迭代。

无限递归（**infinite recursion**）：直到机器为了保存调用而耗尽内存才结束的递归。实际上，这种递归不会无限地运行下去，而是会因某些硬件错误而终止。

信息隐藏（**information hiding**）：分离接口和实现的行为，从而隐藏不需要用户关心的实现细节并提供抽象。

初始化（**initialize**）：第一次赋予对象（初始）的值。

输入（**input**）：用于计算的值（例如，通过键盘输入的函数参数和字符）。

整数（**integer**）：整数，如 42 和 –99。

接口（**Interface**）：一个声明或一组声明，指明如何调用某段代码（如函数或类）。

不变量（**invariant**）：在程序的给定位置（或多个位置）必须始终为真的内容；通常用于描述进入重复语句之前对象的状态（值集）或循环的状态。

迭代（**iteration**）：重复执行一段代码的行为；参见递归。

迭代器（**iterator**）：标识序列中元素的对象。

库（**library**）：类型、函数、类等的集合，实现一组可能被多个程序使用的功能（抽象）。

生命周期（**lifetime**）：从对象初始化到作废（超出范围、被删除或程序终止）的时间。

连接器（**linker**）：将目标代码文件和库组合成可执行程序的程序。

字面值常量（**literal**）：直接表示值的符号，例如 12 表示整数值"12"。

循环（**loop**）：一段重复执行的代码；在 C++ 中，通常是 **for** 语句或 **while** 语句。

移动（**move**）：将值从一个对象转移到另一个对象的操作，留下一个表示"空"的值。另请参阅拷贝。

可变的（**mutable**）：可改变的；与不可变、常量相对。

对象（**object**）：（1）通过已知类型初始化的内存区域，可储存已知类型的值；（2）一块内存。

目标代码（object code）：编译器的输出，连接器的输入（用于连接器生成可执行代码）。

目标文件（object file）：包含目标代码的文件。

面向对象程序设计（object-oriented programming）：专注于类和类层次结构设计和使用的程序设计风格。

操作（operation）：用于执行某些动作，如函数和运算符。

输出（output）：由计算产生的值（例如，函数结果或屏幕上的一行行字符串）。

溢出（overflow）：产生的值无法存储在其目标中。

重载（overload）：定义两个同名但参数（操作数）类型不同的函数或运算符。

重写（override）：在派生类中定义，与基类中的虚拟函数具有相同名称和参数类型的函数，从而使该函数可以通过基类定义的接口被调用。

所有者（owner）：负责释放资源的对象。

范例（paradigm）：关于设计或程序设计风格的一个有点夸大的术语；经常存在一种（错误的）暗示，即存在一种优于所有其他范式的范式。

参数（parameter）：对函数或模板显式输入的声明。函数被调用时，可以通过形参名称传递实参。

指针（pointer）：(1) 用于标识内存中某类型对象的值；(2) 保持这种值的变量。

后置条件（post-condition）：退出一段代码（如函数或循环）时必须满足的条件。

先决条件（pre-condition）：进入一段代码（如函数或循环）时必须满足的条件。

程序（program）：足够完整的代码（可能带有相关数据），可由计算机执行。

程序设计（programing）：将问题的解决方案表达为代码的艺术。

程序设计语言（programming language）：用于表达程序的语言。

伪代码（pseudo code）：用非正式符号而非程序设计语言编写的计算过程描述。

纯虚函数（pure virtual function）：必须在派生类中覆盖的虚函数。

资源获取即初始化（RAII, Resource Acquisition Is Initialization）：基于作用域的资源管理基础技术。

范围（range）：可以由起点和终点描述的序列。例如，[0:5) 表示值 0、1、2、3 和 4。

递归（recursion）：函数调用自身的行为；另请参见迭代。

引用（reference）：(1) 描述具有类型的值在存储器中的位置；(2) 保持这种值的变量。

正则表达式（regular expression）：字符串模式的表示法。

要求（requirement）：(1) 对程序或部分程序预期行为的描述；(2) 函数或模板对其参数所假设的描述。

资源（resource）：获取并必须稍后释放的东西，如文件句柄、锁或内存。另请参见句柄、所有者。

舍入（rounding）：将一个值转换为数学上最接近的值，该值的类型精确度较低。

作用域（scope）：可以引用名称的程序文本（源代码）区域。

序列（sequence）：可以按线性顺序访问的一组元素。

软件（software）：代码和相关数据的集合；经常与程序互换使用。

源代码（source code）：程序员生成的代码，（原则上）对其他程序员是可读的。

源文件（source file）：包含源代码的文件。

规范（specification）：代码应该怎么实现的描述。

标准（standard）：官方认可的定义，如程序设计语言。

状态（**state**）：一组值。

语句（**statement**）：程序中控制函数执行流的基本单元，如 **if** 语句、**for** 语句、表达式语句和声明。

字符串（**string**）：字符序列。

风格（**style**）：一组程序设计技术，可使语言特性一致；有时其意义非常局限，用来指代码命名和外观的底层规则。

子类型（**subtype**）：派生类类型；具有某个类型的所有（可能更多）属性的类型。

父类型（**supertype**）：基类类型；具有某个类型属性子集的类型。

系统（**system**）：（1）用于在计算机上执行任务的一个程序或一组程序；（2）"操作系统"的简写，即计算机的基本执行环境和工具。

模板（**template**）：参数化的类或函数，参数由一个或多个类型或值（在编译时）填充；C++ 语言的基础结构支持范式程序设计。

测试（**testing**）：系统地查找程序中的错误。

折中（**trade-off**）：权衡各种设计和实现标准之后的结果。

截断（**truncation**）：从一种类型转换为另一种类型，而另一种类型不能准确表示要转换的值，则会丢失信息。

类型（**type**）：为对象定义一组可能的值和一组操作。

未初始化（**uninitialized**）：对象在初始化之前的（未定义的）状态。

单位、单元（**unit**）：（1）单位，赋予值意义的标准度量（例如，千米表示距离）；（2）单元，一个更大的整体中独立的一部分。

用例（**use case**）：具有特定目的（通常是简单的）程序，旨在测试其功能并演示其用途。

值（**value**）：内存中根据类型解释的一组位。

变量（**variable**）：给定类型的已命名对象；除非未初始化，否则包含值。

虚函数（**virtual function**）：可以在派生类中覆盖的成员函数。

字（**word**）：计算机中的基本存储器单位，通常是用来存储整数的单位。